普通高等教育"十二五"规划教材

测控仪表及装置
Measurement and Control Apparatus
（双语教学适用）

主 编　许　秀

副主编　王　莉　杨轶璐

U0264193

中国石化出版社

内 容 提 要

本书系统地介绍了有关过程参数检测和自动控制装置的基础理论和应用技术。全书共分为九章，主要内容包括：检测仪表的基本知识和基本概念；生产过程中常用的温度、压力、流量、物位和成分等参数的测量方法及常用检测仪表；仪表系统及控制装置，包括仪表发展概况，常用仪表分类，各种仪表信号制、模拟控制器、数字控制器、PLC、DCS 和现场总线技术；执行器。

本书适合于渗透式双语教学。全书对重要的技术概念、术语加注了英文解释，每章末都有重要技术术语的中英文对照表，还加入了一定数量的英文习题。使学生在学习本课程的同时，提高阅读本专业英文书籍和文献的能力，切实提高高校双语教学水平。

本书可作为高等院校自动控制类专业本科生教材，也可作为相关专业的研究生及工程技术人员的参考书。

图书在版编目（CIP）数据

测控仪表及装置：汉、英／许秀主编．—北京：
中国石化出版社，2012.10（2021.8 重印）
普通高等教育"十二五"规划教材
ISBN 978-7-5114-1814-2

Ⅰ.①测… Ⅱ.①许… Ⅲ.①过程控制-检测仪表-
高等学校-教材-汉、英 Ⅳ.①TP216

中国版本图书馆 CIP 数据核字（2012）第 243837 号

未经本社书面授权，本书任何部分不得被复制、抄袭，或者以任何形式或任何方式传播。版权所有，侵权必究。

中国石化出版社出版发行

地址：北京市东城区安定门外大街 58 号
邮编：100011 电话：（010）57512500
发行部电话：（010）57512575
http://www.sinopec-press.com
E-mail:press@sinopec.com
北京艾普海德印刷有限公司印刷
全国各地新华书店经销

*

787×1092 毫米 16 开本 17.75 印张 445 千字
2021 年 8 月第 1 版第 4 次印刷
定价：29.8 元

前　　言

自动控制技术已经广泛应用于国民经济的各个领域，尤其在工业生产过程中。任何一个工业控制系统都必须应用检测仪表和控制装置，过程参数检测仪表和自动控制装置是实现自动控制的基础。

本书系统地介绍了有关过程参数检测和自动控制装置的基础理论和应用技术。全书共分为九章。第 1 章绪论介绍了本课程的意义及内容；第 2 章对检测仪表的基本知识和基本概念进行了介绍；第 3、4、5、6、7 章分别介绍了生产过程中常用的温度、压力、流量、物位和成分等参数的测量方法及常用仪表；第 8 章介绍仪表系统及控制装置，包括仪表发展概况，常用仪表分类，各种仪表信号制，模拟控制器、数字控制器、PLC、DCS 和现场总线技术；第 9 章介绍了执行器。

为了适应当前我国高等教育跨越式发展的需要，培养应用型复合人才，更好地和国际接轨，满足双语教学的需求，全书对重要的技术概念、术语加注了英文解释，每章末都有重要技术术语的中英文对照表，还加入了一定数量的英文习题。这样，教师在讲授本课程的过程当中，可以方便地把本专业领域的英文词汇渗透给学生，使学生在学习本课程的同时，增加专业词汇量，提高阅读本专业英文书籍和文献的能力，切实提高高校双语教学水平。目前国内尚没有有关本专业领域的适合于双语教学的教材。

本书由辽宁石油化工大学许秀主编，王莉、杨轶璐副主编。其中许秀编写了第 1、2、3、7、9 章，王莉编写了第 4、5、6 章，杨轶璐编写了第 8 章。

本书可作为高等学校自动控制类专业本科生教材，也可作为相关专业的研究生及工程技术人员的参考书。

由于时间及作者水平有限，书中难免有错误不当之处，敬请广大读者批评指正。

编者

目　　录

1 绪论（Introduction）

任何一个工业控制系统（Industrial Control System）都必然要应用一定的测量及控制仪表（Measurement and Control Instruments），它们是控制系统的重要基础。检测仪表完成对各种过程参数（Process Parameters）的测量，并实现必要的数据处理（Data Process）；控制仪表是实现各种作用的手段和条件，它将检测得到的数据进行运算处理（Operation Process），实现对被控变量（Controlled Variable）的调节。

1.1 测控仪表系统（Measurement and Control Instrument System）

下面以一个简单的储槽液位控制系统为例来说明典型的测控仪表系统，如图1.1所示。在生产过程中液体储槽常用来作为一般的中间容器，从前一个工序来的流体以流量（Flow rate）Q_{in}连续不断地流入储槽中，槽中的液体又以流量Q_{out}流出，送入下一工序进行加工。当Q_{in}和Q_{out}平衡时，储槽的液位会保持在某一希望的高度H上，但当Q_{in}或Q_{out}波动时，液位就会变化，偏离希望值（Desired Value）H。为了维持液位在希望值上，最简单的方法是以储槽液位为操作指标，以改变出口阀门开度（Valve Openness）为控制手段，如图1.1(a)所示。用玻璃管液位计（Level Meter）测出储槽的液位h，当液位上升时，即$h>H$时，将出口阀门开大，液位上升越多，阀门开得越大。反之，当液位下降时，即$h<H$时，将出口阀门关小，液位下降越多，阀门关得越小，以此来维持储槽液位$h=H$。这就是人工控制系统（Manual Control System），操作人员所进行的工作包括三方面：

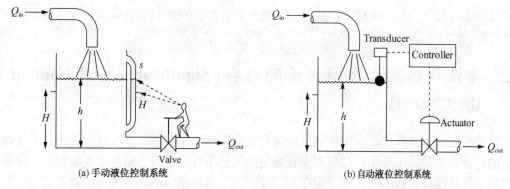

(a) 手动液位控制系统 (b) 自动液位控制系统

图1.1 液位控制系统

① 检测（Measurement）——眼睛 用眼睛观察玻璃管液位计中液位的高低h，并通过神经系统告诉大脑。

② 思考、运算、命令（Think、Operation、Command）——大脑 大脑根据眼睛看到的液位高度h，进行思考并与希望的液位值H进行比较，得出偏差的大小和正负，根据操作经验决策后发出命令。

③ 执行（Actuation）——手 根据大脑发出的命令，用手去改变阀门的开度，以改变流出流量Q_{out}，使液位保持在所希望的高度H上。

眼睛、大脑和手分别担负了检测、运算和执行三项工作，完成了测量、求偏差(Error)、操纵阀门来纠正偏差的全过程。用自动化装置来代替上述人工操作，人工控制就变成自动控制(Automatic Control)了，如图 1.1(b)所示。

为了完成眼睛、大脑和手的工作，自动化装置一般至少包括三个部分，分别用来模拟人的眼睛、大脑和手的功能，这三个部分分别是：

① 测量变送器(Transducer)　测量液位 h 并将其转化为标准、统一的输出信号。

Transducer—Senses the value of the controlled variable and converts it into a standard and uniform signal.

② 控制器(Controller)　接受变送器送来的信号，与希望保持的液位高度 H 相比较得出偏差，并按某种运算规律算出结果，然后将此结果用标准、统一的信号发送出去。

Controller—Computes the difference (error) between measured value which comes from transducer and desired value (or setpoint), converts the error into a control action or controller output that will reduce the error according to some algorithm.

③ 执行器(Actuator)　自动地根据控制器送来的信号值来改变阀门的开度。

Actuator—Regulate the manipulated variableautomatically according to controller output.

一般情况下，常规测控仪表系统的构成基本相同，只是各子系统被控变量不同，所采用的变送器和控制器的控制规律不同。其结构框图如图 1.2 所示。

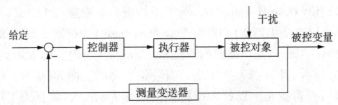

图 1.2　典型测控仪表系统方块图

从图中可看出，一个典型的测控仪表系统所包含的自动控制装置有测量变送器、控制器和执行器。

1.2　本课程的意义及所讨论的内容(Significance and Content of the Course)

自动控制技术已经广泛应用于国民经济的各个领域，尤其在工业生产过程中。为了保证产品的产量和质量，工业生产过程需要在规定的工艺条件下进行，对有关参数都有一定的要求。为了保持这些参数不变，或稳定在某一范围内，或按预定的规律变化，就需要对它们进行控制。为了加快生产速度，降低生产成本，提高产品的产量和质量，同时减轻劳动强度，改善劳动条件，保证安全生产，必须用自动化仪表取代人工操作来进行自动控制。

自动控制仪表是实现生产过程自动化必不可少的工具，任何一个自动控制系统都需要应用自动化仪表。自动控制系统要达到预期的控制效果，性能优良、质量可靠的自动化仪表是基础。因此，对于从事自动控制的人员来说，了解并学习构成自动控制系统的常用测控仪表，不仅是非常重要的而且是必要的。

本课程以典型工业测控仪表系统为主线，系统讲授生产过程自动化领域经常使用的各种测控仪表及装置，主要内容包括：测控仪表基本概念、仪表的基本性能指标，各种常用温度、压力、流量、物位及成分分析仪表的基本结构、工作原理、基本性能指标、特点、适用范围、安装使用注意事项和调校方法，仪表系统及常用控制装置、执行器等。

关键词(Key Words and Phrases)

(1) 测量及控制仪表　　Measurement and Control Instrument
(2) 过程参数　　Process Parameter
(3) 数据处理　　Data Process
(4) 被控变量　　Controlled Variable
(5) 操纵变量　　Manipulated Variable
(6) 希望值　　Desired Value
(7) 阀门开度　　Valve Openness
(8) 人工控制系统　　Manual Control System
(9) 自动控制　　Automatic Control
(10) 变送器　　Transducer
(11) 控制器　　Controller
(12) 执行器　　Actuator

习题(Problems)

1-1　测控仪表在控制系统中起什么作用？
1-2　典型测控系统由哪些环节构成？
1-3　典型测控系统中各环节的作用是什么？

2 测控仪表基本概念及性能指标
（Basic Concept and Performance Index of Measurement and Control Instrument）

在了解了本课程的内容和重要意义之后，我们来讨论和介绍测控仪表基本概念以及常用的评价仪表性能优劣的指标，包括测量范围、上下限及量程，零点迁移和量程迁移，灵敏度和分辨率，误差，线性度，精度和精度等级，死区、滞环和回差，反应时间，重复性和再现性，可靠性，稳定性等。

2.1 测量范围、上下限及量程（Measuring Range，Upper and Lower Range Limit，Span）

每台用于测量的仪表都有测量范围，定义如下：

测量范围（Measuring Range）就是指仪表按规定的精度进行测量的被测量的范围。

Measuring Range：The region between the limits within which a quantity is measured，received，or transmitted according to instrument's specified accuracy，expressed by stating the lower and upper range values.

测量范围的最大值称为测量上限值，简称上限（Upper Range Limit）。

Upper Range Limit：The highest value of the measured variable that a device can be adjusted to measure.

测量范围的最小值称为测量下限值，简称下限（Lower Range Limit）。

Lower Range Limit：The lowest value of the measured variable that a device is adjusted to measure.

仪表的量程（Span）可以用来表示其测量范围的大小，是其测量上限值与下限值的代数差，即

$$量程＝测量上限值－测量下限值$$

The measuring instrument can measure any value of a measured variable within its range of measurement according to specified accuracy. The range is defined by the lower range limit and the upper range limit. As the names imply，the range consists of all values between the lower range limit and the upper range limit. The span is the algebraic difference between the upper range limit and the lower range limit.

$$Span＝upper\ range\ limit－the\ lower\ range\ limit$$

例 2-1 一台温度检测仪表的测量上限值是 500℃，下限值是-100℃，则其测量范围和量程各为多少？

解： 该仪表的测量范围为-100~500℃。

$$量程＝测量上限值－测量下限值＝500℃－（-100℃）＝600℃$$

Example 2-1 A temperature measuring instrument，its upper range limit is 500℃ and lower

4

range limit is-100℃, then, what is its measuring range and span?

Solution：Its measuring range is-100~500℃.

$$Span = upper\ range\ limit - the\ lower\ range\ limit$$
$$= 500℃ - (-100℃) = 600℃$$

仪表的量程在检测仪表中是一个非常重要的概念，它与仪表的精度、精度等级及仪表的选用都有关。

仪表测量范围的另一种表示方法是给出仪表的零点(Zero)及量程。仪表的零点即仪表的测量下限值。由前面的分析可知，只要仪表的零点和量程确定了，其测量范围也就确定了。这是一种更为常用的表示方法。

例 2-2 一台温度检测仪表的零点是-50℃，量程是300℃，则其测量范围为多少?

解：零点是-50℃，说明其测量下限值为-50℃。

    由 量程=测量上限值-测量下限值

    有 测量上限值=量程+测量下限值=300℃+(-50℃)=250℃

    这台温度检测仪表的测量范围为-50~250℃。

Example 2-2 A temperature measuring instrument, its zero is-50℃ and span is 300℃, then, what is its measuring range?

Solution：Span=upper range limit-the lower range limit

    Then Upper range limit =span+the lower range limit

$$= 300℃ + (-50℃) = 250℃$$

So, its measuring range is-50~250℃.

2.2 零点迁移和量程迁移(Zero Shift and Span Shift)

在实际使用中，由于测量要求或测量条件的变化，需要改变仪表的零点或量程，可以对仪表的零点和量程进行调整(Adjustment)。通常将零点的变化称为零点迁移(Zero Shift)，量程的变化称为量程迁移(Span Shift)。

以被测变量相对于量程的百分数为横坐标，记为 X，以仪表指针位移或转角相对于标尺长度的百分数为纵坐标，记为 Y，可得到仪表的输入输出特性曲线 (Input - Output Characteristic Curve) X-Y。假设仪表的特性曲线是线性的，如图 2.1 中线段 1 所示。

单纯零点迁移情况如图 2.1 中线段 2 所示。此时仪表量程不变，其斜率亦保持不变，线段 2 只是线段 1 的平移，理论上零点迁移到了原输入值的 - 25%，上限值迁移到了原输入值的 75%，而量程则仍为100%。

Zero Shift: Means provided in an instrument to produce a parallel shift of the input-output curve.

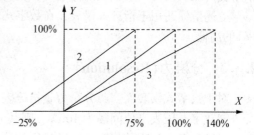

图 2.1 零点迁移和量程迁移示意图

单纯量程迁移情况如图 2.1 中线段 3 所示。此时仪表零点不变，线段仍通过坐标系原点，但斜率发生了变化，上限值迁移到了原输入值的 140%，量程变为 140%。

Span Shift : Means provided in an instrument to change the slope of the input-output curve.

零点迁移和量程迁移可以扩大仪表的通用性。但是，在何种情况下可以进行迁移，以及能够有多大的迁移量，还需视具体仪表的结构（Structure）和性能（Performance）而定。

2.3 灵敏度和分辨率（Sensitivity and Resolution）

2.3.1 灵敏度（Sensitivity）

灵敏度 S 是表示仪表对被测量（Measured Variable）变化的灵敏程度，常以在被测量改变时，经过足够时间仪表指示值达到稳定状态（Steady State）后，仪表输出（Output）的变化量 Δy 与引起此变化的输入（Input）变化量 Δx 之比，即

$$S = \frac{\Delta y}{\Delta x} \tag{2-1}$$

Sensitivity：The ratio of the change in output magnitude to the change of the input that causes it after the steady-state has been reached. It is expressed as a ratio with the units of measurement of the two quantities stated.

由上面的定义可知，灵敏度实际上是一个有量纲的放大倍数。在量纲相同的情况下，仪表灵敏度的数值越大，说明仪表对被测参数的变化越灵敏。

若为指针式仪表，则灵敏度在数值上等于单位被测参数变化量所引起的仪表指针移动的距离（或转角）。

灵敏度即为图 2.1 中的斜率，零点迁移灵敏度不变，而量程迁移则意味着灵敏度的改变。

2.3.2 分辨率（Resolution）

分辨率又称灵敏限，是仪表输出能响应和分辨的最小输入变化量。

Resolution：The least interval between two adjacent discrete details that can be used to distinguish one from the other.

通常仪表的灵敏限不应大于允许绝对误差的一半。从某种意义上讲，灵敏限实际上是死区。

分辨率是灵敏度的一种反映，一般说仪表的灵敏度高，其分辨率也高。在实际应用中，希望提高仪表的灵敏度，从而保证其有较高的分辨率。

上述指标适用于指针式仪表，在数字式仪表中常常用分辨力来描述仪表灵敏度（或分辨率）的高低。

2.3.3 分辨力（Resolution）

对于数字式仪表而言，分辨力是指该表的最末位数字间隔所代表的被测参数变化量。

如数字电压表末位间隔为 $10\mu V$，则其分辨力为 $10\mu V$。

对于有多个量程的仪表，不同量程的分辨力是不同的，相应于最低量程的分辨力称为该表的最高分辨力，对数字仪表而言，也称该表的灵敏度。如，某表的最低量程是 $0 \sim 1.00000V$，六位数字显示。末位数字的等效电压为 $10\mu V$，则该表的灵敏度为 $10\mu V$。

数字仪表的分辨率为灵敏度与它的量程的相对值。上述仪表的分辨率为 $10\mu V/1V = 10^{-5}$，即十万分之一。

2.4　测量误差(Measurement Error)

在工程技术和科学研究中，对一个参数进行测量时，总要提出这样一个问题，即所获得的测量结果是否就是被测参数(Measured Parameter)的真实值？它的可信赖程度究竟如何？

人们对被测参数真实值的认识，虽然随着实践经验的积累和科学技术的发展会越来越接近，但绝不会达到完全相等的地步，这是由于测量过程中始终存在着各种各样的影响因素。例如，没有考虑到某些次要的、影响小的因素，对被测对象本质认识的不够全面，采用的检测工具不十分完善，以及观测者技术熟练程度不同等，均可使获得的测量结果与真实值之间总是存在着一定的差异，这一差异就是误差。可见在测量过程中自始至终存在着误差。

测量过程就是将被测物理量转换为转角、位移、能量等的过程，而测量仪表就是实现这一过程的工具。仪表指示的被测值称为示值(Indication Value)，它是被测量真值(True Value)的反应。被测量真值是指被测物理量客观存在的真实数值，严格地说，它是一个无法得到的理论值，因为无论采用何种仪表测到的值都有误差。实际应用中常用精度较高的仪表测出的值，称为约定真值(Conventional True Value)来代替真值。例如使用国家标准计量机构标定过的标准仪表(Standard Instrument)进行测量，其测量值即可作为约定真值。由仪表读得的被测值和被测量真值之间，总是存在一定的差距，这一差距就是测量误差(Error)。

测量误差通常有两种表示方法，即绝对误差和相对误差。

2.4.1　绝对误差(Absolute Error)

绝对误差是指仪表指示值与公认的约定真值之差，即

$$\Delta = x - x_0 \tag{2-2}$$

式中　Δ——绝对误差；

　　x——示值，被校表的读数值(Calibrated Instrument Reading)；

　　x_0——约定真值，标准表(精度高)的读数值(Standard Instrument Reading)。

绝对误差又可简称为误差。绝对误差是可正可负的，而不是误差的绝对值，当误差为正时表示仪表的示值偏大，反之偏小。绝对误差还有量纲，它的单位与被测量的单位相同。

Error：In process instrumentation, the algebraic difference between the indication and the ideal value of the measured signal. It is the quantity that, algebraically subtracted from the indication, gives the ideal value.

Note：A positive error denotes that the indication of the instrument value is greater than the ideal value.

仪表在其测量范围内各点读数绝对误差的最大值称为最大绝对误差(Maximum Absolute Error)，即

$$\Delta_{max} = (x - x_0)_{max} \tag{2-3}$$

2.4.2　相对误差(Relative Error)

为了能够反映测量工作的精细程度，常用测量误差除以被测量的真值，即用相对误差来表示。相对误差也具有正负号，但无量纲，用百分数表示。由于真值不能确定，实际上是用

约定真值来代替真值。在测量中，由于所引用真值的不同，相对误差有以下两种表示方法：

（1）实际相对误差（True Relative Error）

True Relative Error：Error expressed in terms of the true value.

$$\delta_{实} = \frac{\Delta}{x_0} \times 100\% = \frac{x - x_0}{x_0} \times 100\% \tag{2-4}$$

（2）示值相对误差（Indication Relative Error）

Indication Relative Error：Error expressed in terms of the indication value.

$$\delta_{示} = \frac{\Delta}{x} \times 100\% = \frac{x - x_0}{x} \times 100\% \tag{2-5}$$

示值相对误差也称为标称相对误差。

2.4.3 基本误差与附加误差（Basic Error and Additional Error）

任何测量都与环境条件（Environment Condition）有关。这些环境条件包括环境温度、相对湿度、电源电压和安装方式等。仪表应用时应严格按规定的环境条件即参比工作条件（Reference Operating Condition）进行测量，此时获得的误差称为基本误差。在非参比工作条件下测量所得的误差，除基本误差外，还会包含额外的误差，称为附加误差，即

$$误差 = 基本误差 + 附加误差 \tag{2-6}$$

Basic Error：Error caused in reference operating condition.

Additional Error：Error caused by a change in a specified operating condition from reference operating condition.

以上讨论都是针对仪表的静态误差（Static Error），即仪表静止状态时的误差，或变化量十分缓慢时所呈现的误差，此时不考虑仪表的惯性（Inertia Factors）因素。仪表还有动态误差（Dynamic Error），动态误差是指仪表因惯性延迟所引起的附件误差，或变化过程中的误差。

2.5 线性度（Linearity）

线性度又称为非线性误差（Nonlinear Error）。

对于理论上具有线性特性的检测仪表，往往由于各种因素的影响，使其实际特性偏离线性，如图 2.2 所示。线性度是衡量实际特性偏离线性程度的指标，其定义为：仪表输出—输入校准曲线（Calibration Curve）与理论拟合直线之间的绝对误差的最大值 Δ'_{max} 与仪表的量程之比的百分数，即

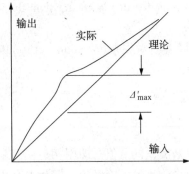

图 2.2 线性度示意图

$$非线性误差 = \frac{\Delta'_{max}}{量程} \times 100\% \tag{2-7}$$

Linearity：The closeness to which a curve approximates a straight line.

Note 1：It is usually measured as a nonlinearity and expressed as linearity; e. g. , a maximum deviation between an average curve and a straight line. The average curve is determined after making two or more full range traverses in each direction. The value of linearity is referred to the output unless otherwise stated.

Note 2: As a performance specification, linearity should be expressed as independent linearity, terminal based linearity, or zero-based linearity. When expressed simply as linearity, it is assumed to be independent linearity.

2.6 精度和精度等级(Accuracy and Accuracy Grade)

既然任何测量过程中都存在测量误差，那么在应用测量仪表对工艺参数进行测量时，不仅需要知道仪表的指示值，还应知道该测量仪表的精度，即所测量值接近真实值的准确程度，以便估计测量误差的大小，进而估计测量值的大小。

测量仪表在其测量范围内各点读数的绝对误差，一般是标准表(Standard Instrument)和被校表(Calibrated Instrument)同时对一个参数进行测量时所得到的两个读数之差。由于仪表的精确程度(准确程度)不仅与仪表的绝对误差有关，还与仪表的测量范围有关，因此不能采用绝对误差来衡量仪表的准确度。例如，在温度测量时，绝对误差 $\Delta = 1℃$，对体温测量来说是不允许的，而对测量钢水温度来说却是一个极好的测量结果。又例如，有一台金店用的秤，其测量范围为 $0 \sim 100g$，另一台人体秤，测量范围为 $0 \sim 100kg$，如果它们的最大绝对误差都是 $\pm 10g$，则很明显人体秤更准确。就是说，采用绝对误差表示测量误差，不能很好地说明测量质量的好坏。两台测量范围不同的仪表，如果它们的最大绝对误差相等的话，测量范围大的仪表较测量范围小的精度高。

那么是否可以用相对误差来衡量仪表的准确度呢？相对误差可以用来表示某次测量结果的准确性，但测量仪表是用来测量某一测量范围内的被测量，而不是只测量某一固定大小的被测量的。而且，同一仪表的绝对误差，在整个测量范围内可能变化不大，但测量值变化可能很大，这样相对误差变化也很大。因此，用相对误差来衡量仪表的准确度是不方便的。为方便起见，通常用引用误差来衡量仪表的准确性能。

2.6.1 引用误差(Quote Error)

引用误差又称为相对百分误差(Relative Percentage Error)δ，用仪表的绝对误差 Δ 与仪表量程之比的百分数来表示，即

$$\delta = \frac{\Delta}{量程} \times 100\% \tag{2-8}$$

Quote Error: Error expressed in terms of percent of span.

2.6.2 最大引用误差(Maximum Quote Error)

用仪表在其测量范围内的最大绝对误差 Δ_{max} 与仪表量程之比的百分数来表示，即

$$\delta_{max} = \frac{\Delta_{max}}{量程} \times 100\% \tag{2-9}$$

2.6.3 允许的最大引用误差(Permissible Maximum Quote Error)

根据仪表的使用要求，规定一个在正常情况下允许的最大误差，这个允许的最大误差就称为允许误差，$\Delta_{max允}$。允许误差与仪表量程之比的百分数表示就是仪表允许的最大引用误

差，是指在规定的正常情况下，允许的相对百分误差的最大值，即

$$\delta_{允} = \frac{\Delta_{max允}}{量程} \times 100\% \qquad (2-10)$$

2.6.4 精度(Accuracy)

精度又称为精确度或准确度，是指测量结果和实际值一致的程度，是用仪表误差的大小来说明其指示值与被测量真值之间的符合程度。通常用允许的最大引用误差去掉正负号(±)和百分号(%)后，剩下的数字来衡量。其数值越大，表示仪表的精度越低，数值越小，表示仪表的精度越高。

Accuracy: In process instrumentation, degree of conformity of an indicated value to a recognized accepted standard value, or ideal value. It is the maximum positive and negative deviation observed in testing a device under specified conditions and by a specified procedure. It is typically expressed in terms of percent of span.

2.6.5 精度等级(Accuracy Grade)

按照仪表工业的规定，仪表的精度划分为若干等级，称精度等级。我国常用的精度等级有

$$\underbrace{0.005,\ 0.01,\ 0.02,\ 0.05}_{\text{Ⅰ级标准表}} \quad \underbrace{0.1,\ 0.2,\ (0.4),\ 0.5}_{\text{Ⅱ级标准表}} \quad \underbrace{1.0,\ 1.5,\ 2.5,\ (4.0)}_{\text{工业用表}}$$

括号内等级必要时采用。所谓1.0级仪表，即该仪表允许的最大相对百分误差为±1%，其余类推。

仪表精度等级是衡量仪表质量优劣的重要指标(Index)之一。精度等级的数字越小，仪表的精度等级就越高，也说明该仪表的精度高。

仪表精度等级一般可用不同符号形式标志在仪表面板或铭牌上，如1.0级仪表表示为⑴⓪、⚠或±1.0%等。

下面两个例题进一步说明了如何确定仪表的精度等级。

例2-3 有两台测温仪表，测温范围分别为0~100℃和100~300℃，校验时得到它们的最大绝对误差均为±2℃，试确定这两台仪表的精度等级。

解：
$$\delta_{max1} = \frac{\pm 2}{100 - 0} \times 100\% = \pm 2\%$$

$$\delta_{max2} = \frac{\pm 2}{300 - 100} \times 100\% = \pm 1\%$$

去掉正负号和百分号，分别为2和1。因为精度等级中没有2级仪表，而该表的误差又超过了1级表所允许的最大误差，取2对应低等级数上接近值2.5级，所以这台仪表的精度等级是2.5级，另一台为1级。

Example 2-3 There are two temperature measuring instruments, their ranges are 0~100℃ and 100~300℃ separately. The maximum absolute error Δ_{max} of both instruments are all 2℃ from calibration, please determine the accuracy grade of these two instruments.

Solution：
$$\delta_{max1} = \frac{\pm 2}{100 - 0} \times 100\% = \pm 2\%$$

$$\delta_{\text{max2}} = \frac{\pm 2}{300 - 100} \times 100\% = \pm 1\%$$

So, the first one's accuracy grade is 2.5, the second one is grade 1.

从此例中还可看出，最大绝对误差相同时，量程大的仪表精度高。

例 2-4 某台测温仪表的工作范围为 0~500℃，工艺要求测温时的最大绝对误差不允许超过±4℃，试问如何选择仪表的精度等级才能满足要求？

解：根据工艺要求

$$\delta_{\text{允}} = \frac{\pm 4}{500 - 0} \times 100\% = 0.8\%$$

0.8 介于 0.5 与 1.0 之间，若选用 1.0 级仪表，则最大误差为±5℃，超过工艺允许值。为满足工艺要求，应取 0.8 对应高等级数上接近值 0.5 级。故应选择 0.5 级表才能满足要求。

Example 2-4 The working range of one temperature measuring instrument is 0~500℃. The measuring error is not allowed to exceed ±4℃ according to process requirement. How to choose instrument accuracy grade can meet this requirement?

Solution：
$$\delta_{\text{permissible}} = \frac{\pm 4}{500 - 0} \times 100\% = 0.8\%$$

If we choose 1.0 grade instrument, the maximum error is ±5℃, it exceeds ±4℃. So 0.5 grade instrument should be chosen.

由以上例子可看出，根据仪表的校验数据来确定仪表的精度等级和根据工艺要求来选择仪表精度等级，要求是不同的。

（1）根据仪表的校验数据来确定仪表的精度等级时，仪表允许的最大引用误差要大于或等于仪表校验时所得到的最大引用误差。

（2）根据工艺要求来选择仪表的精度等级时，仪表允许的最大引用误差要小于或等于工艺上所允许的最大引用误差。

例 2-5 现有精度等级为 0.5 级的 0~300℃ 和精度等级为 1.0 级的 0~100℃ 的两个温度计，要测量 80℃ 的温度，试问采用哪一个温度计更好？

解：0.5 级，0~300℃ 温度计可能出现的最大绝对误差为

$$\Delta_{\text{max1}} = \pm 0.5\% \times 300 = \pm 1.5℃$$

可能出现的最大示值相对误差为

$$\delta_{\text{示max1}} = \frac{\Delta_{\text{max1}}}{x} \times 100\% = \frac{\pm 1.5}{80} \times 100\% = \pm 1.88\%$$

1.0 级 0~100℃ 温度计可能出现的最大绝对误差为

$$\Delta_{\text{max2}} = \pm 1.0\% \times 100 = \pm 1℃$$

可能出现的最大示值相对误差为

$$\delta_{\text{示max1}} = \frac{\Delta_{\text{max2}}}{x} \times 100\% = \frac{\pm 1}{80} \times 100\% = \pm 1.25\%$$

计算结果表明，用 1.0 级表比用 0.5 级表的示值相对误差的绝对值反而更小，所以更合适。

Example 2-5 There are two thermometers A and B. A: accuracy grade 0.5, measuring range 0~300℃. B: accuracy grade 1.0, measuring range 0~100℃. If we want to measure the temperature of 80℃ with A and B, then, which one is better?

Solution：Possible maximum absolute error of A is

$$\Delta_{maxA} = \pm 0.5\% \times 300 = \pm 1.5℃$$

Possible maximum indication relative error of A is

$$\delta_{imaxA} = \frac{\Delta_{maxA}}{x} \times 100\% = \frac{\pm 1.5}{80} \times 100\% = \pm 1.88\%$$

Possible maximum absolute error of B is

$$\Delta_{maxB} = \pm 1.0\% \times 100 = \pm 1℃$$

Possible maximum indication relative error of B is

$$\delta_{imaxB} = \frac{\Delta_{maxB}}{x} \times 100\% = \frac{\pm 1}{80} \times 100\% = \pm 1.25\%$$

We can see, B's absolute value of indication relative error is smaller then A's one, so, B is better then A.

由上例可知，在选用仪表时应兼顾精度等级和量程两个方面。

2.7 死区、滞环和回差（Dead Band、Hysteresis error、Hysteresis of instrument）

2.7.1 死区(Dead Band)

仪表输入在小到一定范围内不足以引起输出的任何变化，这一范围称为死区，在这个范围内，仪表的灵敏度为零。引起死区的原因主要有电路的偏置不当，机械传动中的摩擦和间隙等。

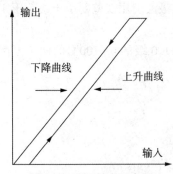

图 2.3 死区效应示意图

死区也称不灵敏区，它会导致被测参数的有限变化不易被检测到，要求输入值大于某一限度才能引起输出变化，它使得仪表的上升曲线（Upscale Going Curve）和下降曲线（Downscale Going Curve）不重合，如图 2.3 所示。理想情况下死区的宽度是灵敏限的两倍。死区一般以仪表量程的百分数来表示。

Dead band：In process instrumentation, the range through which an input signal may reverse direction without initiating observable change in output signal.

Note 1：There are separate and distinct input-output relationships for increasing and decreasing signals as shown in Figure 2.3.

Note 2：Dead band produces phase lag between input and output.

Note 3：Dead band is usually expressed in percent of span.

2.7.2 滞环(Hysteresis Error)

滞环又称为滞环误差。由于仪表内部的某些元件具有储能效应，如弹性元件的变形、磁滞效应等，使得仪表校验所得的实际上升(上行程)曲线和实际下降(下行程)曲线不重合，

12

仪表的特性曲线成环状，如图 2.4 所示，这一现象就称为滞环。在有滞环现象出现时，仪表的同一输入值对应多个输出值，出现误差。

这里所讲的上升曲线和下降曲线是指仪表的输入量从量程的下限开始逐渐升高或从上限开始逐渐降低而得到的输入输出特性曲线。

滞环误差为对应于同一输入值下上升曲线和下降曲线之间的最大差值，一般用仪表量程的百分数表示。

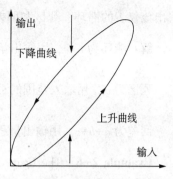

图 2.4　滞环效应示意图

Hysteresis：Hysteresis results from the inelastic quality of an element or device. It is usually determined by subtracting the value of the dead band from the maximum measured separation between upscale going and downscale going indications of the measured variable（during a full range traverse）after transients have decayed. The difference may be expressed as a percentage of ideal output span.

2.7.3　回差（Hysteresis of Instrument，Round Error）

回差又称变差或来回差，是指在相同条件下，使用同一仪表对某一参数在整个测量范围内进行正、反（上、下）行程测量时，所得到的在同一被测值下正行程和反行程的最大绝对差值，如图 2.5 所示。回差一般用上升曲线与下降曲线在同一被测值下的最大差值与量程之比的百分数表示，即

$$回差 = \frac{|正行程测量值 - 反行程测量值|_{max}}{量程} \times 100\% \tag{2-11}$$

回差是滞环和死区效应的综合效应（Integrated Effects）。造成仪表回差的原因很多，如传动机构的间隙，运动部件的摩擦，弹性元件的弹性滞后等。在仪表设计时，应在选材上，加工精度上给予较多考虑，尽量减小回差。一个仪表的回差越小，其输出的重复性和稳定性越好。一般情况下，仪表的回差不能超出仪表的允许误差。

Hysteresis of instrument：Hysteresis of instrument results from the inelastic quality of an element or device. Its effect is combined with the effect of dead band. The sum of the two effects may be determined directly from the deviation values of a number of test cycles and is the maximum difference between corresponding upscale and downscale outputs for any single test cycle. The difference may be expressed as a percentage of span.

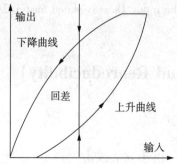

图 2.5　死区和滞环综合效应示意图

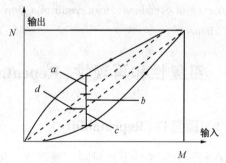

图 2.6　例 2-6 图

例 2-6　如图是根据仪表校验数据所画出的输入输出关系曲线。请按图 2.6 中所标字符

写出该仪表的滞环、死区和回差。

解：滞环为 $a+c$，用输出量程的百分数表示为 $\dfrac{a+c}{N}\times 100\%$；

死区为 d，用输入范围的百分数表示为 $\dfrac{d}{M}\times 100\%$；

回差为 $a+b+c$，用输出量程的百分数表示为 $\dfrac{a+b+c}{N}\times 100\%$。

Example 2-6 The figure 2.6 is an instrument input-output characteristic curves from calibrated data, please point out hysteresis error, dead band and hysteresis of instrument.

Solution：Hysteresis error is $a+c$, expressed as a percentage of output span is $\dfrac{a+c}{N}\times 100\%$.

Dead band is d, expressed as a percentage of input span is $\dfrac{d}{M}\times 100\%$.

Hysteresis of instrument is $a+b+c$, expressed as a percentage of output span is $\dfrac{a+b+c}{N}\times 100\%$.

2.8 反应时间(Response Time)

当用仪表对被测量进行测量时，被测量突然变化后，仪表指示值总是要经过一段时间以后才能准确的显示出来。反应时间就是用来衡量仪表能不能尽快反映出被测量变化的指标。反应时间长，说明仪表需要较长时间才能给出准确的指示值，那就不宜用来测量变化频繁的参数。在这种情况下，当仪表尚未准确地显示出被测值时，参数本身就已经变化了，使仪表始终不能指示出参数瞬时值的真实情况。因此，仪表反应时间的长短，实际上反应了仪表动态(Dynamic State)性能的好坏。

仪表的反应时间有不同的表示方法。当输入信号突然变化一个数值后，输出信号将由原始值逐渐变化到新的稳态值。仪表的输出信号(指示值)由开始变化到新稳态值的 63.2% 所用的时间，可用来表示反应时间。也有用变化到新稳态值的 95% 所用时间来表示反应时间的。

Response time：An output expressed as a function of time, resulting from the application of a specified input under specified operating conditions. It is the time required for an output to change from an initial value to a large specified percentage of the final steady state value either before or in the absence of overshoot, as a result of a step change to the input. Usually stated for 63.2% or 95% value change.

2.9 重复性和再现性(Repeatability and Reproducibility)

2.9.1 重复性(Repeatability)

在相同测量条件下，对同一被测量，按同一方向(由小到大或由大到小)连续多次测量时，所得到的多个输出值之间相互一致的程度称为仪表的重复性，它不包括滞环和死区。所谓相同的测量条件应包括相同的测量程序，相同的观测者，相同的测量设备，在相同的地点以及在短时间内重复。

仪表的重复性一般用上升和下降曲线的最大离散程度中的最大值与量程之比的百分数来表示，如图 2.7 所示。

Repeatability：The closeness of agreement among a number of consecutive measurements of the output for the same value of the input under the same operating conditions, approaching from the same direction, for full range traverses.

Note：It is usually measured as nonrepeatability and expressed as repeatability in percent of span. It does not include hysteresis.

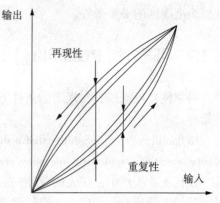

图 2.7　重复性和再现性示意图

2.9.2　再现性(Reproducibility)

仪表的再现性是指在相同的测量条件下，在规定的相对较长的时间内，对同一被测量从两个方向上重复测量时，仪表实际上升和下降曲线之间离散程度的表示。常用两种曲线之间离散程度的最大值与量程之比的百分数来表示，如图 2.7 所示。它包括了滞环和死区，也包括了重复性。

重复性是衡量仪表不受随机因素影响的能力，再现性是仪表性能稳定的一种标志。在评价仪表的性能时，常常同时要求其重复性和再现性。重复性和再现性的数值越小，仪表的质量越高。

Reproducibility：In process instrumentation, the closeness of agreement among repeated measurements of the output for the same value of input made under the same operating conditions over a period of time, approaching from both directions.

Note 1：It is usually measured as nonreproducibility and expressed as reproducibility in percent of span for a specified time period. Normally, this implies a long period of time, but, under certain conditions, the period may be a short time during which drift may not be included.

Note 2：Reproducibility includes hysteresis, dead band, drift, and repeatability.

Note 3：Between repeated measurements, the input may vary over the range and operating conditions may vary within normal operating conditions.

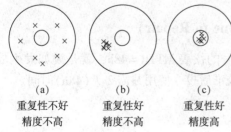

图 2.8　重复性和精度关系示意图

那么重复性和再现性与仪表的精度有什么关系呢？我们用打靶的例子来进行说明。A、B 和 C 三人的打靶结果如图 2.8(a)、(b)和(c)所示，从图中可以看出，A 的重复性不好，精度也不高；B 的重复性好，但精度不高；C 的重复性好，精度也高。从这个例子可以看出，重复性好精度不一定高。

因此，重复性和再现性优良的仪表并不一定精度高，但高精度的优质仪表一定有很好的重复性和再现性。重复性和再现性的优良只是保证仪表准确度的必要条件。

2.10 可靠性(Reliability)

可靠性是反映仪表在规定的条件下和规定的时间内完成规定功能的能力的一种综合性质量指标。

Reliability：The probability that a device will perform its objective adequately, for the period of time specified, under the operating conditions specified.

现代工业生产中，仪表的故障(Failure of Instrument)可能会带来严重的后果，这就需要对可靠性进行研究，并建立一套科学评价的技术指标。仪表的使用可以认为是这样的过程，仪表投入使用→故障→检修→继续投入使用。在这种循环过程中，希望仪表使用的时间越长，故障越少越好；如果产生故障，则应该很容易维修(Maintenance)，并能很快地重新投入使用，只有达到这两种要求才能认为可靠性是高的。

可靠性的衡量有多种尺度。定量描述可靠性的度量指标有可靠度、平均无故障工作时间、故障率、平均故障修复时间和有效度。

2.10.1 可靠度(Reliability)

可靠度 $R(t)$ 是指仪表在规定的工作时间内无故障的概率。如有 100 台同样的仪表，工作 1000h 后，有 99 台仍能正常工作，就可以说这批仪表在 1000h 后的可靠度是 99%，即 $R(t)=99\%$。反之这批仪表的不可靠度 $F(t)$ 就是 1%。显然 $R(t)=1-F(t)$。

2.10.2 平均无故障工作时间 MTBF (Mean Time Between Failure)

平均无故障工作时间是仪表在相邻两次故障间隔内有效工作时的平均时间，用 MTBF (Mean Time Between Failure)来表示。对于不可修复的产品，把从开始工作到发生故障前的平均工作时间用 MTTF(Mean Time To Failure)表示。两者可统称为"平均寿命"。

2.10.3 故障率(Failure Probability)

故障率 λ 是指仪表工作到 t 时刻时单位时间内发生故障的概率。平均无故障工作时间的倒数就是故障率。例如，某种型号仪表的故障率为 5%/kh，就是说 100 台这样的仪表运行 1000h 后，会有 5 台发生故障。那么，它们的平均无故障工作时间 MTBF 是多少呢？应该是 $1/5\%/\text{kh}=10^5\text{h}/5=2\times10^4\text{h}\approx2.5$ 年。

2.10.4 平均故障修复时间 MTTR (Mean Time to Repair)

仪表故障修复所用的平均时间。例如，某种型号的仪表 MTTR=48h，就是说如发生故障，可联系生产厂商，获得备件，经过修理并重新校准后投入使用共需 2 天(48h)时间。

2.10.5 有效度(Authenticity)

综合评价仪表的可靠性，要求平均无故障工作时间尽可能长的同时，又要求平均故障修复时间尽可能短，引出综合性能指标有效度，也称为可用性，它表示仪表的工作时间在整个时间中所占的份额，即

$$有效度(可用性)=\frac{\text{MTBF}}{\text{MTBF+MTTR}}\times100\% \qquad (2-12)$$

有效度表示仪表的可靠程度，数值越大，仪表越可靠，或者说可靠度越高。

可靠性目前是一门专门的科学，它涉及三个领域。一是可靠性理论，它又分为可靠性数学和可靠性物理。其中可靠性数学是研究如何用一个数学的特征量来定量地表示仪表设备的可靠程度，这个特征量表示在规定条件下、规定时间内完成规定功能的概率，因此可以用概率统计的方法进行估算，上面简要介绍的内容就是这种方法。二是可靠性技术，它又分为可靠性设计、可靠性试验和可靠性分析等，其中可靠性设计包括系统可靠性设计、可靠性预测、可靠性分配、元器件散热设计、电磁兼容性设计、参数优化设计等等。三是可靠性管理，它包括宏观管理和微观管理两个层面。

2.11　稳定性(Stability)

仪表的稳定性可以从两个方面来描述。一是时间稳定性，它表示在工作条件保持恒定时，仪表输出值(示值)在规定时间内随机变化量的大小，一般以仪表示值变化量和时间之比来表示；二是使用条件变化稳定性，它表示仪表在规定的使用条件内，某个条件的变化对仪表输出值的影响。以仪表的供电电压影响为例，实际电源电压在220~240V AC 范围内时，可用电源电压每变化1V 时仪表输出值的变化量来表示仪表对电源电压的稳定性。

关键词(Key Words and Phrases)

(1) 性能指标	Performance Index
(2) 测量范围	Measuring Range
(3) 上限	Upper Range Limit
(4) 下限	Lower Range Limit
(5) 量程	Span
(6) 零点	Zero
(7) 调整	Adjustment
(8) 零点迁移	Zero Shift
(9) 量程迁移	Span Shift
(10) 输入输出特性曲线	Input−Output Characteristic Curve
(11) 结构	Structure
(12) 灵敏度	Sensitivity
(13) 被测量	Measured Variable
(14) 稳定状态	Steady State
(15) 输出	Output
(16) 输入	Input
(17) 分辨率，分辨力	Resolution
(18) 测量误差	Measurement Error
(19) 被测参数	Measured Parameter
(20) 真值	True Value

(21) 示值	Indication Value	
(22) 约定真值	Conventional True Value	
(23) 标准仪表	Standard Instrument	
(24) 被校表	Calibrated Instrument	
(25) 绝对误差	Absolute Error	
(26) 标准表读数值	Standard Instrument reading	
(27) 被校表读数值	Calibrated Instrument reading	
(28) 相对误差	Relative Error	
(29) 实际相对误差	Relative True Error	
(30) 示值相对误差	Relative Indication Error	
(31) 基本误差	Basic Error	
(32) 附加误差	Additional Error	
(33) 环境条件	Environment Condition	
(34) 参比工作条件	Reference Operating Condition	
(35) 静态误差	Static Error	
(36) 动态误差	Dynamic Error	
(37) 惯性因素	Inertia Factors	
(38) 线性度	Linearity	
(39) 非线性误差	Nonlinear Error	
(40) 非线性度	Nonlinearity	
(41) 校准曲线	Calibration Curve	
(42) 精度	Accuracy	
(43) 精度等级	Accuracy Grade	
(44) 引用误差	Quote Error	
(45) 相对百分误差	Relative Percentage Error	
(46) 允许的最大引用误差	Permissible Maximum Quote Error	
(47) 死区	Dead Band	
(48) 上升曲线	Upscale Going Curve	
(49) 下降曲线	Downscale Going Curve	
(50) 滞环, 滞环误差	Hysteresis Error	
(51) 回差	Hysteresis of Instrument	
(52) 综合效应	Integrated Effects	
(53) 反应时间	Response Time	
(54) 重复性	Repeatability	
(55) 再现性	Reproducibility	
(56) 可靠性, 可靠度	Reliability	
(57) 仪表的故障	Failure of Instrument	
(58) 维修	Maintenance	
(59) 平均无故障工作时间 MTBF	Mean Time Between Failure	
(60) 故障率	Failure Probability	

18

习题（Problems）

2-1 什么是仪表的测量范围、上下限和量程？它们之间的关系如何？

2-2 某台温度测量仪表的测量范围是-50~100℃，则该仪表的测量上、下限和量程各为多少？

One temperature measuring instrument, its measuring range is-50~100℃, then what's the upper, lower range limit and span of it?

2-3 一台温度检测仪表的零点是-100℃，量程是200℃，则其测量范围为多少？

A temperature measuring instrument, its zero is-100℃ and span is 200℃, then, what is its measuring range?

2-4 何谓仪表的零点迁移和量程迁移？其目的是什么？

2-5 什么是仪表的灵敏度和分辨率？两者之间关系如何？

2-6 在量纲相同的情况下，仪表灵敏度的数值越大，仪表对被测参数的变化越灵敏。这种说法对吗？为什么？

2-7 什么是真值、约定真值和误差？

2-8 误差的表示方法主要有哪两种？各是什么意义？

2-9 用一只标准压力表检定甲、乙两台压力表时，标准表的指示值为50kPa，甲、乙表的读数各为50.4kPa和49.4kPa，求它们在该点的绝对误差和示值相对误差。

2-10 什么是仪表的基本误差和附加误差？

2-11 什么是仪表的线性度？

2-12 什么是仪表的引用误差、最大引用误差和允许的最大引用误差？

2-13 某台温度测量仪表的测量范围是0~500℃，在300℃处的检定值为297℃，求在300℃处仪表的引用误差。

2-14 何谓仪表的精度和精度等级？如何确定？工业仪表常用的精度等级有哪些？

2-15 某采购员分别在三家商店购买100kg大米、10kg苹果、1kg巧克力，发现均缺少0.5kg，但该采购员对卖巧克力的商店意见最大，是何原因？

2-16 一台精度为0.5级的仪表，下限刻度值为负值，为全量程的25%，该表允许绝对误差为1℃，试求这台仪表的测量范围。

2-17 有两台测温仪表，其测量标尺的范围分别为0~500℃和0~1000℃，已知其最大绝对误差均为5℃，试问哪一台测温更准确？为什么？

2-18 有A、B两个电压表，测量范围分别为0~600V和0~150V，精度等级分别为0.5级和1.0级。若待测电压约为100V，从测量准确度来看，选用哪一台电压表更好？

There are two voltmeters A and B, A: measuring range 0~600V, accuracy grade 0.5; B: measuring range 0~150V, accuracy grade 1.0. If the measured voltage is about 100V, then, which one should be used? Why?

2-19 设有一台精度为0.5级的测温仪表，测量范围为0~1000℃。在正常情况下进行校验，测得的最大绝对误差为+6℃，问该仪表是否合格？

One temperature measuring instrument, its accuracy grade is 0.5 and measuring range is 0 ~ 1000℃. The maximum absolute error Δ_{max} is +6℃ from calibration, then, is this instrument qualified?

2-20 某控制系统根据工艺设计要求，需要选择一个测量范围为 0~100m³/h 的流量计，流量检测误差小于±0.6m³/h，试问选择何种精度等级的流量计才能满足要求？

A control system need a flowmeter with measuring range 0 ~ 100m³/h, the measuring error should be less than ±0.6m³/h. Please determine the flowmeter's accuracy grade to meet the process requirement.

2-21 某公司生产的温度测量仪表，引用误差均在 1.1%~1.6% 之间，该系列产品属于哪一级精度的仪表？若希望温度测量仪表的引用误差控制在 1.1%~1.6%，则应购买哪一级精度的仪表？

2-22 某被测温度信号在 70~80℃ 范围内变化，工艺要求测量的示值相对误差不得超过±1%。现有两台温度测量仪表 A 和 B，精度等级均为 0.5 级，A 表的测量范围是 0~100℃，B 表的测量范围是 0~200℃，试问这两台仪表能否满足上述测量要求？

The measured temperature changes between 70 ~ 80℃, process requires the relative indication error must be less than ±1%. Now, there are two temperature measuring instruments A and B, the measuring range is 0 ~ 100℃ and 0 ~ 200℃ respectively, and accuracy grade are all 0.5. Then, if these two instruments can be used to measure this temperature?

2-23 某反应器压力的最大允许绝对误差为 0.01MPa。现用一台测量范围为 0~1.6MPa，精度为 1.0 级的压力表来进行测量，问能否符合工艺上的误差要求？若采用一台测量范围为 0~1.0MPa，精度为 1.0 级的压力表，能否符合误差要求？试说明理由。

The permissible maximum error of a reactor's pressure is 0.01MPa. A pressure gauge with measuring range 0 ~ 1.6MPa and accuracy grade 1.0 is used to measure this pressure, can this gauge meets process error requirement? If another pressure gauge with measuring range 0 ~ 1.0MPa and accuracy grade 1.0 is used to measure it, can this gauge meets process error requirement? Why?

2-24 某温度控制系统的温度控制在 700℃ 左右，要求测量的绝对误差不超过±8℃，现有测量范围分别为 0~1600℃ 和 0~1000℃ 的 0.5 级温度检测仪表，试问应该选择哪台仪表更合适？如果有测量范围为 0~1000℃，精度等级分别为 1.0 级和 0.5 级的两台温度检测仪表，那么又应该选择哪台仪表更合适？试说明理由。

A temperature control system's temperature should be controlled at around 700℃ and the measured error should be less than ±8℃. If the temperature is measured with two instruments, the measuring range is 0 ~ 1600℃ and 0 ~ 1000℃ respectively, and accuracy grades are all 0.5, then, which one is better for measuring this temperature? If the two instruments' measuring ranges are all 0 ~ 1000℃, accuracy grade is 1.0 and 0.5 respectively, then, which one can be used to measure this temperature?

2-25 某台测温范围为 0~1000℃ 的温度计出厂前经校验，各点测量结果分别为：

标准表读数/℃	0	200	400	600	800	900	1000
被校表读数/℃	0	201	402	604	805	903	1001

试求：（1）该温度计的最大绝对误差。

（2）该温度计的精度等级。

（3）如果工艺上允许的最大绝对误差为±8℃，问该温度计是否符合要求？

There is a temperature instrument with measuring range 0～1000℃. After calibration, the following data were gotten：

Standard instrument readings/℃	0	200	400	600	800	900	1000
Calibrated instrument readings/℃	0	201	402	604	805	903	1001

（a）Please find Δ_{max} of this instrument.

（b）Determine the accuracy grade of the instrument.

（c）If process permissible Δ_{max} is ±8℃, whether the instrument can meets this requirement？

2-26 何谓仪表的死区、滞环和回差？

2-27 校验一台测量范围为 0～250mmH$_2$O 的差压变送器，差压由 0 上升至 100mmH$_2$O 时，差压变送器的读数为 98mmH$_2$O。当从 250mmH$_2$O 下降至 100mmH$_2$O 时，读数为 103mmH$_2$O。问此仪表在该点的回差是多少？

A differential pressure (DP) transmitter with measuring range 0～250mmH$_2$O is calibrated. When the DP go up from 0 to 100mmH$_2$O, the reading of the transmitter is 98mmH$_2$O. When the DP go down from 250mmH$_2$O to 100mmH$_2$O, the reading of the transmitter is 103mmH$_2$O. Then, what's the hysteresis of transmitter？

2-28 有一台压力表，其测量范围为 0～10MPa，经校验得出下列数据：

标准表读数/MPa		0	2	4	6	8	10
被校表读数/MPa	正行程	0	1.98	3.96	5.94	7.97	9.99
	反行程	0	2.02	4.03	6.06	8.03	10.01

试求：（1）该表的变差。

（2）该表是否符合 1.0 级精度？

A pressure gauge with measuring range 0～10MPa. After calibration, the following data were gotten：

Standard instrument readings/MPa		0	2	4	6	8	10
Calibrated instrument readings/MPa	Upscale	0	1.98	3.96	5.94	7.97	9.99
	Downscale	0	2.02	4.03	6.06	8.03	10.01

（a）Please find the hysteresis of this gauge.

（b）Whether the instrument's accuracy grade can meet grade 1.0.

2-29 什么是仪表的反应时间？它反应了仪表的什么性能？

2-30 什么是仪表的重复性和再现性？它们与精度的关系如何？

2-31 衡量仪表的可靠性主要有哪些指标？试分别加以说明。

3 温度检测及仪表
（Temperature Measurement and Instruments）

温度是工业生产和科学实验中一个非常重要的参数。物体的许多物理现象和化学性质都与温度有关。许多生产过程都是在一定的温度范围内进行的，需要测量温度和控制温度。在石油化工生产过程中，温度是普遍存在又十分重要的参数。任何一个石油化工生产过程都伴随着物质的物理或化学性质的改变，都必然有能量的转化和交换，热交换是这些能量转换中最普遍的交换形式。此外，有些化学反应与温度有着直接的关系。因此，温度的测量是保证生产正常进行，确保产品质量和安全生产的关键环节。随着科学技术的发展，对温度的测量越来越普遍，而且对温度测量的准确度也有更高的要求。

3.1 温度及温度测量（Temperature and Temperature Measurement）

3.1.1 温度及温度测量方法（Temperature and Temperature Measurement Methods）

（1）温度（Temperature）

温度是表征物体冷热程度的物理量，是物体分子运动平均动能大小的标志。

温度不能直接加以测量，只能借助于冷热不同的物体之间的热交换，或物体的某些物理性质随着冷热程度不同而变化的特性间接测量。

Temperature is an expression that denotes a physical condition of matter. Classic kinetic theory depicts heat as a form of energy associated with the activity of the molecules of a substance. These minute particles of all matter are assumed to be in continuous motion that is sensed as heat. Temperature is a measure of this heat.

（2）温度测量方法及分类（Temperature Measurement Methods and Classifications）

根据测温元件与被测物体接触与否，温度测量可以分为接触式测温和非接触式测温两大类。

① 接触式测温（Contact Temperature Measurement）。

任意两个冷热程度不同的物体相接触，必然要发生热交换（Heat Exchange）现象，热量将由受热程度高的物体传到受热程度低的物体，直到两物体的温度完全一致，即达到热平衡为止。接触式测温就是利用这个原理，选择合适的物体作为温度敏感元件（Temperature Sensitive Element），其某一物理性质（Physical Property）随温度而变化的特性为已知，通过温度敏感元件与被测对象的热交换，测量相关的物理量（Physical Quantity），即可确定被测对象的温度。为了得到温度的精确测量，要求用于测温物体的物理性质必须是连续、单值地随温度变化，并且要复现性好。

以接触式方法测温的仪表主要包括基于物体受热体积膨胀性质的膨胀式温度检测仪表；具有热电效应的热电偶温度检测仪表；基于导体或半导体电阻值随温度变化的热电阻温度检测仪表。

接触式测温必须使温度计的感温部位与被测物体有良好的接触,才能得到被测物体的真实温度,实现精确地测量。一般来说,接触式测温精度高,应用广泛,简单、可靠。但由于测温元件与被测介质需要进行充分的热交换,需要一定的时间才能达到热平衡,会存在一定的测量滞后(Measurement Delay)。由于测温元件与被测介质接触,有可能与被测介质发生化学反应,特别对于热容量较小的被测对象,还会因传热而破坏被测物体原有的温度场(Temperature Field),测量上限也受到感温材料耐温性能的限制,不能用于很高温度的测量,对于运动物体测温困难较大。

② 非接触式测温(Non-contact Temperature Measurement)。

是应用物体的热辐射(Thermal Radiation)能量随温度的变化而变化的原理。物体辐射能量的大小与温度有关,当选择合适的接收检测装置(Receiver)时,便可测得被测对象发出的热辐射能量并且转换成可测量和显示的各种信号,实现温度的测量。

非接触式测温中测温元件的任何部位均不与被测介质接触,通过被测物体与感温元件之间热辐射作用实现测温,不会破坏被测对象温度场,反应速度较快,可实现遥测(Remote Measurement)和运动物体(Moving object)的测温;测温元件不必达到与被测对象(Measured object)相同的温度,测量上限可以很高,测温范围广。但这种仪表由于物体发射率(Emissivity)、测温对象到仪表的距离、烟尘和其他介质的影响,故一般来说测量误差较大。通常仅用于高温测量。

常用测温仪表分类及特性和使用范围如表 3.1 所示。

表 3.1 常见测温仪表及性能

测温方式	类别及测温原理		典型仪表	温度范围/℃	特点及应用场合
接触式测温	膨胀类	固体热膨胀 利用两种金属的热膨胀差测量	双金属温度计	-50~600	结构简单、使用方便,但精度低,可直接测量气体、液体、蒸汽的温度
		液体热膨胀	玻璃液体温度计	水银-30~600 有机液体 -100~150	结构简单、使用方便、价格便宜、测量准确,但结构脆弱易损坏,不能自动记录和远传,适用于生产过程和实验室中各种介质温度就地测量
		气体热膨胀 利用液体、气体热膨胀及物质的蒸汽压变化	压力式温度计	0~500 液体型 0~200 蒸汽型	机械强度高,不怕震动,输出信号可以自动记录和控制,但热惯性大,维修困难,适于测量对铜及铜合金不起腐蚀作用的各种介质的温度
	热电阻	金属热电阻 导体的温度效应	铜电阻、铂电阻	铂电阻 -200~850 铜电阻 -50~150 镍电阻 -60~180	测温范围宽,物理化学性质稳定,输出信号易于远传和记录,适用于生产过程中测量各种液体、气体和蒸汽介质的温度
		半导体热敏电阻 半导体的温度效应	锗、碳、金属氧化物热敏电阻	-50~300	变化灵敏、响应时间短、力学性能强,但复现性和互换性差,非线性严重,常用于非工业过程测温

23

测温方式	类别及测温原理		典型仪表	温度范围/℃	特点及应用场合
接触式测温	热电偶	金属热电偶利用热电效应	铂铑$_{30}$-铂铑$_6$、铂铑$_{10}$-铂、镍铬-镍硅、铜-康铜等热电偶	$-200\sim1800$	测量精度较高，输出信号易于远传和自动记录，结构简单，使用方便，测量范围宽，但输出信号和温度示值呈非线性关系，下限灵敏度较低，需冷端温度补偿，被广泛地应用于化工、冶金、机械等部门的液体、气体、蒸汽等介质的温度测量
		难熔金属热电偶	钨铼，钨-钼镍铬-金铁热电偶	$0\sim2200$ $-270\sim0$	钨铼系及钨-钼系热电偶可用于超高温的测量，镍铬-金铁热电偶可用于超低温的测量，但未进行标准化，因而使用时需特别标定
非接触式测温	光纤类	利用光纤的温度特性或作为传光介质	光纤温度传感器光纤辐射温度计	$-50\sim400$ $200\sim4000$	可以接触或非接触测量，灵敏度高，电绝缘性好，体积小，质量轻，可弯曲。适用于强电磁干扰、强辐射的恶劣环境
	辐射类	利用普朗克定律	辐射式高温计	$20\sim2000$	非接触测量，不破坏被测温度场，可实现遥测，测温范围广，应用技术复杂
			光电高温计	$800\sim3200$	
			比色温度计	$500\sim3200$	

3.1.2 温标(Temperature Scale)

为保证温度量值的统一和准确而建立一个衡量温度的标尺称为温标。温标即为温度的数值表示法，是衡量温度的标尺，定量地描述温度的高低，规定了温度的读数起点(零点)和基本单位。各种温度计的刻度数值均由温标确定。常用的温标有如下几种。

(1) 经验温标(Experimental Temperature Scale)

借助于某种物质的物理量与温度变化的关系，用实验方法或经验公式所确定的温标，称为经验温标。它主要指摄氏温标和华氏温标，这两种温标都是根据液体(水银)受热后体积膨胀(Volume Expansion)的性质建立起来的。

① 摄氏温标(Celsius Temperature Scale)。

摄氏温标是1742年，瑞典天文学家安德斯·摄尔修斯(Anders Celsius，1701—1744)建立的。

规定标准大气压(Standard Atmospheric Pressure)下，纯水的冰点(Freezing Point)为零度，沸点(Boiling Point)为100度，两者之间分成100等份，每一份为1摄氏度，用t表示，符号为℃。它是中国目前工业测量上通用的温度标尺。

The Centigrade or Celsius scale defines the freezing point of the water to be 0, and its boiling point to be 100. The interval is divided into 100 equal parts, each part is 1 Celsius degree, expressed as℃.

24

② 华氏温标(Fahrenheit Temperature Scale)。

华氏温标是 1714 年，德国物理学家丹尼尔·家百列·华兰海特(Daniel Gabriel Fahrenheit，1686—1736)建立的。

规定标准大气压下，纯水的冰点为 32 度，沸点为 212 度，两者之间分成 180 等份，每一份为 1 华氏度，符号为℉。目前，只有美国、英国等少数国家仍保留华氏温标为法定计量单位。

The Fahrenheit scale arbitrarily assigns the number 32 to the freezing point of water and the number 212 to the boiling point of water. The interval is divided into 180 equal parts，each part is 1 Fahrenheit degree，expressed as ℉.

由摄氏和华氏温标的定义，可得摄氏温度与华氏温度的关系为：

$$t_F = 32 + \frac{9}{5}t \tag{3-1}$$

或
$$t = \frac{5}{9}(t_F - 32) \tag{3-2}$$

式中 t_F——华氏度。

不难看出，摄氏温度为 0℃时，华氏温度为 32 ℉，摄氏温度为 100℃时，华氏温度为 212 ℉。可见，不同温标所确定的温度数值是不同的。由于上述经验温标都是根据液体(如水银)在玻璃管内受热后体积膨胀这一性质建立起来的，其温度数值会依附于所用测温物质的性质，如水银(Mercury)的纯度(Purity)和玻璃管材质，因而不能保证世界各国测量值的一致性。

(2) 热力学温标(Thermodynamic Temperature Scale)

1848 年，英国的开尔文(L. Kelvin)根据卡诺热机(Carnot Heat Engine)建立了与测温介质无关的新温标，称为热力学温标，又称开尔文温标(Kelvin Temperature Scale)。

开尔文温标的单位为开尔文，符号为 K，用 T 表示。规定水的三相点(Triple Point)温度为 273.16K，1 开尔文为 1/273.16。有一个绝对 0K，低于 0K 的温度不可能存在。

它是以热力学第二定律(Second Low of Thermodynamics)为基础的一种理论温标，其特点是不与某一特定的温度计相联系，并与测温物质的性质无关，是由卡诺定理(Carnot Theorem)推导出来的，是最理想的温标。

但由于卡诺循环(Carnot Cycle)是无法实现的，所以热力学温标是一种理想的纯理论温标，无法真正实现。

(3) 国际实用温标(International Practical Temperature Scale)

国际实用温标又称为国际温标，是一个国际协议性温标。它是一种即符合热力学温标又使用方便、容易实现的温标。它选择了一些纯物质(Pure Materials)的平衡态温度(Equilibrium Temperature)(可复现)作为基准点(Primary Points)，规定了不同温度范围内的标准仪器，建立了标准仪器的示值与国际温标关系的标准内插公式，应用这些公式可以求出任何两个相邻基准点温度之间的温度值。

第一个国际实用温标自 1927 年开始采用，记为 ITS-27。1948 年、1968 年和 1990 年进行了几次较大修改。随着科学技术的发展，国际实用温标也在不断地进行改进和修订，使之更符合热力学温标，有更好的复现性和能够更方便地使用。目前国际实用温标定义为 1990 年的国际温标 ITS-90。

(4) ITS-90 国际温标(ITS-90 International Temperature Scale)

ITS-90 国际温标中规定，热力学温度用 T_{90} 表示，单位为开尔文，符号为 K。它规定水的三相点热力学温度为 273.16K，1K 为 1/273.16。同时使用的国际摄氏温度用 t_{90} 表示，单位是摄氏度，符号为℃。每一个摄氏度和每一个开尔文量值相同，它们之间的关系为：

$$t_{90} = T_{90} - 273.15 \tag{3-3}$$

实际应用中，一般直接用 T 和 t 代替 T_{90} 和 t_{90}。

ITS-90 国际温标由三部分组成，即定义固定点、内插标准仪器和内插公式。

① 定义固定点(Defined Fixed Points)。

固定点是指某些纯物质各相(态)间可以复现的(Reproducible)平衡态温度。物质一般有三种相(态)：固相(Solid phase)、液相(Liquid phase)和气相(Vapor phase)。三相共存时的温度为三相点，固相和液相共存时的温度为熔点(Melting Point)或凝固点(Freezing Point)，液相和气相共存时的温度为沸点。

ITS-90 国际温标中规定了 17 个定义固定点，如表 3.2 所示。在定义固定点间的温度值用规定的内插标准仪器和内插公式来确定。

表3.2 ITS-90 定义固定点

序号	定义固定点	国际实用温标的规定值		序号	定义固定点	国际实用温标的规定值	
		T_{90}/K	$t_{90}/℃$			T_{90}/K	$t_{90}/℃$
1	氦蒸气压点	3~5	−270.15~−268.15	9	水三相点	273.16	0.01
				10	镓熔点	302.9146	29.7646
2	平衡氢三相点	13.8033	−259.3467	11	铟凝固点	429.7485	156.5985
3	平衡氢(或氦)蒸气压点	≈17	≈−256.15	12	锡凝固点	505.078	231.928
4	平衡氢(或氦)蒸气压点	≈20.3	≈−252.85	13	锌凝固点	692.677	419.527
5	氖三相点	24.5561	−248.5939	14	铝凝固点	933.473	660.323
6	氧三相点	54.3584	−218.7916	15	银凝固点	1234.93	961.78
7	氩三相点	83.8058	−189.3442	16	金凝固点	1337.33	1064.18
8	汞三相点	234.3156	−38.8344	17	铜凝固点	1357.77	1084.62

② 内插标准仪器(Interpolation Standard Instruments)。

ITS-90 的内插用标准仪器，是将整个温标分成四个温区。温标的下限为 0.65K，向上到用单色辐射(Monochromatic Radiation)的普朗克辐射定律(Planck's Law of Radiation)实际可测得的最高温度。

0.65~5.0K——^{3}H$_e$、^{4}H$_e$ 蒸汽压温度计。其中，^{3}H$_e$ 蒸汽压温度计覆盖 0.65~3.2K，^{4}H$_e$ 蒸汽压温度计覆盖 1.25~5.0K。

3.0~24.5561K——^{3}H$_e$、^{4}H$_e$ 定容气体温度计。

13.8033~1234.93K——铂电阻温度计。

1234.93K 以上——光学或光电高温计。

③ 内插公式(Interpolation Equations)。

每种内插标准仪器在 n 个固定点温度下分度，以此求得相应温度区内插公式中的常数。有关各温度区的内插公式请参阅 ITS-90 的有关文献。

（5）温标的传递（Transfer of Temperature Scale）

为了保证温标复现的精确性和把温度的正确数值传递到实际使用的测量仪表，国际实用温标由各国计量部门按规定分别保持和传递。由定义固定点及一整套标准仪表复现温度标准，再通过基准和标准测温仪表逐级传递，其传递关系如下：

定义基准点 → 基准仪器 → 一等标准温度计 → 二等标准温度计 → 实验室仪表 → 工业现场仪表

各类温度计（Thermometer）在使用前均要按传递系统的要求进行检定（Calibration）。一般实用工作温度计的检定装置采用各种恒温槽和管式电炉，用比较法进行检定。比较法是将标准温度计和被校温度计同时放入检定装置中，以标准温度计测定的温度为已知，将被校温度计的测量值与其比较，从而确定被校温度计的精度。

3.2 接触式测温仪表（Instruments of Contact Temperature Measurement）

3.2.1 膨胀式温度计（Expansion Thermometers）

基于物体受热体积膨胀的性质而制成的温度计称为膨胀式温度计。分为液体膨胀、气体膨胀和固体膨胀三大类。

3.2.1.1 玻璃液体温度计（Liquid-in-Glass Thermometers）

玻璃液体温度计是应用最广泛的一种温度计。其结构简单，使用方便，精度高，价格低廉。

（1）测温原理（Principle）

图 3.1 所示为典型的玻璃液体温度计，是利用液体受热后体积随温度膨胀（Expansion）的原理制成的。玻璃温包（Glass Bulb）插入被测介质中，被测介质的温度升高或降低，使感温液体膨胀或收缩，进而沿毛细管（Capillary Tube）上升或下降，由刻度标尺（Graduation）显示出温度的数值。

液体受热后体积膨胀与温度之间的关系可用下式表示

$$V_t = V_{t_0}(\alpha - \alpha')(t - t_0) \qquad (3-4)$$

式中 V_t——液体在温度为 t℃时的体积；

V_{t_0}——液体在温度为 t_0℃时的体积；

α——液体的体积膨胀系数；

α'——盛液容器的体积膨胀系数。

从式(3-4)可以看出，液体的膨胀系数 α 越大，温度计就越灵敏。大多数玻璃液体温度计的液体为水银或酒精。其中水银工作液在-38.9~356.7℃之间呈液体状态，在此范围内，若温度升高，水银会膨胀，其膨胀率（Expansion Rate）是线性（Linear）的。与其他工作液相比，有不粘玻璃、不易氧化、容易提纯等优点。

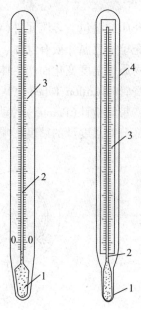

(a) 外标尺式　　(b) 内标尺式

图 3.1 水银玻璃液体温度计

1—玻璃温包；2—毛细管；

3—刻度标尺；4—玻璃外壳

（2）结构与分类（Structure and Classification）

玻璃液体温度计的结构都是棒状的，按其标尺位置可分为内标尺式和外标尺式。图 3.1（a）的标尺直接刻在玻璃管的外表面上，为外标尺式。外标尺式温度计是将连通玻璃温包的毛细管固定在标尺板上，多用来测量室温。图 3.1（b）为内标尺式温度计，它有乳白色的玻璃片温度标尺，该标尺放置在连通玻璃温包的毛细管后面，将毛细管和标尺一起套在玻璃管内。这种温度计热惯性较大，但观测比较方便。

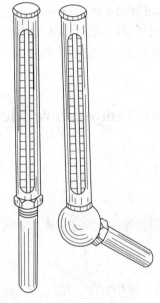

图 3.2　工业用玻璃液体温度计

玻璃液体温度计按用途分类又可分为工业、标准和实验室用三种。标准玻璃液体温度计有内标尺式和外标尺式，分为一等和二等，其分度值为 $0.05\sim0.1℃$，可作为标准温度计用于校验其他温度计。工业用温度计一般做成内标尺式，其尾部有直的、弯成 $90°$ 角或 $135°$ 角的，如图 3.2 所示。为了避免工业温度计在使用时被碰伤，在玻璃管外部常罩有金属保护套管，在玻璃温包与金属套管之间填有良好的导热物质，以减少温度计测温的惯性。实验室用温度计形式和标准的相仿，精度也较高。

3.2.1.2　压力式温度计（Pressure Thermometers）

压力式温度计是根据密闭容器中的液体、气体和低沸点液体的饱和蒸汽（Saturated Vapor）受热后体积膨胀或压力变化的原理工作的，用压力表测量此变化，故又称为压力表式温度计。按所用工作介质不同，分为液体压力式、气体压力式和蒸汽压力式温度计。

压力式温度计的结构如图 3.3 所示。它主要由充有感温介质的温包、传压元件（毛细管）和压力敏感元件（弹簧管）构成的全金属组件组成。温包内充填的感温介质有气体、液体或蒸发液体等。测温时将温包置于被测介质中，温包内的工作物质因温度变化而产生体积膨胀或收缩，进而导致压力变化。该压力变化经毛细管传递给弹簧管（Bourdon Tube）使其产生一定的形变，然后借助齿轮（Gear）或杠杆（Lever）等传动机构，带动指针（Pointer）转动，指示出相应的温度值。温包、毛细管和弹簧管这三个主要组成部分对温度计的精度影响极大。

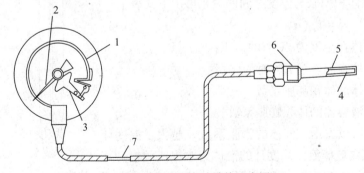

图 3.3　压力式温度计结构示意图

1—弹簧管；2—指针；3—传动机构；4—工作介质；5—温包；6—螺纹连接件；7—毛细管

温包　是直接与被测介质相接触来感受温度变化的元件，它将温度的变化充分地传递给内部工作介质（Working Medium）。要求它具有高的机械强度（Mechanical Strength）、小的膨胀系数（Expansion Coefficient）、高的热导率（Heat Conductivity）及抗腐蚀（Resistant to Corrosion）等性能。根据所充工作物质和被测介质的不同，温包可用铜合金（Copper Alloy），钢（Steel）或不锈钢（Stainless Steel）来制造。

毛细管　主要用来传递压力的变化，通常为铜或不锈钢冷拉无缝圆管。为了减小周围环境（Ambient）变化引起的附加误差，毛细管的容积应远小于温包的容积。其外径（External Diameter）为1.2~5mm，内径（Inner Diameter）为0.15~0.5 mm，长度一般小于50 m。它的直径越细，长度越长，传递压力的滞后现象就越严重，也就是说，温度计对被测温度的反应就越迟钝。在长度相同的情况下，毛细管越细，仪表的精度越高。毛细管容易被损坏、折断，因此必须加以保护。对不经常弯曲的毛细管可用金属软管（Metallic Hose）做保护套管（Protective Cased Pipe）。

弹簧管　一般压力表用的弹性元件。

液体压力式温度计多以有机液体（甲苯、酒精、戊烷等）或水银为感温介质；气体压力式温度计多以氮气或氢气为感温介质；蒸汽压力式温度计以低沸点液体（丙酮、乙醚等）为感温介质。

3.2.1.3　双金属温度计（Bimetallic Thermometers）

双金属温度计是一种固体膨胀（Solid Expansion）式温度计，它是利用两种膨胀系数不同的金属薄片来测量温度的。其结构简单，可用于气体、液体及蒸汽的温度测量。

双金属温度计中的感温元件是用两片线膨胀系数不同的金属片叠焊在一起制成的，如图3.4(a)所示。双金属片（Bimetallic Element）受热后，由于两种金属片的膨胀系数不同，膨胀长度就不同，会产生弯曲变形。温度越高产生的线膨胀长度差就越大，引起弯曲的角度也就越大，即弯曲程度与温度高低成正比。双金属温度计就是基于这一原理工作的。

为了提高仪表的灵敏度，工业上应用的双金属温度计是将双金属片制成螺旋形，如图结构3.4(b)所示。一端固定在测量管的下部，另一端为自由端，与插入螺旋形金属片的中心轴焊接在一起。当被测温度发生变化时，双金属片自由端发生位移，使中心轴转动，经传动放大机构，由指针指示出被测温度值。

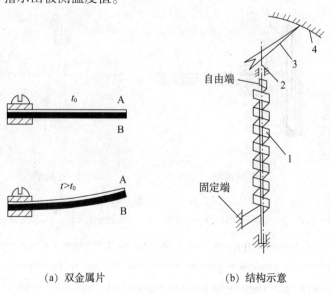

(a) 双金属片　　　　　(b) 结构示意

图3.4　双金属温度计测量原理图

1—双金属片；2—指针轴；3—指针；4—刻度盘

Bonding two dissimilar metals with different coefficients of expansion produces a bimetallic element. These are used in bimetallic thermometers, temperature switches, and thermostats. When manufactured as a helix or coil, its movement with a change in temperature can move a pointer over a dial scale to indicate temperature.

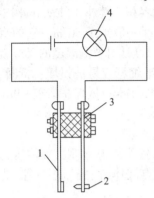

图 3.5 是一种双金属温度信号器的示意图。当温度变化时，双金属片 1 产生弯曲，且与调节螺钉相接触，使电路接通，信号灯(Signal Light)4 便发亮。如以继电器(Relay)代替信号灯便可以用来控制热源(Heat Resource)(如电热丝)而成为两位式温度控制器(On-off Temperature Controller)。温度的控制范围可通过改变调节螺钉 2 与双金属片 1 之间的距离来调整。若以电铃代替信号灯便可以作为另一种双金属温度信号报警器。

图 3.5 双金属温度信号器
1—双金属片；2—调节螺钉；
3—绝缘子；4—信号灯

双金属温度计的实际结构如图 3.6 所示。它的常用结构有两种，一种是轴向(Axial Direction)结构，其刻度盘平面与保护管成垂直方向连接；另一种是径向(Radial Direction)结构，其刻度盘平面与保护管成水平方向连接。可根据生产操作中安装条件和方便观察的要求来选择轴向与径向结构。还可以做成带有上、下限接点(Contact)的电接点双金属温度计，当温度达到给定值时，可以发出电信号，实现温度的控制和报警功能。

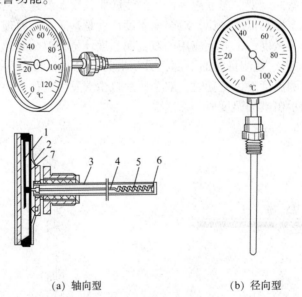

(a) 轴向型　　　　　　　　(b) 径向型

图 3.6 双金属温度计
1—指针；2—表壳；3—金属保护管；4—指针轴；5—双金属感温元件；6—固定轴；7—刻度盘

Many process applications require use of a thermal well to allow for the removal or replacement of the thermometer while the process is pressurized. Other designs include switches for on-off control that range from the simple wall thermostat to more rugged industrial models for simple process control or over-temperature protection. Other configurations include snap disk switches often used for over-temperature alarm and control. Low-end models are used in home furnaces, clothes dryers, and coffee makers. More rugged units find application in automobiles, trucks, and industrial machinery as over-temperature limits.

3.2.2 热电偶测温(Temperature Measurement with Thermocouple)

热电偶(Thermocouple or TC)是将温度量转换成电势的热电式传感器。自19世纪发现热电效应以来，热电偶便被广泛用来测量100~1300℃范围内的温度，根据需要还可以用来测量更高或更低的温度。它具有结构简单、使用方便、精度高、热惯性小、可测量局部温度和便于远距离传送、集中检测、自动记录等优点，是目前工业生产过程中应用的最多的测温仪表，在温度测量中占有重要的地位。

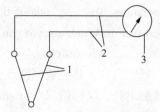

图3.7 热电偶温度计测温系统
1—热电偶；2—导线；
3—显示仪表

热电偶温度计由三部分组成：热电偶(感温元件)，测量仪表(毫伏计或电位差计)，连接热电偶和测量仪表的导线(补偿导线及铜导线)。图3.7是热电偶温度计最简单测温系统的示意图。

3.2.2.1 热电偶测温原理(Principle of Thermocouple)

热电偶的基本工作原理是基于热电效应(Thermoelectric Effect)。

1821年，德国物理学家赛贝克(T. J. Seebeck)用两种不同的金属组成闭合回路，并用酒精灯加热其中一个接触点，发现在回路中的指南针发生偏转，如图3.8所示。如果用两盏酒精灯对两个接触点同时加热，指南针的偏转角度反而减小。显然，指南针的偏转说明了回路中有电动势产生并有电流流动，电流的强弱与两个接点的温度有关。据此，赛贝克发现并证明了热电效应，或称热电现象。

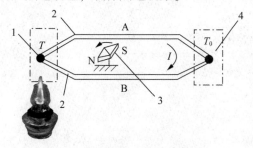

图3.8 热电偶原理示意图
1—工作端；2—热电极；
3—指南针；4—参考端

热电效应：将两种不同的导体或半导体(A，B)连接在一起构成一个闭合回路，当两接点处温度不同时($T > T_0$)，回路中将产生电动势。这种现象亦称赛贝克现象，所产生的电动势称为热电势(Thermo EMF)或赛贝克电势。两种不同材料的导体或半导体所组成的回路称为"热电偶"，组成热电偶的导体或半导体称为"热电极"。置于温度为T的被测介质中的接点称为测量端，又称工作端或热端(Hot Junction)。置于参考温度为T_0的温度相对固定处的另一接点称为参考端，又称固定端、自由端或冷端(Cold Junction)。

Imparting heat to the junction of two dissimilar metals causes a small continuous electromotive force (EMF) to be generated. One of the simplest of all temperature sensors, the thermocouple (TC) depends upon the principle known as the Seebeck Effect. T. J. Seebeck discovered this phenomenon in 1821, and in the ensuing years the thermocouple has become the most widely used electrical temperature sensor. The word is a combination of thermo for the heat requirement and couple denoting two junctions. A TC is an assembly of two wires of unlike metals joined at one end, designated as the hot end. At the other end, referred to as the cold junction, the open circuit voltage or

31

Seebeck voltage is measured. This voltage (EMF) depends on the temperature difference between the hot and the cold junctions and on the Seebeck coefficients of the two metal wires.

An ordinary TC consists of two different kinds of wires, each of which must be made of a homogeneous metal or alloy. The wires are fastened together at one end to form a measuring junction, normally referred to as the hot junction, since a majority of the measurements are made above ambient temperatures. The free ends of the two wires are connected to the measuring instrument to form a closed path in which current can flow. After the TC wires connect to the measuring instrument, the junction inside is designated as reference junction, or the cold junction.

研究发现，热电偶回路产生的热电势 $E_{AB}(T, T_0)$ 由两部分构成，一是两种不同导体间的接触电势，又称帕尔贴(Peltier)电势；二是单一导体两端温度不同的温差电势，又称汤姆逊(Thomson)电势。

(1) 接触电势——帕尔贴效应(Peltier Effect)

两种不同导体接触时产生的电势。

The EMF developed at wire junctions is a manifestation of the Peltiereffect and occurs at every junction of dissimilar metals within the measuring system. This effect involves the liberation or absorption of heat at the junction when a current flows across it.

当自由电子密度不同的 A、B 两种导体接触时，在两导体接触处会产生自由电子的扩散现象，自由电子由密度大的导体 A 向密度小的导体 B 扩散。在接触处失去电子的一侧(导体 A)带正电，得到电子的一侧(导体 B)带负电，从而在接点处形成一个电场，如图 3.9(a)所示。该电场将使电子反向转移，当电场作用和扩散作用动态平衡时，A、B 两种不同导体的接点处就形成稳定的接触电势，如图 3.9(b)所示，接触电势的数值取决于两种不同导体的性质和接触点的温度。在温度为 T 的接点处的接触电势 $E_{AB}(T)$ 为

$$E_{AB}(T) = \frac{kT}{e} \ln \frac{N_A}{N_B} \tag{3-5}$$

式中　　k——波尔兹曼常数，$k = 1.38 \times 10^{-23}$ J/K；

　　　　T——接触处的绝对温度值；

　　　　e——电子电荷量，$e = 1.6 \times 10^{-9}$ C；

N_A, N_B——金属 A 和 B 的自由电子密度。

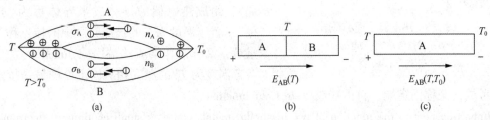

图 3.9　热电效应示意图

(2) 温差电势——汤姆逊效应(Thomson Effect)

在同一导体中，由于两端温度不同而产生的电势。

The EMF develops along the temperature gradient of a single homogeneous wire is the Thomsoneffect.

同一导体的两端温度不同时，高温端的电子能量要比低温端的电子能量大，导体内自由

电子从高温端向低温端扩散，并在低温端积聚起来，使导体内建立起一电场。当此电场对电子的作用力与扩散力平衡时，扩散作用停止。结果高温端因失去电子而带正电，低温端因获得多余的电子而带负电，因此，在导体两端便形成温差电势，亦称汤姆逊电势，此现象称为汤姆逊效应，如图3.9(c)所示。导体A的温差电势为

$$E_A(T, T_0) = \int_{T_0}^{T} \sigma_A dt \qquad (3-6)$$

式中 σ_A ——导体A的汤姆逊系数，它表示温差为1℃时所产生的电动势值，与导体材料有关；

T ——导体A的绝对温度。

（3）热电偶回路的总热电势 (The Total Thermo EMF of the TC Loop)

在两种金属A、B组成的热电偶回路中，两接点的温度为 T 和 T_0，且 $T>T_0$。则回路总电动势由四个部分构成，两个温差电动势，即 $E_A(T, T_0)$ 和 $E_B(T, T_0)$，两个接触电动势，即 $E_{AB}(T)$ 和 $E_{AB}(T_0)$，它们的大小和方向如图3.10所示。按逆时针方向写出总的回路电动势为

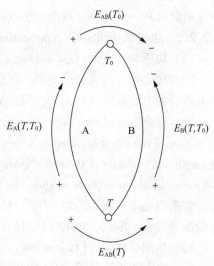

图 3.10　热遇偶回路的总热电势示意图

$$E_{AB}(T, T_0) = E_{AB}(T) + E_B(T, T_0) - E_{AB}(T_0) - E_A(T, T_0) \qquad (3-7)$$

$$= \frac{kT}{e}\ln\frac{N_A}{N_B} + \int_{T_0}^{T}\sigma_B dt - \frac{kT_0}{e}\ln\frac{N_A}{N_B} - \int_{T_0}^{T}\sigma_A dt$$

$$= \frac{k}{e}(T - T_0)\ln\frac{N_A}{N_B} - \int_{T_0}^{T}(\sigma_A - \sigma_B)dt$$

$$= \left[\frac{kT}{e}\ln\frac{N_A}{N_B} - \int_{0}^{T}(\sigma_A - \sigma_B)dt\right] - \left[\frac{kT_0}{e}\ln\frac{N_A}{N_B} - \int_{0}^{T_0}(\sigma_A - \sigma_B)dt\right]$$

$$= f(T) - f(T_0)$$

令

$$e_{AB}(T) = f(T) ; \quad e_{AB}(T_0) = f(T_0)$$

则有

$$E_{AB}(T, T_0) = e_{AB}(T) - e_{AB}(T_0) \qquad (3-8)$$

因此，热电偶回路的总电动势为 $e_{AB}(T)$ 和 $e_{AB}(T_0)$ 两个分电动势的代数和。

由上述的推导结果可知，总电动势由与 T 有关和与 T_0 有关的两部分组成，它由电极材料和接点温度而定。

当材质选定后，将 T_0 固定，即

$$e_{AB}(T_0) = C(常数)$$

则

$$E_{AB}(T, T_0) = e_{AB}(T) - C = \Phi(T) \qquad (3-9)$$

它只与 $e_{AB}(T)$ 有关，A，B选定后，回路总电动势就只是温度 T 的单值函数，只要测得 $E_{AB}(T, T_0)$，即可得到温度。这就是热电偶测温的基本原理。

（4）热电偶工作的基本条件(The Operation Conditions of the TC)

从上面的分析和式(3-7)可知以下几点：

① 如果组成热电偶的两电极材料相同，即 $N_A = N_B$，$\sigma_A = \sigma_B$，两接点温度不同，热电偶回路不会产生热电势，即回路电动势为零。

② 如果组成热电偶的两电极材料不同，但两接点温度相同，即 $T = T_0$，热电偶回路也不会产生热电势，即回路电动势也为零。

由此可知，热电偶回路产生热电势的基本条件是：两电极材料不同，两接点温度不同。

3.2.2.2 热电偶应用定则(Application Laws of Thermocouple)

(1) 均质导体定则(Law of Homogeneous Metals)

两种均质导体构成的热电偶，其热电势大小与热电极材料的几何形状、直径、长度及沿热电极长度上的温度分布无关，只与电极材料和两端温度差有关。

If each section of wire in the thermocouple circuit is homogeneous, then the EMF depends only the nature of the metal involved and the temperature of the junctions. Thus, the EMF is independent of length and diameter of the wires. Homogeneous, here, means that there is no change in composition or physical characteristics along the length of a particular wire.

如果热电极材质不均匀，则当热电极上各处温度不同时，将产生附加电势，造成无法估计的测量误差。因此，热电极材料的均匀性是衡量热电偶质量的重要指标之一。

(2) 中间导体定则(Law of Intermediate Metals)

利用热电偶进行测温，必须在回路中引入连接导线和仪表，如图 3.11 所示。这样就在热电偶回路中加入了第三种导体，而第三种导体的引入又构成了新的接点，如图 3.11(a)中的点 2 和 3，图 3.11(b)中的点 3 和 4。接入导线和仪表后会不会影响回路中的热电势呢？下面分别对以上两种情况进行分析。

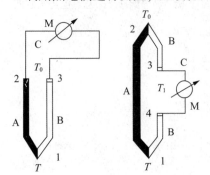

图 3.11　有中间导体的热电偶回路

在图 3.11(a)所示情况下(暂不考虑显示仪表)，热电偶回路的总热电势为

$$E_1 = e_{AB}(T) + e_{BC}(T_0) + e_{CA}(T_0) \qquad (3-10)$$

设备接点温度相同，都为 T_0，则闭合回路总电动势应为 0，即

$$e_{AB}(T_0) + e_{BC}(T_0) + e_{CA}(T_0) = 0$$

有 $\qquad\qquad e_{BC}(T_0) + e_{CA}(T_0) = - e_{AB}(T_0)$

可以得到 $\qquad E_1 = e_{AB}(T) - e_{AB}(T_0) \qquad\qquad\qquad (3-11)$

式 3-11 与 3-8 相同，即 $E_1 = E_{AB}(T, T_0)$。

在图 3.11(b)所示情况下(暂不考虑显示仪表)，3、4 接点温度相同，均为 T_1，则热电偶回路的总热电势为

$$E_2 = e_{AB}(T) + e_{BC}(T_1) + e_{CB}(T_1) + e_{BA}(T_0) \qquad (3-12)$$

因为 $\qquad e_{BC}(T_1) = - e_{CB}(T_1)$

$$e_{BA}(T_0) = - e_{AB}(T_0)$$

可以得到 $\qquad E_2 = e_{AB}(T) - e_{AB}(T_0) \qquad\qquad\qquad (3-13)$

式(3-13)也和式(3-8)相同，即 $E_2 = E_{AB}(T, T_0)$。可见，总的热电势在中间导体两端温度相同的情况下，与没有接入时一样。

由此可得出结论：在热电偶测温回路中接入中间导体，只要中间导体两端温度相同，则

它的接入对回路的总热电势值没有影响。即回路中总的热电势与引入第三种导体无关，这就是中间导体定则。根据这一定则，如果需要在回路中引入多种导体，只要保证引入的导体两端温度相同，均不会影响热电偶回路中的电动势，这是热电偶测量中一个非常重要的定则。有了这一定则，就可以在回路中方便地连接各种导线及仪表。

The law of intermediate metals states that the introduction of a third metal into the circuit will have no effect upon the EMF generated so long as the junctions of the third metal with the other two are at the same temperature. Any number of different metals can be introduced, providing all the junctions are at the same temperature.

（3）中间温度定则（Law of Intermediate Temperatures）

在热电偶测温回路中，常会遇到热电极的中间连接问题，如图3.12所示。如果热电极A、B分别与连接导体A′、B′相接，其接点温度分别为 T、T_C 和 T_0，则回路的总电动势等于热电偶的热电势 $E_{AB}(T, T_C)$ 与连接导体的热电势 $E_{A'B'}(T_C, T_0)$ 的代数和，即

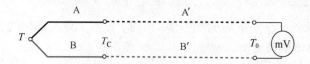

图3.12　采用连接导体的热电偶回路

$$E_{AB}(T, T_0) = E_{AB}(T, T_C) + E_{A'B'}(T_C, T_0) \tag{3-14}$$

当导体A、B与A′、B′在较低温度（100℃或200℃）下的热电特性相近时，即它们在相同温差下产生的热电势值近似相等，则回路的总电动势为

$$E_{AB}(T, T_0) = E_{AB}(T, T_C) + E_{AB}(T_C, T_0) \tag{3-15}$$

式（3-15）即为中间温度定则，T_C 为中间温度。即，热电偶A、B在接点温度为 T、T_0 时的电动势 $E_{AB}(T, T_0)$，等于热电偶A、B在接点温度为 T、T_C 和 T_C、T_0 时的电动势 $E_{AB}(T, T_C)$ 和 $E_{AB}(T_C, T_0)$ 的代数和。

The law of intermediate temperatures states that the sum of the EMFs generated by two TCs—one with its junctions at 0℃ and some reference temperature, the other with its junctions at the same reference temperature and at the measured temperature—will be the same as that produced by a single TC, having its junctions at 0℃ and the measured temperature.

中间温度定则为工业测温中使用补偿导线提供了理论基础。只要选配在低温下与热电偶热电特性相近的补偿导线，便可使热电偶的参比端延长，使之远离热源到达一个温度相对稳定的地方，而不会影响测温的准确性。

从这一结论还可以看出，在使用热电偶测温时，如果热电偶各部分所受到的温度不同，则热电偶所产生的热电势只与工作端和参考端温度有关，其他部分温度变化（中间温度变化）并不影响回路热电势的大小。

另外，在热电偶热电势的计算中要使用分度表。热电偶的分度表表达的是在参比端温度为0℃时，热端温度与热电势之间的对应关系，以表格的形式表示出来。若设参比端温度为 T_C，$T_0 = 0$，则

$$E_{AB}(T, 0) = E_{AB}(T, T_C) + E_{AB}(T_C, 0) \tag{3-16}$$

根据式（3-16）就可以进行热电势的计算，进而求出被测温度。在实际热电偶测温回路中，利用热电偶的这一性质，可对参考端温度不为0℃的热电势进行修正。

3.2.2.3 常用工业热电偶及其分度表（Thermocouples in General Industrial Use and Thermocouple Tables）

（1）热电极材料的基本要求（Basic Requirement for Thermocouple Wires）

理论上任意两种金属材料都可以组成热电偶，但实际上并非所有材料都适合做热电偶。为保证在工程技术中应用的可靠性，并且有足够的准确度，必须进行严格地选择。热电极材料应满足下列要求：

① 在测温范围内热电特性稳定，不随时间和被测对象变化。

② 在测温范围内物理、化学性质稳定，不易被氧化、腐蚀，耐辐射。

③ 温度每增加1℃所产生的热电势要大，即热电势随温度的变化率足够大，灵敏度高。

④ 热电特性接近单值线性或近似线性，测温范围宽。

⑤ 电导率高，电阻温度系数小。

⑥ 机械性能好，机械强度高，材质均匀；工艺性好，易加工，复制性好；制造工艺简单；价格便宜。

热电偶的品种很多，各种分类方法也不尽相同。按照工业标准化的要求，可分为标准化热电偶和非标准化热电偶两大类。

（2）标准化热电偶及其分度表（Standard Thermocouples and the Thermocouple Tables）

① 标准化热电偶分类（Classification of the Standard Thermocouples）

所谓标准化热电偶是指工业上比较成熟、能批量生产、性能稳定、应用广泛、具有统一分度表并已列入国际标准和国家标准文件中的热电偶。同一型号的标准化热电偶具有良好的互换性，精度有一定的保证，并有配套的显示、记录仪表可供选用，为应用提供了方便。

目前国际电工委员会向世界各国推荐了8种标准化热电偶。在执行了国际温标 ITS-90 后，我国目前完全采用国际标准，还规定了具体热电偶的材质成分。不同材质构成的热电偶用不同的型号，即分度号来表示。表3.3列出了8种标准化热电偶的名称、性能及主要特点。其中所列各种型号热电偶的电极材料中，前者为热电偶的正极，后者为负极。

表3.3 标准化热电偶特性表

名称	分度号	$E(100, 0)$/mV	测量范围/℃		适用气氛	主要特点
			长期使用	短期使用		
铂铑$_{30}$-铂铑$_6$	B	0.033	0~1600	1800	O、N	测温上限高，稳定性好，精度高；热电势值小；线性较差；价格高；适于高温测量
铂铑$_{13}$-铂	R	0.647	0~1300	1600	O、N	测温上限较高，稳定性好，精度高；热电势值较小；线性差；价格高；多用于精密测量
铂铑$_{10}$-铂	S	0.646	0~1300	1600	O、N	性能几乎与R型相同，只是热电势还要小一些
镍铬-镍硅（铝）	K	4.096	−200~1200	1300	O、N	热电势值大，线性好，稳定性好，价格较便宜；广泛应用于中高温工业测量中
镍铬硅-镍硅	N	2.774	−200~1200	1300	O、N、R	是一种较新型热电偶，各项性能均比K型的好，适宜于工业测量

名称	分度号	$E(100, 0)/$ mV	测量范围/℃		适用气氛	主要特点
			长期使用	短期使用		
镍铬-康铜	E	6.319	−200~760	850	O、N	热电势值最大，中低温稳定性好，价格便宜；广泛应用于中低温工业测量中
铁-康铜	J	5.269	−40~600	750	O、N、R、V	热电势值较大，价格低廉，多用于工业测量
铜-康铜	T	4.279	−200~350	400	O、N、R、V	准确度较高，性能稳定，线性好，价格便宜；广泛用于低温测量

注：表中 O 为氧化气氛，N 为中性气氛，R 为还原气氛，V 为真空。

② 标准化热电偶的主要性能和特点(Performance and Characteristics of Standard Thermocouples)。

a. 贵金属热电偶(Rare Metal Thermocouples)。

贵金属热电偶主要指铂铑合金、铂系列热电偶，由铂铑合金丝及纯铂丝构成。这个系列的热电偶使用温区宽，特性稳定，可以测量较高温度。由于可以得到高纯度材质，所以它们的测量精度较高，一般用于精密温度测量。但是所产生的热电势小，热电特性非线性较大，且价格较贵。铂铑$_{10}$-铂热电偶(S 型)、铂铑$_{13}$-铂热电偶(R 型)在 1300℃ 以下可长时间使用，短时间可测 1600℃；由于热电势小，300℃ 以下灵敏度低，300℃ 以上精确度最高；在氧化气氛中物理化学稳定性好，但在高温情况下易受还原性气氛及金属蒸气玷污而降低测量准确度。铂铑$_{30}$-铂铑$_6$热电偶(B 型)是氧化气氛中上限温度最高的热电偶，但是它的热电势最小，600℃ 以下灵敏度低，当参比端温度在 100℃ 以下时，可以不必修正。

b. 廉价金属热电偶(Base Metal Thermocouples)。

由价廉的合金或纯金属材料构成。镍基合金系列中有镍铬-镍硅(铝)热电偶(K 型)和镍铬硅-镍硅热电偶(N 型)，这两种热电偶性能稳定，产生的热电势大；热电特性线性好，复现性好；高温下抗氧化能力强；耐辐射；使用范围宽，应用广泛。镍铬-铜镍(康铜)热电偶(E 型)热电势大，灵敏度最高，可以测量微小温度变化，但是重复性较差。铜-康铜热电偶(T 型)稳定性较好，测温精度较高，是在低温区应用广泛的热电偶。铁-康铜热电偶(J 型)有较高灵敏度，在 700℃ 以下热电特性基本为线性。目前，我国石油化工行业最常用的热电偶有 K、E 和 T 型。

③ 标准化热电偶分度表(Tables of the Standard Thermocouples)

由式(3-9)可知，当 T_0 一定时，$e_{AB}(T_0) = C$ 为常数。则对给定的热电偶，其回路总电动势就只是温度 T 的单值函数，即 $E_{AB}(T, T_0) = \Phi(T)$。

根据国际温标规定，在 $T_0 = 0℃$(即冷端为 0℃)时，用实验的方法测出各种不同热电极组合的热电偶在不同的工作温度下所产生的热电势值，列成表格，这就是热电偶分度表。各种热电偶在不同温度下的热电势值都可以从热电偶分度表中查到。显然，当 $T = 0℃$ 时，热电势为零。温度与热电势之间的关系也可以用函数形式表示，称为参考函数。新的 ITS-90 的分度表和参考函数是由国际电工委员会和国际计量委员会合作，由国际上有权威的研究机构(包括中国在内)共同参与完成的，它是热电偶测温的主要依据。有关标准热电偶分度表参见附表 3-1~附表 3-4。

从分度表中可以得出如下结论：

a. $T=0℃$ 时，所有型号热电偶的热电势值均为零；温度越高，热电势值越大；$T<0℃$ 时，热电势为负值。

b. 不同型号的热电偶在相同温度下，热电势值有较大的差别；在所有标准化热电偶中，B 型热电偶热电势值最小，E 型热电偶为最大。

c. 如果做出温度-热电势曲线，如图 3.13 所示，可以看出温度与热电势的关系一般为非线性。由于热电偶的这种非线性特性，当冷端温度 $T_0 \neq 0℃$ 时，不能用测得的电动势 $E(T, T_0)$ 直接查分度表得 T'，然后再加 T_0。应该根据下列公式先求出 $E(T, 0)$，然后再查分度表，得到温度 T。

$$E(T, 0) = E(T, T_0) + E(T_0, 0) \tag{3-17}$$

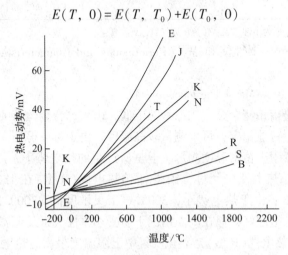

图 3.13　标准化热电偶热电特性曲线

(3) 非标准化热电偶(Non-Standard Thermocouples)

非标准化热电偶发展很快，主要目的是进一步扩展高温和低温的测量范围。例如钨铼系列热电偶，这是一类高温难融合金热电偶，用于高温测量，最高测量温度可达 2800℃，但其均匀性和再现性较差，经历高温后会变脆。虽然我国已有产品，也能够使用，并建立了我国的行业标准，但由于对这一类热电偶的研究还不够成熟，还没有建立国际统一的标准和分度表，使用前需个别标定，以确定热电势和温度之间的关系。

表 3.4 给出了标准化工业热电偶的允差。根据各种热电偶的不同特点，选用时要综合考虑。

表 3.4　标准化工业热电偶允差　　　　　　　　　　℃

类型	一级允差		二级允差		三级允差	
	温度范围	允差值	温度范围	允差值	温度范围	允差值
R，S	0~1000	±1	0~600	±1.5		
	1100~1600	$\pm[1+0.003(t-1100)]$	600~1600	±0.0025$\mid t \mid$		
B			600~1700	±0.0025$\mid t \mid$	600~800	±4
					800~1700	±0.005$\mid t \mid$
K，N	−40~375	±1.5	−40~333	±2.5	−16 7~40	±2.5
	375~1000	±0.004$\mid t \mid$	330~1200	±0.0075$\mid t \mid$	−200~−167	±0.015$\mid t \mid$

类型	一级允差		二级允差		三级允差	
	温度范围	允差值	温度范围	允差值	温度范围	允差值
E	$-40\sim375$	±1.5	$-40\sim333$	±2.5	$-167\sim40$	±2.5
	$375\sim800$	$\pm0.004\mid t\mid$	$333\sim900$	$\pm0.0075\mid t\mid$	$-200\sim167$	$\pm0.015\mid t\mid$
J	$-40\sim375$	±1.5	$-40\sim333$	±2.5		
	$375\sim750$	$\pm0.004\mid t\mid$	$333\sim750$	$\pm0.0075\mid t\mid$		
T	$-40\sim125$	±0.5	$-40\sim133$	±1	$-67\sim40$	±1
	$125\sim350$	$\pm0.004\mid t\mid$	$133\sim350$	$\pm0.0075\mid t\mid$	$-200\sim-67$	$\pm0.015\mid t\mid$

3.2.2.4 工业热电偶的结构型式(Structure of Industrial Thermocouples)

将两热电极的一个端点紧密地焊接在一起组成接点就构成了热电偶。工业用热电偶必须长期工作在恶劣环境中，为保证在使用时能够正常工作，热电偶需要良好的电绝缘，并需用保护套管将其与被测介质相隔离。根据其用途、安装位置和被测对象的不同，热电偶的结构形式是多种多样的，下面介绍几种比较典型的结构形式。

(1) 普通型热电偶(Regular Thermocouple)

为装配式结构，又称为装配式热电偶。一般由热电极、绝缘管、保护套管和接线盒等部分组成，如图 3.14 所示。

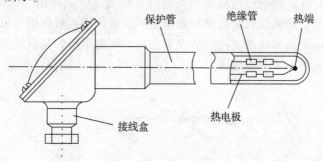

图 3.14　普通型热电偶的典型结构

热电极是组成热电偶的两根热偶丝，热电极的直径由材料的价格、机械强度、电导率以及热电偶的用途和测量范围等决定。贵金属热电极直径不大于 0.5 mm，廉金属热电极直径一般为 0.5~3.2mm。

绝缘管(又称绝缘子)用于防止两根热电极短路。材料的选用由使用温度范围而定，常用绝缘材料如表 3.5 所示。它的结构形式通常有单孔管、双孔管及四孔管等，套在热电极上。

表3.5　常用绝缘材料

材　料	工作温度/℃	材　料	工作温度/℃
橡皮、绝缘漆	80	石英管	1200
珐琅	150	瓷管	1400
玻璃管	500	纯氧化铝管	1700

保护套管套在热电极和绝缘子的外边，其作用是保护热电极不受化学腐蚀和机械损伤。

保护套管材料的选择一般根据测温范围、插入深度以及测温的时间常数等因素来决定。对保护套管材料的要求是：耐高温、耐腐蚀、有足够的机械强度、能承受温度的剧变、物理化学特性稳定、有良好的气密性和具有高的热导系数。最常用的材料是铜及铜合金、钢和不锈钢以及陶瓷材料等。其结构一般有螺纹式和法兰式两种，常用保护套管的材料如表 3.6 所示。

表 3.6 常用保护套管材料

材　料	工作温度/℃	材　料	工作温度/℃
无缝钢管	600	瓷管	1400
不锈钢管	1000	Al_2O_3陶瓷管	1900 以上
石英管	1200		

接线盒是供热电极和补偿导线连接用的。它通常用铝合金制成，一般分为普通式和密封式两种。为了防止灰尘和有害气体进入热电偶保护套管内，接线盒的出线孔和盖子均用垫片和垫圈加以密封。接线盒内用于连接热电极和补偿导线的螺丝必须紧固，以免产生较大的接触电阻而影响测量的准确度。

整支热电偶长度由安装条件和插入深度决定，一般为 350~2000mm。这种结构的热电偶热容量大，因而热惯性大，对温度变化的响应慢。

（2）铠装型热电偶（Sheathed Thermocouple）

铠装型热电偶是将热电偶丝、绝缘材料和金属保护套管三者组合装配后，经拉伸加工而成的一种坚实的组合体。它的结构形式和外表与普通型热电偶相仿，如图 3.15 所示。与普通热电偶不同之处是：热电偶与金属保护套管之间被氧化镁或氧化铝粉末绝缘材料填实，三者合为一体；具有一定的可挠性。一般情况下，最小弯曲半径为其直径的 5 倍，安装使用方便。套管材料一般采用不锈钢或镍基高温合金，绝缘材料采用高纯度脱水氧化镁或氧化铝粉末。

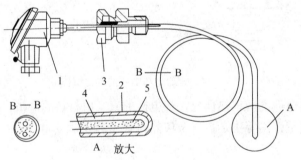

图 3.15 铠装型热电偶的典型结构
1—接线盒；2—金属套管；3—固定装置；4—绝缘材料；5—热电极

铠装热电偶工作端的结构形式多样，有接壳型、绝缘型、露头型和帽型等形式，如图 3.16 所示。其中以露头和接壳型动态特性较好。接壳型是热电极与金属套管焊接在一起，其反应时间介于绝缘型和露头型之间；绝缘型的测量端封闭在完全焊合的套管里，热电偶与套管之间是互相绝缘的，是最常用的一种形式；露头型的热电偶测量端暴露在套管外面，仅适用于干燥的非腐蚀介质中。

铠装热电偶的外径一般为 0.5~8mm，热电极有单丝、双丝及四丝等，套管壁厚为 0.07~1mm，其长度可以根据需要截取。热电偶冷端可以用接线盒或其他形式的接插件与外部导线

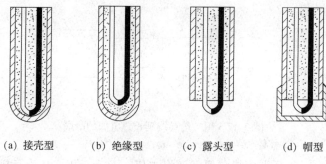

| (a) 接壳型 | (b) 绝缘型 | (c) 露头型 | (d) 帽型 |

图 3.16 铠装热电偶工作端结构

连接。由于铠装热电偶的金属套管壁薄，热电极细，因而相同分度号的铠装热电偶较普通热电偶使用温度要低，使用寿命要短。

铠装热电偶的突出优点之一是动态特性好，测量端热容量小，因而热惯性小，对温度变化响应快，更适合于温度变化频繁以及热容量较小对象的温度测量。另外，由于结构小型化，易于制成特殊用途的形式，挠性好，可弯曲，可以安装在狭窄或结构复杂的测量场合，因此各种铠装热电偶的应用也比较广泛。

（3）表面型热电偶（Surface Thermocouple）

表面型热电偶常用的结构形式是利用真空镀膜法将两电极材料蒸镀在绝缘基底上的薄膜热电偶，是专门用来测量物体表面温度的一种特殊热电偶，其特点是反应速度极快、热惯性极小。它作为一种便携式测温计，在纺织、印染、橡胶、塑料等工业领域广泛应用。

热电偶的结构形式可根据它的用途和安装位置来确定。在热电偶选型时，要注意三个方面：热电极的材料；保护套管的结构，材料及耐压强度；保护套管的插入深度。

3.2.2.5 热电偶冷端的延长（Extension of the Cold Junction）

由热电偶的测温原理可知，只有当冷端温度 T_0 是恒定已知时，热电势才是被测温度的单值函数，测量才有可能，否则会带来误差。但通常情况下，冷端温度是不恒定的，原因主要在于如下两方面。一是由于热电偶的测量端和冷端靠的很近，热传导、热辐射都会影响到冷端温度；二是由于热电偶的冷端常常靠近设备和管道，且一般都在室外，冷端会受到周围环境、设备和管道温度的影响，造成冷端温度的不稳定。另外，与热电偶相连的检测仪表一般为了集中监视也不易安装在被测对象附近。所以为了准确测量温度，就应设法把热电偶的冷端延伸至远离被测对象，且温度又比较稳定的地方，如控制室内。

一种方法是将热电偶的偶丝（热电极）延长，但有的热电极属于贵金属，如铂系列热电偶，此时延长偶丝是不经济的。能否用廉价金属组成热电偶与贵金属相连来延伸冷端呢？通过大量实验发现，有些廉价金属热电偶在 0~100℃ 环境温度范围内，与某些贵金属热电偶具有相似的热电特性（Thermoelectric Property），即在相同温度下两种热电偶所产生的热电势值近似相等。如铜-康铜与镍铬-镍硅、铜-铜镍与铂铑$_{10}$-铂热电偶在 0~100℃ 范围内，热电特性相同，而原冷端到控制室两点之间的温度恰恰在 100℃ 以下。所以，可以用廉价金属热电偶将原冷端延伸到远离被测对象，且环境温度又比较稳定的地方。这种廉价金属热电偶即称为补偿导线（Compensating Leads or Extension Leads），这种方法称为补偿导线法，如图 3.17所示。

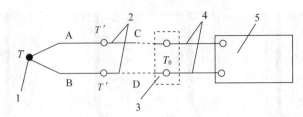

图 3.17 用补偿导线延长热电偶的冷端

1—测量端；2—补偿导线；3—冷端；4—铜导线；5—显示仪表

在图 3.17 中，A、B 分别为热电偶的两个电极，A 为正极、B 为负极。C、D 为补偿导线的两个电极，C 为正极、D 为负极。T' 是原冷端温度，T_0 是延伸后新冷端的温度，T'、T_0 均在 100℃ 以下。则根据中间温度定则，此时热电偶回路电动势为

$$E = E_{AB}(T, \ T') + E_{CD}(T', \ T_0)$$

由于

$$E_{CD}(T', \ T_0) = E_{AB}(T', \ T_0)$$

有

$$E = E_{AB}(T, \ T') + E_{AB}(T', \ T_0) = E_{AB}(T, \ T_0) \tag{3-18}$$

可见，用补偿导线延伸后，其回路电势只与新冷端温度有关，而与原冷端温度变化无关。

通过上面的讨论可以看出，补偿导线也是热电偶，只不过是廉价金属组成的热电偶。不同的热电偶因其热电特性不同，必须配以不同的补偿导线，常用热电偶补偿导线如表 3.7 所示。另外，热电偶与补偿导线相接时必须保证延伸前后特性不变，因此，热电偶的正极必须与补偿导线的正极相连，负极与补偿导线的负极相连，且连接点温度相同，并在 0~100℃ 范围内。延伸后新冷端温度应尽量维持恒定。即使用补偿导线应注意如下几点：

① 补偿导线与热电偶型号相匹配。

② 补偿导线的正负极与热电偶的正负极要相对应，不能接反。

③ 原冷端和新冷端温度在 0~100℃ 范围内。

④ 当新冷端温度 $T_0 \neq 0℃$ 时，还需进行其他补偿和修正。

表 3.7　常用热电偶补偿导线

配用热电偶类型	补偿导线型号	色标		允差/℃			
				100℃		200℃	
		正	负	B 级	A 级	B 级	A 级
S, R	SC		绿	5	3	5	5
K	KC		蓝	2.5	1.5		
K	KX		黑	2.5	1.5	2.5	2.5
N	NC	红	浅灰	2.5	1.5		
N	NX		深灰		1.5	2.5	1.5
E	EX		棕	2.5	1.5	2.5	1.5
J	JX		紫	2.5	1.5	2.5	1.5
T	TX		白	2.5	0.5	1.0	0.5

注：补偿导线第二个字母含义，C—补偿型，X—延长型。

根据所用材料，补偿导线分为补偿型（Compensation Type）补偿导线（C）和延长型（Extension Type）补偿导线（X）两类（表 3.7）。补偿型补偿导线材料与热电极材料不同，常用于贵

金属热电偶，它只能在一定的温度范围内与热电偶的热电特性一致；延长型补偿导线采用与热电极相同的材料制成，适用于廉价金属热电偶。应该注意到，无论是补偿型还是延长型，补偿导线本身并不能补偿热电偶冷端温度的变化，只是起到将热电偶冷端延伸的作用，改变热电偶冷端的位置，以便于采用其他的补偿方法。另外，即使在规定的使用温度范围内，补偿导线的热电特性也不可能与热电偶完全相同，因而仍存有一定的误差。

3.2.2.6 热电偶的冷端温度补偿(Compensation for Cold Junction Temperature Variation)

采用补偿导线后，把热电偶的冷端从温度较高和不稳定的地方，延伸到温度较低和比较稳定的控制室内，但冷端温度还不是 $0℃$。而工业上常用的各种热电偶的分度表或温度–热电势关系曲线都是在冷端温度保持为 $0℃$ 的情况下得到的，与它配套使用的仪表也是根据冷端温度为 $0℃$ 这一条件进行刻度的。由于控制室的温度往往高于 $0℃$，而且是不恒定的，因此，热电偶所产生的热电势必然比冷端为 $0℃$ 情况下所产生的热电势要偏小，且测量值也会随着冷端温度变化而变化，给测量结果带来误差。因此，在应用热电偶测温时，只有将冷端温度保持为 $0℃$，或者是进行一定的修正才能得到准确的测量结果。这样做，就称为热电偶的冷端温度补偿。一般采用下述几种方法。

（1）冷端温度保持 $0℃$ 法(Keep Cold Junction at $0℃$)

保持冷端温度为 $0℃$ 的方法，又称冰浴法或冰点槽法，如图 3.18 所示。把热电偶的两个冷端分别插入盛有绝缘油的试管中，然后放入装有冰水混合物的保温容器中，用铜导线引出接入显示仪表，此时显示仪表的读数就是对应冷端为 $0℃$ 时的毫伏值。这种方法要经常检查，并补充适量的冰，始终保持保温容器中为冰水混合状态，因此使用起来比较麻烦，多用于实验室精密测量中，工业测量中一般不采用。

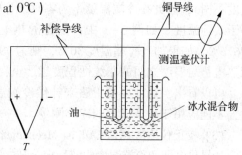

图 3.18　热电偶冷器温度保持 $0℃$ 法

（2）冷端温度计算校正法(Calculation Method)

在实际生产中，采用补偿导线将热电偶冷端移到温度 T_0 处，T_0 通常为环境温度而不是 $0℃$。此时若用仪器测得的回路电势直接去查热电偶分度表，得出的温度就会偏低，引起测量误差，因此，必须对冷端温度进行修正。因为热电偶的分度表是在冷端温度是 $0℃$ 时做出的，所以必须用仪器测得的回路电势加上环境温度 T_0 与冰点 $0℃$ 之间温差所产生的热电势后，去查分度表，才能得到正确的测量温度，这样才能符合热电偶分度表的要求。由式(3-17)

$$E(T,\ 0)=E(T,\ T_0)+E(T_0,\ 0)$$

式中　$E(T,\ 0)$——冷端为 $0℃$，测量端为 $T℃$ 时的电势值；

　　　$E(T,\ T_0)$——冷端为 $T_0℃$，测量端为 $T℃$ 时的电势值，即仪表测出的回路电势值；

　　　$E(T_0,\ 0)$——冷端为 $0℃$，测量端为 $T_0℃$ 时的电势值，即冷端温度不为 $0℃$ 时的热电势校正值。

一般情况下，先用温度计测出冷端的实际温度 T_0，在分度表上查得对应于 T_0 的 $E(T_0,\ 0)$，即校正值。依公式(3-17)，将仪表测出的回路电势值 $E(T,\ T_0)$ 与此校正值相加，求得 $E(T,\ 0)$ 后，再反查分度表求出 T，就得到了实际被测温度。

例 3-1　采用 E 分度号热电偶测量某加热炉的温度，测得的热电势 $E(T,\ T_0)=66982\mu V$，冷端温度 $T_0=30℃$。求被测的实际温度。

解：由 E 型热电偶分度表查得 $E(30, 0) = 1801\mu V$

则 $E(T, 0) = E(T, 30) + E(30, 0) = 66982 + 1801 = 68783\mu V$

再反查 E 型热电偶分度表，得实际温度为 900℃。

Example 3-1 To measure temperature of a furnace with type E thermocouple. Measured thermo e. m. f $E(T, T_0) = 66982\mu V$, cold junction temperature $T_0 = 30℃$. Please find the real measured temperature.

Solution：From thermo e. m. f table of type E thermocouple, $E(30, 0) = 1801\mu V$

$$E(T, 0) = E(T, 30) + E(30, 0) = 66982 + 1801 = 68783\mu V$$

Check the table again, got the real measured temperature is 900℃.

例 3-2 计算 $E_K(650, 20)$。

解：$E_K(650, 20) = E_K(650, 0) - E_K(20, 0) = 27.025 - 0.798 = 26.227 mV$

Example 3-2 To calculate $E_K(650, 20)$。

Solution：$E_K(650, 20) = E_K(650, 0) - E_K(20, 0) = 27.025 - 0.798 = 26.227 mV$

由于热电偶所产生的电动势与温度之间的关系都是非线性的（当然各种热电偶的非线性程度不同），因此在冷端温度不为零时，将所测得的电动势对应的温度加上冷端温度，并不等于实际温度。如例 3-1 中，测得的热电势为 $66982\mu V$，由分度表可查得对应的温度为 876.6℃，如果加上冷端温度 30℃，则为 906.6℃，这与实际温度 900℃有一定的误差。其实际热电势与温度之间的非线性程度越严重，误差就越大。

可以看出，用计算校正法来补偿冷端温度的变化需要计算、查表，仅适用于实验室测温，不能应用于生产过程的连续测量。

（3）校正仪表零点法（Adjust Mechanical Zero of Instrument）

如果热电偶的冷端温度比较稳定，与之配用的显示仪表零点调整比较方便，测量准确度要求又不太高时，可对仪表的机械零点进行调整。若冷端温度 T_0 已知，可将显示仪表机械零点直接调至 T_0 处，这相当于在输入热电偶回路热电势之前，就给显示仪表输入了一个电势 $E(T_0, 0)$。这样，接入热电偶回路后，输入显示仪表的电势相当于 $E(T, T_0) + E(T_0, 0) = E(T, 0)$，因此显示仪表可显示测量值 T。在应用这种方法时应注意，冷端温度变化时要重新调整仪表的零点；如冷端温度变化频繁，不宜采用此法；调整零点时，应断开热电偶回路。

校正仪表零点法虽有一定的误差，但非常简便，在工业上经常采用。

（4）补偿电桥法（Compensation Bridge）

补偿电桥法又称为自动补偿法，可以对冷端温度进行自动的修正，保证连续准确地进行测量。

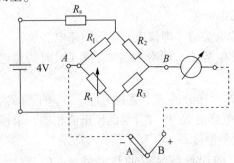
图 3.19 补偿电桥法示意图

补偿电桥法利用不平衡电桥（又称补偿电桥或冷端补偿器）产生相应的电势，以补偿热电偶由于冷端温度变化而引起的热电势变化。如图 3.19 所示，补偿电桥由四个桥臂电阻 R_1、R_2、R_3、R_t 和桥路稳压电源组成。其中的三个桥臂电阻 R_1、R_2、R_3 是由电阻温度系数很小的锰铜丝绕制的，其电阻值基本不随温度而变化。另一个桥臂电阻 R_t 由电阻温度系数很大的铜丝绕制，其阻值随温度而变化。

将补偿电桥串接在热电偶回路中，热电偶用补偿导线将其冷端连接到补偿器，使冷端与 R_t 电阻所处的温度一致。因为一般显示仪表都是工作在常温下，通常不平衡电桥取在20℃时平衡。即冷端为20℃时，$R_t = R_{t_0} = R_{20}$，电桥平衡。设计 $R_1 = R_2 = R_3 = R_{20}$，桥路平衡无信号输出，即 $V_{AB} = 0$。此时测温回路电势

$$E = E_{AB}(t, t_0) + V_{AB} = E_{AB}(t, 20)$$

当冷端温度变化时，电桥将输出不平衡电压。设冷端温度升高(>20℃)至 t_1，此时 $R_{t1} \neq R_{t_0}$，电桥不平衡，$V_{AB} \neq 0$，回路中电动势为

$$E = E_{AB}(t, t_1) + V_{AB} = E_{AB}(t, t_0) - E_{AB}(t_1, t_0) + V_{AB}$$
$$= E_{AB}(t, 20) - E_{AB}(t_1, 20) + V_{AB}$$

选择适当的电阻 R_t，使电桥的输出电压 V_{AB} 可以补偿因冷端变化而引起的回路热电势变化量。即用 R_t 的变化引入的不平衡电压 V_{AB} 来抵消 t_0 变化引入的热电势 $E_{AB}(t_1, t_0)$，即 $E_{AB}(t_1, 20)$ 的值。使

$$-E_{AB}(t_1, 20) + V_{AB} = 0, \quad V_{AB} = E_{AB}(t_1, 20)$$

此时，回路电势 $E = E_{AB}(t, 20)$，与 t_0 没有变化时相等，保持显示仪表接收的电势不变，即所指示的测量温度没有因为冷端温度的变化而变化，达到了自动补偿冷端温度变化的目的。请读者推证，如果冷端温度降低，即 t_1 低于20℃，补偿电桥是如何工作的。

使用补偿电桥时应注意：

① 由于电桥是在20℃时平衡，需将显示仪表机械零点预先调至20℃。如果补偿电桥是按0℃时平衡设计的，则零点应调至0℃。

② 补偿电桥、热电偶、补偿导线和显示仪表型号必须匹配。

③ 补偿电桥、热电偶、补偿导线和显示仪表的极性不能接反，否则将带来测量误差。

(5) 补偿热电偶法(Compensation Thermocouple)

在实际应用中，为了节省补偿导线和投资费用，常用多只热电偶配用一台测温仪表。通过切换开关实现多点间歇测量，其接线如图3.20所示。补偿热电偶 C、D 的材料可以与测量热电偶材料相同，也可以是测量热电偶的补偿导线。设置补偿热电偶是为了使多只热电偶的冷端温度保持恒定，为了达到此目的，将补偿热电偶的工作端插入2~3m的地下或放在一个恒温器中，使其温度恒定为 t_0。补偿热电偶的冷端与多支热电偶的冷端都接在温度为 t_1 的同一个接线盒中。于是，根据热电偶测温的中间温度定则不难证明，这时测温仪表的指示值则为 $E(t, t_0)$ 所对应的温度，而不受接线盒处温度 t_1 变化的影响，同时实现了多只热电偶的冷端温度补偿。

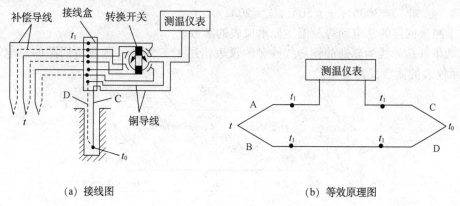

(a) 接线图   (b) 等效原理图

图3.20 补偿热电偶连接线路

(6) 软件修正法(Software Compensation)

在计算机控制系统中，有专门设计的热电偶信号采集卡(I/O 卡中的一种)，一般有 8 路或 16 路信号通道，并带有隔离、放大、滤波等处理电路。使用时要求把热电偶通过补偿导线与采集卡上的输入端子连接起来，在每一块卡上的接线端子附近安装有热敏电阻。在采集卡驱动程序的支持下，计算机每次都采集各路热电势信号和热敏电阻信号。根据热敏电阻信号可得到 $E(t_0, 0)$，再按照前面介绍的计算校正法自动计算出每一路的 $E(t, 0)$ 值，就可以得到准确的温度了。这种方法是在热电偶信号采集卡硬件的支持下，依靠软件自动计算来完成热电偶冷端处理和补偿功能的。

(7) 一体化温度变送器(Integrated Temperature Transmitter)

所谓一体化温度变送器，就是将变送器模块安装在测温元件接线盒内的一种温度变送器，使变送器模块与测温元件形成一个整体。这种温度变送器具有参比端温度补偿功能，不需要补偿导线，输出信号为 4~20mA 或 0~10mA 标准信号，适用于-20~100℃的环境温度，精确度可达±0.2%，配用这种装置可简化测温电路设计。这种变送器具有体积小、质量轻、现场安装方便等优点，因而在工业生产中得到广泛应用。

3.2.2.7 热电偶测温线路及误差分析(Thermocouple Measuring Loop and Error Analyzing)

(1) 热电偶测温线路(Thermocouple Measuring Loop)

热电偶温度计由热电偶、显示仪表及中间连接导线所组成。实际测温中，其连接方式有所不同，应根据不同的需求，选择准确、方便的测量线路。

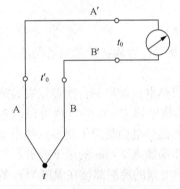

图 3.21　典型热电偶测温线路

① 典型测温线路(Typical Measuring Loop)。

目前工业用热电偶所配用的显示仪表，大多带有冷端温度的自动补偿作用，因此典型的测温线路如图 3.21 所示。热电偶采用补偿导线，将其冷端延伸到显示仪表的接线端子处，使得热电偶冷端与显示仪表的温度补偿装置处在同一温度下，从而实现冷端温度的自动补偿，显示仪表所显示的温度即为测量端温度。

如果所配用的显示仪表不带有冷端温度的自动补偿作用，则需采用 3.2.2.6 中所介绍的方法，对热电偶的冷端温度的影响进行补偿或修正。

② 测温实例(Measuring Example)。

例 3-3　如图 3.22 所示为一实际测温系统，采用 K 型热电偶、补偿导线、补偿电桥及显示仪表。已知：$t = 300℃$，$t_1 = 50℃$，$t_0 = 20℃$

a. 求测量回路的总电动势及温度显示仪表的读数。

b. 如果补偿导线为普通的铜导线或显示仪表错用了 E 型的，则测量回路的总电动势及温度显示仪表的读数又为多少？

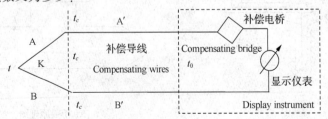

图 3.22　例 3-3 测温线路图

Example 3-3 Figure shows a practical temperature measuring system. It uses thermocouple, compensating wires, compensating bridge and display instrument of typeK. $t = 300℃$, $t_c = 50℃$, $t_0 = 20℃$

a. Find total EMF of the measuring loop and the reading of temperature display instrument.

b. If normal copper wires were used as compensating wires, or if type E display instrument was misused, then, what's the total EMF of the measuring loop and the reading of temperature display instrument?

解(solution)：a. 回路的总电动(The Total EMF of The Loop)

$$E = E_K(t, t_c) + E_{补com}(t_c, t_0) + E_{冷cold}(t_0, 0)$$

$\because$ $E_{补com}(t_c, t_0) = E_K(t_c, t_0)$ $E_{冷cold}(t_0, 0) = E_K(t_0, 0)$

$\therefore$ $E = E_K(t, t_c) + E_K(t_c, t_0) + E_K(t_0, 0) = E_K(t, 0)$

$\because$ $t = 300℃$ 查得(get) $E_K(t, 0) = E_K(300, 0) = 12.209$ mV

显示仪表读数为 $300℃$。

(From the table, the reading of display instrument is $300℃$)。

或，因为测温回路热电偶，补偿导线，补偿电桥及显示仪表型号相配，又有冷端补偿，所以显示温度为实际温度 $300℃$。

b. 当补偿导线为普通的铜导线时(显示仪表为 K 型)，则

If compensating wires are copper (display instrument is type K), then

$$E_{补com}(t_c, t_0) = E_{铜}(t_c, t_0) = 0$$

回路的总电动势 (The total EMF of the loop)

$$E = E_K(t, t_c) + E_{冷cold}(t_0, 0) = E_K(t, t_c) + E_K(t_0, 0)$$
$$= E_K(300, 50) + E_K(20, 0)$$
$$= E_K(300, 0) - E_K(50, 0) + E_K(20, 0)$$
$$= 12.209 - 2.023 + 0.798 = 10.984 \text{mV}$$

查 K 型热电偶分度表可知，显示仪表的读数为 $t = 270.3℃$。可见补偿导线用错时，会带来测量误差。

(From K table, the reading of display instrument is $270.3℃$. So when compensating wires are copper, measuring error is introduced)。

当错用了 E 型显示仪表时(when display instrument is type E)，有

$$E_{冷cold}(t_0, 0) = E_E(t_0, 0)$$

回路的总电动势 (The Total EMF of The Loop)

$$E = E_K(t, t_c) + E_K(t_c, t_0) + E_E(t_0, 0)$$
$$= E_K(300, 50) + E_K(50, 20) + E_E(20, 0)$$
$$= E_K(300, 0) - E_K(50, 0) + E_K(50, 0) - E_K(20, 0) + E_E(20, 0)$$
$$= 12.209 - 0.798 + 1.192 = 12.603 \text{mV}$$

由于显示仪表是 E 型的，所以读数值要查 E 型热电偶分度表。

显示仪表的读数为 $188.9℃$，误差很大，造成错误。

(From E table, the reading of display instrument is $188.9℃$. So when type E display instrument was misused, the reading is mistake)。

从本例中可以看出，在热电偶测量系统中，补偿导线使用的不正确或配用仪表的型号不

对等，都会引起错误的测量结果，而不是误差。在实际应用中，曾经发生过类似的事故，造成了人力和物力的浪费。应尽量避免这种错误的发生，以免造成不必要的经济损失。

③ 串并联连接（Series and Parallel Connections）。

a. 串联连接（Series Connection）。

串联连接是将两支以上的热电偶以串联的方式进行连接，分为正向串联和反向串联两种方式。

正向串联 热电偶的正向串联就是将 n 支同型号的热电偶，依次按正、负极性相连接的线路，各支热电偶的冷端必须采用补偿导线延伸到同一温度下，以便对冷端温度进行补偿。其连接方式如图 3.23 所示。正向串联线路测得的热电势应为

$$E = E_1 + E_2 \cdots + E_n = \sum_{i=1}^{n} E_i \tag{3-19}$$

式中　E_1、E_2、$\cdots$、E_n——各单支热电偶的热电势；

　　　　E——n 支热电偶的总热电势。

此种串联线路的主要优点是热电势大，测量精度比单支热电偶高。因此在测量微小温度变化或微弱的辐射能时，可以获得较大的热电势输出，具有较高的灵敏度。其主要缺点是，只要有一支热电偶断路，整个测温系统就不能工作。

反向串联 热电偶的反向串联一般是将两支同型号的热电偶的相同极性串联在一起，如图 3.24 所示。测得的热电势为

$$E = E_1 - E_2 \tag{3-20}$$

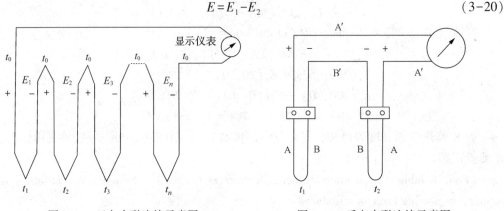

图 3.23　正向串联连接示意图　　　　图 3.24　反向串联连接示意图

这种连接方法常用来测量两点的温度差。如测量某设备上下或左右两点的温度差值等。要求两只热电偶利用补偿导线延伸出的热电偶新冷端温度必须一样，否则不能测得真实温度差值。需要特别注意的是，采用此种方式测温差时，两支热电偶的热电特性均应为近似线性，否则将会产生测量误差。

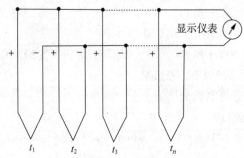

图 3.25　并联连接示意图

b. 并联连接（Parallel Connection）。

并联线路是将 n 支同型号的热电偶的正极和负极分别连接在一起的线路，如图 3.25 所示。如果 n 支热电偶的电阻值均相等，则并联线路的总电势等于 n 支热电偶热电势的平均值，即

$$E = \frac{E_1 + E_2 + \cdots + E_n}{n} = \frac{1}{n} \sum_{i=1}^{n} E_i \qquad (3-21)$$

并联线路常用来测量平均温度。同串联线路相比，并联线路的热电势虽小，但其相对误差仅为单支热电偶的 $1/\sqrt{n}$，当某支热电偶断路时，测温系统可照常工作。为了保证热电偶回路内阻尽量相同，可以分别串入较大的电阻，以减小内阻不同的影响。

（2）热电偶测量误差分析（Measuring Error Analyze to Thermocouple）

因为热电偶温度计是由热电偶、补偿导线、冷端补偿器及显示仪表等组成，而且工业用热电偶一般均带有保护管，则在测温时，常包括如下误差因素。

① 热电偶本身的误差（Error From Thermocouple）。

a. 分度误差。

对于标准化热电偶的分度误差就是校验时的误差，其值不得超过所允许的偏差。对于非标准化热电偶，其分度误差由校验时个别确定。严格按照规定条件使用时，分度误差的影响并非主要。

b. 热电特性变化引起的误差。

在使用过程中，由于热电极的腐蚀污染等因素，会导致热电特性的变化，从而产生较大的误差。因热偶丝遭受严重污染或发生不可逆的时效，使其热电特性与原标准分度特性严重偏离所引起的测量误差，称为"蜕变"误差或"漂移"。引起这种误差的原因很多，主要有以下几点：

• 在一个或两个热电极中发生与绝缘子及其中的杂质间的化学反应，或与环境介质反应，使绝缘性能降低；

• 在一种或两种电极中产生的冶金转变过程（如 K 型热电偶的短程有序化）；

合金元素选择型优先蒸发（如 K 型热电偶在高温真空中使用时，发生 Cr 损失）；

• 由于热电偶合金的原子遭受中子辐照而引起核嬗变。漂移的速率一般是随温度增高而迅速增大。

• 不同种类的标准化热电偶，不仅其标准分度特性不一样，而且在抗玷污能力、抗时效、耐高温等方面也有所不同。因此，使用中应当注意，对热电偶进行定期的检查和校验。

② 热交换引起的误差（Error From Heat Exchange）。

热交换引起的误差是由于被测对象和热电偶之间热交换不完善，使得热电偶测量端达不到被测温度而引起的误差。这种误差的产生，主要是热辐射损失和导热损失所致。

实际工业测量时，热电偶均有保护管。其测量端难以和被测对象直接接触，而是经过保护管及其间接介质进行热交换，加之热电偶及其保护管向周围环境也有热损失等，造成了热电偶测量端与被测对象之间的温度误差。热交换有对流、传导及辐射换热等形式，其情况又很复杂，故只能采取一定的措施，尽量减少其影响。如：增加热电偶的插入深度，减小保护管壁厚和外径等。

③ 补偿导线引入的误差（Error From Compensation Leads）。

补偿导线引入的误差是由于补偿导线的热电特性与热电偶不完全相同所造成的。如：K型热电偶的补偿导线，在使用温度为 100℃ 时，允许误差约为 ±2.5℃。如果使用不当，补偿导线的工作温度超出规定使用范围时，误差将显著增加。

④ 显示仪表的误差（Error From Display Instrument）。

与热电偶配用的显示仪表均有一定的准确度等级，它说明了仪表在单次测量中允许误差的大小。大多数显示仪表均带有冷端温度补偿作用，如果显示仪表的环境使用温度变化范围不大，对于冷端温度补偿所造成的误差可以忽略不计。但当环境温度变化较大时，因为显示仪表不可能对冷端温度进行完全补偿，则同样会引入一定的误差。

总之，在应用热电偶测温时，首先必须正确的选型，合理的安装与使用，同时还应尽可能的避免污染及设法消除各种外界影响，以减小附加误差，达到测温准确、简便和耐用等目的。

3.2.3　热电阻测温(Temperature Measurement with RTDs)

物质的电阻率随温度的变化而变化的特性称为热电阻效应，利用热电阻效应制成的检测元件称为热电阻(Resistance Temperature Detectors or RTDs)。热电阻式检测元件分为两大类，由金属或合金导体制作的金属热电阻和由金属氧化物半导体制作的半导体热敏电阻。一般把金属热电阻称为热电阻，而把半导体热电阻称为热敏电阻。

Resistance thermometry is based upon the increasing electrical resistance of conductors with increasing temperature. Resistance temperature detector (RTDs) are constructed of a resistive material with leads attached and usually placed into a protective sheath. The resistance thermometry is divided in to two categories, one is metal RTDs, the other isthermistors.

大多数金属电阻具有正的电阻温度系数，温度越高电阻值越大。一般温度每升高 1℃，电阻值约增加 0.4%~0.6%。半导体热敏电阻大多具有负温度系数，温度每升高 1℃，电阻值约减少 2%~6%。利用上述特性，可实现温度的检测。

3.2.3.1　金属热电阻(Metal RTDs)

(1) 测温原理及特点 (Operating Principle and Properties)

金属热电阻测温基于导体的电阻值随温度而变化的特性。由导体制成的感温器件称为热电阻。对于呈线性特性的电阻来说，其电阻值与温度关系如下式

$$R_t = R_{t_0} \left[1 + \alpha(t - t_0) \right] \tag{3-22}$$

$$\Delta R_t = R_t - R_{t_0} = \alpha R_{t_0} \times \Delta t \tag{3-23}$$

式中　R_t——温度为 t℃时的电阻值；

　　　R_{t_0}——温度为 t_0℃(通常为 0℃)时的电阻值；

　　　α——电阻温度系数；

　　　Δt——温度的变化值；

　　　ΔR_t——电阻值的变化值。

由式(3-22)和式(3-23)可以看出，由于温度的变化，导致了金属导体电阻的变化。这样只要设法测出电阻值的变化，就可达到温度测量的目的。由此可知，热电阻温度计与热电偶温度计的测量原理是不相同的。热电阻温度计是把温度的变化通过测温元件热电阻转换为电阻值的变化来测量温度的；而热电偶温度计则是把温度的变化通过测温元件热电偶转化为热电势的变化来测量温度的。

热电阻测温的优点是信号可以远传、输出信号大、灵敏度高、无需进行冷端补偿。金属热电阻稳定性高、互换性好、准确度高，可以用作基准仪表。其缺点是需要电源激励、不能测高温和瞬时变化的温度。测温范围为-200~850℃，一般用在 500℃ 以下的测温，适用于测量-200~500℃ 范围内液体、气体、蒸汽及固体表面的温度。

（2）热电阻材料(Material of RTDs)

虽然大多数金属导体的电阻值随温度的变化而变化，但是它们并不都能作为测温用的热电阻，对热电阻的材料选择有如下要求。

① 选择电阻随温度变化成单值连续关系的材料，最好是呈线性或平滑特性，这一特性可以用分度公式和分度表描述。

② 有尽可能大的电阻温度系数。电阻温度系数 α 一般表示为：

$$\alpha = \frac{1}{R_0} \times \frac{R_t - R_0}{t - t_0} \tag{3-24}$$

通常取 $0 \sim 100\,^\circ\!C$ 之间的平均电阻温度系数 $\alpha = \frac{R_{100}}{R_0} \times \frac{1}{100}$。电阻温度系数 α 与金属的纯度有关，金属越纯，α 值越大。α 值的大小表示热电阻的灵敏度，它是由电阻比 $W_{100} = \frac{R_{100}}{R_0}$ 所决定的，热电阻材料纯度越高，W_{100} 值越大，热电阻的精度和稳定性就越好。W_{100} 是热电阻的重要技术指标。

③ 有较大的电阻率，以便制成小尺寸元件，减小测温热惯性。$0\,^\circ\!C$ 时的电阻值 R_0 很重要，要选择合适的大小，并有允许误差要求。

④ 在测温范围内物理化学性能稳定。

⑤ 复现性好，复制性强，易于得到高纯物质，价格较便宜。目前使用的金属热电阻材料有铜、铂、镍、铁等，实际应用最多的是铜、铂两种材料，并已实行标准化生产。

（3）常用工业热电阻(RTDs in General Industrial Use)

目前工业上应用最多的热电阻有铂热电阻和铜热电阻。

① 铂热电阻(Platinum RTDs)。

铂热电阻金属铂易于提纯，在氧化性介质中，甚至在高温下其物理、化学性质都非常稳定。但在还原性介质中，特别是在高温下很容易被玷污，使铂丝变脆，并改变了其电阻与温度间的关系，导致电阻值迅速漂移。因此，要特别注意保护。铂热电阻的使用范围为 $-200 \sim 850\,^\circ\!C$，体积小，精度高，测温范围宽，稳定性好，再现性好，但是价格较贵。

根据国际实用温标的规定，在不同温度范围内，电阻与温度之间的关系也不同。其电阻与温度的关系为：

在 $-200 \sim 0\,^\circ\!C$ 范围内时

$$R(t) = R_0 \left[1 + At + Bt^2 + C(t-100)t^3 \right] \tag{3-25}$$

在 $0 \sim 850\,^\circ\!C$ 范围内时

$$R(t) = R_0 (1 + At + Bt^2) \tag{3-26}$$

式中 $R(t)$ 和 R_0 分别为 $t\,^\circ\!C$ 和 $0\,^\circ\!C$ 时铂电阻值；A、B 和 C 分别为常数，$A = 3.90803 \times 10^{-3}$ $(1/^\circ\!C)$，$B = -5.775 \times 10^{-7}(1/^\circ\!C^2)$，$C = -4.183 \times 10^{-12}(1/^\circ\!C^3)$。

一般工业上使用的铂热电阻，国标规定的分度号有 Pt10 和 Pt100 两种，即相应的 $0\,^\circ\!C$ 时的电阻值分别为 $R_0 = 10\Omega$ 和 $R_0 = 100\Omega$。

铂热电阻的 W_{100} 值越大，铂热电阻丝纯度越高，测温精度也越高。国际实用温标规定：作为基准器的铂热电阻，其 $W_{100} \geqslant 1.39256$，与之相应的铂纯度为 99.9995%，测温精度可达 $\pm 0.001\,^\circ\!C$，最高可达 $\pm 0.0001\,^\circ\!C$；作为工业用标准铂热电阻，$W_{100} \geqslant 1.391$，其测温精度在 $-200 \sim 0\,^\circ\!C$ 之间为 $\pm 1\,^\circ\!C$，在 $0 \sim 100\,^\circ\!C$ 之间为 $\pm 0.5\,^\circ\!C$，在 $100 \sim 850\,^\circ\!C$ 之间

为 $\pm(0.5\%)t℃$。

不同分度号的铂电阻因为 R_0 不同，在相同温度下的电阻值是不同的，因此电阻与温度的对应关系，即分度表也是不同的。Pt100 分度表可见本章附表 3-5。

② 铜热电阻（Copper RTDs）。

铜热电阻一般用于-50~150℃范围内的温度测量。其特点是电阻与温度之间的关系接近线性，电阻温度系数大，灵敏度高，材料易提纯，复制性好，价格便宜。但其电阻率低，体积较大，易氧化，一般只适用于150℃以下的低温和没有水分及无腐蚀性介质的温度测量。

铜热电阻与温度的关系为：

$$R(t) = R_0(1 + At + Bt^2 + Ct^3) \tag{3-27}$$

式中，$R(t)$ 和 R_0 分别为 $t℃$ 和 0℃时铂电阻值；A、B 和 C 分别为常数，$A = 4.28899×10^{-3}$ $(1/℃)$，$B = -2.133×10^{-7}(1/℃^2)$，$C = 1.233×10^{-9}(1/℃^3)$。

由于 B 和 C 很小，某些场合可以近似表示为

$$R(t) = R_0(1+\alpha t) \tag{3-28}$$

式中 α——电阻温度系数，取 $\alpha = 4.28×10^{-3}(1/℃)$。

国内工业用铜热电阻的分度号为 Cu50 和 Cu100，即相应的 0℃时的电阻值分别为 $R_0 = 50\Omega$ 和 $R_0 = 100\Omega$。Cu100 分度表可见本章附表 3-6。

铜电阻的 $W_{100} \geqslant 1.425$ 时，其测温精度在-50~50℃范围内为±5℃，在 50~100℃ 之间为 $\pm(1\%)t℃$。

另外，铁和镍两种金属也有较高的电阻率和电阻温度系数，亦可制成体积小，灵敏度高的热电阻温度计。但由于铁容易氧化，性能不太稳定，故尚未使用。镍的稳定性较好，已定型生产，可测温范围为-60~180℃，R_0 值有 100\Omega、300\Omega 和 500\Omega 三种。

工业热电阻分类及特性如表 3.8 所示。

表 3.8 工业热电阻分类及特性

项　　目	铂热电阻		铜热电阻	
分度号	Pt100	Pt10	Cu100	Cu50
R_0/Ω	100	10	100	50
$\alpha/℃$	0.00385		0.00428	
测温范围/℃	-200~850		- 50~150	
允差/℃	A 级：$\pm(0.15+0.002\|t\|)$ B 级：$\pm(0.30+0.005\|t\|)$		$\pm(0.30+0.006\|t\|)$	

（4）工业热电阻的结构（Structure of Industrial RTDs）

工业热电阻主要有普通型、铠装型和薄膜型三种结构形式。

① 普通型热电阻（Regular RTDs）

普通型热电阻其结构如图 3.26(a)所示，主要由电阻体、内引线、绝缘套管、保护套管和接线盒等部分组成。

电阻体是由细的铂丝或铜丝绕在绝缘支架上构成，为了使电阻体不产生电感，电阻丝要用无感绕法绕制，如图 3.26(b)所示，将电阻丝对折后双绕，使电阻丝的两端均由支架的同一侧引出。电阻丝的直径一般为 0.01~0.1mm，由所用材料及测温范围决定。一般铂丝为

0.05 mm 以下，铜丝为 0.1mm。

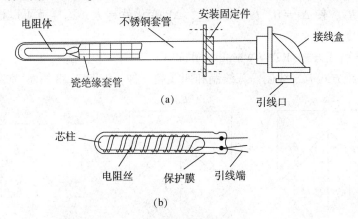

(a)

(b)

图 3.26 普通热电阻结构图

连接电阻体引出端和接线盒之间的引线为内引线。其材料最好是采用与电阻丝相同，或者与电阻丝的接触电势较小的材料，以免产生感应电动势。工业热电阻中，铂电阻高温用镍丝，中低温用银丝做引出线，这样即可降低成本，又能提高感温元件的引线强度。铜电阻和镍电阻的内引线，一般均采用本身的材料，即铜丝和镍丝。为了减小引线电阻的影响，其直径往往比电阻丝的直径大得多。工业用热电阻的内引线直径一般为 1mm 左右，标准或实验室用直径为 0.3~0.5mm。内引线之间也采用绝缘子将其绝缘隔离。

保护套管和接线盒的要求与热电偶相同。

② 铠装型热电阻(Sheathed RTDs)。

铠装热电阻用铠装电缆作为保护管-绝缘物-内引线组件，前端与感温元件连接，外部焊接短保护管，组成铠装热电阻。铠装热电阻外径一般为 2~8mm，其特点是体积小，热响应快，耐振动和冲击性能好，除感温元件部分外，其他部分可以弯曲，适合于在复杂条件下安装。

③ 薄膜型热电阻(Film RTDs)。

将热电阻材料通过真空镀膜法，直接蒸镀到绝缘基底上。这种热电阻的体积小、热惯性小、灵敏度高，可紧贴物体表面测量，多用于特殊用途。

(5) 热电阻的测量线路(Measuring Circuit of RTDs)

采用热电阻作为测温元件时，温度的变化转换为电阻值的变化，这样对温度的测量就转化为对电阻值的测量。怎样将热电阻值的变化检测出来呢？最常用的测量线路是采用电桥。热电阻的输入电桥又分为不平衡电桥和平衡电桥。

① 不平衡电桥(Unbalanced Bridge)。

图 3.27 为不平衡电桥的原理图。热电阻 R_t 作为电桥的一个桥臂，R_1、R_2 和 R_3 为固定锰铜电阻，分别为电桥的另三个桥臂。当温度变化时，电桥就失去平衡，输出不平衡电压 ΔV。输出变化越大时，电桥不平衡越厉害，输出不平衡电压越大。这样，就将温度的变化转换成了不平衡电压的输出。

电桥的一个对角接稳压电源 E，另一个对角接显示仪表。设 $R_t = R_{t_0}$ 时电桥平衡。设计时，一般取 $R_1 = R_{t_0}$，

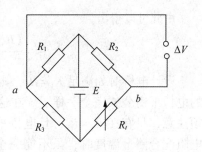

图 3.27 不平衡电桥原理图

$R_2 = R_3$，此时 $R_2 R_3 = R_1 R_{t_0}$，$\Delta V = 0$。现将 R_t 置于某一温度 t，当测温点温度 t 变化时，R_t 就变化，$R_2 R_3 \neq R_1 R_{t_0}$，使 $\Delta V \neq 0$。t 变化越大，ΔV 变化就越大，这样就可以根据不平衡电压的大小来测量温度。

② 热电阻的引线方式（RTDs Wiring Methods）。

热电阻的引线方式有二线制、三线制和四线制三种，如图 3.28 所示。

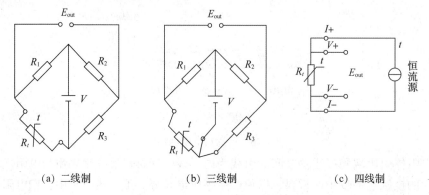

(a) 二线制   (b) 三线制   (c) 四线制

图 3.28　热电阻的三种引线方式

a. 二线制方式（Two-Wire RTDs）。

二线制方式是在热电阻两端各连一根导线，如图 3.28(a) 所示。这种引线方式简单、费用低。但是工业热电阻安装在测量现场，而与其配套的温度指示仪表或数据采集卡要安装在控制室，其间引线很长。如果用两根导线把热电阻和仪表相连，则相当于把引线电阻也串接加入到测温电阻中去了，而引线有长短和粗细之分，也有材质的不同。由于热电阻的阻值较小，所以连接导线的电阻值不能忽视，对于 50Ω 的测量电桥，1Ω 的导线电阻就会产生约 $5\,^\circ\!C$ 的误差。另外，引线在不同的环境温度下电阻值也会发生变化，会带来附加误差。只有当引线电阻 r 与元件电阻值 R 满足 $2r/R \leqslant 10^{-3}$ 时，引线电阻的影响才可以忽略。

b. 三线制方式（Three-Wire RTDs）。

为了避免或减少导线电阻对测量的影响，工业热电阻大都采用三线制连接方式。三线制方式是在热电阻的一端连接两根导线（其中一根作为电源线），另一端连接一根导线，如图 3.28(b) 所示。当热电阻与测量电桥配用时，分别将两端引线接入两个桥臂，就可以较好地消除引线电阻影响，提高测量精度。

如果在图 3.28(b) 中，引线的粗细、材质相同，长度相等，阻值都是为 r。其中一根串接在电桥的电源上，另外两根分别串接在电桥相邻的两个臂上，使相邻两个臂的阻值都增加了同一个量 r。当电桥平衡时，可得到下列关系式，即

$$(R_t + r)R_2 = (R_3 + r)R_1 \tag{3-29}$$

由此可以得出

$$R_t = \frac{(R_3 + r)R_1 - rR_2}{R_2} = \frac{R_3 R_1}{R_2} + \frac{R_1 r}{R_2} - r \tag{3-30}$$

设计电桥时如满足 $R_1 = R_2$，则式 (3-30) 等号右面含有 r 的两项完全消去，就和 $r = 0$ 的电桥平衡公式完全一样了。在这种情况下，导线电阻 r 对热电阻的测量毫无影响。但必须注意，只有在 $R_1 = R_2$，且电桥平衡状态下才会有上述的结论。当采用不平衡电桥与热电阻配合测量温度时，虽不能完全消除导线电阻 r 的影响，但采用三线制已大大减少了误差。

c. 四线制方式（Four-Wire RTDs）。

四线制方式是在热电阻两端各连两根导线，其中两根引线为热电阻提供恒流源，在热电阻上产生的压降通过另外两根导线接入电势测量仪表进行测量，如图 3.28(c) 所示。当电势测量端的电流很小时，可以完全消除引线电阻对测量的影响，这种引线方式主要用于高精度的温度检测。

综上所述，热电阻内部引线方式有两线制、三线制和四线制三种。二线制中引线电阻对测量影响大，用于测温精度不高场合。三线制可以减小热电阻与测量仪表之间连接导线的电阻因环境温度变化所引起的测量误差，广泛用于工业测量。四线制可以完全消除引线电阻对测量的影响，但费用高，用于高精度温度检测。

这里特别要注意的是，无论是三线制还是四线制，导线都必须从热电阻感温部位的根部引出，不能从接线端子处引出，否则仍会有影响。热电阻在实际使用时都会有电流通过，电流会使电阻体发热，使阻值增大。为了避免这一因素引起的误差，一般流过热电阻的电流应小于 6mA，在热电阻与电桥或电位差计配合使用时，应注意共模电压给测量带来的影响。

③ 平衡电桥（balanced Bridge）。

平衡电桥是利用电桥的平衡来测量热电阻值变化的。图 3.29 是平衡电桥的原理图。图中 R_t 为热电阻，它与 R_2、R_3、R_4 和 R_p 组成电桥；电源电压为 E_0；对角线 A、B 接入一检流计 G；R_p 为一带刻度的滑线电阻。

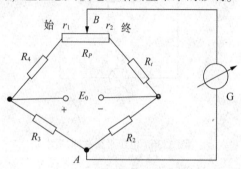

图 3.29　平衡电桥原理图

当被测温度为下限时，R_t 有最小值 R_{t_0}，滑动触点应在 R_p 的左端，此时电桥的平衡条件为

$$R_2 R_4 = R_3 (R_{t_0} + R_p) \qquad (3-31)$$

当被测温度升高后，R_t 增加了 ΔR_t，使得电桥不平衡。调节滑动触点至 B 处，电桥再次平衡的条件是

$$R_2 (R_4 + r_1) = R_3 (R_{t_0} + \Delta R_t + R_p - r_1) \qquad (3-32)$$

用式(3-32)减式(3-31)，有

$$R_2 r_1 = R_3 \Delta R_t - R_3 r_1$$

即

$$r_1 = \frac{R_3}{R_2 + R_3} \Delta R_t \qquad (3-33)$$

从上式可以看出，滑动触点 B 的位置就可以反映电阻的变化，亦可以反映温度的变化。并且可以看到触点的位移与热电阻的增量呈线性关系。

如果将检流计换成放大器，利用被放大的不平衡电压去推动可逆电机，使可逆电机再带动滑动触点 B 以达到电桥平衡，这就是自动平衡电子电位差计的原理。

④ 电子电位差计（Potentiometer）。

电子电位差计可以与热电阻、热电偶等测温元件配合，作为温度显示之用，具有测量精度高的特点。

a. 手动电子电位差计（Manual Potentiometer）。

用天平称量物体的重量时，增减砝码使天平的指针指零，砝码与被称量物体达到平衡，此时被称量物体的质量就等于砝码的质量。电子电位差计的工作原理与天平称量原理相同，是根据电压平衡法(也称补偿法、零值法)工作的。即将被测电势与已知的标准电压相比较，当两者的差值为零时，被测电势就等于已知的标准电压。

图 3.30 为电压平衡法原理图。其中 R 为线性度很高的锰铜线绕电阻，由稳压电源供电，这样就可以认为通过它的电流 I 是恒定的。G 为检流计，是灵敏度很高的电流计，E_t 为被测电动势。测量时，可调节滑动触点 C 的位置，使检流计中电流为零。此时，$V_{CB} = E_t$，而 $V_{CB} = IR_{CB}$，为已知的标准电压，即 $E_t = IR_{CB}$。根据滑动触点的位置，可以读出 V_{CB}，达到了对未知电势测量的目的。

由上面的论述可以看出，为了要在线绕电阻 R 上直接刻出 V_{CB} 的数值，就得使工作电流 I 保持恒定值。实际工作中用电池代替稳压电源，则需要对工作电流 I 进行校准，如图 3.31 所示。

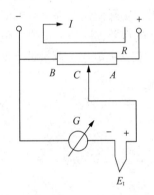

图 3.30　电压平衡法原理图

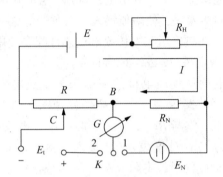

图 3.31　用标准电池校准工作电流

- 校准工作电流

将开关 K 合在"1"位置上，调节 R_H，使流过检流计的电流为零，即检流计的指示为零，此时工作电流 I 在标准电阻 R_N 上的电压降与标准电池 E_N 电势相等，即 $E_N = IR_N$，$I = E_N/R_N$。因为 E_N 为标准电动势，R_N 为标准电阻，都是已知标准值，所以此时的电流 I 为仪表刻度时的规定值。

- 测量未知电势 E_t

工作电流校准后，就可以将开关 K 合在"2"位置上，这时校准回路断开，测量回路接通。滑动触点 C 的位置，直至检流计指示为零，此时有

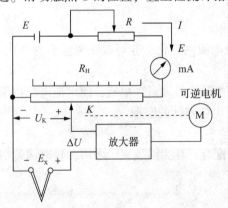

图 3.32　自动电子电位差计原理图

$$V_{BC} = IR_{BC} = \frac{E_N}{R_N}R_{BC} = E_t \qquad (3-34)$$

R_{BC} 可由变阻器刻度读出，在 R_{BC} 上刻度出 $(E_N/R_N)R_{BC}$，就可直接读出 E_t 的值。

b. 自动电子电位差计(Auto Potentiometer)。

自动电子电位差计工作原理示意如图 3.32 所示，与手动电子电位差计的区别是，用放大器代替检流计，用可逆电机和机械传动机构代替人手操作。图中 E 表示直流电源，I 表示回路中产生的直流电流，U_K 表示在滑线电阻 R_H 上滑点 K 左侧的电压降，E_X 表示被测电动势。回路中可变电阻 R 用

于调整回路电流 I 以达到额定工作电流，滑线电阻 R_H 用于被测电动势 E_X 的平衡比较。

由图 3.32 可知，放大器的输入是滑线电阻 R_H 上的电压降 U_K 与被测电动势 E_X 的代数差，即 $\Delta U = U_K - E_X$。该电势差经放大器放大后驱动可逆电机转动，并带动滑动触点 K 在滑线电阻 R_H 上左右移动。滑动触点 K 的移动产生新的电压降 U_K，并馈入放大器输入端，从而形成常规的反馈控制回路。为保证电子电位差计的自动平衡，设计时要求该反馈回路具有负反馈效应，即当 $\Delta U \neq 0$ 时，放大器和可逆电机驱动滑点 K 的移动总能保证电势差 ΔU 向逐渐减小的方向变化。当电势差 $\Delta U = 0$ 时，放大器输出为零，可逆电机停止转动，此时电位差计达到平衡状态，滑点 K 所对应的标尺刻度反应了被测电动势 E_X 的大小。

显然，由于电位差计是工作在负反馈闭环模式下的，其对被测电动势的测量和显示可自动完成。同时能够自动跟踪测量过程中平衡状态的变化，从而可以保证仪表自动显示和记录功能的实现。

3.2.3.2　半导体热敏电阻（Thermistors）

半导体热敏电阻又称为热敏电阻，它是用金属氧化物或半导体材料作为电阻体的温敏元件。其工作原理也是基于热电阻效应，即热敏电阻的阻值随温度的变化而变化。热敏电阻的测温范围为 $-100 \sim 300℃$。与金属热电阻比，热敏电阻具有灵敏度高、体积小（热容量小），反应快等优点，它作为中低温的测量元件已得到广泛的应用。

Like the resistance temperature detector (RTD), the thermistor is a resistive device that changes its resistance predictably with temperature. It is constructed from ceramic semiconductor materials. Its benefit is a very large change in resistance per degree change in temperature, allowing very sensitive measurements over narrow spans. Due to its very large resistance, lead wire errors are not significant.

热敏电阻有正温度系数（Positive Temperature Coefficient or PTC）、负温度系数（Negative Temperature Coefficient or NTC）和临界温度系数（Critical Temperature Resistances or CTR）三种，它们的温度特性曲线如图 3.33 所示。温度检测用热敏电阻主要是负温度系数热敏电阻，PTC 和 CTR 热敏电阻则利用在特定温度下电阻值急剧变化的特性构成温度开关器件。

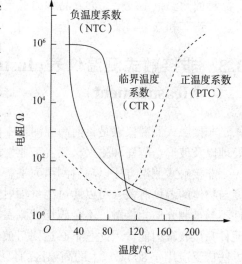

图 3.33　热敏电阻温度特性曲线

（1）NTC 热敏电阻（NTC Thermistors）

负温度系数热敏电阻的阻值与温度的关系近似表示为

$$R_T = Ae^{\frac{B}{T}} \qquad (3-35)$$

式中　T——绝对温度，K；

R_T——温度为 T 时的阻值，Ω；

A，B——取决于材料和结构的常数，Ω 和 K。

用曲线表示上述关系如图 3.33 中 NTC 曲线所示。由曲线可以看出，温度越高，其电阻值越小，且其阻值与温度为非线性关系。

根据电阻温度系数的定义，可求得负温度系数热敏电阻的温度系数 α_T 为

$$\alpha_{T} = \frac{1}{R_{T}} \frac{dR_{T}}{dT} = -\frac{B}{T^{2}} \qquad (3-36)$$

由上式看出，电阻温度系数 α_T 并不是常数，是随温度 T 的平方而减小的，所以热敏电阻在低温段比高温段要更灵敏。另外，B 值越大灵敏度越高。

热敏电阻可以制成不同的结构形式，有珠形、片形、杆形、薄膜形等。负温度系数热敏电阻主要由单晶以及锰、镍、钴等金属氧化物制成，如有用于低温的锗电阻、碳电阻和渗碳玻璃电阻；用于中高温的混合氧化物电阻。在 $-50 \sim 300℃$ 范围，珠状和柱状的金属氧化物热敏电阻的稳定性较好。

（2）PTC 热敏电阻（PTC Thermistors）

具有正温度系数的 PTC 热敏电阻的特性曲线如图 3.33 中 PTC 曲线所示，它是随着温度升高而阻值增大的，曲线呈开关（突变）型。从曲线上可以看出，这种热敏电阻在某一温度点其电阻值将产生阶跃式增加，因而适宜于作为控制元件。

PTC 热敏电阻是用 $BaTiO_3$ 掺入稀土元素使之半导体化而制成的。它的工作范围较窄，在温度较低时灵敏度低，而温度高时灵敏度迅速增加。

（3）CTR 热敏电阻（CTR Thermistors）

CTR 临界温度热敏电阻是一种具有负的温度系数的开关型热敏电阻，如图 3.32 中 CTR 曲线所示。它在某一温度点附近电阻值发生突变，且在极度小温区内随温度的增加，电阻值降低 3~4 个数量级，具有很好的开关特性，常作为温度控制元件。

热敏电阻的优点是电阻温度系数大，α_T 在 $-3 \times 10^{-2} \sim -6 \times 10^{-2} ℃^{-1}$ 之间，为金属电阻的十几倍，故灵敏度高；电阻值高，引线电阻对测温没有影响，使用方便；体积小，热响应快；结构简单可靠，价格低廉；化学稳定性好，使用寿命长。缺点是非线性严重，互换性差，每一品种的测温范围较窄，部分品种的稳定性差。由于这些特点，热敏电阻作为工业用测温元件，在汽车和家电领域得到大量的应用。

3.3 非接触式测温仪表（Instruments of Non-contact Temperature Measurement）

非接触式测温仪表是目前高温测量中应用广泛的一种仪表，主要应用于冶金、铸造、热处理以及玻璃、陶瓷和耐火材料等工业生产过程中。

非接触式测温方法以辐射测温为主。具有一定温度的物体都会向外辐射能量，其辐射强度与物体的温度有关，可以通过测量辐射强度来确定物体的温度。辐射测温时，辐射感温元件不与被测介质相接触，不会破坏被测温度场，可以测量运动物体并可实现遥测；由于感温元件只接收辐射能，因此它不必达到与被测对象相同的温度，测量上限可以很高；辐射测温方法广泛应用于 $800℃$ 以上的高温区测量中。近年来，随着红外技术的发展，产生了非接触式红外测温仪，测温的下限已经下移到常温区，大大扩展了非接触式测温方法的使用范围，测温范围可达 $-50 \sim 6000℃$。但是，影响其测量精度的因素较多，应用技术较复杂。

3.3.1 辐射测温原理（Principle of Radiation Temperature Measurement）

3.3.1.1 普朗克定律（Planck's Law of Radiation）

绝对黑体（简称黑体）的单色辐射强度 $E_{0\lambda}$ 与波长 λ 及温度 T 的关系，由普朗克公式确定：

$$E_{0\lambda} = c_1 \lambda^{-5} (e^{c_2/\lambda T} - 1)^{-1} \quad \text{W/m}^2 \tag{3-37}$$

式中，c_1——普朗克第一辐射常数，$c_1 = (3.741832\pm0.000020)\times10^{-16} \text{W} \cdot \text{m}^2$；

c_2——普朗克第二辐射常数，$c_2 = (1.438786\pm0.000044)\times10^{-2} \text{m} \cdot \text{K}$；

λ——真空中波长，m。

3.3.1.2 维恩位移定律(Wien's Displacement Law)

单色辐射强度的峰值波长 λ_m 与温度 T 之间的关系由下式表述：

$$\lambda_m T = 2.8978 \times 10^{-3} \text{m} \cdot \text{K} \tag{3-38}$$

3.3.1.3 全辐射定律(Total Radiation Law)

对于绝对黑体，若在 $\lambda = 0 \sim \infty$ 的全部波长范围内对 $E_{0\lambda}$ 积分，可求出全辐射能量：

$$E_0 = \int_0^\infty E_{0\lambda} \mathrm{d}\lambda = \sigma T^4 \quad \text{W/m}^2 \tag{3-39}$$

式中 σ——斯蒂芬-玻尔兹曼常数，$\sigma = (5.67032\pm0.00071)\times10^{-8} \text{W}/(\text{m}^2 \cdot \text{K}^4)$。

但是，实际物体多不是黑体，它们的辐射能力均低于黑体的辐射能力。实验表明大多数工程材料的辐射特性接近黑体的辐射特性，称之为灰体。可以用黑度系数来表示灰体的相对辐射能力，黑度系数定义为同一温度下灰体和黑体的辐射能力之比，用符号 ε 表示，其值均在 $0 \sim 1$ 之间，一般用实验方法确定。ε_λ 代表单色辐射黑度系数，ε 代表全辐射黑度系数。则式(3-37)和式(3-39)可修正为：

$$E_{0\lambda} = \varepsilon_\lambda c_1 \lambda^{-5} (e^{c_2/\lambda T} - 1)^{-1} = f(T) \tag{3-40}$$

$$E = \varepsilon \sigma T^4 = F(T) \tag{3-41}$$

从式(3-40)和式(3-41)可以看出，物体在特定波长上的辐射能量 $f(T)$ 和全波长上的辐射能量 $F(T)$ 都是温度 T 的单值函数。取两个特定波长上辐射能之比为

$$\frac{E_{\lambda 1}}{E_{\lambda 2}} = \left(\frac{\lambda_1}{\lambda_2}\right)^{-5} e^{\frac{c_2}{T}\left(\frac{1}{\lambda_2}-\frac{1}{\lambda_1}\right)} = \Phi(T) \tag{3-42}$$

可见，$\Phi(T)$ 也是温度 T 的单值函数。只要获得 $f(T)$、$F(T)$ 或 $\Phi(T)$ 即可求出对应的温度。

3.3.2 辐射测温方法(Radiation Temperature Measuring Methods)

由辐射测温原理可知，辐射测温的基本方法有如下四种：

① 全辐射法 测出物体在整个波长范围内的辐射能量 $F(T)$ 来推算温度。

② 亮度法 测出物体在某一波长(实际上是一段连续波长 $\lambda \sim \lambda + \Delta\lambda$)上的辐射能量 $f(T)$ (亮度)来推算温度。

③ 比色法 测出物体在两个特定波长段上的辐射能之比 $\Phi(T)$ 来推算温度。

④ 多色法 按物体多个波长的光谱辐射亮度和物体发射率随波长变化的规律来推算温度。

3.3.3 辐射测温仪表(Radiation Pattern Thermometers)

3.3.3.1 辐射测温仪表的基本组成(Basic Components of Radiation Pattern Thermometers)

辐射式测温仪表主要由光学系统、检测元件、转换电路和信号处理等部分组成，如图3.34 所示。光学系统包括瞄准系统、透镜、滤光片等，把物体的辐射能通过透镜聚焦到检

测元件上；检测元件为光敏或热敏器件；转换电路和信号处理系统将信号转换、放大、进行辐射率修正和标度变换后，输出与被测温度相应的信号。

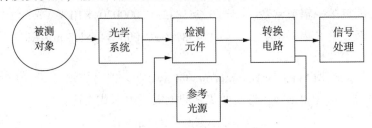

图 3.34　辐射式测温仪表基本组成框图

光学系统和检测元件对辐射光谱均有选择性，因此，各种辐射测温系统一般只接收一定波长范围内的辐射能。

3.3.3.2　常用辐射测温仪表(Radiation Pattern Thermometers in General Use)

(1) 光学高温计(Manual Optical Pyrometers)

光学高温计是目前应用较广的一种非接触测温仪表，采用亮度法测温，可用来测量800~3200℃的高温，一般可制成便携式仪表。由于采用肉眼进行色度比较，所以测量误差与人的使用经验有关。

工业用光学高温计分成两种，一种为隐丝式，另一种为恒定亮度式。隐丝式光学高温计是利用调节电阻来改变高温灯泡的工作电流，当灯丝的亮度与被测物体的亮度一致时，灯泡的亮度就代表了被测物体的亮度温度。恒定亮度式光学高温计是利用减光楔来衰减被测物体的亮度，将它与恒定亮度的高温灯泡相比较，当两者亮度相等时，根据减光楔旋转的角度来确定被测物体的亮度温度。由于隐丝式光学高温计的结构和使用方法都优于恒定亮度式，所以应用广泛。

图 3.35 所示为我国生产的一种光学高温计的外形和原理图。它属于隐丝式，测量精度为 1.5 级。物镜和目镜的镜筒可以沿光轴方向移动，便于调节。红色滤光片通过旋钮引入或引出视场，吸收玻璃是在应用第Ⅱ量程时引入视场的，其设计量程为Ⅰ(700~1500℃)和Ⅱ(1200~2000℃)两种。测量电路采用电压表式，如图 3.35(b)所示，测量时按下开关 K，电源接通，调节滑线电阻 7，灯泡 3 随着电流的增减而改变亮度。通过目镜观察被测物体，使被测物体聚焦在灯丝平面上，并使灯丝与被测物体的亮度达到平衡。这时在指示仪表 6 上指示出灯丝两端的电压值，利用电压与温度的关系曲线，将表盘直接刻度成温度值。

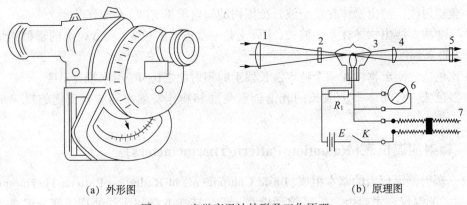

(a) 外形图　　　　　　　　　　　　　　(b) 原理图

图 3.35　光学高温计外形及工作原理

1—物镜；2—吸收玻璃；3—灯泡；4—红色滤光片；5—目镜；6—指示仪表；7—滑线电阻

（2）光电高温计（Optical Pyrometers）

光电高温计采用亮度平衡法测温，通过测量某一波长下物体辐射亮度的变化测知温度。光学高温计为人工操作，由人眼对高温计灯泡的灯丝亮度与被测物体的亮度进行平衡比较。光电高温计则采用光敏器件作为感受元件，系统自动进行亮度平衡，可以连续测温。图3.36为一种光电高温计的工作原理示意图。

如图3.36(a)所示，被测物体发出的辐射能由物镜聚焦，通过孔径光阑和遮光板上的孔3和红色滤光片入射到硅光电池上，可以调正瞄准系统使光束充满孔3。瞄准系统由透镜、反射镜和观察孔组成。从反馈灯发出的辐射能通过遮光板上的孔5和同一红色滤光片，也投射到同一硅光电池上。在遮光板前面装有调制片，如图3.36(b)所示的调制器使调制片作机械振动，交替打开和遮盖孔3及孔5，被测物体和反馈灯发出的辐射能将交替地投射到硅光电池上。当反馈灯亮度和被测物体的亮度不同时，硅光电池将产生脉冲光电流，光电流信号经放大处理调整通过反馈灯的电流，可以改变反馈灯亮度。当反馈灯亮度与被测物体的亮度相同时，脉冲光电流接近于零。这时由通过反馈灯电流的大小就可以得知被测物体温度。

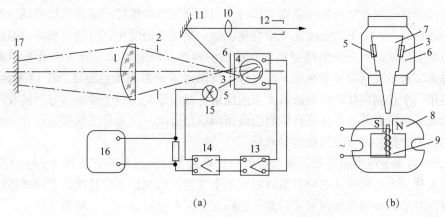

图3.36　光电高温计工作原理

1—物镜；2—孔径；3，5—孔；4—光电器件；6—遮光板；7—调制片；8—永久磁铁；9—激磁绕组；10—透镜；
11—反射镜；12—观察孔；13—前置放大器；14—主放大器；15—反馈灯；16—电位差计；17—被测物体

光电高温计避免了人工误差，灵敏度高，精确度高，响应快。若改变光电元件的种类，可以改变光电高温计的使用波长，就能够适用于可见光或红外光等场合。例如用硅光电池可测600～1000℃和以上范围；用硫化铅元件则可测400～800℃和以下范围。这类仪表分段的测温范围可达150～3200℃，测量距离0.5～3m。

（3）辐射温度计（Total Radiation Pyrometers）

辐射温度计依据全辐射定律，敏感元件感受物体的全辐射能量来测知物体的温度。它也是一种工业中广泛应用的非接触式测温仪表。此类温度计的测温范围在400～2000℃，多为现场安装式结构。

辐射温度计由辐射感温器和显示仪表两部分组成。其光学系统分为透镜式和反射镜式，检测元件有热电堆、热释电元件、硅光电池和热敏电阻等。透镜式系统将物体的全辐射能透过物镜及光阑、滤光片等聚焦于敏感元件；反射镜式系统则将全辐射能反射后聚焦在敏感元件上。图3.37为这两种系统的示意图。反射式系统测量距离0.5～1.5m，透镜式系统测量距离1～2m。

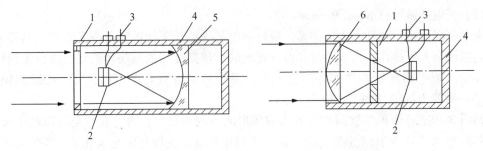

(a) 反射镜系统的辐射温度计   (b) 透镜系统的辐射温度计

图 3.37   反射镜和透镜式系统辐射温度计示意图

1—光阑；2—检测元件；3—输出端子；4—外壳；5—反射聚光镜；6—透镜

(4) 比色温度计(Ratio Pyrometers)

比色温度计是利用被测对象的两个不同波长(或波段)光谱辐射亮度之比来测量温度的。它的特点是准确度高、响应快、可观察小目标(最小可到 2mm)。典型比色温度计的工作波长为 $1.0\mu m$ 附近的两个窄波段，测量范围在 $550\sim3200℃$。

由维恩位移定律可知，物体温度变化时，辐射强度的峰值将向波长增加或减少的方向移动，将使波长 λ_1 和 λ_2 下的亮度比发生变化，测量亮度比的变化，可测得相应的温度。

比色温度计的结构分为单通道型和双通道型两种，单通道又可分为单光路和多光路两种，双通道又有带光调制和不带光调制之分。所谓通道是指在比色温度计中检测器的个数，单通道是用一个检测器接收两种波长光束的能量，双通道是用两个检测器分别接收两种波长光束的能量。所谓光路是指在进行调制前或调制后是否由一束光分成两束进行分光处理，没有分光的为单光路，有分光的则为双光路。

图 3.38 为单通道型和带光调制双通道型比色温度计原理结构图。图 3.38(a) 为单通道型比色温度计，由电机带动的调制盘以固定频率旋转，调制盘上交替镶嵌着两种不同的滤光片，使被测对象的辐射变成两束不同波长的辐射，交替地投射到同一检测元件上，在转换为电信号后，求出比值，即可求得被测温度。

图 3.38(b) 为带光调制双通道型比色温度计，调制盘上有间隔排列着两种波长 λ_1 和 λ_2 的滤光片。被测物体的辐射光束经过物镜 1 的聚焦和棱镜 7 的分光后，再经反射镜 4 的反射，在调制盘的作用下，使光束中的 λ_1 和 λ_2 的单波长的辐射光分别轮流达到两个检测器 3a 和 3b。这两个信号分别经放大器后到达计算电路，经计算后得到两个波长辐射强度的比值，即可求得被测温度。

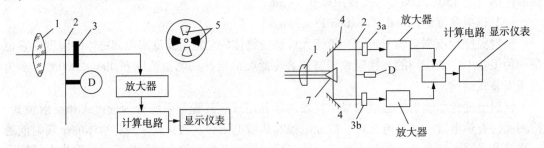

(a) 单通道型比色温度计   (b) 带光调制双通道型比色温度计

图 3.38   比色温度计原理结构图

1—物镜；2—调制盘；3，3a，3b—检测元件；4—反射镜；5—滤光片

（5）红外测温仪（Infrared Thermometers）

在辐射测温方面，前面介绍的几种非接触式测温仪表主要用于800℃以上的高温测量中。近几年由于光学传感元件和电子技术的发展，把非接触测温仪表中的光学系统改用只能透射红外波长的材料，接收能量的检测器选用有利于红外光能量转换的器件，从而开发出了一种工作于红外波段的辐射或比色温度计，这种仪表统称为红外测温仪。它使用的红外波段范围宽，即适合高温也适合低温测量，仪器的检测器可以选择响应速度快的器件，以适用于高速变化温度的动态测量。这类精度和灵敏度较高，可以测量常温的非接触式红外测温仪已得到迅速的发展和广泛的应用。其测量范围在-50~3000℃，精度可达1%，最佳响应时间为0.01ms。非典期间我国在公共场所监测人群体温的设备就是这种红外测温仪。

红外测温仪是将被测物体表面发射的红外波段的辐射能量通过光学系统汇聚到红外探测元件上，使其产生一信号，经电子元件放大和处理后，以数字方式显示被测的温度值。

图3.39所示为一种辐射式红外测温仪原理图。被测物体1所发射的红外辐射能量进入测温仪的光学聚焦系统中，经光学窗口2到分光片3，然后分成两路。其中一路透射到聚光镜4上，红外光束被调制盘5转变成脉冲光波，透射到黑体空腔6中的红外检测器上。为消除环境因素对红外检测器的影响，用温度传感器9的测量值来控制黑体空腔的温度，使其保持在40℃。此时检测器输出的信号相当于被测目标与黑体空腔温度的差值，由于黑体空腔温度被控制在40℃，故输出信号大小只取决于被测目标的红外辐射能量。此信号经A_1与A_2整形和电压放大后，被送入到相敏功率放大器7，与此同时调制盘驱动器的同步放大器10把信号也送给相敏功率放大器7。解调和整流后的输出电流，经A/D转换器8由数字显示器15给出被测物体的温度值。为了对准被测目标的特定位置，由分光片发出的另一路光束投射到反光镜11上，经12、13、14组成的目镜系统，可以观测到被测物体和透镜12上的十字形交叉线。

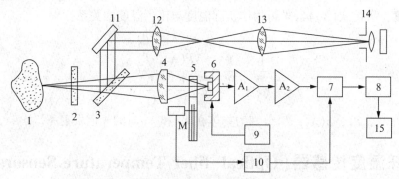

图3.39　辐射式红外测温仪原理图

1—被测物体；2—光学窗口；3—分光片；4—聚光镜；5—调制盘；
6—黑体空腔(内有红外检测器)；7—相敏功率放大器；8—A/D转换器；
9—温度传感器；10—同步放大器；11—反光镜；12，13—透镜；14—目镜；15—数字显示器

3.3.4　辐射测温仪表的表观温度（Temperature Reading of Radiation Thermometers）

辐射测温仪表均以黑体炉等作基准进行标定，其示值是按黑体温度刻度的。各种物体因其黑度系数ε_λ的不同，在实际测温时必须考虑发射率的影响。辐射仪表的表观温度是指在仪表工作波长范围内，温度为T的辐射体的辐射情况与温度为T_A的黑体的辐射情况相等，则T_A就是该辐射体的表观温度。由表观温度可以求得被测物体的实际温度。本节介绍的几

种测温仪表分别对应的表观温度为亮度温度、辐射温度和比色温度。

3.3.4.1 亮度温度(Brightness Temperature)

物体在辐射波长为 λ、温度为 T 时的亮度，和黑体在相同波长、温度为 T_L 时的亮度相等时，称 T_L 为该物体在波长 λ 时的亮度温度。当灯丝亮度与物体亮度相等时，有以下关系

$$B_\lambda = B_{0\lambda} \tag{3-43}$$

式中　λ——红光波长;

B_λ——物体亮度, $B_\lambda = C\varepsilon_\lambda c_1 \lambda^{-5} e^{-c_2/\lambda T}$;

$B_{0\lambda}$——黑体亮度, $B_{0\lambda} = Cc_1 \lambda^{-5} e^{-c_2/\lambda T_L}$。

则由上式可推出

$$\frac{1}{T_L} - \frac{1}{T} = \frac{\lambda}{c_2} \ln \frac{1}{\varepsilon_\lambda} \tag{3-44}$$

若已知物体的黑度系数 ε_λ，就可以从亮度温度 T_L 求出物体的真实温度 T。

3.3.4.2 辐射温度(Total Radiation Temperature)

当被测物体的真实温度为 T 时，其全辐射能量 E 与黑体在温度为 T_P 时的全辐射能量 E_0 相等，称 T_P 为被测物体的辐射温度。

当 $E = E_0$ 时有

$$\varepsilon\sigma T^4 = \sigma T_P^4 \tag{3-45}$$

则辐射温度计测出的实际温度为

$$T = T_P \sqrt[4]{\frac{1}{\varepsilon}} \tag{3-46}$$

3.3.4.3 比色温度 (Two-color Temperature)

热辐射体与绝对黑体在两个波长的光谱辐射亮度比相等时，称黑体的温度 T_R 为热辐射体的比色温度。可由式(3-44)求得物体实际温度与比色温度的关系:

$$\frac{1}{T} - \frac{1}{T_R} = \frac{\ln \dfrac{\varepsilon(\lambda_1, T)}{\varepsilon(\lambda_2, T)}}{c_2 \left(\dfrac{1}{\lambda_1} - \dfrac{1}{\lambda_2} \right)} \tag{3-47}$$

式中，$\varepsilon(\lambda_1, T)$，$\varepsilon(\lambda_2, T)$ 分别为物体在 λ_1 和 λ_2 时的光谱发射率。

3.4　光纤温度传感器(Optical-fiber Temperature Sensors)

光纤温度传感器是采用光纤作为敏感元件或能量传输介质而构成的新型测温仪表，它有接触式和非接触式等多种型式。光纤传感器的特点是灵敏度高;电绝缘性能好，可适用于强烈电磁干扰、强辐射的恶劣环境;体积小、质量轻、可弯曲;可实现不带电的全光型探头等。近几年来光纤温度传感器在许多领域得到应用。

光纤传感器由光源激励、光源、光纤(含敏感元件)、光检测器、光电转换及处理系统和各种连接件等部分构成。光纤传感器可分为功能型和非功能型两种型式，功能型传感器是利用光纤的各种特性，由光纤本身感受被测量的变化，光纤既是传输介质，又是敏感元件;非功能型传感器又称传光型，是由其他敏感元件感受被测量的变化，光纤仅作为光信号的传输介质。

非功能型光纤温度传感器在实际中得到较多的应用，并有多种类型，已实用化的温度计有

液晶光纤温度传感器、荧光光纤温度传感器、半导体光纤温度传感器和光纤辐射温度计等。

3.4.1 液晶光纤温度传感器（Liquid Crystal Optical-fiber Temperature Sensors）

液晶光纤温度传感器利用液晶的"热色"效应而工作。例如在光纤端面上安装液晶片，在液晶片中按比例混入三种液晶，温度在 10~45℃ 范围内变化，液晶颜色由绿变成深红，光的反射率也随之变化，测量光强变化可知相应温度，其精度约为 0.1℃。不同型式的液晶光纤温度传感器的测温范围可在−50~250℃ 之间。

3.4.2 荧光光纤温度传感器（Fluorescence Optical-fiber Temperature Sensors）

荧光光纤温度传感器的工作原理是利用荧光材料的荧光强度随温度而变化，或荧光强度的衰变速度随温度而变化的特性，前者称荧光强度型，后者称荧光余辉型。其结构是在光纤头部粘接荧光材料，用紫外光进行激励，荧光材料将会发出荧光，检测荧光强度就可以检测温度。荧光强度型传感器的测温范围为−50~200℃；荧光余辉型温度传感器的测温范围为−50~250℃。

3.4.3 半导体光纤温度传感器（Semiconductor Optical-fiber Temperature Sensors）

半导体光纤温度传感器是利用半导体的光吸收响应随温度而变化的特性，根据透过半导体的光强变化检测温度。例如单波长式半导体光纤温度传感器，半导体材料的透光率与温度的特性曲线如图 3.40 所示，温度变化时，半导体的透光率曲线亦随之变化。当温度升高时，曲线将向长波方向移动，在光源的光谱处于 λ_g 附近的特定入射波长的波段内，其透过光强将减弱，测出光强变化就可知对应的温度变化。半导体光纤温度传感器的装置简图及探头结构如图 3.41 所示。这类温度计的测温范围为−30~300℃。

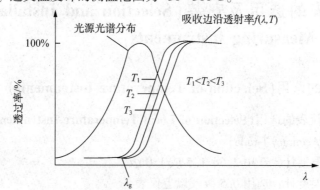

图 3.40 半导体材料透光率与温度的特性

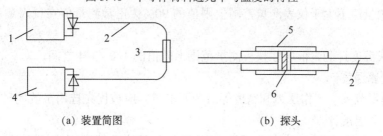

(a) 装置简图　　　　　(b) 探头

图 3.41 半导体光纤温度传感器的装置简图及探头结构

1—光源；2—光纤；3—探头；4—光探测器；5—不锈钢套；6—半导体吸收元件

3.4.4 光纤辐射温度计(Optical-fiber Radiation Thermometers)

光纤辐射温度计的工作原理和分类与普通的辐射测温仪表类似，它可以接近或接触目标进行测温。目前，因受光纤传输能力的限制，其工作波长一般为短波，采用亮度法或比色法测量。

光纤辐射温度计的光纤可以直接延伸为敏感探头，也可以经过耦合器，用刚性光导棒延伸，如图3.42所示。光纤敏感探头有多种型式，例如直型、楔型、带透镜型和黑体型等，如图3.43(a)、(b)、(c)、(d)所示。

典型光纤辐射温度计的测温范围为200~4000℃，分辨率可达0.01℃，在高温时精确度可优于±0.2%读数值，其探头耐温一般可达3000℃，加冷却后可到500℃。

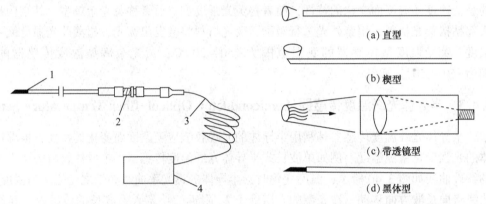

(a) 直型

(b) 楔型

(c) 带透镜型

(d) 黑体型

图3.42　光纤辐射温度计　　　　图3.43　光纤敏感探头的多种形式

1—光纤头；2—耦合器；3—光纤；4—信号处理单元

3.5　测温仪表的选用及安装(Selection and Installation of Temperature Measuring Instruments)

3.5.1　测温仪表的选用(Selection of Temperature Instruments)

3.5.1.1　就地温度仪表的选用(Selection of Local Temperature Instruments)

(1) 精度等级(Accuracy Grade)

① 一般工业用温度计，选用2.5、1.5或1.0级。

② 精密测量用温度计，选用0.5级或以上仪表。

(2) 测量范围(Measuring Range)

① 最高测量值不大于仪表测量范围上限值的90%，正常测量值在仪表测量范围上限值的1/2左右。

② 压力式温度计测量值应在仪表测量范围上限值的1/2~3/4之间。

(3) 双金属温度计

在满足测量范围、工作压力和精度等级的要求时，应被优先选用于就地显示。

(4) 压力式温度计

适用于-80℃以下低温、无法近距离观察、有振动及精度要求不高的就地或就地盘显示。

(5) 玻璃温度计

仅用于测量精确度较高、振动较小、无机械损伤、观察方便的特殊场合。不得使用玻璃水银温度计。

3.5.1.2　温度检测元件的选用(Selection of Temperature Pick-up)

① 根据温度测量范围,参照表 3.9 选用相应分度号的热电偶、热电阻或热敏热电阻。

表 3.9　常用温度检测元件

检测元件名称	分度号	测温范围/℃	R_{100}/R_0	检测元件名称	分度号	测温范围/℃
铜热电阻 $R_0 = 50\Omega$	Cu50	−50~150	1.248	铁-康铜热电偶	J	−200~800
铜热电阻 $R_0 = 100\Omega$	Cu100			铜-康铜热电偶	T	−200~400
铂热电阻 $R_0 = 10\Omega$	Pt10	−200~650	1.385	铂铑$_{10}$-铂热电偶	S	0~1600
铂热电阻 $R_0 = 100\Omega$	Pt100			铂铑$_{13}$-铂热电偶	R	0~1600
镍铬-镍硅热电偶	K	−200~1300		铂铑$_{30}$-铂铑$_6$热电偶	B	0~1800
镍铬硅-镍硅热电偶	N	−200~900		钨铼$_5$-钨铼$_{26}$热电偶	WRe_5-WRe_{26}	0~2300
镍铬-康铜热电偶	E	−200~900		钨铼$_3$-钨铼$_{25}$热电偶	WRe_3-WRe_{25}	0~2300

② 铠装式热电偶适用于一般场合;铠装式热电阻适用于无振动场合;热敏电阻适用于测量反应速度快的场合。

3.5.1.3　特殊场合适用的热电偶、热电阻

① 温度高于 870℃、氢含量大于 5%的还原性气体、惰性气体及真空场合,选用钨铼热电偶或吹气热电偶。

② 设备、管道外壁和转体表面温度,选用端(表面)式、压簧固定式或铠装热电偶、热电阻。

③ 含坚硬固体颗粒介质,选用耐磨热电偶。

④ 在同一检出(测)元件保护管中,要求多点测量时,选用多点(支)热电偶。

⑤ 为了节省特殊保护管材料,提高响应速度或要求检出元件弯曲安装时可选用铠装热电偶、热电阻。

⑥ 高炉、热风炉温度测量,可选用高炉、热风炉专用热电偶。

3.5.2　测温仪表的安装(Installation of Temperature Instruments)

3.5.2.1　管道内流体温度的测量(Fluid Temperature Measurement in Pipe)

通常采用接触式测温方法测量管道内流体的温度,测温元件直接插入流体中。接触式测温仪表所测得的温度都是由测温(感温)元件来决定的。在正确选择测温元件和二次仪表之后,如不注意测温元件的正确安装,那么,测量精度仍得不到保证。

为了正确地反映流体温度和减少测量误差,要注意合理地选择测点位置,并使测温元件与流体充分接触。工业上,一般是按下列要求进行安装的。

① 测点位置要选在有代表性的地点,不能在温度的死角区域,尽量避免电磁干扰。

② 在测量管道温度时,应保证测温元件与流体充分接触,以减少测量误差。因此,要求安装时测温元件应迎着被测介质流向插入,至少须与被测介质流向垂直(成 90°),切勿与被测介质形成顺流。如图 3.43(a)、(b)、(c)所示。

③ 测温元件的感温点应处于管道中流速最大处。一般来说，热电偶、铂电阻、铜电阻保护套管的末端应分别越过流束中心线 5~10mm、50~70mm、25~30mm。

④ 测温元件应有足够的插入深度，以减小测量误差。为此，测温元件应斜插安装或在弯头处安装，如图 3.44(d)、(e) 所示。

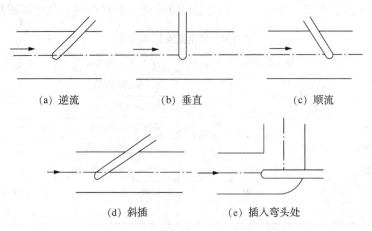

(a) 逆流   (b) 垂直   (c) 顺流

(d) 斜插   (e) 插入弯头处

图 3.44　测温元件安装示意图

⑤ 若工艺管道过小(直径小于 80mm)，安装测温元件处应接装扩大管，如图 3.45 所示。

⑥ 热电偶、热电阻的接线盒面盖应该在上面，以避免雨水或其他液体、脏物进入接线盒中影响测量，如图 3.46 所示。

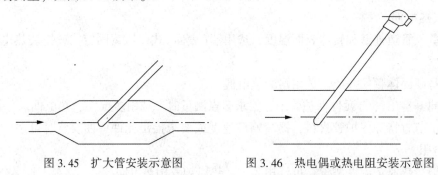

图 3.45　扩大管安装示意图   图 3.46　热电偶或热电阻安装示意图

⑦ 为了防止热量散失，在测点引出处要如保温材料隔热，以减少热损失带来的测量误差。

⑧ 测温元件安装在负压管道中时，必须保证其密封性，以防外界冷空气进入，使读数降低。

3.5.2.2　烟道中烟气温度的测量(Flue Gas Temperature Measurement in Flue)

烟道的管径很大，测温元件插入深度有时可达 2m，应注意减低套管的导热误差和向周围环境的辐射误差。可以在测温元件外围加热屏蔽罩，如图 3.47 所示。也可以采用抽气的办法加大流速，增强对流换热，减少辐射误差。图 3.48 给出一种抽气装置的示意图，热电偶装于有多层屏蔽的管中，屏蔽管的后部与抽气器连接。当蒸汽或压缩空气通过抽气器时，会夹带着烟气以很高的流速流过热电偶测量端。在抽气管路上加装的孔板是为了测量抽气流量，以计算测量处的流速来估计误差。

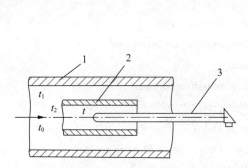
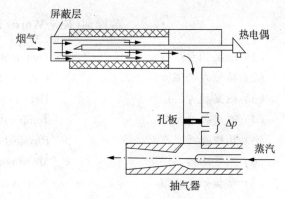

图 3.47　测温元件外围加热屏蔽罩　　　　　图 3.48　抽气装置示意图
1—外壁；2—屏蔽罩；3—温度计

3.5.2.3　测温元件的布线要求(Requirement for Laying Wires)

测温元件安装在现场，而显示仪表或计算机控制装置都在控制室内，所以要将测温元件测到的信号引入控制室内，就需要布线。工业上，一般是按下列要求进行布线的。

① 按照规定的型号配用热电偶的补偿导线，注意热电偶的正、负极与补偿导线的正、负极相连接，不要接错。

② 热电阻的线路电阻一定要符合所配二次仪表的要求。

③ 为了保护连接导线与补偿导线不受外来的机械损伤，应把连接导线或补偿导线穿入钢管内或走槽板。

④ 导线应尽量避免有接头，应有良好的绝缘。禁止与交流输电线合用一根穿线管，以免引起感应。

⑤ 导线应尽量避开交流动力电线。

⑥ 补偿导线不应有中间接头，否则应加装接线盒。另外，最好与其他导线分开敷设。

3.5.2.4　非接触法测量物体表面温度(Surface Temperature Measurement with Non-contact methods)

用辐射式温度计测温时，测温仪表不接触被测物体，但须注意使用条件和安装要求，以减少测量误差。提高测量准确性的措施有以下几个方面。

① 合理选择测量距离　温度计与被测对象之间的距离，应满足仪表的距离系数 L(测量距离)/d(视场直径)要求。温度计的距离系数规定了对一定尺寸的被测对象进行测量时最长的测量距离 L，以保证目标充满温度计视场。使用时，一般使目标直径为视场直径的 1.5～2 倍，可以接收到足够的辐射能量。

② 减小发射率影响　可以设法提高目标发射率，如改善目标表面粗糙度；目标表面涂敷耐温的高发射率涂料；目标表面适度氧化等。一般仪表中均加有发射率的设定功能，以进行发射率修正。

③ 减少光路传输损失　光路传输损失包括窗口吸收；光路阻挡；烟、尘、气的吸收。可以选择特定的工作波长、加装吹净装置或窥视管等。

④ 减低背景辐射影响　背景辐射包括杂散辐射、透射辐射和反射辐射。可以相应地加遮光罩、窥视管或选择特定的工作波长等。

关键词(Key Words and Phrases)

(1) 温度测量　　　　　　Temperature Measurement
(2) 接触式测温　　　　　Contact Temperature Measurement
(3) 热交换　　　　　　　Heat Exchange
(4) 温度敏感元件　　　　Temperature Sensitive Element
(5) 物理性质　　　　　　Physical Property
(6) 测量滞后　　　　　　Measurement Delay
(7) 非接触式测温　　　　Non-contact Temperature Measurement
(8) 热辐射　　　　　　　Thermal Radiation
(9) 遥测　　　　　　　　Remote Measurement
(10) 温标　　　　　　　Temperature Scale
(11) 经验温标　　　　　Experimental Temperature Scale
(12) 摄氏温标　　　　　Celsius Temperature Scale
(13) 标准大气压　　　　Standard Atmospheric Pressure
(14) 冰点, 凝固点　　　Freezing Point
(15) 沸点　　　　　　　Boiling Point
(16) 华氏温标　　　　　Fahrenheit Temperature Scale
(17) 水银　　　　　　　Mercury
(18) 热力学温标　　　　Thermodynamic Temperature Scale
(19) 开尔文温标　　　　Kelvin Temperature Scale
(20) 三相点　　　　　　Triple Point
(21) 热力学第二定律　　Second Low of Thermodynamics
(22) 卡诺定理　　　　　Carnot Theorem
(23) 卡诺循环　　　　　Carnot Cycle
(24) 国际实用温标　　　International Practical Temperature Scale
(25) 平衡态温度　　　　Equilibrium Temperature
(26) 基准点　　　　　　Primary Points
(27) 固相　　　　　　　Solid Phase
(28) 液相　　　　　　　Liquid Phase
(29) 气相　　　　　　　Vapor Phase
(30) 熔点　　　　　　　Melting Point
(31) 单色辐射　　　　　Monochromatic Radiation
(32) 普朗克辐射定律　　Planck's Law of Radiation
(33) 温度计　　　　　　Thermometer
(34) 检定, 校验　　　　Calibration
(35) 膨胀式温度计　　　Expansion Thermometers
(36) 玻璃液体温度计　　Liquid-in-Glass Thermometers
(37) 玻璃温包　　　　　Glass Bulb
(38) 毛细管　　　　　　Capillary Tube

(39) 刻度，分度	Graduation
(40) 线性	Linear
(41) 压力式温度计	Pressure Thermometers
(42) 饱和蒸汽	Saturated Vapor
(43) 弹簧管	Bourdon Tube
(44) 指针	Pointer
(45) 工作介质	Working Medium
(46) 机械强度	Mechanical Strength
(47) 膨胀系数	Expansion Coefficient
(48) 热导率	Heat Conductivity
(49) 铜合金	Copper Alloy
(50) 不锈钢	Stainless Steel
(51) 外径	External Diameter
(52) 内径	Inner Diameter
(53) 保护套管	Protective Cased Pipe
(54) 双金属温度计	Bimetallic Thermometers
(55) 继电器	Relay
(56) 两位式温度控制器	On-off Temperature Controller
(57) 轴向	Axial Direction
(58) 径向	Radial Direction
(59) 接点，触点	Contact
(60) 热电偶(TC)	Thermocouple
(61) 热电效应	Thermoelectric Effect
(62) 热电势	Thermo EMF
(63) 热端	Hot Junction
(64) 冷端	Cold Junction
(65) 均质导体定则	Law of Homogeneous Metals
(66) 中间导体定则	Law of Intermediate Metals
(67) 中间温度定则	Law of Intermediate Temperatures
(68) 标准化热电偶	Standard Thermocouples
(69) 热电偶分度表	Thermocouple Tables
(70) 贵金属热电偶	Rare Metal Thermocouples
(71) 廉价金属热电偶	Base Metal Thermocouples
(72) 非标准化热电偶	Non-Standard Thermocouples
(73) 补偿导线	Compensating Leads
(74) 补偿电桥	Compensation Bridge
(75) 一体化温度变送器	Integrated Temperature Transmitter
(76) 串联连接	Series Connection
(77) 串联连接	Parallel Connection
(78) 热电阻(RTDs)	Resistance Temperature Detectors

(79) 铂电阻	Platinum RTDs
(80) 铜电阻	Copper RTDs
(81) 不平衡电桥	Unbalanced Bridge
(82) 三线制方式热电阻	Three-Wire RTDs
(83) 平衡电桥	balanced Bridge
(84) 电子电位差计	Potentiometer
(85) 半导体热敏电阻	Thermistors
(86) 正温度系数(PTC)	Positive Temperature Coefficient
(87) 负温度系数(NTC)	Negative Temperature Coefficient
(88) 全辐射定律	Total Radiation Law
(89) 光学高温计	Manual Optical Pyrometers
(90) 光电高温计	Optical Pyrometers
(91) 辐射温度计	Total Radiation Pyrometers
(92) 比色温度计	Ratio Pyrometers
(93) 红外测温仪	Infrared Thermometers
(94) 光纤温度传感器	Optical-fiber Temperature Sensors
(95) 液晶	Liquid Crystal
(96) 荧光	Fluorescence
(97) 半导体	Semiconductor
(98) 光纤辐射温度计	Optical-fiber Radiation Thermometers
(99) 温度检测元件	Temperature Pick-up
(100) 流体	Fluid
(101) 烟气	Flue Gas
(102) 布线	Laying Wires

习题(Problems)

3-1 什么是温标? 常用的温标有哪几种? 它们之间的关系如何?

3-2 按测温方式分, 测温仪表分成哪几类? 常用温度检测仪表有哪些?

3-3 热电偶的测温原理和热电偶测温的基本条件是什么?

3-4 工业常用热电偶有哪几种? 试简要说明各自的特点。

3-5 现有 K、S、T 三种分度号的热电偶, 试问在下列三种情况下, 应分别选用哪种?

(1) 测温范围在 600~1100℃, 要求测量精度高;

(2) 测温范围在 200~400℃, 要求在还原性介质中测量;

(3) 测温范围在 600~800℃, 要求线性度较好, 且价格便宜。

3-6 用分度号为 S 的热电偶测温, 其冷端温度为 20℃, 测得热电势 $E(t, 20) = 11.30\text{mV}$, 试求被测温度 t。

3-7 用电子电位差计 K 型配热电偶进行测温, 室温为 20℃, 仪表指示值为 300℃, 问此时热电偶送入电子电位差计的输入电压是多少?

3-8 用 K 型热电偶测量某设备的温度, 测得的热电势为 20mV, 冷端温度(室温)为 25℃, 求设备的温度。如果选用 E 型热电偶来测量, 在相同的条件下, E 型热电偶测得的热电势是多少?

3-9 用热电偶测温时,为什么要使用补偿导线?使用时应注意哪些问题?

3-10 用热电偶测温时,为什么要进行冷端温度补偿?补偿的方法有哪几种?

3-11 现用一台 E 分度号的热电偶测某换热器内的温度,已知热电偶冷端温度为 30℃,动圈显示仪表的机械零位在 0℃ 时,指示值为 400℃,则认为换热器内的温度为 430℃,对不对,为什么?正确值为多少?

Measuring heat exchanger temperature with type E thermocouple, cold junction temperature is 30℃. The mechanical zero of display instrument is 0℃ and its reading is 400℃. Then, the temperature of heat exchanger be considered as 430℃. Is that right? Why? What's the correct answer?

3-12 一热电偶测温系统如图 3.49 所示。分度号 K 的热电偶误用了分度号 E 的补偿导线,极性连接正确,仪表指示值会如何变化?已知 $t=500℃$,$t_1=30℃$,$t_0=20℃$。若 $t_1=20℃$,$t_0=30℃$,仪表指示值又会如何变化?

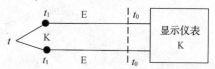

图 3.49　习题 3-12 测温系统

Figure 3.49 shows a TC measuring system. Type E compensating wires was misconnected with TC and display instrument of type K, the poles connection is correct. How the instrument reading changes? $t=500℃$, $t_1=30℃$, $t_0=20℃$. If $t_1=20℃$, $t_0=30℃$, then, How the instrument reading changes?

3-13 某人将 K 分度号补偿导线的极性接反,当电炉温度控制于 800℃ 时,若热电偶接线盒处温度为 50℃,仪表接线板处温度为 40℃,问测量结果和实际相差多少?

The poles of type K compensating wires was connected inversely. When the oven temperature is 800℃, the temperature at TC junction box is 50℃, at instrument junction plate is 40℃. What's the difference between measured temperature and real temperature?

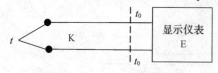

图 3.50　习题 3-14 测温系统

3-14 一测温系统如图 3.50 所示。已知所用的热电偶及补偿导线均为 K 分度号,但错用了与 E 配套的显示仪表。当仪表指示为 160℃ 时,请计算实际温度为多少?(已知控制室温度为 25℃)

Figure 3.50 shows a temperature measuring system. The TC and compensating wires are all type K. But type E display instrument was misused. When the instrument reading is 160℃, calculate the real temperature please. (The temperature of control room is 25℃).

3-15 如图 3.51 所示的三种测温系统中,试比较 A 表、B 表和 C 表指示值的高低。说明理由。

Figure 3.51 shows three temperature measuring systems, Please compare the readings of three display instruments A、B and C.

3-16 试述热电阻测温原理。常用热电阻的种类有哪些?R_0 各为多少?

3-17 热电阻的引线方式有哪几种?以电桥法测定热电阻的电阻值时,为什么常采用三线制接线方法?

3-18 用分度号 Pt100 铂电阻测温,在计算时错用了 Cu100 的分度表,查得的温度为 140℃,问实际温度为多少?

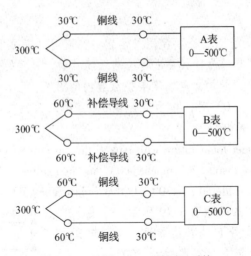

图 3.51 习题 3-15 三种测温系统

3-19 热敏电阻有哪些种类？各有什么特点？各适用于什么场合？

3-20 试述热电偶温度计、热电阻温度计各包括哪些元件和仪表？输入、输出信号各是什么？

3-21 辐射测温仪表的基本组成是什么？

3-22 常用的光纤温度传感器有哪些？有什么特点？

3-23 试述接触式测温中，测温元件的安装和布线要求。

3-24 测量管道内流体的温度时，测温元件的安装如图 3.52 所示。试判断其中哪些是错的，那些是对的(直接在图上标明)，并简要说明理由。

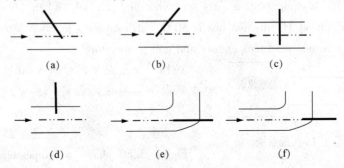

图 3.52 习题 3-24 测温元件安装图

3-25 试述非接触式测温的影响因素和改进措施。

附表 3.1 铂铑$_{10}$–铂热电偶（S 型）分度表 参考温度：0℃

$t/℃$	0	-1	-2	-3	-4	-5	-6	-7	-8	-9
	E/mV									
-50	-0.236									
-40	-0.194	-0.199	-0.203	-0.207	-0.211	-0.215	-0.219	-0.224	-0.228	-0.232
-30	-0.150	-0.155	-0.159	-0.164	-0.168	-0.173	-0.177	0.181	0.186	-0.190
-20	-0.103	-0.108	-0.113	-0.117	-0.122	-0.127	-0.132	0.136	0.141	-0.146
-10	-0.053	-0.058	-0.063	-0.068	-0.073	-0.078	-0.083	-0.088	-0.093	-0.098
-0	-0.000	-0.005	-0.011	-0.016	-0.021	-0.027	-0.032	-0.037	-0.042	-0.048

$t/℃$	0	1	2	3	4	5	6	7	8	9
	E/mV									
0	0.000	0.005	0.011	0.016	0.022	0.027	0.033	0.038	0.044	0.050
10	0.055	0.061	0.067	0.072	0.078	0.084	0.090	0.095	0.101	0.107
20	0.113	0.119	0.125	0.131	0.137	0.143	0.149	0.155	0.161	0.167
30	0.173	0.179	0.185	0.191	0.197	0.204	0.210	0.216	0.222	0.229
40	0.235	0.241	0.248	0.254	0.260	0.267	0.273	0.280	0.286	0.292
50	0.299	0.305	0.312	0.319	0.325	0.332	0.338	0.345	0.352	0.358
60	0.365	0.372	0.378	0.385	0.392	0.398	0.405	0.412	0.419	0.426
70	0.433	0.440	0.446	0.453	0.460	0.467	0.474	0.481	0.488	0.495
80	0.502	0.509	0.516	0.523	0.530	0.538	0.545	0.552	0.559	0.566
90	0.573	0.580	0.588	0.595	0.602	0.609	0.617	0.624	0.631	0.639
100	0.646	0.653	0.661	0.668	0.675	0.683	0.690	0.698	0.705	0.713
110	0.720	0.727	0.735	0.743	0.750	0.758	0.765	0.773	0.780	0.788
120	0.795	0.803	0.811	0.818	0.826	0.834	0.841	0.849	0.857	0.865
130	0.872	0.880	0.888	0.896	0.903	0.911	0.919	0.927	0.935	0.942
140	0.950	0.958	0.966	0.974	0.982	0.990	0.998	1.006	1.013	1.021
150	1.029	1.037	1.045	1.053	1.061	1.069	1.077	1.085	1.094	1.102
160	1.110	1.118	1.126	1.134	1.142	1.150	1.158	1.167	1.175	1.183
170	1.191	1.199	1.207	1.216	1.224	1.232	1.240	1.249	1.257	1.265
180	1.273	1.282	1.290	1.298	1.307	1.315	1.323	1.332	1.340	1.348
190	1.357	1.365	1.373	1.382	1.390	1.399	1.407	1.415	1.424	1.432
200	1.441	1.449	1.458	1.466	1.475	1.483	1.492	1.500	1.509	1.517
210	1.526	1.534	1.543	1.551	1.560	1.569	1.577	1.586	1.594	1.603
220	1.612	1.620	1.629	1.638	1.646	1.655	1.663	1.672	1.681	1.690
230	1.698	1.707	1.716	1.724	1.733	1.742	1.751	1.759	1.768	1.777
240	1.786	1.794	1.803	1.812	1.821	1.829	1.838	1.847	1.856	1.865
250	1.874	1.882	1.891	1.900	1.909	1.918	1.927	1.936	1.944	1.953
260	1.962	1.971	1.980	1.989	1.998	2.007	2.016	2.025	2.034	2.043
270	2.052	2.061	2.070	2.078	2.087	2.096	2.105	2.114	2.123	2.132
280	2.141	2.151	2.160	2.169	2.178	2.187	2.196	2.205	2.214	2.223
290	2.232	2.241	2.250	2.259	2.268	2.277	2.287	2.296	2.305	2.314
300	2.323	2.332	2.341	2.350	2.360	2.369	2.378	2.387	2.396	2.405
310	2.415	2.424	2.433	2.442	2.451	2.461	2.470	2.479	2.488	2.497
320	2.507	2.516	2.525	2.534	2.544	2.553	2.562	2.571	2.581	2.590
330	2.599	2.609	2.618	2.627	2.636	2.646	2.655	2.664	2.674	2.683
340	2.692	2.702	2.711	2.720	2.730	2.739	2.748	2.758	2.767	2.776
350	2.786	2.795	2.805	2.814	2.823	2.833	2.842	2.851	2.861	2.870
360	2.880	2.889	2.899	2.908	2.917	2.927	2.936	2.946	2.955	2.965
370	2.974	2.984	2.993	3.002	3.012	3.021	3.031	3.040	3.050	3.059
380	3.069	3.078	3.088	3.097	3.107	3.116	3.126	3.135	3.145	3.154
390	3.164	3.173	3.183	3.192	3.202	3.212	3.221	3.231	3.240	3.250
400	3.269	3.269	3.279	3.288	3.298	3.307	3.317	3.326	3.336	3.346
410	3.355	3.365	3.374	3.384	3.394	3.403	3.413	3.423	3.432	3.442

$t/℃$	0	1	2	3	4	5	6	7	8	9
	E/mV									
420	3.451	3.461	3.471	3.480	3.490	3.500	3.509	3.519	3.529	3.538
430	3.548	3.558	3.567	3.577	3.587	3.596	3.606	3.616	3.626	3.635
440	3.645	3.655	3.664	3.674	3.684	3.694	3.703	3.713	3.723	3.732
450	3.742	3.752	3.762	3.771	3.781	3.791	3.801	3.810	3.820	3.830
460	3.840	3.850	3.859	3.869	3.879	3.889	3.898	3.908	3.918	3.928
470	3.938	3.947	3.957	3.967	3.977	3.987	3.997	4.006	4.016	4.026
480	4.036	4.046	4.056	4.065	4.075	4.085	4.095	4.105	4.115	4.125
490	4.135	4.144	4.154	4.164	4.174	4.184	4.194	4.204	4.213	4.223
500	4.233	4.243	4.253	4.263	4.273	4.283	4.293	4.303	4.313	4.323
510	4.332	4.342	4.352	4.362	4.372	4.382	4.392	4.402	4.412	4.422
520	4.432	4.442	4.452	4.462	4.472	4.482	4.492	4.502	4.512	4.522
530	4.532	4.542	4.552	4.562	4.572	4.582	4.592	4.602	4.612	4.622
540	4.632	4.642	4.652	4.662	4.672	4.682	4.692	4.702	4.712	4.722
550	4.732	4.742	4.752	4.762	4.772	4.782	4.793	4.803	4.813	4.823
560	4.833	4.843	4.853	4.863	4.873	4.883	4.893	4.904	4.914	4.924
570	4.934	4.944	4.954	4.964	4.974	4.984	4.995	5.005	5.015	5.025
580	5.035	5.045	5.055	5.066	5.076	5.086	5.096	5.106	5.116	5.127
590	5.137	5.147	5.157	5.167	5.178	5.188	5.198	5.208	5.218	5.228
600	5.239	5.249	5.259	5.269	5.280	5.290	5.300	5.310	5.320	5.331
610	5.341	5.351	5.361	5.372	5.382	5.392	5.402	5.413	5.423	5.433
620	5.443	5.454	5.464	5.474	5.485	5.495	5.505	5.515	5.526	5.536
630	5.546	5.557	5.567	5.577	5.588	5.598	5.608	5.618	5.629	5.639
640	5.649	5.660	5.670	5.680	5.691	5.701	5.712	5.722	5.732	5.743
650	5.753	5.763	5.774	5.784	5.794	5.805	5.815	5.826	5.836	5.846
660	5.857	5.867	5.878	5.888	5.898	5.909	5.919	5.930	5.940	5.950
670	5.961	5.971	5.982	5.992	6.003	6.013	6.024	6.034	6.044	6.055
680	6.065	6.076	6.086	6.097	6.107	6.118	6.128	6.139	6.149	6.160
690	6.170	6.181	6.191	6.202	6.212	6.223	6.233	6.244	6.254	6.265
700	6.275	6.286	6.296	6.307	6.317	6.328	6.338	6.349	6.360	6.370
710	6.381	6.391	6.402	6.412	6.423	6.434	6.444	6.455	6.465	6.476
720	6.486	6.497	6.508	6.518	6.529	6.539	6.550	6.561	6.571	6.582
730	6.593	6.603	6.614	6.624	6.635	6.646	6.656	6.667	6.678	6.688
740	6.699	6.710	6.720	6.731	6.742	5.752	6.763	6.774	6.784	6.795
750	6.806	6.817	6.827	6.838	6.849	6.859	6.870	6.881	6.892	6.902
760	6.913	6.924	6.934	6.945	6.956	6.967	6.977	6.988	6.999	7.010
770	7.020	7.031	7.042	7.053	7.064	7.074	7.085	7.096	7.107	7.117
780	7.128	7.139	7.150	7.161	7.172	7.182	7.193	7.204	7.215	7.226
790	7.236	7.247	7.258	7.269	7.280	7.291	7.302	7.312	7.323	7.334
800	7.345	7.356	7.367	7.378	7.388	7.399	7.410	7.421	7.432	7.443
810	7.454	7.465	7.476	7.487	7.497	7.508	7.519	7.530	7.541	7.552
820	7.563	7.574	7.585	7.596	7.607	7.618	7.629	7.640	7.651	7.662
830	7.673	7.684	7.695	7.706	7.717	7.728	7.739	7.750	7.761	7.772
840	7.783	7.794	7.805	7.816	7.827	7.838	7.849	7.860	7.871	7.882
850	7.893	7.904	7.915	7.926	7.973	7.948	7.959	7.970	7.981	7.992
860	8.003	8.014	8.026	8.037	8.048	8.059	8.070	8.081	8.092	8.103
870	8.114	8.125	8.137	8.148	8.159	8.170	8.181	8.192	8.203	8.214
880	8.226	8.237	8.248	8.259	8.270	8.281	8.293	8.304	8.315	8.326
890	8.337	8.348	8.360	8.371	8.382	8.393	8.404	8.416	8.427	8.438
900	8.449	8.460	8.472	8.483	8.494	8.505	8.517	8.528	8.539	8.550
910	8.562	8.573	8.584	8.595	8.607	8.618	8.629	8.640	8.652	8.663

$t/℃$	0	1	2	3	4	5	6	7	8	9
					E/mV					
920	8.674	8.685	8.697	8.708	8.719	8.731	8.742	8.753	8.765	8.776
930	8.787	8.798	8.810	8.821	8.832	8.844	8.855	8.866	8.878	8.889
940	8.900	8.912	8.923	8.935	8.946	8.957	8.969	8.980	8.991	9.003
950	9.014	9.025	9.037	9.048	9.060	9.071	9.082	9.094	9.105	9.117
960	9.128	9.139	9.151	9.162	9.174	9.185	9.197	9.208	9.219	9.231
970	9.242	9.254	9.265	9.277	9.288	9.300	9.311	9.323	9.334	9.345
980	9.357	9.368	9.380	9.391	9.403	9.414	9.426	9.437	9.449	9.460
990	9.472	9.483	9.495	9.506	9.518	9.529	9.541	9.552	9.564	9.576
1000	9.587	9.599	9.610	9.622	9.633	9.645	9.656	9.668	9.680	9.691
1010	9.703	9.714	9.726	9.737	9.749	9.761	9.772	9.784	9.795	9.807
1020	9.819	9.830	9.842	9.853	9.865	9.877	9.888	9.900	9.911	9.923
1030	9.935	9.946	9.958	9.970	9.981	9.993	10.005	10.016	10.028	10.040
1040	10.051	10.063	10.075	10.086	10.098	10.110	10.121	10.133	10.145	10.156
1050	10.168	10.180	10.191	10.203	10.215	10.227	10.238	10.250	10.262	10.273
1060	10.285	10.297	10.309	10.320	10.332	10.334	10.356	10.367	10.379	10.391
1070	10.403	10.414	10.426	10.438	10.450	10.461	10.473	10.485	10.497	10.509
1080	10.520	10.532	10.544	10.556	10.567	10.579	10.591	10.603	10.615	10.626
1090	10.638	10.650	10.662	10.674	10.686	10.697	10.709	10.721	10.733	10.745
1100	10.757	10.768	10.780	10.792	10.804	10.816	10.828	10.839	10.851	10.863
1110	10.875	10.887	10.899	10.911	10.922	10.934	10.946	10.958	10.970	10.982
1120	10.994	11.006	11.017	11.029	11.041	11.053	11.065	11.077	11.089	11.101
1130	11.113	11.125	11.136	11.148	11.160	11.172	11.184	11.196	11.208	11.220
1140	11.232	11.244	11.256	11.268	11.280	11.291	11.303	11.315	11.327	11.339
1150	11.351	11.363	11.375	11.387	11.399	11.411	11.423	11.435	11.447	11.459
1160	11.471	11.483	11.495	11.507	11.519	11.531	11.542	11.554	11.566	11.578
1170	11.590	11.602	11.614	11.626	11.638	11.650	11.662	11.674	11.686	11.698
1180	11.710	11.722	11.734	11.746	11.758	11.770	11.782	11.794	11.806	11.818
1190	11.830	11.842	11.854	11.866	11.878	11.890	11.902	11.914	11.926	11.939
1200	11.951	11.963	11.975	11.987	11.999	12.011	12.023	12.035	12.047	12.059
1210	12.071	12.083	12.095	12.107	12.119	12.131	12.143	12.155	12.167	12.179
1220	12.191	12.203	12.216	12.228	12.240	12.252	12.264	12.276	12.288	12.300
1230	12.312	12.324	12.336	12.348	12.360	12.372	12.384	12.397	12.409	12.421
1240	12.433	12.445	12.457	12.469	12.481	12.493	12.505	12.517	12.529	12.542
1250	12.554	12.566	12.578	12.590	12.602	12.614	12.626	12.638	12.650	12.662
1260	12.675	12.687	12.699	12.711	12.723	12.735	12.747	12.759	12.771	12.783
1270	12.796	12.808	12.820	12.832	12.844	12.856	12.868	12.880	12.892	12.905
1280	12.917	12.929	12.941	12.953	12.965	12.977	12.989	13.001	13.014	13.026
1290	13.038	13.050	13.062	13.074	13.086	13.098	13.111	13.123	13.135	13.147
1300	13.159	13.171	13.183	13.195	13.208	13.220	13.232	13.244	13.256	13.268
1310	13.280	13.292	13.305	13.317	13.329	13.341	13.353	13.365	13.377	13.390
1320	13.402	13.414	13.426	13.438	13.450	13.462	13.474	13.487	13.499	13.511
1330	13.523	13.535	13.547	13.559	13.572	13.584	13.596	13.608	13.620	13.632
1340	13.644	13.657	13.669	13.681	13.693	13.705	13.717	13.729	13.742	13.754
1350	13.766	13.778	13.790	13.802	13.814	13.826	13.839	13.851	13.863	13.875
1360	13.887	13.899	13.911	13.924	13.936	13.948	13.960	13.972	13.984	13.996
1370	14.009	14.021	14.033	14.045	14.057	14.069	14.081	14.094	14.106	14.118
1380	14.130	14.142	14.154	14.166	14.178	14.191	14.203	14.215	14.227	14.239
1390	14.251	14.263	14.276	14.288	14.300	14.312	14.324	14.336	14.348	14.360
1400	14.373	14.385	14.397	14.409	14.421	14.433	14.445	14.457	14.470	14.482
1410	14.494	14.506	14.518	14.530	14.542	14.554	14.567	14.579	14.591	14.603

t/℃	0	1	2	3	4	5	6	7	8	9
						E/mV				
1420	14.615	14.627	14.639	14.651	14.664	14.676	14.688	14.700	14.712	14.724
1430	14.736	14.748	14.760	14.773	14.785	14.797	14.809	14.821	14.833	14.845
1440	14.857	14.869	14.881	14.894	14.906	14.918	14.930	14.942	14.954	14.966
1450	14.978	14.990	15.002	15.015	15.027	15.039	15.051	15.063	15.075	15.087
1460	15.099	15.111	15.123	15.135	15.148	15.160	15.172	15.184	15.196	15.208
1470	15.220	15.232	15.244	15.256	15.268	15.280	15.292	15.304	15.317	15.329
1480	15.341	15.353	15.365	15.377	15.389	15.401	15.413	15.425	15.437	15.449
1490	15.461	15.473	15.485	15.497	15.509	15.521	15.534	15.546	15.558	15.570
1500	15.582	15.594	15.606	15.618	15.630	15.642	15.654	15.666	15.678	15.690
1510	15.702	15.714	15.726	15.738	15.750	15.762	15.774	15.786	15.978	15.810
1520	15.822	15.834	15.846	15.858	15.870	15.882	15.894	15.906	15.918	15.930
1530	15.942	15.954	15.966	15.978	15.990	16.002	16.014	16.026	16.038	16.050
1540	16.062	16.074	16.086	16.098	16.110	16.122	16.134	16.146	16.158	16.170
1550	16.182	16.194	16.205	16.217	16.229	16.241	16.253	16.265	16.277	16.289
1560	16.301	16.313	16.325	16.337	16.349	16.361	16.373	16.385	16.396	16.408
1570	16.420	16.432	16.444	16.456	16.468	16.480	16.492	16.504	16.516	16.527
1580	16.539	16.551	16.563	16.575	16.587	16.599	16.611	16.623	16.634	16.646
1590	16.658	16.670	16.682	16.694	16.706	16.718	16.729	16.741	16.753	16.765
1600	16.777	16.789	16.801	16.812	16.824	16.836	16.846	16.860	16.872	16.883
1610	16.895	16.907	16.919	16.931	16.943	16.954	16.966	16.978	16.990	17.002
1620	17.013	17.025	17.037	17.049	17.061	17.072	17.084	17.096	17.108	17.120
1630	17.131	17.143	17.155	17.167	17.178	17.190	17.202	17.214	17.225	17.237
1640	17.249	17.261	17.272	17.284	17.296	17.308	17.319	17.331	17.343	17.355
1650	17.366	17.378	17.390	17.401	17.413	17.425	17.437	17.448	17.460	17.472
1660	17.483	17.495	17.507	17.518	17.530	17.542	17.553	17.565	17.577	17.588
1670	17.600	17.612	17.623	17.635	17.647	17.658	17.670	17.682	17.693	17.705
1680	17.717	17.728	17.740	17.751	17.763	17.775	17.786	17.798	17.809	17.821
1690	17.832	17.844	17.855	17.867	17.878	17.890	17.901	17.913	17.924	17.936
1700	17.947	17.959	17.970	17.982	17.993	18.004	18.016	18.027	18.039	18.050
1710	18.061	18.073	18.084	18.095	18.107	18.118	18.129	18.140	18.152	18.163
1720	18.174	18.185	18.196	18.208	18.219	18.230	18.241	18.252	18.263	18.274
1730	18.285	18.297	18.308	18.319	18.330	18.341	18.352	18.362	18.373	18.384
1740	18.395	18.406	18.417	18.428	18.439	18.449	18.460	18.471	18.482	18.493
1750	18.503	18.514	18.525	18.535	18.546	18.557	18.567	18.578	18.588	18.599
1760	18.609	18.620	18.630	18.641	18.651	18.661	18.672	18.682	18.693	

附表 3.2　铂铑$_{30}$-铂铑$_6$热电偶(B型)分度表　参考温度：0℃

t/℃	0	1	2	3	4	5	6	7	8	9
						E/mV				
0	0.000	-0.000	-0.000	-0.001	-0.001	-0.001	-0.001	-0.001	-0.002	-0.002
10	-0.002	-0.002	-0.002	-0.002	-0.002	-0.002	-0.002	-0.002	-0.003	-0.003
20	-0.003	-0.003	-0.003	-0.003	-0.003	-0.002	-0.002	-0.002	-0.002	-0.002
30	-0.002	-0.002	-0.002	-0.002	-0.002	-0.001	-0.001	-0.001	-0.001	-0.001
40	-0.000	-0.000	-0.000	0.000	0.000	0.001	0.001	0.001	0.002	0.002
50	0.002	0.003	0.003	0.003	0.004	0.004	0.004	0.005	0.005	0.006
60	0.006	0.007	0.007	0.008	0.008	0.009	0.009	0.010	0.010	0.011
70	0.011	0.012	0.012	0.013	0.014	0.014	0.015	0.015	0.016	0.017
80	0.017	0.018	0.019	0.020	0.020	0.021	0.022	0.022	0.023	0.024
90	0.025	0.026	0.026	0.027	0.028	0.029	0.030	0.031	0.031	0.032

$t/℃$	0	1	2	3	4	5	6	7	8	9
	E/mV									
100	0.033	0.034	0.035	0.036	0.037	0.038	0.039	0.040	0.041	0.042
110	0.043	0.044	0.045	0.046	0.047	0.048	0.049	0.050	0.051	0.052
120	0.053	0.055	0.056	0.057	0.058	0.059	0.060	0.062	0.063	0.064
130	0.065	0.066	0.068	0.069	0.070	0.072	0.073	0.074	0.075	0.077
140	0.078	0.079	0.081	0.082	0.084	0.085	0.086	0.088	0.089	0.091
150	0.092	0.094	0.095	0.096	0.098	0.099	0.101	0.102	0.104	0.106
160	0.107	0.109	0.110	0.112	0.113	0.115	0.117	0.118	0.120	0.122
170	0.123	0.125	0.127	0.128	0.130	0.132	0.134	0.135	0.137	0.139
180	0.141	0.142	0.144	0.146	0.148	0.150	0.151	0.153	0.155	0.157
190	0.159	0.161	0.163	0.165	0.166	0.168	0.170	0.172	0.174	0.176
200	0.178	0.180	0.182	0.184	0.186	0.188	0.190	0.192	0.195	0.197
210	0.199	0.201	0.203	0.205	0.207	0.209	0.212	0.214	0.216	0.218
220	0.220	0.222	0.225	0.227	0.229	0.231	0.234	0.236	0.238	0.241
230	0.243	0.25	0.248	0.250	0.252	0.255	0.257	0.259	0.262	0.264
240	0.267	0.269	0.271	0.274	0.276	0.279	0.281	0.284	0.286	0.289
250	0.291	0.294	0.296	0.299	0.301	0.304	0.307	0.309	0.312	0.314
260	0.317	0.320	0.322	0.325	0.328	0.350	0.333	0.336	0.338	0.341
270	0.344	0.347	0.349	0.352	0.355	0.358	0.360	0.363	0.366	0.369
280	0.372	0.375	0.377	0.380	0.383	0.386	0.389	0.392	0.395	0.398
290	0.401	0.404	0.407	0.410	0.413	0.416	0.419	0.422	0.425	0.428
300	0.431	0.434	0.437	0.440	0.443	0.446	0.449	0.452	0.455	0.458
310	0.462	0.465	0.468	0.471	0.474	0.478	0.481	0.484	0.487	0.490
320	0.494	0.497	0.500	0.503	0.507	0.510	0.513	0.517	0.520	0.523
330	0.527	0.530	0.533	0.537	0.540	0.544	0.547	0.550	0.554	0.557
340	0.561	0.564	0.568	0.571	0.575	0.578	0.582	0.585	0.589	0.592
350	0.596	0.599	0.603	0.607	0.610	0.614	0.617	0.621	0.625	0.628
360	0.632	0.636	0.639	0.643	0.647	0.650	0.654	0.658	0.662	0.665
370	0.669	0.673	0.677	0.680	0.684	0.688	0.692	0.696	0.700	0.703
380	0.707	0.711	0.715	0.719	0.723	0.727	0.731	0.735	0.738	0.742
390	0.746	0.750	0.754	0.758	0.762	0.766	0.770	0.744	0.778	0.782
400	0.787	0.791	0.795	0.799	0.803	0.807	0.811	0.815	0.819	0.824
410	0.828	0.832	0.836	0.840	0.844	0.849	0.853	0.857	0.861	0.866
420	0.870	0.874	0.878	0.883	0.887	0.891	0.896	0.900	0.904	0.909
430	0.913	0.917	0.922	0.926	0.930	0.935	0.939	0.944	0.948	0.953
440	0.957	0.961	0.966	0.970	0.975	0.979	0.984	0.988	0.993	0.997
450	1.002	1.007	1.011	1.016	1.020	1.025	1.030	1.034	1.039	1.043
460	1.048	1.053	1.057	1.062	1.067	1.071	1.076	1.081	1.086	1.090
470	1.095	1.100	1.105	1.109	1.114	1.119	1.124	1.129	1.133	1.138
480	1.143	1.148	1.153	1.158	1.163	1.167	1.172	1.177	1.182	1.187
490	1.192	1.197	1.202	1.207	1.212	1.217	1.222	1.227	1.232	1.237
500	1.242	1.247	1.252	1.257	1.262	1.267	1.272	1.277	1.282	1.288
510	1.293	1.298	1.303	1.308	1.313	1.318	1.324	1.329	1.334	1.339
520	1.344	1.350	1.355	1.360	1.365	1.371	1.376	1.381	1.387	1.392
530	1.397	1.402	1.408	1.413	.418	1.424	1.429	1.435	1.440	1.445
540	1.451	1.456	1.462	1.467	1.472	1.478	1.483	1.489	1.494	1.500
550	1.505	1.511	1.516	1.522	1.527	1.533	1.539	1.544	1.550	1.555
560	1.561	1.566	1.572	1.578	1.583	1.589	1.595	1.600	1.606	1.612
570	1.617	1.623	1.629	1.634	1.640	1.646	1.652	1.657	1.663	1.669
580	1.675	1.680	1.686	1.692	1.698	1.704	1.709	1.715	1.721	1.727
590	1.733	1.739	1.745	1.750	1.756	1.762	1.768	1.774	1.780	1.786
600	1.792	1.798	1.804	1.810	1.816	1.822	1.828	1.834	1.840	1.846
610	1.852	1.858	1.864	1.870	1.876	1.882	1.888	1.894	1.901	1.907

$t/℃$	0	1	2	3	4	5	6	7	8	9
	E/mV									
620	1.913	1.919	1.925	1.931	1.937	1.944	1.950	1.956	1.962	1.968
630	1.975	1.981	1.987	1.993	1.999	2.006	2.021	2.018	2.025	2.031
640	2.037	2.043	2.050	2.056	2.062	2.069	2.075	2.082	2.088	2.094
650	2.101	2.107	2.113	2.120	2.126	2.133	2.139	2.146	2.152	2.158
660	2.165	2.171	2.178	2.184	2.191	2.197	2.204	2.210	2.217	2.224
670	2.230	2.237	2.243	2.250	2.256	2.263	2.270	2.276	2.283	2.289
680	2.296	2.303	2.309	2.316	2.232	2.329	2.336	2.343	2.350	2.356
690	2.363	2.370	2.376	2.383	2.390	2.397	2.403	2.410	2.417	2.424
700	2.431	2.437	2.444	2.451	2.458	2.465	2.472	2.479	2.485	2.492
710	2.499	2.506	2.513	2.520	2.527	2.534	2.541	2.548	2.555	2.562
720	2.569	2.576	2.583	2.590	2.597	2.604	2.611	2.618	2.625	2.632
730	2.639	2.646	2.653	2.660	2.667	2.674	2.681	2.688	2.696	2.703
740	2.710	2.717	2.724	2.731	2.738	2.746	2.753	2.760	2.767	2.775
750	2.782	2.789	2.796	2.803	2.811	2.818	2.825	2.833	2.840	2.847
760	2.854	2.862	2.869	2.876	2.884	2.891	2.898	2.906	2.913	2.921
770	2.928	2.935	2.943	2.950	2.958	2.965	2.973	2.980	2.987	2.995
780	3.002	3.010	3.017	3.025	3.032	3.040	3.047	3.055	3.062	3.070
790	3.078	3.085	3.093	3.100	3.108	3.116	3.123	3.131	3.138	3.146
800	3.154	3.161	3.169	3.177	3.184	3.192	3.200	3.207	3.215	3.223
810	3.230	3.238	3.246	3.254	3.261	3.269	3.277	3.285	3.292	3.300
820	3.308	3.316	3.324	3.331	3.339	3.347	3.355	3.363	3.371	3.379
830	3.386	3.394	3.402	3.410	3.418	3.426	3.434	3.442	3.450	3.458
840	3.466	3.474	3.482	3.490	3.498	3.506	3.514	3.522	5.530	3.538
850	3.546	3.554	3.562	3.570	3.578	3.586	3.594	3.602	3.610	3.618
860	3.626	3.634	3.643	3.651	3.659	3.667	3.675	3.683	3.692	3.700
870	3.708	3.716	3.724	3.732	3.741	3.749	3.757	3.765	3.774	3.782
880	3.790	3.798	3.807	3.815	3.823	3.832	3.840	3.848	3.857	3.865
890	3.873	3.882	3.890	3.898	3.907	3.915	3.923	3.932	3.940	3.949
900	3.957	3.965	3.974	3.982	3.991	3.999	4.008	4.016	4.024	4.033
910	4.041	4.050	4.058	4.067	4.075	4.084	4.093	4.101	4.110	4.118
920	4.127	4.135	4.144	4.152	4.161	4.170	4.178	4.187	4.195	4.204
930	4.213	4.221	4.230	4.239	4.247	4.256	4.265	4.273	4.282	4.291
940	4.299	4.308	4.317	4.326	4.334	4.343	4.352	4.360	4.369	4.378
950	4.387	4.396	4.404	4.413	4.422	4.431	4.440	4.448	4.457	4.466
960	4.475	4.484	4.493	4.501	4.510	4.519	4.528	5.537	4.546	4.555
970	4.564	4.573	4.582	4.591	4.599	4.608	4.617	4.626	4.635	4.644
980	4.743	4.753	4.762	4.771	4.780	4.789	4.798	4.807	4.816	4.825
1000	4.834	4.843	4.853	4.862	4.871	4.880	4.889	4.898	4.908	4.917
1010	4.926	4.935	4.944	4.954	4.936	4.972	4.981	4.990	5.000	5.009
1020	5.018	5.027	5.037	5.046	5.055	5.065	5.074	5.083	5.092	5.102
1030	5.111	5.120	5.130	5.139	5.148	5.158	5.167	5.176	5.186	5.195
1040	5.205	5.214	5.223	5.233	5.242	5.252	5.261	5.270	5.280	5.289
1050	5.299	5.308	5.318	5.327	5.337	5.346	5.356	5.365	5.375	5.384
1060	5.394	5.403	5.413	5.422	5.432	5.441	5.451	5.460	5.470	5.480
1070	5.489	5.499	5.508	5.518	5.528	5.537	5.547	5.556	5.566	5.576
1080	5.585	5.595	5.605	5.614	5.624	5.634	5.643	5.653	5.663	5.672
1090	5.682	5.692	5.702	5.711	5.721	5.731	5.740	5.750	5.760	5.770
1100	5.780	5.789	5.799	5.809	5.819	5.828	5.838	5.848	5.858	5.868
1110	5.878	5.887	5.897	5.907	5.917	5.927	5.937	5.947	5.956	5.966
1120	5.976	5.986	5.996	6.006	6.016	6.026	6.036	6.046	6.055	6.065

$t/℃$	0	1	2	3	4	5	6	7	8	9
	E/mV									
1130	6.075	6.085	6.095	6.105	6.115	6.125	6.135	6.145	6.155	6.165
1140	6.175	6.185	6.195	6.205	6.215	6.225	6.235	6.245	6.256	6.266
1150	6.276	6.286	6.296	6.306	6.316	6.326	6.336	6.346	6.356	6.367
1160	6.377	6.387	6.397	6.407	6.417	6.427	6.438	6.448	6.458	6.468
1170	6.478	6.488	6.499	6.509	6.519	6.529	6.539	6.550	6.560	6.570
1180	6.580	6.591	6.601	6.611	6.621	6.632	6.642	6.662	6.663	6.673
1190	6.683	6.693	6.704	6.714	6.724	6.735	6.745	6.756	6.766	6.776
1200	6.786	6.797	6.807	6.818	6.828	6.838	6.849	6.859	6.869	6.880
1210	6.890	6.901	6.911	6.922	6.932	6.942	6.953	6.963	6.974	6.984
1220	6.995	7.005	7.016	7.026	7.037	7.047	7.058	7.068	7.079	7.089
1230	7.100	7.110	7.121	7.131	7.142	7.152	7.163	7.173	7.184	7.194
1240	7.205	7.216	7.226	7.237	7.247	7.258	7.269	7.279	7.290	7.300
1250	7.311	7.322	7.332	7.342	7.353	7.364	7.375	7.385	7.396	7.407
1260	7.417	7.428	7.439	7.449	7.460	7.471	7.482	7.492	7.503	7.514
1270	7.524	7.535	7.546	7.557	7.567	7.578	7.589	7.600	7.610	7.621
1280	7.632	7.643	7.653	7.664	7.675	7.686	7.697	7.707	7.716	7.729
1290	7.740	7.751	7.761	7.772	7.783	7.794	7.805	7.816	7.827	7.837
1300	7.848	7.859	7.870	7.881	7.892	7.903	7.914	7.924	7.935	7.946
1310	7.957	7.968	7.979	7.990	8.001	8.012	8.023	8.034	8.045	8.056
1320	8.066	8.077	8.088	8.099	8.110	8.121	8.132	8.143	8.154	8.165
1330	8.176	8.187	8.198	8.209	8.220	8.231	8.242	8.253	8.264	8.275
1340	8.286	8.298	8.309	8.320	8.331	8.342	8.353	8.364	8.375	8.386
1350	8.397	8.408	8.419	8.430	8.441	8.453	8.464	8.475	8.486	8.497
1360	8.508	8.519	8.530	8.542	8.553	8.564	8.575	8.586	8.597	8.608
1370	8.620	8.631	8.642	8.653	8.664	8.675	8.687	8.698	8.709	8.720
1380	7.731	8.743	8.754	8.765	8.776	8.787	8.799	8.810	8.821	8.832
1390	8.844	8.855	8.866	8.877	8.889	8.900	8.911	8.922	8.934	8.945
1400	8.956	8.967	8.979	8.990	9.001	9.013	9.024	9.035	9.047	9.058
1410	9.069	9.080	9.092	9.103	9.114	9.126	9.137	9.148	9.160	9.171
1420	9.182	9.194	9.205	9.216	9.228	9.239	9.251	9.262	9.273	9.285
1430	9.296	9.307	9.319	9.330	9.342	9.353	9.364	9.376	9.387	9.398
1440	9.410	9.421	9.433	9.444	9.456	9.467	9.478	9.490	9.501	9.513
1450	9.524	9.536	9.547	9.558	9.570	9.581	9.593	9.604	9.626	9.627
1460	9.639	9.650	9.662	9.673	9.684	9.693	9.707	9.719	9.730	9.742
1470	9.753	9.765	9.776	9.788	9.799	9.811	9.822	9.834	9.845	9.857
1480	9.868	9.880	9.891	9.903	9.914	9.926	9.937	9.949	9.961	9.972
1490	9.984	9.995	10.007	10.018	10.030	10.041	10.053	10.064	10.076	10.088
1500	10.099	10.111	10.122	10.134	10.145	10.157	10.168	10.180	10.192	10.203
1510	10.215	10.226	10.238	10.249	10.261	10.273	10.284	10.296	10.307	10.319
1520	10.331	10.342	10.354	10.365	10.377	10.389	10.400	10.412	10.423	10.435
1530	10.447	10.458	10.470	10.482	10.493	10.505	10.516	10.528	10.540	10.551
1540	10.563	10.575	10.586	10.598	10.609	10.621	10.633	10.644	10.656	10.668
1550	10.679	10.691	10.703	10.714	10.726	10.738	10.749	10.761	10.773	10.784
1560	10.796	10.808	10.819	10.831	10.843	10.854	10.866	10.877	10.889	10.901
1570	10.913	10.924	10.936	10.948	10.959	10.971	10.983	10.994	11.006	11.018
1580	11.029	11.041	11.053	11.064	11.076	11.088	11.099	11.111	11.123	11.134
1590	11.146	11.158	11.169	11.181	11.193	11.205	11.216	11.228	11.240	11.251
1600	11.263	11.275	11.286	11.298	11.310	11.321	11.333	11.345	11.357	11.368
1610	11.380	11.392	11.403	11.415	11.427	11.438	11.450	11.462	11.474	11.485
1620	11.497	11.509	11.520	11.532	11.544	11.555	11.567	11.579	11.591	11.602

t/℃	0	1	2	3	4	5	6	7	8	9
	E/mV									
1630	11.614	11.626	11.637	11.649	11.661	11.673	11.684	11.696	11.708	11.719
1640	11.731	11.743	11.751	11.766	11.778	11.790	11.801	11.813	11.825	11.836
1650	11.848	11.860	11.871	11.883	11.895	11.907	11.918	11.930	11.942	11.953
1660	11.965	11.977	11.988	12.000	12.012	12.024	12.035	12.047	12.059	12.070
1670	12.082	12.094	12.105	12.117	12.129	12.141	12.152	12.164	12.176	12.187
1680	12.199	12.211	12.222	12.234	12.246	12.257	12.269	12.281	12.292	12.304
1690	12.316	12.327	12.339	12.351	12.363	12.374	12.386	12.398	12.409	12.421
1700	12.433	12.444	12.456	12.468	12.479	12.491	12.503	12.514	12.526	12.538
1710	12.549	12.561	12.572	12.584	12.596	12.607	12.619	12.631	12.642	12.654
1720	12.666	12.677	12.689	12.701	12.712	12.724	12.736	12.747	12.759	12.770
1730	12.782	12.794	12.805	12.817	12.829	12.840	12.852	12.863	12.875	12.887
1740	12.898	12.910	12.921	12.933	12.945	12.956	12.968	12.980	12.991	13.003
1750	13.014	13.026	13.037	13.049	13.061	13.072	13.084	13.095	13.107	13.119
1760	13.130	13.142	13.153	13.165	13.176	13.188	13.200	13.211	13.223	13.234
1770	13.246	13.257	13.269	13.280	13.292	13.304	13.315	13.327	13.338	13.350
1780	13.361	13.373	13.384	13.396	13.407	13.419	13.430	13.442	13.453	13.465
1790	13.476	13.488	13.499	13.511	13.522	13.534	13.545	13.557	13.568	13.580
1800	13.591	13.603	13.614	13.626	13.637	13.649	13.660	13.672	13.683	13.694
1810	13.706	13.717	13.729	13.740	13.752	13.763	13.775	13.786	13.797	13.809
1820	13.820									

附表 3.3　镍铬-镍硅热电偶(K 型)分度表　参考温度：0℃

t/℃	0	−1	−2	−3	−4	−5	−6	−7	−8	−9
	E/mV									
−270	−6.458									
−260	−6.441	−6.444	−6.446	−6.448	−6.450	−6.452	−6.453	−6.455	−6.456	−6.457
−250	−6.404	−6.408	−6.413	−6.417	−6.421	−6.425	−6.429	−6.432	−6.435	−6.438
−240	−6.344	−6.351	−6.358	−6.364	−6.370	−6.377	−6.382	−6.388	−6.393	−6.399
−230	−6.262	−6.271	−6.280	−6.289	−6.297	−6.306	−6.314	−6.322	−6.329	−6.337
−220	−6.158	−6.170	−6.181	−6.192	−6.202	−6.213	−6.223	−6.233	−6.243	−6.252
−210	−6.035	−6.048	−6.061	−6.074	−6.087	−6.099	−6.111	−6.123	−6.135	−6.147
−200	−5.891	−5.907	−5.922	−5.936	−5.951	−5.965	−5.980	−5.994	−6.007	−6.021
−190	−5.730	−5.747	−5.763	−5.780	−5.797	−5.813	−5.829	−5.845	−5.861	−5.876
−180	−5.550	−5.569	−5.588	−5.606	−5.624	−5.624	−5.660	−5.678	−5.695	−5.713
−170	−5.354	−5.374	−5.395	−5.415	−5.435	−5.454	−5.474	−5.493	−5.512	−5.531
−160	−5.141	−5.163	−5.185	−5.207	−5.228	−5.250	−5.271	−5.292	−5.313	5.333
−150	−4.913	−4.936	−4.960	−4.983	−5.006	−5.029	−5.052	−5.074	−5.097	−5.119
−140	−4.669	−4.694	−4.719	−4.744	−4.768	−4.793	−4.817	−4.841	−4.865	−4.889
−130	−4.411	−4.437	−4.463	−4.490	−4.516	−4.542	−4.567	−4.593	−4.618	−4.644
−120	−4.138	−4.166	−4.194	−4.221	−4.249	−4.276	−4.303	−4.330	−4.357	−4.384
−110	−3.852	−3.882	−3.911	−3.939	−3.968	−3.997	−4.025	−4.054	−4.082	−4.110
−100	−3.554	−3.584	−3.614	−3.645	−3.675	−3.705	−3.734	−3.764	−3.794	−3.823
−90	−3.243	−3.274	−3.306	−3.337	−3.368	−3.400	−3.431	−3.462	−3.492	−3.523
−80	−2.920	−2.953	−2.986	−3.081	−3.050	−3.083	−3.115	−3.147	−3.179	−3.211
−70	−2.587	−2.620	−2.654	−2.686	−2.721	−2.755	−2.788	−2.821	−2.854	−2.887
−60	−2.243	−2.278	−2.312	−2.347	−2.382	−2.416	−2.450	−2.485	−2.519	−2.553
−50	−1.889	−1.925	−1.961	−1.996	−2.032	−2.067	−2.103	−2.138	−2.173	−2.208
−40	−1.527	−1.564	−1.600	−1.637	−1.673	−1.709	−1.745	−1.782	−1.818	−1.854
−30	−1.156	−1.194	−1.231	−1.268	−1.305	−1.343	−1.380	−1.417	−1.453	−1.490
−20	−0.778	−0.816	−0.854	−0.892	−0.930	−0.968	−1.006	−1.043	−1.081	−1.119
−10	−0.392	−0.431	−0.470	−0.508	−0.574	−0.586	−0.624	−0.663	−0.701	−0.739
0	0.000	−0.039	−0.079	−0.118	−0.157	−0.197	−0.236	−0.275	−0.314	−0.353

$t/℃$	0	1	2	3	4	5	6	7	8	9
						E/mV				
0	0.000	0.039	0.079	0.119	0.158	0.198	0.238	0.277	0.317	0.357
10	0.397	0.437	0.477	0.517	0.557	0.597	0.637	0.677	0.718	0.758
20	0.798	0.838	0.879	0.919	0.960	1.000	1.041	1.081	1.122	1.163
30	1.203	1.244	1.285	1.326	1.366	1.407	1.448	1.489	1.530	1.571
40	1.612	1.653	1.694	1.735	1.776	1.817	1.858	1.899	1.941	1.982
50	2.023	2.064	2.106	2.147	2.188	2.230	2.271	2.312	2.354	2.395
60	2.436	2.478	2.519	2.561	2.602	2.644	2.685	2.727	2.768	2.810
70	2.851	2.893	2.934	2.976	3.017	3.059	3.100	3.142	3.184	3.225
80	3.267	3.308	3.350	3.391	3.433	3.474	3.516	3.557	3.599	3.640
90	3.682	3.723	3.765	3.806	3.848	3.889	3.931	3.972	4.013	4.055
100	4.096	4.138	4.179	4.220	4.262	4.303	4.344	4.385	4.427	4.468
110	4.509	4.550	4.591	4.633	4.674	4.715	4.756	4.797	4.838	4.879
120	4.920	4.961	5.002	5.043	5.084	5.124	5.165	5.206	5.247	5.288
130	5.328	5.369	5.410	5.450	5.491	5.532	5.572	5.613	5.653	5.694
140	5.735	5.775	5.815	5.856	5.896	5.937	5.977	6.017	6.058	6.098
150	6.138	6.179	6.219	6.259	6.299	6.339	6.38	6.420	6.460	6.500
160	6.540	6.580	6.620	6.660	6.701	6.741	6.781	6.821	6.861	6.901
170	6.941	6.981	7.021	7.060	7.100	7.140	7.180	7.220	7.260	7.300
180	7.340	7.380	7.420	7.460	7.500	7.540	7.579	7.619	7.659	7.699
190	7.739	7.779	7.819	7.859	7.899	7.939	7.979	8.019	8.059	8.099
200	8.138	8.178	8.218	8.258	8.298	8.338	8.378	8.418	8.458	8.499
210	8.539	8.579	8.619	8.659	8.699	8.739	8.779	8.819	8.860	8.900
220	8.940	8.980	9.020	9.061	9.101	9.141	9.181	9.222	9.262	9.302
230	9.343	9.383	9.423	9.464	9.504	9.545	9.585	9.626	9.666	9.707
240	9.747	9.788	9.828	9.869	9.909	9.950	9.991	10.031	10.072	10.113
250	10.153	10.194	10.235	10.276	10.316	10.357	10.398	10.439	10.480	10.520
260	10.561	10.602	10.643	10.684	10.725	10.766	10.807	10.848	10.889	10.930
270	10.971	11.012	11.053	11.094	11.135	11.176	11.217	11.259	11.300	11.341
280	11.382	11.423	11.465	11.506	11.547	11.588	11.630	11.671	11.712	11.753
290	11.795	11.836	11.877	11.919	11.960	12.001	12.043	12.084	12.126	12.167
300	12.209	12.250	12.291	12.333	12.374	12.416	12.457	12.499	12.54	12.582
310	12.624	12.665	12.707	12.748	12.790	12.831	12.873	12.915	12.956	12.998
320	13.040	13.081	13.123	13.165	13.206	13.248	13.290	13.331	13.373	13.415
330	13.457	13.498	13.540	13.582	13.624	13.665	13.707	13.749	13.791	13.833
340	13.874	13.916	13.958	14.000	14.042	14.084	14.126	14.167	14.209	14.251
350	14.293	14.335	14.377	14.419	14.461	14.503	14.545	14.587	14.629	14.671
360	14.713	14.755	14.797	14.839	14.881	14.923	14.965	15.007	15.049	15.091
370	15.133	15.175	15.217	15.259	15.301	15.343	15.385	15.427	15.469	15.511
380	15.554	15.596	15.638	15.680	15.722	15.764	15.806	15.849	15.891	15.933
390	15.975	16.071	16.059	16.102	16.144	16.186	16.228	16.270	16.313	16.355
400	16.397	16.439	16.482	16.524	16.566	16.608	16.651	16.693	16.735	16.778
410	16.820	16.862	16.904	16.947	16.989	17.031	17.074	17.116	17.158	17.201
420	17.243	17.285	17.328	17.370	17.413	17.455	17.497	17.540	17.582	17.624
430	17.667	17.709	17.752	17.794	17.837	17.879	17.921	17.964	18.006	18.049
440	18.091	18.134	18.176	18.218	18.261	18.303	18.346	18.388	18.431	18.473
450	18.516	18.558	18.601	18.643	18.686	18.728	18.771	18.813	18.856	18.898
460	18.941	18.983	19.026	19.068	19.111	19.154	19.196	19.239	19.281	19.324
470	19.366	19.409	19.451	19.494	19.537	19.579	19.622	19.664	19.707	19.750
480	19.792	19.835	19.877	19.920	19.962	20.005	20.048	20.090	20.133	20.175
490	20.218	20.261	20.303	20.346	20.389	20.431	20.474	20.516	20.559	20.602

t/℃	0	1	2	3	4	5	6	7	8	9
						E/mV					
500	20.644	20.687	20.730	20.772	20.815	20.857	20.900	20.943	20.985	21.028
510	21.071	21.113	21.156	21.199	21.241	21.284	21.326	21.369	21.412	21.454
520	21.497	21.540	21.582	21.625	21.668	21.710	21.753	21.796	21.838	21.881
530	21.924	21.966	22.009	22.052	22.094	22.137	22.179	22.222	22.265	22.307
540	22.35	22.393	22.435	22.478	22.521	22.563	22.606	22.649	22.691	22.734
550	22.776	22.819	22.862	22.904	22.947	22.990	23.032	23.075	23.117	23.16
560	23.203	23.245	23.288	23.331	23.373	23.416	23.458	23.501	23.544	23.586
570	23.629	23.671	23.714	23.757	23.799	23.842	23.884	23.927	23.970	24.012
580	24.055	24.097	24.140	24.182	24.225	24.267	24.310	24.353	24.395	24.438
590	24.480	24.523	24.565	24.608	24.650	24.693	24.735	24.778	24.820	24.863
600	24.905	24.948	24.990	25.033	25.075	25.118	25.160	25.203	25.245	25.288
610	25.330	25.373	25.415	25.458	25.500	25.543	25.585	25.627	25.670	25.712
620	25.755	25.797	25.840	25.882	25.924	25.967	26.009	26.052	26.094	26.136
630	26.179	26.221	26.263	26.306	26.348	26.390	26.433	26.475	26.517	26.560
640	26.602	26.644	26.687	26.729	26.771	26.814	26.856	26.898	26.940	26.983
650	27.025	27.067	27.109	27.152	27.194	27.236	27.278	27.320	27.363	27.405
660	27.447	27.489	27.531	27.574	27.616	27.658	27.700	27.742	27.784	27.826
670	27.869	27.911	27.953	27.995	28.037	28.079	28.121	28.163	28.205	28.247
680	28.289	28.332	28.374	28.416	28.458	28.500	28.542	28.584	28.626	28.668
690	28.710	28.752	28.794	28.835	28.877	28.919	28.961	29.003	29.045	29.087
700	29.129	29.171	29.213	29.255	29.297	29.338	29.380	29.422	29.464	29.506
710	29.548	29.589	29.631	29.673	29.715	29.757	29.798	29.84	29.882	29.924
720	29.965	30.007	30.049	30.090	30.132	30.174	30.216	30.257	30.299	30.341
730	30.382	30.424	30.466	30.507	30.549	30.590	30.632	30.674	30.715	30.757
740	30.798	30.84	30.881	30.923	30.964	31.006	31.047	31.089	31.130	31.172
750	31.213	31.255	31.296	31.338	31.379	31.421	31.462	31.504	31.545	31.586
760	31.628	31.699	31.710	31.752	31.793	31.834	31.876	31.917	31.958	32.000
770	32.041	32.082	32.124	32.165	32.206	32.247	32.289	32.330	32.371	32.412
780	32.453	32.498	32.536	32.577	32.618	32.659	32.700	32.742	32.783	32.824
790	32.865	32.906	32.947	32.988	33.029	33.070	33.111	33.152	33.193	33.234
800	33.275	33.316	33.357	33.398	33.439	33.480	33.521	33.562	33.602	33.644
810	33.685	33.726	33.767	33.808	33.848	33.889	33.930	33.971	34.012	34.053
820	34.093	34.134	34.175	34.216	34.257	34.297	34.338	34.379	34.420	34.460
830	34.501	34.542	34.582	34.623	34.664	34.704	34.745	34.786	34.826	34.867
840	34.908	34.948	34.989	35.029	35.070	35.110	35.151	35.192	35.232	35.273
850	35.313	35.354	35.394	35.435	35.475	35.516	35.556	35.596	35.637	35.677
860	35.718	35.758	35.798	35.839	35.879	35.920	35.960	36.000	36.041	36.081
870	36.121	36.162	36.202	36.242	36.282	36.323	36.363	36.403	36.443	36.484
880	36.524	36.564	36.604	36.644	36.685	36.725	36.765	36.805	36.845	36.885
890	36.925	36.965	37.006	37.046	37.086	37.126	37.166	37.206	37.246	37.286
900	37.326	37.366	37.406	37.446	37.486	37.526	37.566	37.606	37.646	37.686
910	37.725	37.765	37.805	37.845	37.885	37.925	37.965	38.005	38.044	38.084
920	38.124	38.164	38.204	38.243	38.283	38.323	38.363	38.402	38.442	38.482
930	38.522	38.561	38.601	38.641	38.680	38.720	38.760	38.799	38.839	38.878
940	38.918	38.958	38.997	39.037	39.076	39.116	39.155	39.195	39.235	39.274
950	39.314	39.353	39.393	39.432	39.471	39.511	39.550	39.590	39.629	39.669
960	39.708	39.747	39.787	39.826	39.866	39.905	39.944	39.984	40.023	40.062
970	40.101	40.141	40.180	40.219	40.259	40.298	40.337	40.376	40.415	40.455
980	40.494	40.533	40.572	40.611	40.651	40.690	40.729	40.768	40.807	40.846
990	40.885	40.924	40.963	41.002	41.042	41.081	41.120	41.159	41.198	41.237

$t/℃$	0	1	2	3	4	5	6	7	8	9
	\multicolumn{10}{c}{E/mV}									
1000	41.276	41.315	41.354	41.393	41.431	41.470	41.509	41.548	41.587	41.626
1010	41.665	41.704	41.743	41.781	41.820	41.859	41.898	41.937	41.976	42.014
1020	42.053	42.092	42.131	42.169	42.208	42.247	42.286	42.324	42.363	42.402
1030	42.440	42.479	42.518	42.556	42.595	42.633	42.672	42.711	42.749	42.788
1040	42.826	42.865	42.903	42.942	42.980	43.019	43.057	43.096	43.134	43.173
1050	43.211	43.250	43.288	43.327	43.365	43.403	43.442	43.48	43.518	43.557
1060	43.595	43.633	43.672	43.710	43.748	43.787	43.825	43.863	43.901	43.940
1070	43.978	44.016	44.054	44.092	44.130	44.169	44.207	44.245	44.283	44.321
1080	44.359	44.397	44.435	44.473	44.512	44.550	44.588	44.626	44.664	44.702
1090	44.740	44.778	44.816	44.853	44.891	44.929	44.967	45.005	45.043	45.081
1100	45.119	45.157	45.194	45.232	45.270	45.308	45.346	45.383	45.421	45.459
1110	45.497	45.534	45.572	45.610	45.647	45.685	45.723	45.76	45.798	45.836
1120	45.873	45.911	45.948	45.986	46.024	46.061	46.099	46.136	46.174	46.211
1130	46.249	46.286	46.324	46.361	46.398	46.436	46.473	46.511	46.548	46.585
1140	46.623	46.660	46.697	46.735	46.772	46.809	46.847	46.884	46.921	46.958
1150	46.995	47.033	47.070	47.107	47.144	47.181	47.218	47.256	47.293	47.330
1160	47.367	47.404	47.441	47.478	47.515	47.552	47.589	47.626	47.663	47.700
1170	47.737	47.774	47.811	47.848	47.884	47.921	47.958	47.995	48.032	48.069
1180	48.105	48.142	48.179	48.216	48.252	48.289	48.326	48.363	48.399	48.436
1190	48.473	48.509	48.546	48.582	48.619	48.656	48.692	48.729	48.765	48.802
1200	48.838	48.875	48.911	48.948	48.984	49.021	49.057	49.093	49.130	49.166
1210	49.202	49.239	49.275	49.311	49.348	49.384	49.420	49.456	49.493	49.529
1220	49.565	49.606	49.637	49.674	49.710	49.746	49.782	49.818	49.854	49.890
1230	49.926	49.962	49.998	50.034	50.070	50.106	50.142	50.178	50.214	50.250
1240	50.286	50.322	50.358	50.393	50.429	50.465	50.501	50.537	50.572	50.608
1250	50.644	50.680	50.715	50.751	50.787	50.822	50.858	50.894	50.929	50.965
1260	51.000	51.036	51.071	51.107	51.142	51.178	51.213	51.249	51.284	51.320
1270	51.355	51.391	51.426	51.461	51.497	51.532	51.567	51.603	51.638	51.673
1280	51.708	51.744	51.779	51.814	51.849	51.885	51.920	51.955	51.990	52.025
1290	52.060	52.095	52.130	52.165	52.200	52.235	52.270	52.305	52.340	52.375
1300	52.410	52.445	52.480	52.515	52.550	52.585	52.620	52.654	52.689	52.724
1310	52.759	52.794	52.828	52.863	52.898	52.932	52.967	53.002	53.037	53.071
1320	53.106	53.140	53.175	53.210	53.244	53.279	53.313	53.348	53.382	53.417
1330	53.451	53.486	53.520	53.555	53.589	53.623	53.658	53.692	53.727	53.761
1340	53.795	53.830	53.864	53.898	53.932	53.967	54.001	54.035	54.069	54.104
1350	54.138	54.172	54.206	54.240	54.274	54.308	54.343	54.377	54.411	54.445
1360	54.479	54.513	54.547	54.581	54.615	54.649	54.683	54.717	54.751	54.785
1370	54.819	54.852	54.886							

附表 3.4　镍铬-铜镍热电偶（E 型）分度表　参考温度：0℃

$t/℃$	0	−1	−2	−3	−4	−5	−6	−7	−8	−9
	\multicolumn{10}{c}{E/mV}									
−270	−9.835									
−260	−9.797	−9.802	−9.808	−9.813	−9.817	−9.821	−9.825	−9.828	−9.831	−9.833
−250	−9.718	−9.728	−9.737	−9.746	−9.754	−9.762	−9.770	−9.777	−9.784	−9.790
−240	−9.604	−9.617	−9.630	−9.642	−9.654	−9.666	−9.677	−9.688	−9.698	−9.709
−230	−9.455	−9.471	−9.487	−9.503	−9.519	−9.534	−9.548	−9.563	−9.577	−9.591
−220	−9.274	−9.293	−9.313	−9.331	−9.350	−9.368	−9.386	−9.404	−9.421	−9.438
−210	−9.063	−9.085	−9.107	−9.129	−9.151	−9.172	−9.193	−9.214	−9.234	−9.254
−200	−8.825	−8.850	−8.874	−8.899	−8.923	−8.947	−8.971	−8.994	−9.017	−9.040

t/℃	0	-1	-2	-3	-4	-5	-6	-7	-8	-9
	E/mV									
-190	-8.561	-8.588	-8.616	-8.643	-8.669	-8.696	-8.722	-8.748	-8.774	-8.799
-180	-8.273	-8.303	-8.333	-8.362	-8.391	-8.420	-8.449	-8.477	-8.505	-8.533
-170	-7.963	-7.995	-8.027	-8.059	-8.090	-8.121	-8.152	-8.183	-8.213	-8.243
-160	-7.632	-7.666	-7.700	-7.733	-7.767	-7.800	-7.833	-7.866	-7.899	-7.931
-150	-7.279	-7.315	-7.351	-7.387	-7.423	-7.458	-7.493	-7.528	-7.563	-7.597
-140	-6.907	-6.945	-6.983	-7.021	-7.058	-7.096	-7.133	-7.170	-7.206	-7.243
-130	-6.516	-6.556	-6.596	-6.636	-6.675	-6.714	-6.753	-6.792	-6.831	-6.869
-120	-6.107	-6.149	-6.191	-6.232	-6.273	-6.314	-6.355	-6.396	-6.436	-6.476
-110	-5.681	-5.724	-5.767	-5.810	-5.853	-5.896	-5.939	-5.981	-6.023	-6.065
-100	-5.237	-5.282	-5.327	-5.372	-5.417	-5.461	-5.505	-5.549	-5.593	-5.637
-90	-4.777	-4.824	-4.871	-4.917	-4.963	-5.009	-5.055	-5.101	-5.147	-5.192
-80	-4.302	-4.350	-4.398	-4.446	-4.494	-4.542	-4.589	-4.636	-4.684	-4.731
-70	-3.811	-3.861	-3.911	-3.960	-4.009	-4.058	-4.107	-4.156	-4.205	-4.254
-60	-3.306	-3.357	-3.408	-3.459	-3.510	-3.561	-3.611	-3.661	-3.711	-3.761
-50	-2.787	-2.840	-2.892	-2.944	-2.996	-3.048	-3.100	-3.152	-3.204	-3.255
-40	-2.255	-2.309	-2.362	-2.416	-2.469	-2.523	-2.576	2.629	-2.682	-2.735
-30	-1.709	-1.765	-1.820	-1.874	-1.929	-1.984	-2.038	-2.093	-2.147	-2.201
-20	-1.152	-1.208	-1.264	-1.320	-1.376	-1.432	-1.488	-1.543	-1.599	-1.654
-10	-0.582	-0.639	-0.697	-0.754	-0.811	-0.868	-0.925	-0.982	-1.039	-1.095
0	0.000	-0.059	-0.117	-0.176	-0.234	-0.292	-0.350	-0.408	-0.466	-0.524

t/℃	0	1	2	3	4	5	6	7	8	9
	E/mV									
0	0.000	0.059	0.118	0.176	0.235	0.294	0.354	0.413	0.472	0.532
10	0.591	0.651	0.711	0.770	0.830	0.890	0.950	1.010	1.071	1.131
20	1.192	1.252	1.313	1.373	1.434	1.495	1.556	1.617	1.678	1.740
30	1.801	1.862	1.924	1.986	2.047	2.109	2.171	2.233	2.295	2.357
40	2.420	2.482	2.545	2.607	2.670	2.733	2.795	2.858	2.921	2.984
50	3.048	3.111	3.174	3.238	3.301	3.365	3.429	3.492	3.556	3.620
60	3.685	3.749	3.813	3.877	3.942	4.006	4.071	4.136	4.200	4.265
70	4.33	4.395	4.460	4.526	4.591	4.656	4.722	4.788	4.853	4.919
80	4.985	5.051	5.117	5.183	5.249	5.315	5.382	5.448	5.514	5.581
90	5.648	5.714	5.781	5.848	5.915	5.982	6.049	6.117	6.184	6.251
100	6.319	36.386	6.454	6.522	6.590	6.658	6.725	6.794	6.862	6.930
110	6.998	7.066	7.135	7.203	7.272	7.341	7.409	7.478	7.547	7.616
120	7.685	7.754	7.823	7.892	7.962	8.031	8.101	8.170	8.240	8.309
130	8.379	8.449	8.519	8.589	8.659	8.729	8.799	8.869	8.94	9.010
140	9.081	9.151	9.222	9.292	9.363	9.434	9.505	9.576	9.647	9.718
150	9.789	9.860	9.931	10.003	10.074	10.145	10.217	10.288	10.360	10.432
160	10.503	10.575	10.647	10.719	10.791	10.863	10.935	11.007	11.08	11.152
170	11.224	11.297	11.369	11.442	11.514	11.587	11.660	11.733	11.805	11.878
180	11.951	12.024	12.097	12.170	12.243	12.317	12.390	12.463	12.537	12.610
190	12.684	12.757	12.831	12.904	12.978	13.052	13.126	13.199	13.273	13.347
200	13.421	13.495	13.569	13.644	13.718	13.792	13.866	13.941	14.015	14.090
210	14.164	14.239	14.313	14.388	14.463	14.537	14.612	14.687	14.762	14.837
220	14.912	14.987	15.062	15.137	15.212	15.287	15.362	15.438	15.513	15.588
230	15.664	15.739	15.815	15.890	15.966	16.041	16.117	16.193	16.269	16.344
240	16.420	16.496	16.572	16.648	16.724	16.800	16.876	16.952	17.028	17.104
250	17.181	17.257	17.333	17.409	17.486	17.562	17.639	17.715	17.792	17.868
260	17.945	18.021	18.098	18.175	18.252	18.328	18.405	18.482	18.559	18.636
270	18.713	18.790	18.867	18.944	19.021	19.098	19.175	19.252	19.330	19.407
280	19.484	19.561	19.639	19.716	19.794	19.871	19.948	20.026	20.103	20.181

$t/℃$	0	1	2	3	4	5	6	7	8	9
					E/mV					
290	20.259	20.336	20.414	20.492	20.569	20.647	20.725	20.803	20.880	20.958
300	21.036	21.114	21.192	21.270	21.348	21.426	21.504	21.582	21.660	21.739
310	21.817	21.895	21.973	22.051	55.130	22.208	22.286	22.365	22.443	22.522
320	22.600	22.678	22.757	22.835	22.914	22.993	23.071	23.150	23.228	23.307
330	23.386	23.464	23.543	23.622	23.701	23.780	23.858	23.937	24.016	24.095
340	24.174	24.253	24.332	24.411	24.490	24.569	24.648	24.727	24.806	24.885
350	24.964	25.044	25.123	25.202	25.281	25.360	25.440	25.519	25.598	25.678
360	25.757	25.836	25.916	25.995	26.075	26.154	26.233	26.313	26.392	26.472
370	26.552	26.631	26.711	26.790	26.870	26.950	27.029	27.109	27.189	27.268
380	27.348	27.428	27.507	27.587	27.667	27.747	27.827	27.907	27.986	28.066
390	28.146	28.226	28.306	28.386	28.466	28.546	28.626	28.706	28.786	28.866
400	28.946	29.026	29.106	29.186	29.266	29.346	29.427	29.507	29.587	29.667
410	29.747	29.827	29.908	29.988	30.068	30.148	30.229	30.309	30.389	30.470
420	30.550	30.630	30.711	30.791	30.871	30.952	31.032	31.112	31.193	31.273
430	31.354	31.434	31.515	31.595	31.676	31.756	31.837	31.917	31.998	32.078
440	32.159	32.239	32.320	32.400	32.481	32.562	32.642	32.723	32.803	32.884
450	32.965	33.045	33.126	33.027	33.287	33.368	33.449	33.529	33.610	33.691
460	33.772	33.852	33.933	34.014	34.095	37.175	34.256	34.337	34.418	34.498
470	34.579	34.66	34.741	34.822	34.902	34.983	35.064	35.145	35.226	35.307
480	35.387	35.468	35.549	35.630	35.711	35.792	35.873	35.954	36.034	36.115
490	36.196	36.277	36.358	36.439	36.520	36.601	36.682	36.763	36.843	36.924
500	37.005	37.086	37.167	37.248	37.329	37.410	37.491	37.572	37.653	37.734
510	37.815	37.896	37.977	38.058	38.139	38.220	38.300	38.381	38.462	38.543
520	38.624	38.705	38.786	38.867	38.948	39.029	39.110	39.191	39.272	39.353
530	39.434	39.515	39.596	39.677	39.758	39.839	39.920	40.001	40.082	40.163
540	40.243	40.324	40.405	40.486	40.567	40.648	40.729	40.810	40.891	40.972
550	41.053	41.134	41.215	41.296	41.377	41.457	41.538	41.619	41.700	41.781
560	41.862	41.943	42.024	42.105	42.185	42.266	42.347	42.428	42.509	42.59
570	42.671	42.751	42.832	42.913	42.994	43.075	43.156	43.236	43.317	43.398
580	43.479	43.56	43.64	43.721	43.802	43.883	43.963	44.044	44.125	44.206
590	44.286	44.367	44.448	44.529	44.609	44.690	44.771	44.851	44.932	45.013
600	45.093	45.174	45.255	45.335	45.416	45.497	45.577	45.658	45.738	45.819
610	45.900	45.980	46.061	46.141	46.222	46.302	46.383	46.463	46.544	46.624
620	46.705	46.785	46.866	46.946	47.027	47.107	47.188	47.268	47.349	47.429
630	47.509	47.590	47.67	47.751	47.831	47.911	47.992	48.072	48.152	48.233
640	48.313	48.393	48.474	48.554	48.634	48.715	48.795	48.875	48.955	49.035
650	49.116	49.196	49.276	49.356	49.436	49.517	49.597	49.677	49.757	49.837
660	49.917	49.997	50.077	50.157	50.238	50.318	50.398	50.478	50.558	50.638
670	50.718	50.798	50.878	50.958	51.038	51.118	51.197	51.277	51.357	51.437
680	51.517	51.597	51.677	51.757	51.837	51.916	51.996	52.076	52.156	52.236
690	52.315	52.395	52.475	52.555	52.634	52.714	52.794	52.873	52.953	53.033
700	53.112	53.192	53.272	53.351	53.431	53.510	53.590	53.670	53.749	53.829
710	53.908	53.988	54.067	54.147	54.226	54.306	54.385	54.465	54.544	54.624
720	54.703	54.782	54.862	54.941	55.021	55.100	55.179	55.259	55.338	55.417
730	55.497	55.576	55.655	55.734	55.814	55.893	55.972	56.051	56.131	56.210
740	56.289	56.368	56.447	56.526	56.606	56.685	56.764	56.843	56.922	57.001
750	57.08	57.159	57.238	57.317	57.396	57.475	57.554	57.633	57.712	57.791
760	57.87	57.949	58.028	58.107	58.186	58.265	58.343	58.422	58.501	58.580
770	58.659	58.738	58.816	58.895	58.974	59.053	59.131	59.210	59.289	59.367

t/℃	0	1	2	3	4	5	6	7	8	9
						E/mV				
780	59. 446	59. 525	59. 604	59. 682	59. 761	59. 839	59. 918	59. 997	60. 075	60. 154
790	60. 232	60. 311	60. 390	60. 468	60. 547	60. 625	60. 704	60. 782	60. 86	60. 939
800	61. 017	61. 096	61. 174	61. 253	61. 331	61. 409	61. 488	61. 566	61. 644	61. 723
810	61. 801	61. 879	61. 958	62. 036	62. 114	62. 192	62. 271	62. 349	62. 427	62. 505
820	62. 583	62. 662	62. 740	62. 818	62. 896	62. 974	63. 052	63. 130	63. 208	63. 286
830	63. 364	63. 442	63. 520	63. 598	63. 676	63. 754	63. 832	63. 910	63. 988	64. 066
840	64. 144	64. 222	64. 300	64. 377	64. 455	64. 533	64. 611	64. 689	64. 766	64. 844
850	64. 922	65. 000	65. 077	65. 155	65. 233	65. 310	65. 388	65. 465	65. 543	65. 621
860	65. 698	65. 776	65. 853	65. 931	66. 008	66. 086	66. 163	66. 241	66. 318	66. 396
870	66. 473	66. 550	66. 628	66. 705	66. 782	66. 860	66. 937	67. 014	67. 092	67. 169
880	67. 246	67. 323	67. 400	67. 478	67. 555	67. 632	67. 709	67. 786	67. 863	67. 940
890	68. 017	68. 094	68. 171	68. 248	68. 325	68. 402	68. 479	68. 556	68. 633	68. 710
900	68. 787	68. 863	68. 940	69. 017	69. 094	69. 171	69. 247	69. 324	69. 401	69. 477
910	69. 554	69. 631	69. 707	69. 784	69. 860	69. 937	70. 013	70. 090	70. 166	70. 243
920	70. 319	70. 396	70. 472	70. 548	70. 625	70. 701	70. 777	70. 854	70. 930	71. 006
930	71. 082	71. 159	71. 235	71. 311	71. 387	71. 463	71. 539	71. 615	71. 692	71. 768
940	71. 844	71. 920	71. 996	72. 072	72. 147	72. 223	72. 299	72. 375	72. 451	72. 527
950	72. 603	72. 678	72. 754	72. 830	72. 906	72. 981	73. 057	73. 133	73. 208	73. 284
960	73. 360	73. 435	73. 511	73. 586	73. 662	73. 738	73. 813	73. 889	73. 964	74. 04
970	74. 115	74. 190	74. 266	74. 341	74. 417	74. 492	74. 567	74. 643	74. 718	74. 793
980	74. 869	74. 944	75. 019	75. 095	75. 170	75. 245	75. 320	75. 395	75. 471	75. 546
990	75. 621	75. 696	75. 771	75. 847	75. 922	75. 997	76. 072	76. 147	76. 223	76. 298
1000	76. 373									

附表 3.5　工业用铂电阻温度计（Pt100）分度表　$R_0 = 100\Omega$

t/℃	0	−1	−2	−3	−4	−5	−6	−7	−8	−9
						R/Ω				
−200	18. 52									
−190	22. 83	22. 40	21. 97	21. 54	21. 11	20. 68	20. 25	19. 82	19. 38	18. 95
−180	27. 10	26. 67	26. 24	25. 82	25. 39	24. 97	24. 54	24. 11	23. 68	23. 25
−170	31. 34	30. 91	30. 49	30. 07	29. 64	29. 22	28. 80	28. 37	27. 95	27. 52
−160	35. 54	35. 12	34. 70	34. 28	33. 86	33. 44	33. 02	32. 60	32. 18	31. 76
−150	39. 72	39. 31	38. 89	38. 47	38. 05	37. 64	37. 22	36. 80	36. 38	35. 96
−140	43. 88	43. 46	43. 05	42. 63	42. 22	41. 80	41. 39	40. 97	40. 56	40. 14
−130	48. 00	47. 59	47. 18	46. 77	46. 36	45. 94	45. 53	45. 12	44. 70	44. 29
−120	52. 11	51. 70	51. 29	50. 88	50. 47	50. 06	49. 65	49. 24	48. 83	48. 42
−110	56. 19	55. 79	55. 38	54. 97	54. 56	54. 15	53. 75	53. 34	52. 93	52. 52
−100	60. 26	59. 85	59. 44	59. 04	58. 63	58. 23	57. 82	57. 41	57. 01	56. 60
−90	64. 30	63. 9	63. 49	63. 09	62. 68	62. 28	61. 88	61. 47	61. 07	60. 66
−80	68. 33	67. 92	67. 52	67. 12	66. 72	66. 31	65. 91	65. 51	65. 11	64. 70
−70	72. 33	71. 93	71. 53	71. 13	70. 73	70. 33	69. 93	69. 53	69. 13	68. 73
−60	76. 33	75. 93	75. 53	75. 13	74. 73	74. 33	73. 93	73. 53	73. 13	72. 73
−50	80. 31	79. 91	79. 51	79. 11	78. 72	78. 32	77. 92	77. 52	77. 12	76. 73
−40	84. 27	83. 87	83. 48	83. 08	82. 69	82. 29	81. 89	81. 50	81. 10	80. 70
−30	88. 22	87. 83	87. 43	87. 04	86. 64	86. 25	85. 85	85. 46	85. 06	84. 67
−20	92. 16	91. 77	91. 37	90. 98	90. 59	90. 19	89. 80	89. 40	89. 01	88. 62
−10	96. 09	95. 69	95. 30	94. 91	94. 52	94. 12	93. 73	93. 34	92. 95	92. 55
0	100. 00	99. 61	99. 22	98. 83	98. 44	98. 04	97. 65	97. 26	96. 87	96. 48

$t/℃$	0	1	2	3	4	5	6	7	8	9
					R/Ω					
0	100.00	100.39	100.78	101.17	101.56	101.95	102.34	102.73	103.12	103.51
10	103.90	104.29	104.68	105.07	105.46	105.85	106.24	106.63	107.02	107.40
20	107.79	108.18	108.57	108.96	109.35	109.73	110.12	110.51	110.90	111.29
30	111.67	112.06	112.45	112.83	113.22	113.61	114.00	114.38	114.77	115.15
40	115.54	115.93	116.31	116.70	117.08	117.47	117.86	118.24	118.63	119.01
50	119.40	119.78	120.17	120.55	120.94	121.32	121.71	122.09	122.47	122.86
60	123.24	123.63	124.01	124.39	124.78	125.16	125.54	125.93	126.31	126.69
70	127.08	127.46	127.84	128.22	128.61	128.99	129.37	129.75	130.13	130.52
80	130.9	131.28	131.66	132.04	132.42	132.80	133.18	133.57	133.95	134.33
90	134.71	135.09	135.47	135.85	136.23	136.61	136.99	137.37	137.75	138.13
100	138.51	138.88	139.26	139.64	140.02	140.40	140.78	141.16	141.54	141.91
110	142.29	142.67	143.05	143.43	143.80	144.18	144.56	144.94	145.31	145.69
120	146.07	146.44	146.82	147.20	147.57	147.95	148.33	148.70	149.08	149.46
130	149.83	150.21	150.58	150.96	151.33	151.71	152.08	152.46	152.83	153.21
140	153.58	153.96	154.33	154.71	155.08	155.46	155.83	156.20	156.58	156.95
150	157.33	157.70	158.07	158.45	158.82	159.19	159.56	159.94	160.31	160.68
160	161.05	161.43	161.80	162.17	162.54	162.91	163.29	163.66	164.03	164.40
170	164.77	165.14	165.51	165.89	166.26	166.63	167.00	167.37	167.74	168.11
180	168.48	168.85	169.22	169.59	169.96	170.33	170.70	171.07	171.43	171.80
190	172.17	172.54	172.91	173.28	173.65	174.02	174.38	174.75	175.12	175.49
200	175.86	176.22	176.59	176.96	177.33	177.69	178.06	178.43	178.79	179.16
210	179.53	179.89	180.26	180.63	180.99	181.36	181.72	182.09	182.46	182.82
220	183.19	183.55	183.92	184.28	184.65	185.01	185.38	185.74	186.11	186.47
230	186.84	187.20	187.56	187.93	188.29	188.66	189.02	189.38	189.75	190.11
240	190.47	190.84	191.20	191.56	191.92	192.29	192.65	193.01	193.37	193.74
250	194.10	194.46	194.82	195.18	195.55	195.91	196.27	196.63	196.99	197.35
260	197.71	198.07	198.43	198.79	199.15	199.51	199.87	200.23	200.59	200.95
270	201.31	201.67	202.03	202.39	202.75	203.11	203.47	203.83	204.19	204.55
280	204.90	205.26	205.62	205.98	206.34	206.70	207.05	207.41	207.77	208.13
290	208.48	208.84	209.20	209.56	209.91	210.27	210.63	210.98	211.34	211.7
300	212.05	212.41	212.76	213.12	213.48	213.83	214.19	214.54	214.9	215.25
310	215.61	215.96	216.32	216.67	217.03	217.38	217.74	218.09	218.44	218.80
320	219.15	219.51	219.86	220.21	220.57	220.92	221.27	221.63	221.98	222.33
330	222.68	223.04	223.39	223.74	224.09	224.45	224.80	225.15	225.50	225.85
340	226.21	226.56	226.91	227.26	227.61	227.96	228.31	228.66	229.02	229.37
350	229.72	230.07	230.42	230.77	231.12	231.47	231.82	232.17	232.52	232.87
360	233.21	233.56	233.91	234.26	234.61	234.96	235.31	235.66	236.00	236.35
370	236.70	237.05	237.40	237.74	238.09	238.44	238.79	239.13	239.48	239.83
380	240.18	240.52	240.87	241.22	241.56	241.91	242.26	242.6	242.95	243.29
390	243.64	243.99	244.33	244.68	245.02	245.37	245.71	246.06	246.4	246.75
400	247.09	247.44	247.78	248.13	248.47	248.81	249.16	249.5	245.85	250.19
410	250.53	250.88	251.22	251.56	251.91	252.25	252.59	252.93	253.28	253.62
420	253.96	254.3	254.65	254.99	255.33	255.67	256.01	256.35	256.7	257.04
430	257.38	257.72	258.06	258.40	258.74	259.08	259.42	259.76	260.10	260.44
440	260.78	261.12	261.46	261.80	262.14	262.48	262.82	263.16	263.50	263.84
450	264.18	264.52	264.86	265.20	265.53	265.87	266.21	266.55	266.89	267.22
460	267.56	267.9	268.24	268.57	268.91	269.25	269.59	269.92	270.26	270.60
470	270.93	271.27	271.61	271.94	272.28	272.61	272.95	273.29	273.62	273.96
480	274.29	274.63	274.96	275.30	275.63	275.97	276.30	276.64	276.97	277.31
490	277.64	277.98	278.31	278.64	278.98	279.31	279.64	279.98	280.31	280.64
500	280.98	281.31	281.64	281.98	282.31	282.64	282.97	283.31	283.64	283.97
510	284.30	284.63	284.97	285.30	285.63	285.96	286.29	286.62	286.95	287.29
520	287.62	287.95	288.28	288.61	288.94	289.27	289.60	289.93	290.26	290.59
530	290.92	291.25	291.58	291.91	292.24	292.56	292.89	293.22	293.55	293.88
540	294.21	294.54	294.86	295.19	295.52	295.85	296.18	296.50	296.83	297.16

t/℃	0	1	2	3	4	5	6	7	8	9
						R/Ω				
550	297.49	297.81	298.14	298.47	298.80	299.12	299.45	299.78	300.10	300.43
560	300.75	301.08	301.41	301.73	302.06	302.38	302.71	303.03	303.36	303.69
570	304.01	304.34	304.66	304.98	305.31	305.63	305.96	306.28	306.61	306.93
580	307.25	307.58	307.90	308.23	308.55	308.87	309.20	309.52	309.84	310.16
590	310.49	310.81	311.13	311.45	311.78	312.10	312.42	312.74	313.06	313.39
600	313.71	314.03	314.35	314.67	314.99	315.31	315.64	315.96	316.28	316.60
610	316.92	317.24	317.56	317.88	318.20	318.52	318.84	319.16	319.48	319.80
620	320.12	320.43	320.75	321.07	321.39	321.71	322.03	322.35	322.67	322.98
630	323.30	323.62	323.94	324.26	324.57	324.89	325.21	325.53	325.84	326.16
640	326.48	326.79	327.11	327.43	327.74	328.06	328.38	328.69	329.01	329.32
650	329.64	329.96	330.27	330.59	330.90	331.22	331.53	331.85	332.16	332.48
660	332.79	333.11	333.42	333.74	334.05	334.36	334.68	334.99	335.31	335.62
670	335.93	336.25	336.56	336.87	337.18	337.50	337.81	338.12	338.44	338.75
680	339.06	339.37	339.69	340.00	340.31	340.62	340.93	341.24	341.56	341.87
690	342.18	342.49	342.80	343.11	343.42	343.73	344.04	344.35	344.66	344.97
700	345.28	345.59	345.90	346.21	346.52	346.83	347.14	347.45	347.76	348.07
710	343.38	348.69	348.99	349.30	349.61	349.92	350.23	350.54	350.84	351.15
720	351.46	351.77	352.08	352.38	352.69	353.00	353.30	353.61	353.92	354.22
730	354.53	354.84	355.14	355.45	355.76	356.06	356.37	356.67	356.98	357.28
740	357.59	357.90	358.20	358.51	358.81	359.12	359.42	359.72	360.03	360.33
750	360.64	360.94	361.25	361.55	361.85	362.16	362.46	362.76	363.07	363.37
760	363.67	363.98	364.28	364.58	364.89	365.19	365.49	365.79	366.10	366.40
770	366.70	367.00	367.30	367.60	367.91	368.21	368.51	368.81	369.11	369.41
780	369.71	370.01	370.31	370.61	370.91	371.21	371.51	371.81	372.11	372.41
790	372.71	373.01	373.31	373.61	373.91	374.21	374.51	374.81	375.11	375.41
800	375.70	376.00	376.30	376.60	376.90	377.19	377.49	377.79	378.09	378.39
810	378.68	378.98	379.28	379.57	379.87	380.17	380.46	380.76	381.06	381.35
820	381.65	381.95	382.24	382.54	382.83	383.13	383.42	383.72	384.01	384.31
830	384.60	384.90	385.19	385.49	385.78	386.08	386.37	386.67	386.96	387.25
840	387.55	387.84	388.14	388.43	388.72	389.02	389.31	389.60	389.90	390.19
850	390.48									

附表 3.6 工业用铂电阻温度计(Cu100)分度表 $R_0=100\Omega$

t/℃	0	-1	-2	-3	-4	-5	-6	-7	-8	-9
						R/Ω				
-50	78.49									
-40	82.80	82.36	81.94	81.50	81.08	80.64	80.20	79.78	79.34	78.92
-30	87.10	86.68	86.24	85.38	85.38	84.95	84.54	84.10	83.66	83.22
-20	91.40	90.98	90.54	90.12	89.68	89.26	88.82	88.40	87.96	87.54
-10	95.70	95.28	94.84	94.42	93.98	93.56	93.12	92.70	92.26	91.84
0	100.00	99.56	99.14	98.70	98.28	97.84	97.42	97.00	96.56	96.14

t/℃	0	1	2	3	4	5	6	7	8	9
						R/Ω				
0	100.00	100.42	100.86	101.28	101.72	102.14	102.56	103.00	103.43	103.86
10	104.28	104.72	105.14	105.56	106.00	106.42	106.86	107.28	107.72	108.14
20	108.56	109.00	109.42	109.84	110.28	110.70	111.14	111.56	112.00	112.42
30	112.84	113.28	113.70	114.14	114.56	114.98	115.42	115.84	116.28	116.70
40	117.12	117.56	117.98	118.40	118.84	119.26	119.70	120.12	120.54	120.98
50	121.40	121.84	122.26	122.68	123.12	123.54	123.96	124.40	124.82	125.26
60	125.68	126.10	126.54	126.96	127.40	127.82	128.24	128.68	129.10	129.52
70	129.96	130.38	130.82	131.24	131.66	132.10	132.52	132.96	133.38	133.80
80	134.24	134.66	135.08	135.52	135.94	136.38	136.80	137.24	137.66	138.08
90	138.52	138.94	139.36	139.80	140.22	140.66	141.08	141.52	141.94	142.36
100	142.80	143.22	143.66	144.08	144.50	144.94	145.36	145.80	146.22	146.66
110	147.08	147.50	147.94	148.36	148.80	149.22	149.66	150.08	150.52	150.94
120	151.36	151.80	152.22	152.66	153.08	153.52	153.94	154.38	154.80	155.24
130	155.66	156.10	156.52	156.96	157.38	157.82	158.24	158.68	159.10	159.54
140	159.96	160.40	160.82	161.26	161.68	162.12	162.54	162.98	163.40	168.84
150	164.27									

4 压力检测及仪表
（Pressure Measurement and Instruments）

压力是工业生产中的重要参数之一。特别是在化工、炼油、天然气的处理与加工生产过程中，压力既影响物料平衡，也影响化学反应速率。所以必须严格遵守工艺操作规程，这就需要检查或控制其压力，以保证工艺过程的正常进行。

例如高压聚乙烯要在150MPa的高压下聚合，氢气和氮气合成氨气时，要在15MPa的高压下进行反应，而炼油厂的减压蒸馏，则要求在比大气压低很多的真空下进行。如果压力不符合要求，不仅会影响生产效率，降低产品质量，有时还会造成严重的生产事故，此外，测出压力或差压，也可以确定物位或流量。

4.1 压力及压力检测方法（Pressure and Pressure Measurement Methods）

4.1.1 压力的定义及单位（Definition and Unit of Pressure）

（1）压力定义（Definition of Pressure）

压力是指垂直、均匀地作用于单位面积上的力，通常用 p 表示，单位力作用在单位面积上，为一个压力单位。

$$p = \frac{F}{A} \tag{4-1}$$

式中　p——压力；

F——垂直作用力；

A——受力面积。

（2）压力单位（Unit of Pressure）

在工程上衡量压力的单位有如下几种：

① 工程大气压　是工业上使用过的单位，即1公斤力垂直而均匀地作用在1平方厘米的面积上所产生的压力，以公斤力/厘米^{2}表示，记作 kgf/cm^2。

② 毫米汞柱（mmHg），毫米水柱（mmH$_2$O）：1平方厘米的面积上分别由1毫米汞柱或1毫米水柱的重量所产生的压力，现在已不再使用。

③ 标准大气压　由于大气压随地点不同，变化很大，所以国际上规定水银密度为13.5951g/cm^3、重力加速度为980.665cm/s^{2}时，高度为760mm的汞柱，作用在1cm^{2}的面积上所产生的压力为标准大气压。

④ 国际单位（SI）制压力单位帕（Pa）　1牛顿力垂直均匀地作用在1平方米面积上所形成的压力为1"帕斯卡"，简称"帕"，符号为Pa，加上词头又有千帕（kPa）、兆帕（MPa）等，为我国自1986年7月1日开始执行的计量法规定采用的压力单位。表4.1给出了各压力单位之间的换算关系。

表 4.1　压力单位换算表

单位	帕(Pa)	巴(bar)	工程大气压(kgf/cm²)	标准大气压(atm)	毫米水柱(mmH₂O)	毫米汞柱(mmHg)	磅力/平方英寸(lbf/in²)
帕(Pa)	1	1×10^{-5}	1.019716×10^{-5}	0.9869236×10^{-5}	1.019716×10^{-1}	0.75006×10^{-2}	1.450442×10^{-4}
巴(bar)	1×10^{5}	1	1.019716	0.9869236	1.019716×10^{4}	0.75006×10^{3}	1.450442×10
工程大气压(kgf/cm²)	0.980665×10^{5}	0.980665	1	0.96784	1×10^{4}	0.73556×10^{3}	1.4224×10
标准大气压(atm)	1.01325×10^{5}	1.01325	1.03323	1	1.03323×10^{4}	0.76×10^{3}	1.4696×10
毫米水柱(mmH₂O)	0.980665×10	0.980665×10^{-4}	1×10^{-4}	0.96784×10^{-4}	1	0.73556×10^{-1}	1.4224×10^{-3}
毫米汞柱(mmHg)	1.333224×10^{2}	1.333224×10^{-3}	1.35951×10^{-3}	1.3158×10^{-3}	1.35951×10	1	1.9338×10^{-2}
磅力/平方英寸(lbf/in²)	0.68949×10^{4}	0.68949×10^{-1}	0.70307×10^{-1}	0.6805×10^{-1}	0.70307×10^{3}	0.51715×10^{2}	1

4.1.2　压力的几种表示方法(Expression of Pressure)

在工程上，压力有几种不同的表示方法，并且有相应的测量仪表。

(1) 绝对压力(Absolute Pressure)

被测介质作用在容器表面积上的全部压力称为绝对压力，用符号 $p_{绝}$ 表示。

(2) 大气压力(Atmospheric Pressure)

由地球表面空气柱重量形成的压力，称为大气压力。它随地理纬度、海拔高度及气象条件而变化，其值用气压计测定，用符号 $p_{大气压}$ 表示。

(3) 表压力(Gauge Pressure)

通常压力测量仪器是处于大气之中，则其测量的压力值等于绝对压力和大气压力之差，称为表压力，用符号 $p_{表}$ 表示。有

$$p_{表}=p_{绝}-p_{大气压} \tag{4-2}$$

一般地说，常用压力测量仪表测得的压力值均是表压力。

(4) 真空度(Vacuum)

当绝对压力小于大气压力时，表压力为负值(负压力)，其绝对值称为真空度，用符号 $p_{真}$ 表示，可表示为：

$$p_{真}=p_{大气压}-p_{绝} \tag{4-3}$$

用来测量真空度的仪器称为真空表。

(5) 差压(Pressure Difference)

设备中两处的压力之差称为差压。生产过程中有时直接以差压作为工艺参数。差压的测量还可作为流量和物位测量的间接手段。

这几种表示方法的关系如图 4.1 所示。

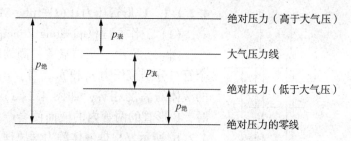

图 4.1　各种压力表示法之间的关系

4.1.3　压力检测的主要方法及分类(Main Methods and Classification of Pressure Measurement)

根据不同工作原理，主要的压力检测方法及分类有如下几种。

(1) 重力平衡方法 (Gravity-balance Method)

① 液柱式压力计(Liquid Column Manometer)。

基于液体静力学原理。被测压力与一定高度的工作液体产生的重力相平衡，将被测压力转换为液柱高度来测量，其典型仪表是 U 形管压力计。

② 负荷式压力计(Load Manometer)。

基于重力平衡原理。其主要形式为活塞式压力计。

(2) 弹性力平衡方法(Elasticity-balance Method)

这种方法利用弹性元件的弹性变形特性进行测量，被测压力使弹性元件产生变形，因弹性变形而产生的弹性力与被测压力相平衡，测量弹性元件的变形大小可知被测压力。

(3) 机械力平衡方法(Mechanical Force Balanced Method)

这种方法是将被测压力经变换单元转换成一个集中力，用外力与之平衡，通过测量平衡时的外力可以测知被测压力。

(4) 物性测量方法(Physical Property Measuring Method)

基于在压力的作用下，测压元件的某些物理特性发生变化的原理。

① 电测式压力计(Electronic Measuring Manometer)。

利用测压元件的压阻、压电等特性或其他物理特性，将被测压力直接转换为各种电量来测量。多种电测式类型的压力传感器，可以适用于不同的测量场合。

② 其他新型压力计(The Other New Type Manometer)。

如集成式压力计(Integrated Manometer)、光纤压力计(Optical-fiber Manometer)。

4.2　常用压力检测仪表(Pressure Measurement Instruments in General Use)

4.2.1　液柱式压力计(Liquid Column Manometer)

这种压力计一般采用水银或水为工作液，用 U 形管或单管或斜管进行压力测量，常用于低压、负压或压力差的检测。

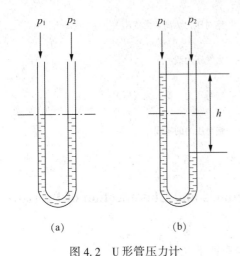

（a）　　　（b）

图 4.2　U 形管压力计

4.2.1.1　U 形管压力计（U-tube Manometer）

（1）工作原理（Operating Principle）

图 4.2 是用 U 形玻璃管检测的原理图。它的两个管口分别接压力 p_1 和 p_2。当 $p_1 = p_2$ 时，左右两管的液体的高度相等，如图 4.2（a）所示。当 $p_2 > p_1$ 时，U 形管的两管内的液面便会产生高度差，如图 4.2（b）所示。根据液体静力学原理，有

$$p_2 = p_1 + \rho h g \qquad (4-4)$$

式中　ρ——U 形管内所充工作液的密度；

　　　g——U 形管所在地的重力加速度；

　　　h——U 形管左右两管的液面高度差。

式（4-4）可改写为

$$h = \frac{1}{\rho g}(p_2 - p_1) \qquad (4-5)$$

这说明 U 形管内两边液面的高度差 h 与两管口的被测压力之差成正比。如果将 p_1 管通大气，即 $p_1 = p_{大气压}$，则

$$h = \frac{p}{\rho g} \qquad (4-6)$$

式中，$p = p_2 - p_{大气压}$ 为 p_2 的表压。由此可见，用 U 形管可以检测两被测压力之间的差值（称差压），或检测某个表压。

由式（4-6）可知，若提高 U 形管工作液的密度 ρ。则在相同的压力作用下，h 值将下降。因此，提高工作液密度将增加压力的测量范围，但灵敏度下降。

（2）误差分析（Error Analysis）

用 U 形管进行压力检测，其误差来源主要有以下几个方面。

① 温度误差　这是指由于使用的 U 形管所处环境温度的变化引起的测量误差。它主要包括两个方面：一是标尺长度随温度的变化，一般要求标尺所用的材料的温度系数小；二是工作液密度随温度的变化。例如水，当温度从 10℃ 变到 20℃ 时，其密度从 999.8kg/m² 减小到 998.3kg/m²，相对变化量为 0.15%。

② 安装误差　当 U 形管安装不垂直时将会产生安装误差。例如 U 形管倾斜 5° 时，液面高度差 h 的读数相对于实际值要偏大约 0.38%。

③ 重力加速度误差　由式（4-6）可知，重力加速度 g 也是影响测量精度的因素之一。当对压力检测精度要求比较高时，需要准确测出当地的重力加速度。

④ 传压介质误差　在前面的原理分析时，不考虑工作液上方的传压介质的影响，即认为它的密度为零。在实际使用时，一般传压介质就是被测压力的介质。当传压介质为气体时，如果与 U 形管两管连接的两个引压管的高度差相差较大，而气体的密度较大时必须考虑引压管传压介质对工作液的压力作用；若温度变化较大，还需同时考虑传压介质的密度随温度变化的影响。当传压介质为液体时，除了要考虑上述各因素外，还要注意传压介质和工作液体不能产生溶解和化学反应等。

⑤ 读数误差　读数误差主要是由于 U 形管内工作液的毛细作用而引起。由于毛细现象，管内的液柱可以产生附加升高或降低，其大小与工作液的种类、工作液的温度和 U 形管内径等因素有关。当管内径大于等于 10mm 时，U 形管的单管读数的最大绝对误差一般

为 1mm。

（3）特点（Characteristics）

用 U 形管进行压力检测具有结构简单、读数直观、准确度较高、价格低廉等优点，它不仅能测表压、差压，还能测负压，是科学实验研究中常用的压力检测工具。但是，用 U 形管只能测量较低的压力或差压（不可能将 U 形管做得很长），测量上限不超过 $0.1 \sim 0.2$MPa，为了便于读数，U 形管一般是用玻璃做成，因此易破损，同时也不能用于静压较高的差压检测，另外它只能进行现场指示。

4.2.1.2 单管压力计（Single Tube Manometer）

U 形管压力计的标尺分格值是 1mm，每次读数的最大误差为分格值的一半，而在测量时需要对左、右两边的玻璃管分别读数，所以可能产生的读数误差为±1mm。为了减小读数误差和进行 1 次读数，可以采用单管压力计。

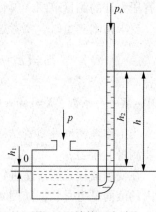

单管压力计如图 4.3 所示，它相当于将 U 形管的一端换成一个大直径的容器，测压原理仍与 U 形管相同。当大容器一侧通入被测压力 p，管一侧通入大气压 p_A 时，满足下列关系

$$p = (h_1 + h_2)\rho g \qquad (4-7)$$

式中 h_1——大容器中工作液下降的高度；

　　　　h_2——玻璃管中工作液上升的高度。

图 4.3 单管压力计

在压力 p 的作用下，大容器内工作液下降的体积等于管内工作液上升的体积，即

$$h_1 A_1 = h_2 A_2 \qquad (4-8)$$

$$h_1 = \frac{A_2}{A_1} h_2 = \frac{d^2}{D^2} h_2 \qquad (4-9)$$

式中 A_1—— 大容器截面；

　　　　A_2——玻璃管截面；

　　　　d——玻璃管直径；

　　　　D——大容器直径。

将式（4-9）代入式（4-7）得

$$p = \left(1 + \frac{d^2}{D^2}\right) h_2 \rho g \qquad (4-10)$$

由于 $D > d$，故 $\dfrac{d^2}{D^2}$ 可忽略不计，则式（4-10）可写成

$$p = h_2 \rho g \qquad (4-11)$$

此式与式（4-6）类似，当工作液密度 ρ 一定时，则管内工作液上升的高度 h_2 即可表示被测压力（表压）的大小，即只需 1 次读数便可以得到测量结果。因而读数误差比 U 形管压力计小一半，即±0.5mm。

4.2.1.3 斜管压力计（Ramp Tube Manometer）

用 U 形管或单管压力计来测量微小的压力时，因为液柱高度变化很小，读数困难，为了提高灵敏度，减小误差，可将单管压力计的玻璃管制成斜管，如图 4.4 所示。

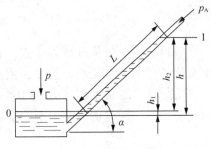

大容器通入被测压力 p，斜管通入大气压力 p_A，则 p 与液柱之间的关系仍然与式(4-7)相同，即

$$p = (h_1 + h_2)\rho g$$

因为大容器的直径 D 远大于玻璃管的直径 d，则 $h_1 + h_2 \approx h_2 = L\sin\alpha$，代入上式后可得

$$p = L\rho g\sin\alpha \tag{4-12}$$

式中　L——斜管内液柱的长度；
　　　α——斜管倾斜角。

图 4.4　倾斜式压力计

由于 $L > h_2$，所以说斜管压力计比单管压力计更灵敏。改变斜管的倾斜角度 α，可以改变斜管压力计的测量范围。斜管压力计的测量范围一般为 $0 \sim 2000\text{Pa}$。

要求精确测量时，要考虑容器内液面下降的高度 h_1，这时

$$p = (h_1 + h_2)\rho g = (L\sin\alpha + L\frac{A_2}{A_1})\rho g = L(\sin\alpha + \frac{d^2}{D^2})\rho g = KL \tag{4-13}$$

式中　K——系数，$K = (\sin\alpha + \frac{d^2}{D^2})\rho g$。

当工作液密度及斜管结构尺寸一定时，K 为常数，读出 L 数值与系数 K 相乘，便可以得到要测量的压力 p。

在使用液柱式测压法进行压力测量时，由于毛细管和液体表面张力的作用，会引起玻璃管内的液面呈弯月状，如图 4.5 所示。如果工作液对管壁是浸润的(水)，则在管内呈下凹的曲面，读数时要读凹面的最低点；如果工作液对管壁是非浸润的(水银)，则在管内呈上凸的曲面，读数时要读凸面的最高点。

4.2.2　活塞式压力计(Piston Manometer)

活塞式压力计是一种精度很高的标准器，常用于校验标准压力表及普通压力表。其结构如图 4.6 所示，它由压力发生部分和压力测量部分组成。

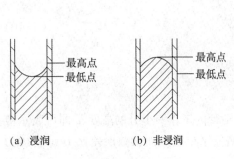

图 4.5　液面的弯月现象

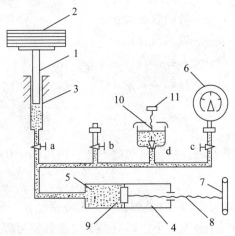

图 4.6　活塞式压力计

a，b，c，d—切断阀；1—测量活塞；2—砝码；3—活塞柱；
4—螺旋压力发生器；5—工作液；6—压力表；7—手轮；
8—丝杠；9—工作活塞；10—油杯；11—进油阀

压力发生部分　螺旋压力发生器4，通过手轮7旋转杠8，推动工作活塞9挤压工作液，经工作液传压给测量活塞1。工作液一般采用洁净的变压器油或蓖麻油等。

压力测量部分　测量活塞1上端的托盘上放有砝码2，活塞1插入在活塞柱3内，下端承受螺旋压力发生器4向左挤压工作液5所产生的压力p的作用。当活塞1下端面因压力p作用所产生向上顶的力与活塞1本身和托盘以及砝码2的重量相等时，活塞1将被顶起而稳定在活塞柱3内的任一平衡位置上，这时的力平衡关系为

$$pA = W + W_0 \tag{4-14}$$

$$p = \frac{1}{A}(W + W_0) \tag{4-15}$$

式中　A——测量活塞1的截面积；

　　　W——砝码的重量；

　　　W_0——测量活塞(包括托盘)的重量；

　　　p——被测压力。

一般取$A = 1\text{cm}^2$或0.1cm^2。因此可以方便而准确地由平衡时所加的砝码和活塞本身的质量得到被测压力p的数值。如果把被校压力表6上的示值p'与这一准确的压力p相比较，便可知道被校压力表的误差大小；也可以在b阀上部接入标准压力表，由压力发生器改变工作液压力，比较被校表和标准表上的示值进行校验，此时，a阀应关闭。

4.2.3　弹性式压力计(Elastic Pressure Gauge)

4.2.3.1　测压弹性元件(Elastic Element For Pressure Measurement)

弹性式压力检测是用弹性元件作为压力敏感元件把压力转换成弹性元件位移的一种检测方法。弹性元件在弹性限度内受压后会产生形变，变形的大小与被测压力成正比关系。如图4.7所示，目前工业上常用的测压用弹性元件主要是弹性膜片、波纹管和弹簧管等。还可以同时校验两台压力表。测压范围为$0.04 \sim 2500\text{MPa}$，精度可达$\pm 0.01\%$。可测正压、负压、绝对压力。主要用于压力表的校验。

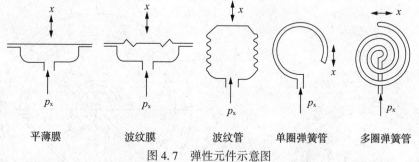

| 平薄膜 | 波纹膜 | 波纹管 | 单圈弹簧管 | 多圈弹簧管 |

图4.7　弹性元件示意图

（1）弹性膜片(Elastic Diaphragm)

膜片是一种沿外缘固定的片状圆形薄板或薄膜，按剖面形状分为平薄膜片和波纹膜片。波纹膜片是一种压有环状同心波纹的圆形薄膜，其波纹数量、形状、尺寸和分布情况与压力的测量范围及线性度有关。有时也可以将两块膜片沿周边对焊起来，成一薄膜盒子，两膜片之间内充液体(如硅油)，称为膜盒。

当膜片两边压力不等时，膜片就会发生形变，产生位移，当膜片位移很小时，它们之间具有良好的线性关系，这就是利用膜片进行压力检测的基本原理。膜片受压力作用产生的位移，可直接带动传动机构指示。但是，由于膜片的位移较小，灵敏度低，指示精度也不高，

一般为 2.5 级。在更多的情况下，都是把膜片和其他转换环节合起来使用，通过膜片和转换环节把压力转换成电信号，例如：膜盒式压力变送器、电容式压力变送器等。

（2）波纹管（Bellows）

波纹管是一种具有同轴环状波纹，能沿轴向伸缩的测压弹性元件。当它受到轴向力作用时能产生较大的伸长收缩位移，通常在其顶端安装传动机构，带动指针直接读数。波纹管的特点是灵敏度高（特别是在低区），适合检测低压信号（$\leqslant 10^6 Pa$），但波纹管时滞较大，测量精度一般只能达到 1.5 级。

（3）弹簧管（Bourdon Tube）

弹簧管是弯成圆弧形的空心管子（中心角 θ 通常为 270°）。其横截面积呈非圆形（椭圆或扁圆形）。弹簧管一端是开口的，另一端是封闭的，如图 4.8 所示。开口端作为固定端，被测压力从开口端接入到弹簧管内腔；封闭端作为自由端，可以自由移动。

当被测压力从弹簧管的固定端输入时，由于弹簧管的非圆横截面，使它有变成圆形并伴有伸直的趋势，使自由端产生位移并改变中心角 $\Delta\theta$。由于输入压力 p 与弹簧管自由端的位移成正比，所以只要测得自由端的位移量就能够反映压力 p 的大小，这就是弹簧管的测压原理。

弹簧管有单圆和多圆之分。单圆弹簧管的中心角变化量较小，而多圆弹簧管的中心角变化量较大，二者的测压原理是相同的。弹簧管常用的材料有锡青铜、磷青铜、合金钢、不锈钢等，适用于不同的压力测量范围和测量介质。

4.2.3.2　弹簧管压力表（Bourdon Tube Gauge）

弹簧管压力可以通过传动机构直接指示被测压力，也可以用适当的转换元件把弹簧管自由端的位移变换成电信号输出。

弹簧管压力表是一种指示型仪表，如图 4.9 所示。被测压力由接头 9 输入，使弹簧管 1 的自由端产生位移，通过拉杆 2 使扇形齿轮 3 作逆时针偏转，于是指针 5 通过同轴的中心齿轮 4 的带动而作顺时针偏转，在面板 6 的刻度标尺上显示出被测压力的数值。游丝 7 是用来克服因扇形齿轮和中心齿轮的间隙所产生的仪表变差。改变调节螺钉 8 的位置（即改变机械传动的放大系数），可以实现压力表的量程调节。

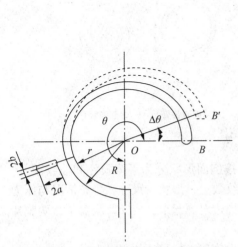

图 4.8　单圈弹簧管结构示意图

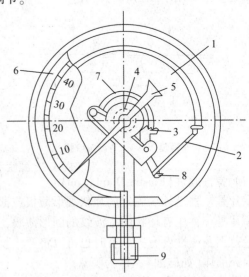

图 4.9　弹簧管压力表

1—弹簧管；2—拉杆；3—扇形齿轮；4—中心齿轮；
5—指针；6—面板；7—游丝；8—调节螺钉；9—接头

弹簧管压力表结构简单、使用方便、价格低廉、测量范围宽，因此应用十分广泛，一般工业用弹簧管压力表的精度等级为 1.5 级或 2.5 级。可测负压、微压、中压和高压(可达 1000MPa)，测压范围 $-10^5 \sim 10^9$Pa，精度可达 0.1 级($\pm 0.1\%$)。

在化工生产过程中，常常需要把压力控制在某一范围内，即当压力低于或高于给定范围时，就会破坏正常工艺条件，甚至可能发生危险。这时就应采用带有报警或控制触点的压力表。将普通弹簧管压力表稍加变化，便可成为电接点信号压力表，它能在压力偏离给定范围时，及时发出信号，以提醒操作人员注意或通过中间继电器实现压力的自动控制。

图 4.10 是电接点信号压力表的结构和工作原理示意图。压力表指针上有动触点 2，表盘上另有两根可调节的指针，上面分别有静触点 1 和 4。当压力超过上限给定数值(此数值由静触点 4 的指针位置确定)时，动触点 2 和静触点 4 接触，红色信号灯 5 的电路被接通，使红色灯发亮。当压力超过下限给定数值时，动触点 2 和静触点 1 接触，绿色信号灯 3 的电路被接通，使绿色灯发亮。静触点 1、4 的位置可根据需要灵活调节。

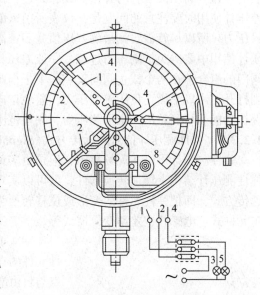

图 4.10　电接点信号压力表

1，4—静触点；2—动触点；
3—绿色信号灯；5—红色信号灯

4.2.3.3　波纹管差压计(Differential Pressure Gauge of Bellows)

采用膜片、膜盒、波纹管等弹性元件可以制成差压计。图 4.11 给出双波纹管差压计结构示意图，双波纹管差压计是一种应用较多的直读式仪表，其测量机构包括波纹管、量程弹簧组和扭力管组件等。仪表两侧的高压波纹管和低压波纹管为测量主体，感受引入的差压信号，两个波纹管由连杆连接，内部填充液体用以传递压力。差压信号引入后，低压波纹管自

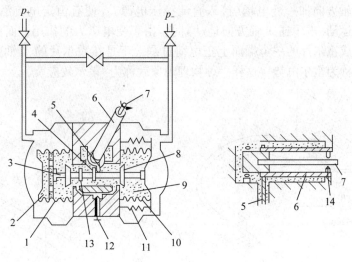

图 4.11　双波纹管差压计结构示意图

1—高压波纹管；2—补偿波纹管；3—连杆；4—挡板；5—摆杆；6—扭力管；7—芯轴；
8—保护阀；9—填充液；10—低压波纹管；11—量程弹簧；12—阻尼阀；13—阻尼环；14—轴承

由端带动连杆位移，连杆上的挡板推动摆杆使扭力管机构偏转，扭力管芯轴的扭转角度变化，扭转角变化传送给仪表的显示机构，可以给出相对应的被测差压值。量程弹簧的弹性力和波纹管的弹性变形力与被测差压的作用力相平衡，改变量程弹簧的弹性力大小可以调整仪表的量程。高压波纹管与补偿波纹管相连，用来补偿填充液因温度变化而产生的体积膨胀。差压计使用时要注意的问题是，仪表所引入的差压信号中包含有测点处的工作压力，又称背景压力。所以尽管需要测量的差压值并不很高，但是差压计要经受高的工作压力，因此在差压计使用中要避免单侧压力过载。一般差压计要装配平衡附件。例如图 4.11 中所示的三个阀门的组合，在两个截止阀间安装一个平衡阀，平衡阀只在差压计测量时关闭，不工作期间则打开，用以平衡正负压侧的压力，避免单向过载。新型差压计的结构均已考虑到单向过载保护功能。可测差压，也可测压力，测量范围小，一般为 0~0.4MPa，精度 1.5~2.5 级。

4.2.3.4　弹性测压计信号的远传方式(Signal Transmitting Methods of Elastic Gauge)

弹性测压计可以在现场指示，但是更多情况下要求将信号远传至控制室。一般在已有的弹性测压计结构上增加转换部件，就可以实现信号的远距离传送。弹性测压计信号多采用电远传方式，即把弹性元件的变形或位移转换为电信号输出。常见的转换方式有电位器式、霍尔元件式、电感式、差动变压器式等。

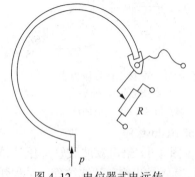

图 4.12　电位器式电远传
压力计结构原理

图 4.12 为电位器式电远传弹性压力计结构原理。在弹性元件的自由端处安装滑线电位器，滑线电位器的滑动触点与自由端连接并随之移动，自由端的位移就转换为电位器的电信号输出。这种远传方法比较简单，可以有很好的线性输出，但是滑线电位器的结构可靠性较差。

图 4.13 为霍尔元件式电远传弹性压力计结构原理，霍尔片式压力传感器是根据霍尔效应制成的，即利用霍尔元件将由压力所引起的弹性元件的位移转换成霍尔电势，从而实现压力的测量。

霍尔片为一半导体(如锗)材料制成的薄片。如图 4.14 所示，在霍尔片的 Z 轴方向加一磁感应强度为 B 的恒定磁场，在 Y 轴方向加一外电场(接入直流稳压电源)，便有恒定电流沿 Y 轴方向通过。电子在霍尔片中运动(电子逆 Y 轴方向运动)时，由于受电磁力的作用，而使电子的运动轨道发生偏移，造成霍尔片的一个端面上正电荷过剩，于是在霍尔片的 X 轴方向上出现电位差，这一电位差称为霍尔电势，这样一种物理现象就称为"霍尔效应"。

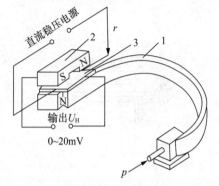

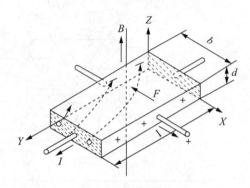

图 4.13　霍尔片式电远传压力计结构原理　　　　　图 4.14　霍尔效应
1—弹簧管；2—磁钢；3—霍尔片

霍尔电势的大小与半导体材料、所通过的电流(一般称为控制电流)、磁感应强度以及霍尔片的几何尺寸等因素有关, 可用下式表示

$$U_H = R_H B I \qquad (4-16)$$

式中　U_H——霍尔电势;

　　　R_H——霍尔常数, 与霍尔片材料、几何形状有关;

　　　B——磁感应强度;

　　　I——控制电流的大小。

由式(4-16)可知, 霍尔电势与磁感应强度和电流成正比。提高 B 和 I 值可增大霍尔电势 U_H, 但两者都有一定限度, 一般 I 为 3~30mA, B 约为几千高斯, 所得的霍尔电势 U_H 约为几十毫伏数量级。

必须指出, 导体也有霍尔效应, 不过它们的霍尔电势远比半导体的霍尔电势小得多。

如果选定了霍尔元件, 并使电流保持恒定, 则在非均匀磁场中, 霍尔元件所处的位置不同, 所受到的磁感应强度也将不同, 这样就可得到与位移成比例的霍尔电势, 实现位移-电势的线性转换。

将霍尔元件与弹簧管配合, 就组成了霍尔片式电远传弹性压力计, 如图 4.13 所示。

被测压力由弹簧管 1 的固定端引入, 弹簧管的自由端与霍尔片 3 相连接, 在霍尔片的上、下方垂直安放两对磁极, 使霍尔片处于两对磁极形成的非均匀磁场中。霍尔片的四个端面引出四根导线, 其中与磁钢 2 相平行的两根导线和直流稳压电源相连接, 另两根导线用来输出信号。

当被测压力引入后, 在被测压力作用下, 弹簧管自由端产生位移, 因而改变了霍尔片在非均匀磁场中的位置, 使所产生的霍尔电势与被测压力成比例。利用这一电势即可实现远距离显示和自动控制。这种仪表结构简单, 灵敏度高, 寿命长, 但对外部磁场敏感, 耐振性差。其测量精确度可达 0.5%, 仪表测量范围 0~0.00025MPa 至 0~60MPa。

4.2.4　力平衡式差压变送器(Force Balanced Differential Pressure Transducer)

力平衡式差压变送器采用反馈力平衡的原理, 力平衡压力计的基本结构如图 4.15 所示。由测量部分(膜盒)、杠杆系统、放大器和反馈机构等部分组成, 被测差压信号 Δp 经测量部分转换成相应的输入力 F_i, F_i 与反馈机构输出的反馈力 F_f 一起作用于杠杆系统, 使杠杆产生微小的位移, 再经放大器转换成标准统一信号输出。当输入力与反馈力对杠杆系统所产生的力矩 M_i、M_f 达到平衡时, 杠杆系统便达到稳定状态, 此时变送器的输出信号 y 反映了被测压力 Δp 的大小。下面以 DDZ-Ⅲ型膜盒式差压变送器为例进行讨论。DDZ-Ⅲ型变送器是两线制变送器, 其结构示意图如图 4.16 所示。

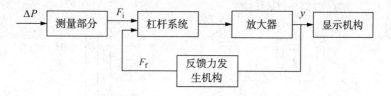

图 4.15　力平衡式压力计的基本框图

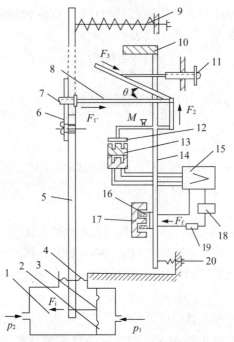

图 4.16　DDZ-Ⅲ型差压变送器结构示意图

1—低压室；2—高压室；3—测量元件（膜盒）；4—轴封膜片；5—主杠杆；6—过载保护簧片；7—静压调整螺钉；
8—矢量机构；9—零点迁移弹簧；10—平衡锤；11—量程调整螺钉；12—位移检测片（衔铁）；13—差动变压器；
14—副杠杆；15—放大器；16—反馈动圈；17—永久磁钢；18—电源；19—负载；20—调零弹簧

（1）测量部分（Measuring Part）

测量部分的作用，是把被测差压 Δp（$\Delta p=p_1-p_2$）转换成作用于主杠杆下端的输入力 F_i。如果把 p_2 接大气，则 Δp 相当于 p_1 的表压。测量部分的结构如图 4.17 所示，输入力 F_i 与 Δp 之间的关系可用下式表示，即

$$F_i = p_1 A_1 - p_2 A_2 = \Delta p A_d \tag{4-17}$$

式中　A_1，A_2——膜盒正、负压室膜片的有效面积（制造时经严格选配使 $A_1=A_2=A_d$）。

因膜片工作位移只有几十微米，可以认为膜片的有效面积在测量范围内保持不变，即保证了 F_i 与 Δp 之间的线性关系。轴封膜片为主杠杆的支点，同时它又起密封作用。

（2）主杠杆（Main Lever）

杠杆系统的作用是进行力的传递和力矩比较。为了便于分析，这里把杠杆系统进行了分解。被测差压 Δp 经膜盒将其转换成作用于主杠杆下端的输入力 F_i，使主杠杆以轴封膜片 H 为支点而偏转，并以力 F_1 沿水平方向推动矢量机构。由图 4.18 可知 F_1 与 F_i 之间的关系为

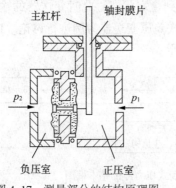
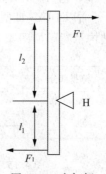

图 4.17　测量部分的结构原理图　　　　图 4.18　主杠杆

102

$$F_1 = \frac{l_1}{l_2} F_i \tag{4-18}$$

（3）矢量机构（Vectoring Mechanism）

矢量机构的作用是对 F_1 进行矢量分解，将输入力 F_1 转换为作用于副杠杆上的力 F_2，其结构如图 4.19（a）所示。图 4.19（b）为矢量机构的力分析矢量图，由此可得出如下关系

$$F_2 = F_1 \tan\theta \tag{4-19}$$

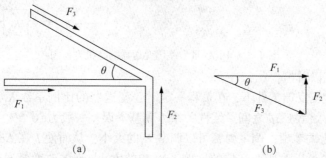

图 4.19　矢量机构及其受力分析

（4）副杠杆（Auxiliary Lever）

由主杠杆传来的推力 F_1 被矢量机构分解为两个力 F_2 和 F_3。F_3 顺着矢量板方向，不起任何作用；F_2 垂直向上作用于副杠杆上，并使其以支点 M 为中心逆时针偏转，带动副杠杆上的衔铁（位移检测片）靠近差压变送器，两者之间的距离的变化量通过位移检测放大器转换为 4~20mA 的直流电流 I_0，作为变送器的输出信号；同时，该电流又流过电磁反馈装置，产生电磁反馈力 F_f，使副杠杆顺时针偏转。当 F_i 与 F_f 对杠杆系统产生的力矩 M_i、M_f 达到平衡时，变送器便达到一个新的稳定状态。反馈力 F_f 与变送器输出电流 I_0 之间的关系可以简单地记为

$$F_f = K_f I_0 \tag{4-20}$$

式中　K_f——反馈系数。

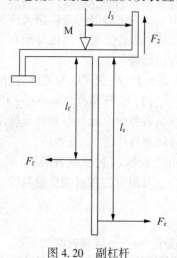

图 4.20　副杠杆

需要注意的是，调零弹簧的张力 F_z 也作用于副杠杆，并与 F_f 和 F_2 一起构成一个力矩平衡系统，如图 4.20 所示。

输入力矩 M_i、反馈力矩 M_f 和调零力矩 M_z 分别为

$$M_i = l_3 F_2 , \quad M_f = l_f F_f , \quad M_z = l_z F_z \tag{4-21}$$

（5）整机特性（Property of the Transducer）

综合以上分析可得出该变送器的整机方块图，如图 4.21 所示，图中 K 为差压变压器、低频位移检测放大器等的等效放大系数，其余符号意义如前所述。

由图 4.21 可以求得

$$I_0 = \frac{K}{1 + KK_f l_f} \left(\Delta p A_d \frac{l_1 l_3}{l_2} \tan\theta + F_z l_z \right) \tag{4-22}$$

在满足深度负反馈 $KK_f l_f \geqslant 1$ 条件时，DDZ-Ⅲ 型差压变送器的输出输入关系如下，即

$$I_0 = A_d \frac{l_1 l_3}{l_2 K_f l_f} \tan\theta \Delta p + \frac{l_z}{K_f l_f} F_z = K_i \Delta p + K_z F_z \tag{4-23}$$

式中　K_i——变送器的比例系数。

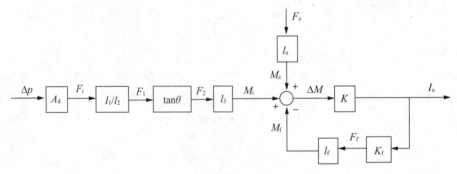

图 4.21　DDZ-Ⅲ型差压变送器的整机方框图

由式(4-23)可以看出：

① 在满足深度负反馈条件下，在量程一定时，变送器的比例系数 K_i 为常数，即变送器的输出电流 I_o 和输入信号 Δp 之间呈线性关系，其基本误差一般为±0.5%，变差为±0.25%；

② 式中 $K_z F_z$ 为调零项，调零弹簧可以调整 F_z 的大小，从而使 I_o 在 $\Delta p = \Delta p_{min}$ 时为 4mA；

③ 改变 θ 和 K_f 可以改变变送器的比例系数 K_i 的大小，θ 的改变量通过调节量程调整螺钉实现的，θ 增大，量程变小，K_f 的改变是通过改变反馈线圈的匝数实现的。另外，调整零点迁移弹簧可以进行零点迁移。

4.2.5　压力传感器(Pressure Transducers)

能够检测压力值并提供远传信号的装置统称为压力传感器。压力传感器是压力检测仪表的重要组成部分，它可以满足自动化系统集中检测与控制的要求。在工业生产中得到广泛应用。压力传感器的结构型式多种多样，常见的型式有应变式、压阻式、电容式、压电式、振频式压力传感器等。此外还有光电式、光纤式、超声式压力传感器。以下介绍几种常用的压力传感器

4.2.5.1　应变式压力传感器(Strain Pressure Transducer)

(1) 工作原理(Operating Principle)

各种应变元件与弹性元件配用，组成应变式压力传感器。应变元件的工作原理是基于导体和半导体的"应变效应"，即由金属导体或者半导体材料制成的电阻体，当它受到外力作用产生形变(伸长或者缩短)时，应变片的阻值也将发生相应的变化。在应变片的测量范围内，其阻值的相对变化量与应变有以下关系

$$\frac{\Delta R}{R} = K\varepsilon \tag{4-24}$$

式中　ε——材料的应变系数；

　　　K——材料的电阻应变系数，金属材料的 K 值约为 $2 \sim 6$，半导体材料的 K 值约为 $60 \sim 180$。

为了使应变元件能在受压时产生变形，应变元件一般要和弹性元件一起使用，弹性元件可以是金属膜片、膜盒、弹簧管及其他弹性体；敏感元件(应变片)有金属或合金丝、箔等，可做成丝状、片状或体状。它们可以以粘贴或非粘贴的形式连接在一起，在弹性元件受压变形的同时带动应变片也发生形变，其阻值也发生变化。粘贴式压力计通常采用 4 个特性相同的应变元件，粘贴在弹性元件的适当位置上，并分别接入电桥的 4 个臂，则电桥输出信号可以反映被测压力的大小。为了提高测量灵敏度，通常使相对桥臂的两对应变元件分别位于接受拉应力或压应力的位置上。

（2）测量电路（Measuring Circuit）

应变式压力传感器的测量电路采用电桥电路，如图 4.22 所示。

$$U_0 = \left(\frac{R_1}{R_1 + R_2} - \frac{R_3}{R_3 + R_4}\right) U_i = U_i \frac{R_1 R_4 - R_2 R_3}{(R_1 + R_2)(R_3 + R_4)} \tag{4-25}$$

当不受压力时 $R_1 = R_2 = R_3 = R_4 = R$，$U_0 = 0$

当受压时，相应电阻变化 ΔR_i 时

$$U_0 = U_i \frac{R(\Delta R_1 - \Delta R_2 - \Delta R_3 + \Delta R_4) + \Delta R_1 \Delta R_4 - \Delta R_2 \Delta R_3}{(2R + \Delta R_1 + \Delta R_2)(2R + \Delta R_3 + \Delta R_4)} \tag{4-26}$$

当 $R > \Delta R_i$ 时

$$U_0 = \frac{U_i}{4}\left(\frac{\Delta R_1}{R} - \frac{\Delta R_2}{R} - \frac{\Delta R_3}{R} + \frac{\Delta R_4}{R}\right) = \frac{U_i}{4}K(\varepsilon_1 - \varepsilon_2 - \varepsilon_3 + \varepsilon_4) \tag{4-27}$$

如图 4.23 所示，被测压力 p 作用在膜片的下方，应变片贴在膜片的上表面。当膜片受压力作用变形向上凸起时，膜片上的应变

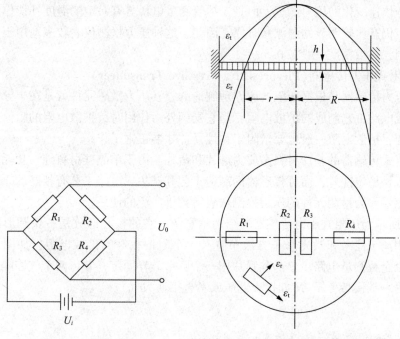

图 4.22　直流电桥　　　　图 4.23　应变式压力传感器示意图

$$\varepsilon_r = \frac{3p}{8h^2 E}(1 - \mu^2)(R^2 - 3r^2) \qquad （径向） \tag{4-28}$$

$$\varepsilon_t = \frac{3p}{8h^2 E}(1 - \mu^2)(R^2 - r^2) \qquad （轴向） \tag{4-29}$$

式中　p——待测压力；

　　　h——膜片厚度，

　　　R——膜片半径；

　　　E——膜片材料弹性模量；

105

μ——膜片材料泊松比。

$r=0$ 时，ε_r 和 ε_t 达到正最大值

$$\varepsilon_{rmax} = \varepsilon_{tmax} = \frac{3pR^2}{8h^2E}(1-\mu^2) \qquad (4-30)$$

$$r = r_c = R/\sqrt{3} \approx 0.58R \text{ 时}, \quad \varepsilon_r = 0;$$

$$r > 0.58R \text{ 时}, \quad \varepsilon_r < 0;$$

$$r = R \text{ 时}, \quad \varepsilon_t = 0, \quad \varepsilon_r \text{ 达到负的最大值}$$

$$\varepsilon_r = -\frac{3pR^2}{4h^2E}(1-\mu^2) \qquad (4-31)$$

如图 4.23 所示，使粘贴在 $r>r_c$ 区域的径向应变片 R_1、R_4 感受的应变与粘贴在 $r<r_c$ 内的切向应变片 R_2、R_3 感受的应变大小相等，它们的极性相反。则电桥输出信号反映了被测压力的大小。

应变式压力检测仪表具有较大的测量范围，被测压力可达几百兆帕，并具有良好的动态性能，适用于快速变化的压力测量。但是，尽管测量电桥具有一定的温度补偿作用，应变片压力检测仪表仍有比较明显的温漂和时漂，因此，这种压力检测仪表较多地用于一般要求的动态压力检测，测量精度一般在 0.5%~1.0% 左右。

4.2.5.2　压阻式压力传感器（Piezoresistive Pressure Transducer）

压阻式压力传感器是根据压阻效应原理制造的，其压力敏感元件就是在半导体材料的基片上利用集成电路工艺制成的扩散电阻，当它受到外力作用时，扩散电阻的阻值由于电阻率的变化而改变，扩散电阻一般也要依附于弹性元件才能正常工作。

用作压阻式传感器的基片材料主要为硅片和锗片，由于单晶硅材料纯、功耗小、滞后和蠕变极小、机械稳定性好，而且传感器的制造工艺和硅集成电路工艺有很好的兼容性，以扩散硅压阻传感器作为检测元件的压力检测仪表得到了广泛的使用。

图 4.24 所示为压阻式压力传感器的结构示意图。它的核心部分是一块圆形的单晶硅膜片，膜片上用离子注入和激光修正方法布置有 4 个阻值相等的扩散电阻，如图 4.24（b）所示，组成一个全桥测量电路。单晶硅膜片用一个圆形硅杯固定，并将两个气腔隔开，一端接被测压力，另一端接参考压力（如接入低压或者直接通大气）。

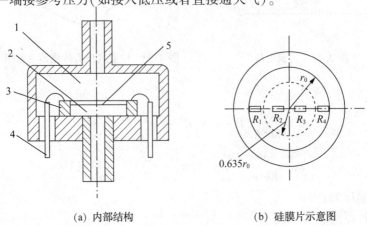

(a) 内部结构　　　　　　　　(b) 硅膜片示意图

图 4.24　压阻式压力传感器的结构示意图

1—低压腔；2—高压腔；3—硅杯；4—引线；5—硅膜片

当外界压力作用于膜片上产生压差时，膜片产生变形，使两对扩散电阻的阻值发生变化，电桥失去平衡，其输出电压与膜片承受的压差成比例。

压阻式压力传感器的主要优点是体积小，结构简单，其核心部分就是一个既是弹性元件又是压敏元件的单晶硅膜片。扩散电阻的灵敏系数是金属应变片的几十倍，能直接测量出微小的压力变化。此外，压阻式压力传感器还具有良好的动态响应，迟滞小，可用来测量几千赫兹乃至更高的脉动压力。测量范围 0～0.0005MPa，0～0.002MPa，0～210MPa。精度可达±0.2%～±0.02%。因此，这是一种发展比较迅速，应用十分广泛的一类压力传感器。

4.2.5.3 电容式差压变送器（Capacitive Differential Pressure Transducer）

电容式差压变送器采用差动电容作为检测元件，主要包括测量部件和转换放大器两部分，如图4.25所示。

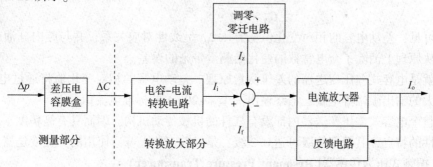

图4.25 电容式差压变送器构成框图

图4.26是电容式差压变送器测量部件的原理，它主要是利用通过中心感压膜片（可动电极）和左右两个弧形电容极板（固定电极）把差压信号转换为差动电容信号，中心感压膜片分别与左右两个弧形电容极板形成电容 C_{i1} 和 C_{i2}。

当正、负压力（差压）由正、负压室导压口加到膜盒两边的隔离膜片上时，通过腔内硅油液压传递到中心感压膜片，中心感压膜片产生位移，使可动电极和左右两个固定电极之间的间距不再相等，形成差动电容。

如图4.27所示，当 $\Delta p = 0$ 时，极板之间的间距满足 $S_1 = S_2 = S_0$；当 $\Delta p \neq 0$ 时，中心膜片会产生位移 δ，则

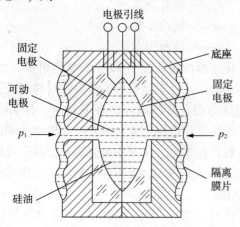

图4.26 电容式差压变送器测量部件原理图

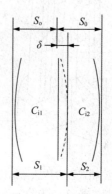

图4.27 差动电容原理示意图

$$S_1 = S_0 + \delta, \quad S_2 = S_0 - \delta \tag{4-32}$$

由于中心感压膜片是在施加预张力条件下焊接的，其厚度很薄，因此中心感压膜片的位

移 δ 与输入差压 Δp 之间可以近似为线性关系 $\delta \propto \Delta p$。

若不考虑边缘电场影响，中心感压膜片与两边电极构成的电容 C_{i1}、C_{i2} 可作平板电容处理，即

$$C_{i1} = \frac{\varepsilon A}{S_1} = \frac{\varepsilon A}{S_0 + \delta}, \quad C_{i2} = \frac{\varepsilon A}{S_2} = \frac{\varepsilon A}{S_0 - \delta} \qquad (4-33)$$

式 (4-33) 中 ε 为介电常数；A 为电极面积 (各电极面积是相等的)。由于

$$C_{i1} + C_{i2} = \frac{2\varepsilon A S_0}{S_0^2 - \delta^2}, \quad C_{i1} - C_{i2} = \frac{2\varepsilon A \delta}{S_0^2 - \delta^2} \qquad (4-34)$$

若取两电容量之差与两电容量之和的比值，即取差动电容的相对变化值，则有

$$\frac{C_{i1} - C_{i2}}{C_{i1} + C_{i2}} = \frac{\delta}{S_0} \propto \Delta p \qquad (4-35)$$

由此可见，差动电容的相对变化值与差压 Δp 呈线性对应关系，并与腔内硅油的介电常数无关，从原理上消除了介电常数的变化给测量带来的误差。

以上就是电容式差压变送器的差压测量原理。差动电容的相对变化值将通过电容-电流转换、放大的输出限幅等电路，最终输出一个 $4 \sim 20mA$ 的标准电流信号。

由于整个电容式差压变送器内部没有杠杆的机械传动机构，因而具有高精度、高稳定性和高可靠性的特点，其精度等级可达 0.2 级，是目前工业上普遍使用的一类变送器。

4.2.5.4 振频式压力传感器 (Resonant Pressure Transducer)

振频式压力传感器利用感压元件本身的谐振频率与压力的关系，通过测量频率信号的变化来检测压力。这类传感器有振筒、振弦、振膜、石英谐振等多种形式，以下以振筒式压力传感器为例。

振筒式压力传感器的感压元件是一个薄壁金属圆筒，圆柱筒本身具有一定的固有频率，当筒壁受压张紧后，其刚度发生变化，固有频率相应改变。在一定的压力作用下，变化后的振筒频率可以近似表示为

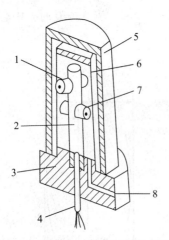

$$f_p = f_0 \sqrt{1 + \alpha p} \qquad (4-36)$$

式中　f_p——受压后的谐振频率；

　　　f_0——固有频率；

　　　α——结构系数；

　　　p——待测压力。

传感器由振筒组件和激振电路组成，如图 4.28 所示，振筒用低温度系数的恒弹性材料制成，一端封闭为自由端，开口端固定在基座上，压力由内线引入。绝缘支架上固定着激振线圈和检测线圈，二者空间位置互相垂直，以减小电磁耦合。激振线圈使振筒按固有的频率振动，受压前后的频率变化可由检测线圈检出。

此种仪表体积小，输出频率信号重复性好，耐振；精确度高，其精确度为 ±0.1% 和 ±0.01%；测量范围 $0 \sim 0.014MPa$ 至 $0 \sim 50MPa$；适用于气体测量。

图 4.28　振频式压力传感器结构示意图

1—激振线圈；2—支柱；3—底座；

4—引线；5—外壳；6—振动筒；

7—检测线圈；8—压力入口

4.2.5.5 压电式压力传感器(Piezoelectric Pressure Transducer)

压电式压力传感器是利用压电材料的压电效应将被测压力转换成电信号的。它是动态压力检测中常用的传感器,不适宜测量缓慢变化的压力和静态压力。

由压电材料制成的压电元件受到压力作用时将产生电荷,当外力去除后电荷将消失。在弹性范围内,压电元件产生的电荷量与作用力之间呈线性关系。电荷输出为

$$q = kSp \tag{4-37}$$

式中　　q——电荷量;

　　　　k——压电常数;

　　　　S——作用面积;

　　　　p——压力。

测知电荷量可知被测压力的大小。

图4.29为一种压电式压力传感器的结构示意图。压电元件夹于两个弹性膜片之间,压电元件的一个侧面与膜片接触并接地,另一个侧面通过金属箔和引线将电量引出。

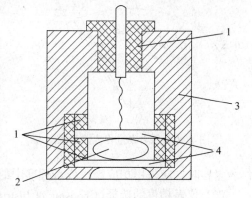

被测压力均匀的作用在膜片上,使压电元件受力而产生电荷。电荷量经放大可以转换为电压或电流输出,输出信号给出相应的被测压力值,压电式压力传感器的压电元件材料多为压电陶瓷,也有高分子材料或复合材料的合成膜,各适用于不同的传感器型式。电荷量的测量一般配有电荷放大器。可以更换压电元件以改变压力的测量范围,还可以用多个压电元件叠加的方式提高仪表的灵敏度。

图4.29　压电式压力传感器的结构示意图
1—绝缘体;2—压电元件;
3—壳体;4—膜片

压电式压力传感器体积小,结构简单,工作可靠;频率响应高,不需外加电源;测量范围0~0.0007MPa至0~70MPa;测量精确度为±1%,±0.2%,±0.06%。但是其输出阻抗高,需要特殊信号传输导线;温度效应较大。

4.3　测压仪表的使用及压力检测系统(Use of Pressure Instrument and Pressure Measurement System)

4.3.1　测压仪表的使用(Use of Pressure Instrument)

测压仪表的使用,包括选择合适的测压仪表、仪表的校验和仪表的安装等。

4.3.1.1　测压仪表的选择(Selection of Pressure Instrument)

压力检测仪表的选用是一项重要工作,如果选用不当,不仅不能正确、及时地反映被测对象压力的变化,还可能引起事故。选用时应根据生产工艺对压力检测的要求、被测介质的特性、现场使用的环境等条件,本着经济的原则合理的考虑仪表的量程、精度、类型等。

(1) 仪表量程的选择(Choosing of Instrument Range)

仪表的量程是指该仪表可按规定的精确度对被测量进行测量的范围,它根据操作中需要

测量的参数的大小来确定。为了保证敏感元件能在其安全的范围内可靠的工作，也考虑到被测对象可能发生的异常超压情况，仪表的量程选择必须留有足够的余地。但过大也不好。

根据《化工自控设计技术规程》对压力仪表量程选择要求如下：

测稳定压力时，最大工作压力不超过仪表上限值的$\frac{2}{3}$（新规程$\frac{3}{4}$）；

测脉动压力（或压力波动较大）时，最大工作压力不超过仪表上限值的$\frac{1}{2}$（新规程$\frac{2}{3}$）；

测高压压力时，最大工作压力不超过仪表上限值的$\frac{3}{5}$（新规程$\frac{3}{5}$）；

最小工作压力不应低于仪表上限值的$\frac{1}{3}$。

压力表量程选择示意图如图 4.30 所示。

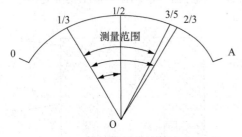

图 4.30　压力表量程选择示意图

当被测压力变化范围大，最大和最小工作压力可能不能同时满足上述要求时，选择仪表量程应首先满足最大工作压力条件。

根据被测压力计算得到仪表上、下限后，还不能以此直接作为仪表的量程，目前我国出厂的压力（包括差压）检测仪表有统一的量程系列，它们是 1kPa、1.6kPa、2.5kPa、4.0kPa、6.0kPa 以及它们的10^n倍数（n为整数）。因此，在选用仪表量程时，应采用相应规程或者标准中的数值。

（2）仪表精度的选择（Choosing of Instrument Accuracy）

压力检测仪表的精度主要根据生产允许的最大误差来确定，即要求实际被测压力允许的最大绝对误差应大于仪表的基本误差。另外，精度的选择要以经济、实用为原则，只要测量精度能满足生产的要求，就不必追求用过高精度的仪表。压力表的精度等级略有不同，主要有：0.1，0.16，0.25，0.4，0.5，1.0，1.5，2.5，4.0 等。一般工业用 1.5、2.5 级已足够，在科研、精密测量和校验压力表时，则需用 0.25 级以上的精密压力表、标准压力表或标准活塞式压力计。

例 4-1　有一压力容器在正常工作时压力范围为 0.4～0.6MPa，要求使用弹簧管压力表进行检测，并使测量误差不大于被测压力的 4%，试确定该表的量程和精度等级。

解：由题意可知，被测对象的压力比较稳定，设弹簧管压力表的量程为 A，则根据最大、最小工作压力与量程关系，有

$$A \geqslant 0.6 \times \frac{3}{2} = 0.9\text{MPa}$$

根据仪表的量程系列，可选用量程范围为 0～1.0MPa 的弹簧管压力表。

此时下限　　　$\frac{0.4}{1.0} \geqslant \frac{1}{3}$　　　也符合要求，

根据题意，被测压力的允许最大绝对误差为：$\Delta_{max} = 0.4 \times 4\% = 0.016\text{MPa}$

这就要求所选仪表的相对百分误差为

$$\delta_{max} = \frac{0.016}{1.0 - 0} \times 100\% = 1.6\%$$

110

按照仪表的精度等级，可选择 1.5 级的压力表。

（3）仪表类型的选择（Choosing Instrument Type）

根据工艺要求正确选用仪表类型是保证仪表正常工作及安全生产的主要前提。压力检测仪表类型的选择主要应考虑以下几个方面。

① 仪表的材料　压力检测的特点是压力敏感元件往往要与被测介质直接接触，因此在选择仪表材料的时候要综合考虑仪表的工作条件，即工艺介质的性质。例如，对腐蚀性较强的介质应使用像不锈钢之类的弹性元件或敏感元件；氨用压力表则要求仪表的材料不允许采用铜或铜合金，因为氨气对铜的腐蚀性极强；又如氧用压力表在结构和材质上可以与普通压力表完全相同，但要禁油，因为油进入氧气系统极易引起爆炸。

② 仪表的输出信号　对于只需要观察压力变化的情况，应选用如弹簧管压力表，甚至液柱式压力计那样的直接指示型的仪表；如需将压力信号远传到控制室或其他电动仪表，则可选用电气式压力检测仪表或其他具有电信号输出的仪表；如果控制系统要求能进行数字量通信，则可选用智能式压力检测仪表。

③ 仪表的使用环境　对爆炸性较强的环境，应选择防爆型压力仪表；对于温度特别高或特别低的环境，应选择温度系数小的敏感元件以及其他变换元件。

事实上，上述压力表选型的原则也适用于差压、流量、液位等其他检测仪表的选型。

4.3.1.2　测压仪表的校验（Calibration of Pressure Instrument）

测压仪表在出厂前均需进行检定，使之符合精度等级要求。使用中的仪表则应定期进行校验，以保证测量结果有足够的准确度。常用的压力校验仪器有液柱式压力计、活塞式压力计或配有高精度标准表的压力校验泵。标准仪表的选择原则是，其允许绝对误差要小于被校仪表允许绝对误差的 $\frac{1}{3} \sim \frac{1}{5}$，这样可以认为标准仪表的读数就是真实值。如果被校表的读数误差小于规定误差，则认为它是合格的。

活塞式压力校验系统的结构原理如图 4-6 所示。

4.3.2　压力检测系统（Pressure Measurement System）

目前为止，几乎所有的压力测量都是接触式的，即测量时需要将被测压力传递到压力检测仪表的引压入口，进入测量室。一个完整的压力检测系统至少包括以下部件。

- 取压口：在被测对象上开设的专门引出介质压力的孔或设备。
- 引压管路：连接取压口与压力仪表入口的管路，使被测压力传递到测量仪表。
- 压力测量仪表：检测压力。

压力检测系统如图 4.31 所示。

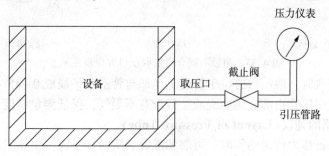

图 4.31　压力测量系统示意图

根据被测介质的不同和测量要求的不同，压力测量系统有的非常简单，有的比较复杂，为保证准确测量，系统还需加许多辅件，正确选用压力测量仪表十分重要，合理的测压系统也是准确测量的重要保证。

4.3.2.1 取压点位置和取压口形式（Pressure Taking Location and Port）

为真实反映被测压力的大小，要合理选择取压点，注意取压口形式。工业系统中取压点的选取原则遵循以下几条。

① 取压点位置避免处于管路弯曲、分叉、死角或流动形成涡流的区域。不要靠近有局部阻力或其他干扰的地点，当管路中有突出物体时（如测温元件），取压点应在其前方。需要在阀门前后取压时，应与阀门有必要的距离。

图 4.32 给出取压口选择原则示意图。

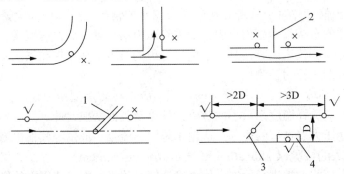

图 4.32 取压口选择原则示意图
1—温度计；2—挡板；3—阀；4—导流板
×—不适合做取压口的地点；√—可用于做取压口的地点

② 取压口开孔轴线应垂直设备的壁面，其内端面与设备内壁平齐，不应有毛刺或突出物。

③ 被测介质为液体时，取压口应位于管道下半部与管道水平线成 0~45°内，如图 4.33（a）所示。取压口位于管道下半部的目的是保证引压管内没有气泡，以免造成测量误差；取压口不宜从底部引出，是为了防止液体介质中可能夹带的固体杂质会沉积在引压管中引起堵塞。

被测介质为气体时，取压口应位于管道上半部与管道垂直中心线成 0~45°内，如图 4.33（b）所示。其目的是为了保证引压管中不积聚和滞留液体。

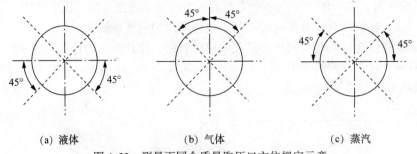

(a) 液体   (b) 气体   (c) 蒸汽
图 4.33 测量不同介质量取压口方位规定示意

被测介质为蒸汽时，取压口应位于管道上半部与管道水平线成 0~45°内，如图 4.33（c）所示。这样可以使引压管内部充满冷凝液，且没有不凝气，保证测量精度。

4.3.2.2 引压管路的铺设（Layout of Pressure Tube）

引压管路应保证压力传递的实时、可靠和准确。实时即不能因引压管路影响压力传递速度，与引压管的内径和长度有关；可靠即必须有防止杂质进入引压管或被测介质本身凝固造成的堵塞的措施；准确指管路中介质的静压力会对仪表产生附加力，可通过零点调整或计算进行修正，这要求引压管路中介质的特性(密度)必须稳定，否则会造成较大测量误差。

引压管铺设应遵循以下原则。

① 导压管粗细要合适，一般内径为 6~10mm，长度尽可能短，不得超过 50m，否则会引起压力测量的迟缓。如超过 50m，应选用能远距离传送的压力计。引压管路越长，介质的黏度越大(或含杂质越多)，引压管的内径要求越大。

② 导压管水平铺设时要有一定的倾斜度(1∶10~1∶20)，以利于积存于其中液体(或气体)的排出。

③ 被测介质为易冷凝、结晶、凝固流体时，引压管路要有保温伴热措施。

④ 取压口与仪表之间要装切断阀，以备仪表检修时使用。

⑤ 测量特殊介质时，引压管上应加装的附件如下：

a. 测量高温(60℃以上)流体介质的压力时，为防止热介质与弹性元件直接接触，压力仪表之前应加装 U 形管或盘旋管等形式的冷凝器，如图 4.34 (a)、(b)所示，避免因温度变化对测量精度和弹性元件产生的影响。

b. 测量腐蚀性介质的压力时，除选择具有防腐能力的压力仪表之外，还可加装隔离装置，利用隔离罐中的隔离液将被测介质和弹性元件隔离开来。如图 4.34(c)所示为隔离液的密度大于被测介质的密度时的安装方式，如图 4.34 (d) 所示为隔离液的密度小于被测介质的密度时的安装方式。

c. 测量波动剧烈(如泵、压缩机的出口压力)的压力时，应在压力仪表之前加装针形阀和缓冲器，必要时还应加装阻尼器，如图 4.34 (e)所示。

d. 测量黏性大或易结晶的介质压力时，应在取压装置上安装隔离罐，使罐内和导压管内充满隔离液，必要时可采取保温措施，如图 4.34 (f)所示。

e. 测量含尘介质压力时，最好在取压装置后安装一个除尘器，如图 4.34 (g)所示。

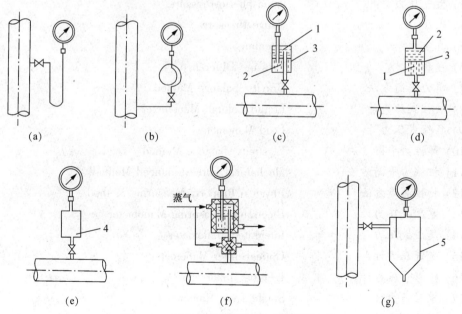

图 4.34　测量特殊介质压力时附件的安装

1—被测介质；2—隔离液；3—隔离罐；

4—缓冲器；5—除尘器

总之，针对被测介质的不同性质，要采取相应的防热、防腐、防冻、防堵和防尘等措施。

⑥ 当被测介质分别是液体、气体、蒸汽时，引压管上应加装附件。

在测量液体介质时，在引压管的管路中应有排气装置，如果差压变送器只能安装在取样口之上时，应加装储气罐和放空阀。

4.3.2.3　测压仪表的安装（Installation of Pressure Instrument）

无论选用何种压力仪表和采用何种安装方式，在安装过程中都应注意以下几点：

① 压力计应安装在易于观测和检修的地方；

② 对于特殊介质应采取必要的防护措施；

③ 压力计与引压管的连接处，应根据被测压力的高低和被测介质性质，选择适当的材料作为密封垫圈，以防泄漏。

④ 压力仪表尽可能安装在室温，相对湿度小于 80%，振动小，灰尘少，没有腐蚀性物质的地方，对于电气式压力仪表应尽可能避免受到电磁干扰。

⑤ 当被测压力较小时，而压力计与取压口又不在同一高度时，对由此高度而引起的测量误差应按 $\Delta p = \pm H\rho g$ 进行修正。式中 H 为高度差，ρ 为导压管中介质的密度，g 为重力加速度；

⑥ 为安全起见，测量高压的压力计除选用有通气孔的外，安装时表壳应向墙壁或无人通过之处，以防止发生意外。

关键词（Key Words and Phrases）

（1）压力检测及仪表	Pressure measurement and Instrument
（2）绝对压力	Absolute Pressure
（3）大气压力	Atmospheric Pressure
（4）表压力	Gauge Pressure
（5）真空度	Vacuum
（6）差压	Pressure Difference
（7）重力平衡方法	Gravity-balance Method
（8）液柱式压力计	Liquid Column Manometer
（9）负荷式压力计	Load Manometer
（10）弹性力平衡方法	Elasticity-balance Method
（11）机械力平衡方法	Mechanical Force Balanced Method
（12）物性测量方法	Physical Property Measuring Method
（13）电测式压力计	Electronic Measuring Manometer
（14）集成式压力计	Integrated Manometer
（15）光纤压力计	Optical-fiber Manometer
（16）U 形管压力计	U-tube Manometer
（17）单管压力计	Single Tube Manometer
（18）斜管压力计	Ramp Tube Manometer
（19）活塞式压力计	Piston Manometer
（20）弹性式压力计	Elastic Pressure Gauge

(21) 弹性元件	Elastic Element
(22) 弹性膜片	Elastic Diaphragm
(23) 波纹管	Bellows
(24) 弹簧管	Bourdon Tube
(25) 弹簧管压力表	Bourdon Tube Gauge
(26) 波纹管差压计	Differential Pressure Gauge of Bellows
(27) 力平衡式压力计	Force Balanced pressure Gauge
(28) 压力传感器	Pressure Transducer
(29) 应变式压力传感器	Strain Pressure Transducer
(30) 压阻式压力传感器	Piezoresistive Pressure Transducer
(31) 电容式差压变送器	Capacitive Differential Pressure Transducer
(32) 振频式压力传感器	Resonant Pressure Transducer
(33) 压电式压力传感器	Piezoelectric Pressure Transducer
(34) 测压仪表的校验	Calibration of Pressure Instrument
(35) 引压管路的铺设	Layout of Pressure Tube
(36) 测压仪表的安装	Installation of Pressure Instrument

习题 (Problems)

4-1 简述压力的定义、单位及各种表示方法？表压力、绝对压力、真空度之间有何关系？

4-2 某容器的顶部压力和底部压力分别为-20kPa和200kPa，若当地的大气压力为标准大气压，试求容器顶部和底部处的绝对压力及底部和顶部间的差压。

4-3 测压仪表有哪几类？各基于什么原理？

4-4 作为感受压力的弹性元件有哪几种？各有什么特点？

4-5 简述弹簧管压力表的基本组成和测压原理？

4-6 应变式压力传感器和压阻式压力传感器的原理是什么？

4-7 简述电容式压力传感器的测压原理及特点？

4-8 振频式压力传感器、压电式压力传感器的测压原理及特点是什么？

4-9 要实现准确的压力测量需要哪些环节？了解从取压口到测压仪表的整个压力测量系统中各组成部分的作用及要求。

4-10 简述压力表的选择原则。

4-11 请例举常见的弹性压力计电远传方式。

4-12 在压力表与测压点所处高度不同时如何进行读数修正？

4-13 用 U 形玻璃管压力计测量某管段上的差压，已知工作介质为水银，水银柱在 U 形管上的高度差为 25mm，当地重力加速度 $g=9.8065\text{m/s}^2$，工作温度为 30℃，水银的密度为 13500kg/m³，试用国际单位制表示被测压差大小。

4-14 压力仪器的选用主要从量程、准确度和使用的介质特性 (腐蚀性) 等方面考虑，所以差压检测仪表也只需考虑上述这些因素。这句话对吗？为什么？

4-15 用弹簧管压力表测某容器内的压力，已知压力表的读数为 0.85MPa，当地大气压为 759.2mmHg，求容器内的绝对压力。

115

4-16　有一工作压力均为 6.3MPa 的容器，现采用弹簧管压力表进行测量，要求测量误差不大于压力示值的 1%，试选择压力表的量程和准确度等级。

4-17　如图 4.35 所示，管道中介质为水，设 1mH$_2$O 约等于 9.8kPa，则 A、B 两压力表的读数值为多少？

4-18　在测量快速变化的压力时，选择何种压力传感器比较合适？

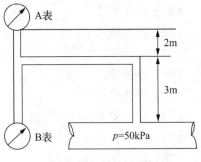

图 4.35　题 4-17 图

4-19　用弹簧管压力计测量蒸汽管道内压力，仪表低于管道安装，二者所处标高为 1.6m 和 6m，若仪表指示值为 0.7MPa。已知蒸汽冷凝水的密度为 $\rho=966$kg/m^3，重力加速度 $g=9.8$m/s^2，试求蒸汽管道内的实际压力值。

4-20　某台空压机的缓冲器，其工作压力范围为 1.1~1.6MPa，工艺要求就地观察罐内压力，并要求测量结果的误差不得大于罐内压力的 ±5%，试选择一台测量范围及精度等级合适的压力计，并说明其理由。

The working pressure of a air compressor buffering tank changes between 1.1 ~ 1.6MPa. Process requires to observe locally, and the measured error is not allowed to exceed ±5% of the measuring value. Please select a pressure gauge with suitable measuring range and accuracy grade.

4-21　现有一台测量范围为 0~1.6 MPa，精度为 1.5 级的普通弹簧管压力表，校验后，其结果如下表所示，试问这台表是否合格？它能否用于某空气储罐的压力测量？（该储罐工作压力为 0.8~1.0 MPa，测量的绝对误差不允许大于 ±0.05 MPa）

压力表 读数	上行程/MPa					下行程/MPa				
标准表	0.0	0.4	0.8	1.2	1.6	1.6	1.2	0.8	0.4	0.0
被校表	0.000	0.385	0.790	1.210	1.595	1.595	1.215	0.810	0.405	0.000

A normal bourdon tube gauge, its measuring range is 0~1.6 MPa and accuracy grade is 1.5, the following table is the calibrating data to it. Is this gauge qualified? Can we use this gauge to measure the pressure of an air tank? (The tank's working pressure is 0.8~1.0 MPa, measuring error is not allowed to exceed ±0.05 MPa)

Gauge reading	Upscale/MPa					Downscale/MPa				
Standard reading	0.0	0.4	0.8	1.2	1.6	1.6	1.2	0.8	0.4	0.0
Calibrated reading	0.000	0.385	0.790	1.210	1.595	1.595	1.215	0.810	0.405	0.000

4-22　被测量压力变化范围为 0.9~1.4MPa 之间，要求测量误差不大于压力示值的 ±5%，可供选用的压力表量程规格为 0~1.6MPa，0~2.5MPa，0~4.0MPa，精度等级有 1.0，1.5，2.5 三种。试选择合适量程和精度的仪表。

The measured pressure changes between 0.9~1.4MPa, and the measured error is not allowed to exceed ±5% of measuring value. The measuring ranges of available pressure gauges are:

116

$0 \sim 1.6$MPa, $0 \sim 2.5$MPa, $0 \sim 4.0$MPa, and accuracy grade 1.0, 1.5, 2.5 can be selected, Please choose a gauge with suitable measuring range and accuracy grade.

4-23 如果某反应器最大压力为 1.4MPa(平稳压力)，允许最大绝对误差为±0.02MPa，现有一台测量范围为 0~1.6MPa，精度为 1 级的压力表，问能否用于该反应器的测量？请选择合适量程和精度的仪表。

One reactor's maximum working pressure is 1.4MPa (stable pressure). Permitted maximum absolute error is ±0.02MPa. Now, there is a pressure gauge with range $0 \sim 1.6$MPa, accuracy grade 1. Is this gauge suitable for measuring the reactor's pressure? Please choose a gauge with suitable range and accuracy grade.

4-24 某台往复式压缩机的出口压力范围为 25~28MPa，测量误差不得大于 1MPa，工艺上要求就地观察，并能高低限报警，试正确选用一台压力表，指出精度与测量范围。

The outlet pressure of a piston compressor is $25 \sim 28$MPa. The measuring error is not allowed to exceed 1 MPa. Process requires to observe locally and to alarm at high and low limits. Try to select a pressure instrument, tell the accuracy and measuring range of it.

5 流量检测及仪表
（Flow Measurement and Instruments）

在工业生产过程中，为了有效地指导生产操作、监视和控制生产过程，经常需要检测生产过程中各种流动介质(如液体、气体或蒸汽、固体粉末)的流量，以便为管理和控制生产提供依据。同时，厂与厂、车间与车间之间经常有物料的输送，需要对它们进行精确的计量，作为经济核算的重要依据。所以，流量检测在现代化生产中显得十分重要。

5.1 流量检测的基本概念（Basic Concept of Flow Measurement）

5.1.1 流量的概念和单位（Concept and Unit of Flow）

流体的流量是指单位时间内流过管道某一截面的流体数量的大小，此流量又称瞬时流量。流体数量以体积表示称为体积流量，流体数量以质量表示称为质量流量。

流量的表达式为：

$$q_v = \frac{dV}{dt} = vA \tag{5-1}$$

$$q_m = \frac{dM}{dt} = \rho vA \tag{5-2}$$

式中 q_v——体积流量，m^3/s；

       q_m——质量流量，kg/s；

       V——流体体积，m^3；

       M——流体质量，kg；

       t——时间，s；

       ρ——流体密度，kg/m^3；

       v——流体平均流速，m/s；

       A——流通截面积，m^2。

体积流量和质量流量的关系为 $q_m = \rho q_v$。

常用的流量单位还有吨每小时(t/h)、千克每小时(kg/h)、立方米每小时(m^3/h)、升每小时(L/h)、升每分(L/min)等。

在某一段时间内流过管道的流体流量的总和，即瞬时流量在某一段时间内的累计值，称为总量或累积流量。它是体积流量或质量流量在该段时间中的积分，表示为

$$V = \int_0^t q_v dt \tag{5-3}$$

$$M = \int_0^t q_m dt \tag{5-4}$$

式中 V——体积总量；

       M——质量流量；

t——测量时间。

总量的单位就是体积或质量的单位。

5.1.2 流量检测方法及流量计分类(Flow Measurement Methods and Classification of Flowmeters)

流量检测方法很多,是常见参数检测中最多的,全世界至少已有上百种,常用的有几十种,其测量原理和所应用的仪表结构形式各不相同。目前有许多流量测量的分类方法,本书仅举一种大致的分类方法。

流量检测方法可以归为体积流量检测和质量流量检测两种方式,前者测得流体的体积流量值,后者可以直接测得流体的质量流量值。

测量流量的仪表称为流量计,测量流体总量的仪表称为计量表或总量计。流量计通常由一次仪表(或装置)和二次仪表组成,一次仪表安装于管道的内部或外部,根据流体与之相互作用关系的物理定律产生一个与流量有确定关系的信号,这种一次仪表也称流量传感器。二次仪表则给出相应的流量值大小(是在仪表盘上安装的仪表)。

流量计的种类繁多,各适合于不同的工作场合,按检测原理分类的典型流量计列在表5.1中,本章将对其分别进行介绍。

表 5.1 流量计的分类

类 别		仪 表 名 称
体积流量计	容积式流量计	椭圆齿轮流量计、腰轮流量计、皮膜式流量计等
	差压式流量计	节流式流量计、弯管流量计、靶式流量计、浮子流量计等
	速度式流量计	涡轮流量计、涡街流量计、电磁流量计、超声波流量计等
质量流量计	推导式质量流量计	体积流量经密度补偿或温度、压力补偿求得质量流量等
	直接式质量流量计	科里奥利质量流量计、热式流量计、冲量式流量计等

5.2 体积流量检测及仪表(Volumetric Flow Measurement and Instrument)

5.2.1 容积式流量计(Volumetric Flowmeter)

容积式流量计又称定(正)排量流量计,是直接根据排出的体积进行流量累计的仪表,它利用运动元件的往复次数或转速与流体的连续排出量成比例对被测流体进行连续的检测,容积式流量计可以计量各种液体和气体的累积流量,由于这种流量计可以精密测量体积量,所以其类型包括从小型的家用煤气表到大容积的石油和天然气计量仪表,应用非常广泛。

5.2.1.1 容积式流量计的测量机构与流量公式(Measuring Mechanism and Flow Model of Volumetric Flowmeter)

容积式流量计由测量室(计量空间)、运动部件、传动和显示部件组成。它的测量主体为具有固定容积的测量室,测量室由流量计内部的运动部件与壳体构成。在流体进、出口压力差的作用下,运动部件不断地将充满在测量室中的流体从入口排向出口。假定测量室的固定容积为V,某一时间间隔内经过流量计排出流体的固定容积数为n,则被测流体的体积总量Q可知,容积式流量计的流量方程式可以表示为

$$Q = nV \qquad (5-5)$$

计数器通过传动机构测出运动部件的转数，n 即可知，从而给出通过流量计的流体总量。在测量较小流量时，要考虑泄漏量的影响，通常仪表有最小流量的测量限度。

容积式流量计的运动部件有往复运动和旋转运动两种形式。往复运动式有家用煤气表、活塞式油量表等。旋转运动式有旋转活塞式流量计、椭圆齿轮流量计、腰轮流量计等。各种流量计型式适用于不同的场合和条件。

5.2.1.2 几种容积式流量计（Some Kinds of Volumetric Flowmeters）

（1）椭圆齿轮流量计（Elliptic Gear Flowmeter）

椭圆齿轮流量计的测量部分是由两个互相啮合的椭圆形齿轮 A 和 B、轴及壳体组成。椭圆齿轮与壳体之间形成测量室，如图 5.1 所示。

当流体流过椭圆齿轮流量计时，由于要克服阻力，将会引起阻力损失，从而使进口侧压力 p_1 大于出口侧压力 p_2，在此压力差的作用下，产生作用力矩使椭圆齿轮连续转动。在图 5.1（a）所示的位置时，由于 $p_1 > p_2$，在 p_1 和 p_2 的作用下所产生的合力矩使 A 顺时针方向转动。这时 A 为主动轮，B 为从动轮。在图 5.1（b）上所示为中间位置，根据力的分析可知，此时 A 与 B 均为主动轮。当继续转至图 5.1（c）所示位置时，p_1 和 p_2 作用在 A 轮上的合力矩为零，作用在 B 上的合力矩使 B 作逆时针方向转动，并把已吸入的半月形容积内的介质排出出口，这时 B 为主动轮，A 为从动轮，与图 5.1（a）所示情况刚好相反。如此往复循环，A 和 B 互相交替地由一个带动另一个转动，并把被测介质以半月形容积为单位一次一次地由进口排至出口。显然，图 5.1（a）、（b）、（c）所示，仅仅表示椭圆齿轮转动了 1/4 周的情况，而其所排出的被测介质为一个半月形容积。所以，椭圆齿轮每转一周所排出的被测介质量为半月形容积的 4 倍，故通过椭圆齿轮流量计的体积流量 Q 为

$$Q = 4nV_0 \qquad (5-6)$$

式中 n——椭圆齿轮的旋转速度；

V_0——半月形测量室容积。

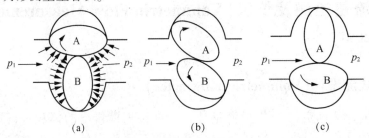

图 5.1 椭圆齿轮流量计工作原理

由式（5-6）可知，在椭圆齿轮流量计的半月形容积 V_0 已定的条件下，只要测出椭圆齿轮的转速 n，便可知道被测介质的流量。

椭圆齿轮流量计的流量信号（即转速 n）的显示，有就地显示和远传显示两种。配以一定的传动机构及计算机构，就可记录或指示被测介质的总量。

由于椭圆齿轮流量计是基于容积式测量原理的，与流体的黏度等性质无关，因此，特别适用于高黏度介质的流量测量。测量精度较高，压力损失较小，安装使用也较方便，但是，在使用时要特别注意被测介质中不能含有固体颗粒，更不能夹杂机械物，否则会引起齿轮磨损以至损坏。为此，椭圆齿轮流量计的入口端必须加装过滤器。另外，椭圆齿轮流量计的使用温度有一定范围，工作温度 120℃ 以下，以防止齿轮发生卡死。

（2）腰轮流量计（Roots Flowmeter）

腰轮流量计又称罗茨流量计，它的工作原理与椭圆齿轮流量计相同，只是一对测量转子是两个不带齿的腰形轮。腰形轮形状保证在转动过程中两轮外缘保持良好的面接触，以依次排出定量流体，而两个腰轮的驱动是由套在壳体外的与腰轮同轴上的啮合齿轮来完成。因此它较椭圆齿轮流量计的明显优点是能保持长期稳定性。其工作原理如图5.2所示。

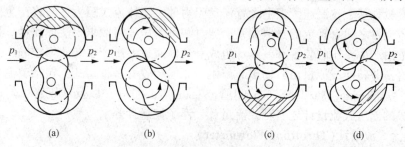

图5.2　腰轮流量计工作原理

腰轮流量计可以测量液体和气体，也可以测高黏度流体。其基本误差为±0.2%～±0.5%，范围度为10:1，工作温度120℃以下，压力损失小于0.02MPa。

（3）皮膜式家用煤气表（Epithelial Household Gas Meter）

膜式气体流量计因广泛应用于城市家用煤气、天然气、液化石油气等燃气消耗量的计量，故习惯上又称家用煤气表。但实际上家用煤气表只是膜式气体流量计系列中的一部分，系列中用于厂矿企业中计量工业用煤气的大规格仪表称为工业煤气表。

膜式气体流量计的工作原理如图5.3所示。它由"皿"字形隔膜（皮膜）制成的能自由伸缩的计量室1、2、3、4以及能与之联动的滑阀组成测量元件，在薄膜伸缩及滑阀的作用下，可连续地将气体从流量计入口送至出口。只要测出薄膜的动作循环次数，就可获得通过流量计的气体体积总量。

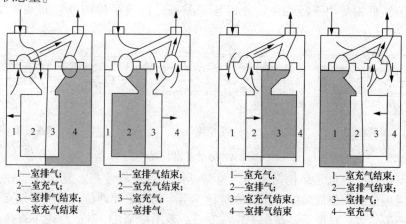

图5.3　家用煤气表结构示意图

此仪表结构简单，使用维护方便，价廉，精确度可达±2%，是家庭专用仪表。

5.2.1.3　容积式流量计的安装与使用（Installation and Application of Volumetric Flowmeter）

如何正确地选择容积式流量计的型号和规格，需考虑被测介质的物性参数和工作状态，如黏度、密度、压力、温度、流量范围等因素。流量计的安装地点应满足技术性能规定的条件，仪表在安装前必须进行检定。多数容积式流量计可以水平安装，也可以垂直安装。在流量计上游要加装过滤器，调节流量的阀门应位于流量计下游。为维护方便需设置旁路管路。

安装时要注意流量计外壳上的流向标志应与被测流体的流向一致。

仪表在使用过程中被测流体应充满管道，并工作在仪表规定的流量范围内；当黏度、温度等参数超过规定范围时应对流量值进行修正；仪表要定期清洗和检定。

5.2.2 差压式流量计(Differential Pressure Type Flowmeter)

差压式流量计基于在流通管道上设置流动阻力件，流体流过阻力件时将产生压力差，此压力差与流体流量之间有确定的数值关系，通过测量差压值可以求得流体流量。最常用的差压式流量计是由产生差压的装置和差压计组成。流体流过差压产生装置形成静压差，由差压计测得差压值，并转换成流量信号输出。产生差压的装置有多种型式，包括节流装置：如孔板(Orifice)、喷嘴(Spray Nozzle)、文丘里管(Venturi Tube)等，以及动压管、匀速管、弯管等。其他型式的差压式流量计还有靶式流量计、浮子流量计等。

5.2.2.1 节流式流量计(Throttling Flowmeter)

节流式流量计可以用于测量液体、气体或蒸汽的流量。它是目前工业生产过程中流量测量最成熟、最常用的方法之一。

节流式流量计中产生差压的装置称为节流装置，其主体是一个局部收缩阻力件，如果在管道中安置一个固定的阻力件，它的中间开一个比管道截面小的孔，当流体流过该阻力件时，由于流体流束的收缩而使流速加快、静压力降低，其结果是在阻力件前后产生一个较大的压差。压差的大小与流体流速的大小有关，流速愈大，压差也愈大，因此，只要测出压差就可以推算出流速，进而可以计算出流体的流量。

把流体流过阻力件使流束收缩造成压力变化的过程称节流过程，其中的阻力件称为节流元件(节流件)。作为流量检测用的节流件有标准的和非标准的两种。标准节流件包括标准孔板、标准喷嘴和标准文丘里管，如图 5.4 所示。对于标准节流件，在设计计算时都有统一标准的规定、要求和计算所需的有关数据及程序，安装和使用时不必进行标定。非标准节流件主要用于特殊介质或特殊工况条件的流量检测，它必须用实验方法单独标定。

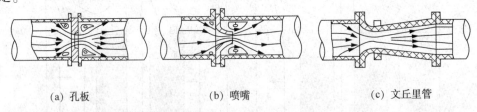

(a) 孔板   (b) 喷嘴   (c) 文丘里管

图 5.4　标准节流装置

节流式流量计的特点是结构简单，无可移动部件；可靠性高；复现性能好；适应性较广，是历史应用最长和最成熟的差压式流量计，至今仍占重要地位。其主要缺点是安装要求严格；压力损失较大；精度不够高($\pm 1\% \sim \pm 2\%$)；范围度窄(3:1)；对较小直径的管道测量比较困难($D<50$mm)。

目前最常用的节流件是标准孔板，所以在以下的讨论中将主要以标准孔板为例介绍节流式流量检测的原理、设计以及实现方法。

(1) 节流原理(Throttling Principle)

流体流动的能量有两种形式：静压能和动能。流体由于有压力而具有静压能，又由于有流动速度而具有动能，这两种形式的能量在一定条件下是可以互相转化的。

设稳定流动的流体沿水平管流经节流件，在节流件前后将产生压力和速度的变化，如图

5.5所示。在截面1处流体未受节流件影响，流束充满管道，流体的平均流速为v_1，静压力为p_1；流体接近节流装置时，由于遇到节流装置的阻挡，使一部分动能转化为静压能，出现节流装置入口端面靠近管壁处流体的静压力升高至最大p_{max}；流体流经节流件时，导致流束截面的收缩，流体流速增大，由于惯性的作用，流束流经节流孔以后继续收缩，到截面2处达到最小，此时流速最大为v_2，静压力p_2最小；随后，流体的流束逐渐扩大，到截面3以后完全复原，流速回复到原来的数值，即$v_3=v_1$，静压力逐渐增大到p_3。由于流体流动产生的涡流和流体流经节流孔时需要克服的摩擦力，导致流体能量的损失，所以在截面3处的静压力p_3不能回复到原来的数值p_1，而产生永久的压力损失。

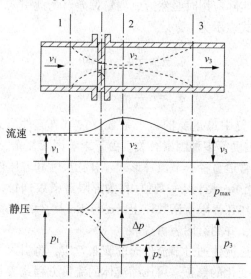

图5.5 标准孔板的压力、流速分布示意图

（2）流量方程(Flow Equation)

假设流体为不可压缩的理想流体，截面1处流体密度为ρ_1，截面2处流体密度ρ_2，可以列出水平管道的能量方程和连续方程式：

$$\frac{p_1}{\rho_1} + \frac{v_1^2}{2} = \frac{p_2}{\rho_2} + \frac{v_2^2}{2} \tag{5-7}$$

$$A_1 v_1 \rho_1 = A_2 v_2 \rho_2 \tag{5-8}$$

式中 A_1——管道截面积；

A_2——流束最小收缩截面积。

由于节流件很短，可以假定流体的密度在流经节流件时没有变化，即$\rho_1 = \rho_2 = \rho$；用节流件开孔面积$A_0 = \frac{\pi}{4}d^2$代替最小收缩截面积A_2；并引入节流装置的直径比——β值，$\beta = \frac{d}{D} = \sqrt{\frac{A_0}{A_1}}$，其中$d$为节流件的开孔直径，$D$为管道内径。由式(5-7)和式(5-8)可以求出流体流经孔板时的平均流速v_2：

$$v_2 = \frac{1}{\sqrt{1-\beta^4}} \sqrt{\frac{2}{\rho}(p_1 - p_2)} \tag{5-9}$$

根据流量的定义，流量与差压$\Delta p = p_1 - p_2$之间的关系式如下：

体积流量

$$q_v = A_0 v_2 = \frac{A_0}{\sqrt{1-\beta^4}} \sqrt{\frac{2}{\rho} \Delta p} \qquad (5-10)$$

质量流量

$$q_m = A_0 v_2 \rho = \frac{A_0}{\sqrt{1-\beta^4}} \sqrt{2\rho \Delta p} \qquad (5-11)$$

在以上关系式中，由于用节流件的开孔面积代替了最小收缩截面，以及 Δp 有不同的取压位置等因素的影响，在实际应用时必然造成测量偏差。为此引入流量系数 α 以进行修正。则最后推导出的流量方程式表示为

$$q_v = \alpha \frac{\pi}{4} d^2 \sqrt{\frac{2}{\rho} \Delta p} \qquad (5-12)$$

$$q_m = \alpha \frac{\pi}{4} d^2 \sqrt{2\rho \Delta p} \qquad (5-13)$$

流量系数 α 是节流装置中最重要的一个系数，它与节流件形式、直径比、取压方式、流动雷诺数 Re 及管道粗糙度等多种因素有关。由于影响因素复杂，通常流量系数 α 要由实验来确定。实验表明，在管道直径、节流件形式、开孔尺寸和取压位置确定的情况下，α 只与流动雷诺数 Re 有关，当 Re 大于某一数值(称为界限雷诺数)时，α 可以认为是一个常数，因此节流式流量计应该工作在界限雷诺数以上。α 与 Re 及 β 的关系对于不同的节流件形式各有相应的经验公式计算，并列有图表可查。

对于可压缩流体，考虑流体通过节流件时的膨胀效应，再引入可膨胀性系数 ε 作为因流体密度改变引起流量系数变化的修正。可压缩流体的流量方程式表示为

$$q_v = \alpha \varepsilon \frac{\pi}{4} d^2 \sqrt{\frac{2}{\rho} \Delta p} \qquad (5-14)$$

$$q_m = \alpha \varepsilon \frac{\pi}{4} d^2 \sqrt{2\rho \Delta p} \qquad (5-15)$$

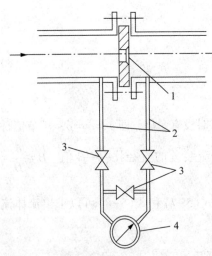

图 5-6　节流式流量计的组成
1—节流元件；2—引压管路；
3—三阀组；4—差压计

可膨胀性系数 $\varepsilon \leqslant 1$，它与节流件形式、β 值、$\dfrac{\Delta p}{p_1}$ 及气体熵指数 κ 有关，对于不同的节流件形式亦有相应的经验公式计算，并列有图表可查。需要注意，在查表时 Δp 应取对应于常用流量时的差压值。

（3）节流式流量计的组成和标准节流装置（Composition and Standard Throttling Devices of Throttling Flowmeter）

① 节流式流量计的组成（Composition of Throttling Flowmeter）。

图 5.6 为节流式流量计的组成示意图。节流式流量计由节流装置、引压管路、差压计或差压变送器构成。

a. 节流装置　由节流件、取压装置和测量所

要求的直管段组成，如图 5.7 所示。作用是产生差压信号。

b. 引压管路　由隔离罐(冷凝器等)、管路、三阀组组成。作用是将产生的差压信号，通过压力传输管道引至差压计。

c. 差压计或差压变送器　作用是将差压信号转换成电信号或气信号显示或远传。

差压计有 U 形管差压计、双波纹管差压计、膜盒差压计等，都是就地指示，工业生产中常用差压变送器，即将差压信号转换为标准信号进行远传，其结构及工作原理与压力变送器类似，如第 4 章所述。

节流装置前流体压力较高，称为正压，常以"+"标志；节流装置后流体压力较低，称为负压(注意不要与真空度混淆)，常以"-"标志。

差压计(差压变送器)安装时必须安装三阀组，以防单侧受压(背景压力)过大(过载)，损坏弹性元件。三阀组的安装如图 5.8 所示。

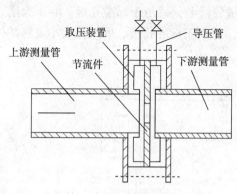

图 5.7　节流装置组成

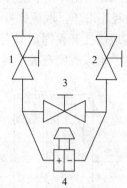

图 5.8　三阀组示意图

1、2—切断阀；3—平衡阀；4—差压变送器

启用差压计时，先开平衡阀 3，使正负压室连通，受压相同，然后再开切断阀 1、2，最后再关闭平衡阀 3，差压计即可投入运行；差压计停用时，应先打开平衡阀 3，然后再关闭切断阀 1、2；当关闭切断阀 1、2 时，打开平衡阀 3，进行零点校验。

实际使用时，还应考虑不能让隔离罐中的隔离液或冷凝水流失造成误差，不能让三个阀同时打开，以防止高压侧将低压侧的隔离液或冷凝水顶出。所以，启用差压计时，先开平衡阀 3，再开切断阀 1，关平衡阀 3，再开切断阀 2；差压计停用时，应先关切断阀 2，开平衡阀 3，然后关闭切断阀 1。

② 标准节流装置(Standard Throttling Devices)。

引压管路与差压计第四章已介绍，这里不赘述，只介绍标准节流装置。

a. 三种标准节流件型式如图 5.4 所示。它们的结构、尺寸和技术条件均有统一的标准，计算数据和图表可查阅有关手册或资料(GB/T 2624.1—2006、GB/T 2624.2—2006、GB/T 2624.3—2006、GB/T 2624.4—2006)。

标准孔板是一块中心开有圆孔的金属薄圆平板，圆孔的入口朝着流动方向，并有尖锐的直角边缘。圆孔直径 d 由所选取的差压计量程而定，在大多数使用场合，β 值为 0.2~0.75。标准孔板的结构最简单，体积小，加工方便，成本低，因而在工业上应用最多。但其测量精度较低，压力损失较大，而且只能用于清洁的流体。

标准喷嘴是由两个圆弧曲面构成的入口收缩部分和与之相接的圆筒形喉部组成，β 值为 0.32~0.8。标准喷嘴的形状适应流体收缩的流型，所以压力损失较小，测量精度较高。但它的结构比较复杂，体积大，加工困难，成本较高。然而由于喷嘴的坚固性，一般选择喷嘴用于高速的蒸汽流量测量。

文丘里管具有圆锥形的入口收缩段和喇叭形的出口扩散段。它能使压力损失显著地减少，并有较高的测量精度。但加工困难，成本最高，一般用在有特殊要求如低压损、高精度测量的场合。它的流道连续变化，所以可以用于脏污流体的流量测量，并在大管径流量测量方面应用较多。

b. 取压装置　标准节流装置规定了由节流件前后引出差压信号的几种取压方式，不同的节流件取压方式不同，有理论取压法、D-D/2 取压法（也称径距取压法）、角接取压法、法兰取压法等，如图 5.9 所示。图中 1-1、2-2 所示为角接取压的两种结构，适用于孔板和喷嘴。1-1 为环室取压，上、下游静压通过环缝传至环室，由前、后环室引出差压信号；2-2 表示钻孔取压，取压孔开在节流件前后的夹紧环上，这种方式在大管径（$D>500\mathrm{mm}$）时应用较多。3-3 为径距取压，取压孔开在前、后测量管段上，适用于标准孔板。4-4 为法兰取压，上、下游侧取压孔开在固定节流件的法兰上，适用于标准孔板。取压孔大小及各部件尺寸均有相应规定，可以查阅有关手册。

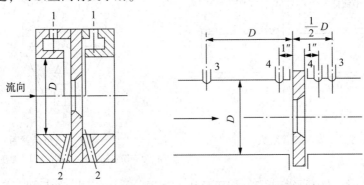

图 5.9　节流装置取压方式

c. 测量管段　为了确保流体流动在节流件前达到充分发展的湍流速度分布，要求在节流件前后有一段足够长的直管段。最小直管段长度与节流件前的局部阻力件形式及直径比有关，可以查阅手册。节流装置的测量管段通常取节流件前 $10D$，节流件后 $5D$ 的长度，以保证节流件的正确安装和使用条件，整套装置事先装配好后整体安装在管道上。

（4）节流装置的设计和计算（Design and Calculation of Throttling Devices）

在实际的工作中，通常有两类计算命题，它们都以节流装置的流量方程式为依据。

① 已知管道内径及现场布置情况，已知流体的性质和工作参数，给出流量测量范围，要求设计标准节流装置。为此要进行以下几个方面的工作：选择节流件型式，选择差压计型式及量程范围；计算确定节流件开孔尺寸，提出加工要求；建议节流件在管道上的安装位置；估算流量测量误差。制造厂家多已将这个设计计算过程编制成软件，用户只需提供原始数据即可。由于节流式流量计经过长期的研究和使用，手册数据资料齐全，根据规定的条件和计算方法设计的节流装置可似直接投产使用，不必经过标定。

② 已知管道内径及节流件开孔尺寸、取压方式、被测流体参数等必要条件，要求根据所测得的差压值计算流量。这一般是实验工作需要，为准确地求得流量，需同时准确地测出流体的温度、压力参数。

126

（5）节流式流量计的安装与使用条件（Installation and Application Conditions of Throttling Flowmeter）

标准节流装置的流量系数，都是在一定的条件下通过严格的实验取得的，因此对管道选择、流量计的安装和使用条件均有严格的规定。在设计、制造与使用时应满足基本规定条件，否则难于保证测量准确性。

① 标准节流装置的使用条件　节流装置仅适用于圆形测量管道，在节流装置前后直管段上。内壁表面应无可见坑凹、毛刺和沉积物，对相对粗糙度和管道圆度均有规定。管径大小也有一定限制（$D_{最小} \geqslant 50mm$）。

② 节流式流量计的安装　节流式流量计应按照手册要求进行安装。以保证测量精度。节流装置安装时要注意节流件开孔必须与管道同轴，节流件方向不能装反。管道内部不得有突入物。在节流件装置附近，不得安装测温元件或开设其他测压口。

③ 取压口位置和引压管路的安装　与测压仪表的要求类似。应保证差压计能够正确、迅速地反映节流装置产生的差压值。引压导管应按被测流体的性质和参数要求使用耐压、耐腐蚀的管材，引压管内径不得小于6mm，长度最好在16m以内。引压管应垂直或倾斜敷设，其倾斜度不得小于1:12，倾斜方向视流体而定。

④ 差压计用于测量差压信号，其差压值远小于系统的工作压力，因此，导压管与差压计连接处应装切断阀，切断阀后装平衡阀。

在差压信号管路中还有冷凝器、集气器、沉降器、隔离器、喷吹系统等附件，可查阅相关手册。

根据被测流体和节流装置与差压计的相对位置，差压信号管路有不同的敷设方式。

a. 测量液体时的信号管路。

测量液体流量时，主要应防止被测液体中存在的气体进入并沉积在信号管路内，造成两信号管中介质密度不等而引起的误差，所以，为了能及时排走信号管路内的气体，取压口处的导压管应向下斜向差压计。如果差压计的位置比节流装置高，则在取压口处也应有向下倾斜的导压管，或设置U形水封。信号管路最高点要设置集气器，并装有阀门以定期排出气体，如图5.10所示。

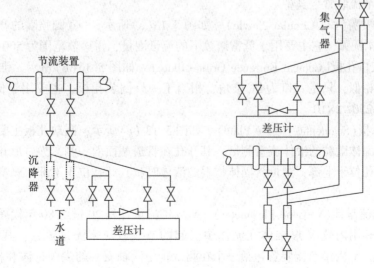

图5.10　测量液体时信号管路安装

b. 测量气体流量时的信号管路。

测量气体流量时，主要应防止被测气体中存在的凝结水进入并沉积在信号管路中，造成两信号管中介质密度不等而引起的误差，所以，为了能及时排走信号管路中的气体，取压口处的导压管应向上倾向差压计，如果差压计的位置比节流装置低，则在取压口处也应有向上倾斜的导压管，并在信号管路最低点设置集水箱，并装有阀门以定期排水。如图 5.11 所示。

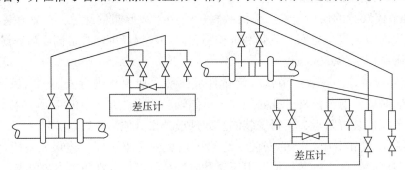

图 5.11　测量气体时信号管路安装

c. 测量蒸汽流量时的信号管路。

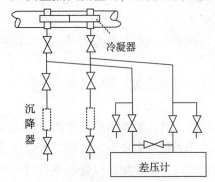

图 5.12　测量蒸汽时信号管路安装

测量蒸汽流量时，应防止高温蒸汽直接进入差压计。一般在取压口都应设置冷凝器，冷凝器的作用是使被测蒸汽冷凝后再进入导压管，其容积应大于全量程内差压计工作空间的最大容积变化的三倍。为了准确的测量差压，应严格保持两信号管中的凝结液位在同一高度。如图 5.12 所示。

(6) 非标准节流装置(Non-standard Throttling Devices)

非标准节流装置通常只在特殊情况下使用，它们的估算方法与标准节流装置基本相同，只是所用数据不同，这些数据可以在有关手册中查到。但非标准节流装置在使用前要进行实际标定。图 5.13 所示为几种典型的非标准节流装置。其中：

① 1/4 圆喷嘴(1/4 Circular Nozzle)　如图 5.13(a)所示，1/4 圆喷嘴的开孔入口形状是半径为 r 的 1/4 圆弧，它主要用于低雷诺数下的流量测量，雷诺数范围为 $500 \sim 2.5 \times 10^5$。

② 锥形入口孔板(Conical Entrance Orifice Plate)　如图 5.13(b)所示，锥形入口孔板与标准孔板形状相似，只是入口为45°锥角，相当于一只倒装孔板，主要用于低雷诺数测量，雷诺数范围为 $250 \sim 2 \times 10^5$。

③ 圆缺孔板(Segmental Orifice Plate)　如图 5.13(c)所示，圆缺孔板主要用于脏污、有气泡析出或有固体微粒的液体流量测量，其开孔在管道截面的一侧，为弓形开孔。测量含气液体时，其开孔位于上部；测量含固体物料的液体时，其开孔位于下部，测量管段一般要水平安装。

④ V 内锥流量计(V-Cone Flowmeter)　V 内锥流量计是 20 世纪 80 年代提出的一种新型流量计，它是利用内置 V 形锥体在流体中引起的节流效应来测量流量，其结构原理如图 5-13(d)所示。V 内锥节流装置包括一个在测量管中同轴安装的尖圆锥体和相应的取压口。流体在测量管中流经尖圆锥体，逐渐节流收缩到管道内壁附件，在锥体两端产生差压，差压

的正压 p_1 是在上游流体收缩前的管壁取压口处测得的静压力，差压的负压 p_2 是在圆锥体朝向下游的端面，由在锥端面中心所开取压孔处取得的压力。V 内锥节流装置的流量方程式与标准节流装置的形式相同，只是在公式中采用了等效的开孔直径和等效的 β 值——β_v，即

$$\beta_v = \frac{\sqrt{D^2 - d_v^2}}{D} \qquad (5-16)$$

式中　D——测量管内径；

　　　d_v——尖圆锥体最大横截面圆的直径。

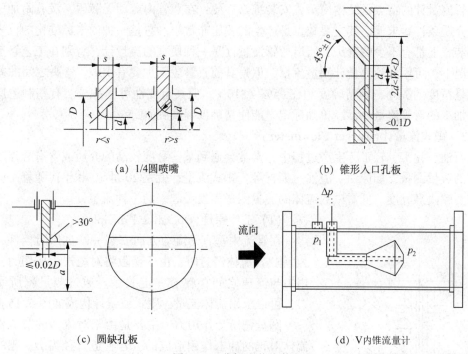

(a) 1/4 圆喷嘴　　　　　　　(b) 锥形入口孔板

(c) 圆缺孔板　　　　　　　(d) V 内锥流量计

图 5.13　非标准节流装置

这种节流式流量计改变了传统的节流布局，从中心节流改为外环节流，与传统流量计相比具有明显的优点；结构设计合理，不截留流体中的夹带物，耐磨损；信号噪声低，可以达到较高量程比（10 : 1）~（14 : 1）；安装直管段要求较短，一般上游只需 0~2D，下游只需 3~5D；压力损失小，仅为孔板的 1/2~1/3，与文丘里管相近。目前这种流量计尚未达到标准化程度，还没有相应的国际标准和国家标准，其流量系数需要通过实验标定得到。

5.2.2.2　弯管流量计（Elbow Flowmeter）

当流体通过管道弯头时，受到角加速的作用而产生的离心力会在弯头的外半径侧与内半径侧之间形成差压，此差压的平方根与流体流量成正比。弯管流量计如图 5.14 所示。取压口开在 45° 角处，两个取压口要对准。弯头的内壁应保证基本光滑，在弯头入口和出口平面各测两次直径，取其平均值作为弯头内径 D。弯头曲率 R 取其外半径与内半径的平均值。

弯管流量计的流量方程式写为

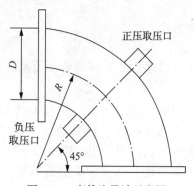

图 5.14　弯管流量计示意图

$$q_v = \frac{\pi}{4}D^2 k \sqrt{\frac{2}{\rho}\Delta p} \qquad (5-17)$$

式中　D——弯头内径；

　　　ρ——流体密度；

　　　Δp——差压值；

　　　k——弯管流量系数。

流量系数 k 与弯管的结构参数有关，也与流体流速有关，需由实验确定。

弯管流量计的特点是结构简单，安装维修方便；在弯管内流动无障碍，没有附加压力损失；对介质条件要求低。其主要缺点是产生的差压非常小。它是一种尚未标准化的仪表。由于许多装置上都有不少的弯头，所以弯管流量计是一种便宜的流量计，特别在工艺管道条件限制情况下，可用弯管流量计测量流量，但是其前直管段至少要有 $10D$。弯头之间的差异限制了测量精度的提高，其精确度约在 $\pm 5\% \sim \pm 10\%$，但其重复性可达 $\pm 1\%$。有些制造厂家提供专门加工的弯管流量计，经单独标定，能使精度提高到 $\pm 0.5\%$。

5.2.2.3　靶式流量计（Target Flowmeter）

在石油、化工、轻工等生产过程中，常常会遇到某些黏度较高的介质或含有悬浮物及颗粒介质的流量测量，如原油、渣油、沥青等。靶式流量计就是 20 世纪 70 年代随着工业生产迫切需要解决高黏度、低雷诺数流体的流量测量而发展起来的一种流量计。

（1）工作原理（Operating Principle）

在管流中垂直于流动方向安装一圆盘形阻挡件，称之为"靶"。流体经过时，由于受阻将对靶产生作用力，此作用力与流速之间存在着一定关系。通过测量靶所受作用力，可以求出流体流量。靶式流量计构成如图 5.15 所示。

圆盘靶所受作用力，主要是由靶对流体的节流作用和流体对靶的冲击作用造成的。若管道直径为 D，靶的直径为 d，环隙通道面积 $A_0 = \frac{\pi}{4}(D^2 - d^2)$，则可求出体积流量与靶上受力 F 的关系为

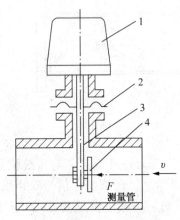

图 5.15　靶式流量计示意图
1—转换指示部分；2—密封膜片；
3—杠杆；4—靶

$$q_v = A_0 v = k_a \frac{D^2 - d^2}{d}\sqrt{\frac{\pi}{2}}\sqrt{\frac{F}{\rho}} \qquad (5-18)$$

式中　v——流体通过环隙截面的流速；

　　　k_a——流量系数；

　　　F——作用力；

　　　ρ——流体的密度。

以直径比 $\beta = d/D$ 表示流量公式可写成如下形式

$$q_v = A_0 v = k_a D\left(\frac{1}{\beta} - \beta\right)\sqrt{\frac{\pi}{2}}\sqrt{\frac{F}{\rho}} \qquad (5-19)$$

流量系数 k_a 的数值由实验确定。实验结果表明，在管道条件与靶的形状确定的情况下，当雷诺数 Re 超过某一限值后，k_a 趋于平稳，由于此限值较低，所以这种方法对于高黏度、低雷诺数的流体更为合适。使用时要保证在测量范围内，使 k_a 值基本保持恒定。

（2）结构型式（Structure）

靶式流量计通常由检测部分和转换部分组成。检测部分包括测量管、靶板、主杠杆和轴封膜片，其作用是将被测流量转换成作用于主杠杆上的测量力矩。转换部分由力转换器、信号处理电路和显示仪表组成。靶一般由不锈钢材料制成，靶的入口侧边缘必须锐利、无钝口。靶直径比 β 一般为 $0.35 \sim 0.8$。靶式流量计的结构型式有夹装式、法兰式和插入式三种。

靶式流量计的力转换器可分为两种结构：一种是力矩平衡杠杆式力转换器，它直接采用电动差压变送器的力矩平衡式转换机构，只是用靶取代了膜盒；另一种是应变片式力转换器，如图 5.16 所示。

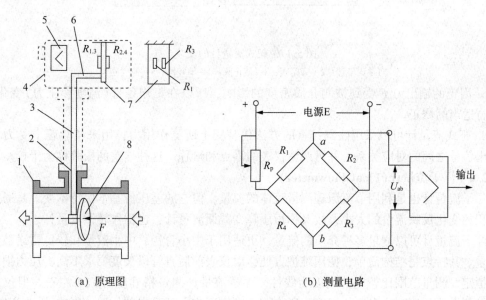

(a) 原理图　　　　　　　　　(b) 测量电路

图 5.16　应变片式靶式流量计

1—测量管；2—密封膜片；3—杠杆；4—转换指示部分；5—信号处理电路；6—推杆；7—悬臂片；8—靶

半导体应变片 R_1、R_3 粘贴在悬臂片 7 的正面，R_2、R_4 粘贴在悬臂片的反面。靶 8 受力作用，以密封膜片 2 为支点，经杠杆 3、推杆 6 使悬臂片产生微弯弹性变形。应变片 R_1 和 R_3 受拉伸，其电阻值增大；R_2 和 R_4 受压缩而电阻值减小。于是电桥失去平衡，输出与流体对靶的作用力 F 成正比的电信号 U_{ab}，可以反映被测流体流量的大小。U_{ab} 经放大、转换为标准信号输出，也可由毫安表就地显示流量。但因 U_{ab} 与被测流量的平方成正比关系，所以变送器信号处理电路中，一般采取开方器运算，能使输出信号与被测流量成正比例关系。

（3）特点及应用（Characteristics and Application）

① 特点（Characteristics）。

a. 结构简单，安装方便，仪表的安装维护工作量小；不易堵塞；抗振动、抗干扰能力强。

b. 能测高黏度、低流速流体的流量，也可测带有悬浮颗粒的流体流量。

c. 压力损失较小，在相同流量范围的条件下，其压力损失约为标准孔板的1/2。

② 安装与应用（Installation and Application）。

a. 流量计前后应有一定长度的直管段，一般为前面 8D、后面 5D。流量计前后不应有垫片等凸入管道中。

b. 流量计前后应加装截止阀和旁路阀(图 5.17)，以便于校对流量计的零点和方便检修。流量计可水平或垂直安装，但当流体中含有颗粒状物质时，流量计必须水平安装。垂直安装时，流体的流动方向应由下而上。

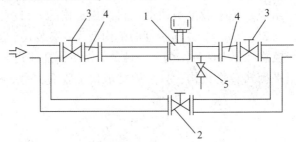

图 5.17　靶式流量计的安装

1—流量计；2—旁路阀；3—截止阀；4—缩径阀；5—放空阀

c. 因靶的输出力 F 受到被测介质密度的影响，所以在工作条件(温度、压力)变化时，要进行适当的修正。

d. 靶式流量计可以采用砝码挂重的方法代替靶上所受作用力，用来校验靶上受力与仪表输出信号之间的对应关系，并可调整仪表的零点和量程。这种挂重的校验称为干校。

5.2.2.4　浮子流量计(Float Flowmeter)

浮子流量计也是利用节流原理测量流体的流量，但它的差压值基本保持不变，是通过节流面积的变化反映流量的大小，故又称恒压降变截面流量计，也称作转子流量计。

浮子流量计可以测量多种介质的流量，更适用于中小管径、中小流量和较低雷诺数的流量测量。其特点是结构简单，使用维护方便，对仪表前后直管段长度要求不高，压力损失小而且恒定，测量范围比较宽，刻度为线性。浮子流量计测量精确度为±2%左右。但仪表测量受被测介质的密度、黏度、温度、压力、纯净度影响，还受安装位置的影响。

(1) 测量原理及结构(Operating Principle and Structure)

浮子流量计测量主体由一根自下向上扩大的垂直锥形管和一只可以沿锥形管轴向上下自由移动的浮子组成，如图 5.18 所示。流体由锥形管的下端进入，经过浮子与锥形管间的环隙，从上端流出。当流体流过环隙面时，因节流作用而在浮子上下端面产生差压形成作用于浮子的上升力。当此上升力与浮子在流体中的重量相等时，浮子就稳定在一个平衡位置上，平衡位置的高度与所通过的流量有对应的关系，这个高度就代表流量值的大小。

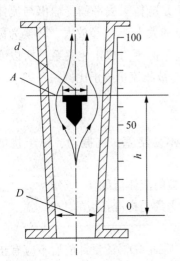

根据浮子在锥形管中的受力平衡条件，可以写出力平衡公式

$$\Delta p A_f = V_f(\rho_f - \rho)g \tag{5-20}$$

式中　Δp——差压；

　　　A_f——浮子的截面积；

　　　V_f——浮子的体积；

　　　ρ_f——浮子密度；

　　　ρ——流体密度；

　　　g——重力加速度。

图 5.18　浮子流量计测量原理

将此恒压降公式代入节流流量方程式，则有

$$q_v = \alpha A \sqrt{\frac{2gV_f(\rho_f - \rho)}{\rho A_f}} \qquad (5-21)$$

式中 A——环隙面积，它与浮子高度 h 相对应；

α——流量系数。

对于小锥度锥形管，近似有 $A = ch$，系数 c 与浮子和锥形管的几何形状及尺寸有关。则流量方程式写为

$$q_v = \alpha ch \sqrt{\frac{2gV_f(\rho_f - \rho)}{\rho A_f}} \qquad (5-22)$$

式(5-22)给出了流量与浮子高度之间的关系，这个关系近似线性。

流量系数 α 与流体黏度、浮子形式、锥形管与浮子的直径比以及流速分布等因素有关，每种流量计有相应的界限雷诺数，在低于此值情况下 α 不再是常数。流量计应工作在 α 为常数的范围，即大于一定的雷诺数范围。

浮子流量计有两大类型：采用玻璃锥形管的直读式浮子流量计和采用金属锥形管的远传式浮子流量计。

直读式浮子流量计主要由玻璃锥形管、浮子和支撑结构组成。流量表尺直接刻在锥形管上，由浮子位置高度读出流量值。玻璃管浮子流量计的锥形管刻度有流量刻度和百分刻度两种。对于百分刻度流量计要配有制造厂提供的流量刻度曲线。这种流量计结构简单，工作可靠，价格低廉，使用方便，可制成防腐蚀仪表，用于现场测量。

远传式浮子流量计采用金属锥形管，它的信号远传方式有电动和气动两种类型，测量转换机构将浮子的移动转换为电信号或气信号进行远传及显示。

图 5.19 所示为电远传浮子流量计工作原理。其转换机构为差动变压器组件，用于测量浮子的位移。流体流量变化引起浮子的移动，浮子同时带动差动变压器中的铁芯作上、下运动，差动变压器的输出电压将随之改变，通过信号放大后输出的电信号表示出相应流量的大小。

（2）浮子流量计的使用和安装(Application and Installation)

① 浮子流量计的刻度换算　浮子流量计是一种非通用性仪表，出厂时需单个标定刻度。测量液体的浮子流量计用常温水标定，测量气体的浮子流量计用常温常压(20℃，$1.013 \times 10^5 \mathrm{Pa}$)的空气标定。在实际测量时，如果被测介质不是水或空气，则流量计的指示值与实际流量值之间存在差别，因此要对其进行刻度换算修正。

对于一般液体介质，当温度和压力变化时，流体的黏度变化不会超过 $10 \mathrm{mPa \cdot s}$，只需进行密度校正。根据前述流量方程式，可以得到修正式为

$$q'_v = q_{v0} \sqrt{\frac{(\rho_f - \rho')\rho_0}{(\rho_f - \rho_0)\rho'}} \qquad (5-23)$$

式中 q'_v——被测介质的实际流量；

q_{v0}——流量计标定刻度流量；

ρ'——被测介质密度；

ρ_0——标定介质密度；

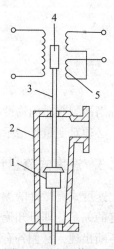

图 5.19　电远传浮子
流量计工作原理

1—浮子；2—锥形管；
3—连动杆；4—铁芯；
5—差动线圈

133

ρ_f——浮子密度。

对于气体介质，由于$\rho_\mathrm{f} > \rho'$或ρ_0，上式可以简化为

$$q'_\mathrm{v} = q_\mathrm{v0}\sqrt{\frac{\rho_0}{\rho'}} \tag{5-24}$$

式中　ρ'——被测气体介质密度；

ρ_0——标定状态下空气密度。

当已知被测介质的密度和流量测量范围等参数后，可以根据以上公式选择合适量程的浮子流量计。

②浮子流量计的安装使用　在安装使用前必须核对所需测量范围、工作压力和介质温度是否与选用流量计规格相符。如图5.20所示，仪表应垂直安装，流体必须自下而上通过流量计，不应有明显的倾斜。流量计前后应有截断阀，并安装旁通管道。仪表投入时前后阀门要缓慢开启，投入运行后，关闭旁路阀。流量计的最佳测量范围为测量上限的1/3~2/3刻度内。

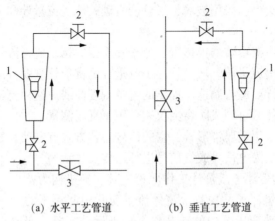

(a) 水平工艺管道　　　　(b) 垂直工艺管道

图5.20　浮子流量计的安装
1—浮子流量计；2—截止阀；3—旁通阀

当被测介质的物性参数(密度、黏度)和状态参数(温度、压力)与流量计标定介质不同时，必须对流量计指示值进行修正。

5.2.3　速度式流量计(Velocity Flowmeters)

速度式流量计的测量原理均基于与流体流速有关的各种物理现象，仪表的输出与流速有确定的关系，即可知流体的体积流量。工业生产中使用的速度式流量计种类很多，新的品种也不断出现，它们各有特点和适用范围。本节介绍几种应用较普遍的、有代表性的流量计。

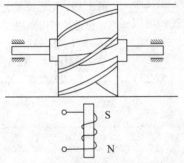

图5.21　涡轮式流量检测方法原理图

5.2.3.1　涡轮流量计(Turbine Flowmeter)

涡轮流量计是利用安装在管道中可以自由转动的叶轮感受流体的速度变化，从而测定管道内的流体流量。

(1) 涡轮流量计的构成和流量方程式(Composition and Flow Equation of Turbine Flowmeter)

涡轮式流量检测方法以动量矩守恒原理为基础，如图5.21所示，流体冲击涡轮叶片，使涡轮旋转，

涡轮的旋转速度随流量的变化而变化，通过涡轮外的磁电转换装置可将涡轮的旋转转换成电脉冲。

由动量矩守恒定理可知，涡轮运动方程的一般形式为

$$J \frac{d\omega}{dt} = T - T_1 - T_2 - T_3 \qquad (5-25)$$

式中　J——涡轮的转动惯量；

$\quad \frac{d\omega}{dt}$——涡轮旋转的角加速度；

$\quad T$——流体作用在涡轮上的旋转力矩；

$\quad T_1$——由流体黏滞摩擦力引起的阻力矩；

$\quad T_2$——由轴承引起的机械摩擦阻力矩；

$\quad T_3$——由于叶片切割磁力线而引起的电磁阻力矩。

从理论上可以推得，推动涡轮转动的力矩为

$$T = \frac{K_1 \tan\theta}{A} r\rho q_v^2 - \omega r^2 \rho q_v \qquad (5-26)$$

式中　K_1——与涡轮结构、流体性质和流动状态有关的系数；

$\quad \theta$——与轴线相平行的流束与叶片的夹角；

$\quad A$——叶栅的流通截面积；

$\quad r$——叶轮的平均半径。

理论计算和实验表明，对于给定的流体和涡轮，摩擦阻力矩 T_1+T_2 为

$$T_1 + T_2 \propto \frac{a_1 q_v}{q_v + a_2} \qquad (5-27)$$

电磁阻力矩 T_3 为

$$T_3 \propto \frac{a_1 q_v}{1 + a_1/q_v} \qquad (5-28)$$

式中　a_1 和 a_2 为系数。

从式(5-25)可以看出：当流量不变时 $\frac{d\omega}{dt}=0$，涡轮以角速度 ω 作匀速转动；当流量发生变化时，$\frac{d\omega}{dt} \neq 0$，涡轮作加速度旋转运动，经过短暂时间后，涡轮运动又会适应新的流量到达新的稳定状态，以另一匀速旋转。因此，在稳定流动情况下，$\frac{d\omega}{dt}=0$，则涡轮的稳态方程为

$$T-T_1-T_2-T_3=0 \qquad (5-29)$$

把式(5-26)、式(5-27)和式(5-28)代入式(5-29)，简化后可得

$$\omega = \xi q_v - \xi \frac{a_1}{1 + a_1/q_v} - \frac{a_2}{q_v + a_2} \qquad (5-30)$$

式中　ξ——仪表的转换系数。

上式表明，当流量较小时，主要受摩擦阻力矩的影响，涡轮转速随流量 q_v 增加较慢；当 q_v 大于某一数值后，因为系数 a_1 和 a_2 很小，则(5-30)式可近似为

$$\omega = \xi q_v - \xi a_1 \tag{5-31}$$

这说明 ω 随 q_v 线性增加；当 q_v 很大时，阻力矩将显著上升，使 ω 随 q_v 的增加变慢，如图 5.22 所示的特性曲线。

利用上述原理制成的流量检测仪表和涡轮流量计的结构如图 5.23 所示，它主要由涡轮、导流器、磁电转换装置、外壳以及前置放大电路等部分组成。

① 叶轮 是用高磁导率的不锈钢材料制成的，叶轮芯上装有螺旋形叶片，流体作用于叶片上使之转动；

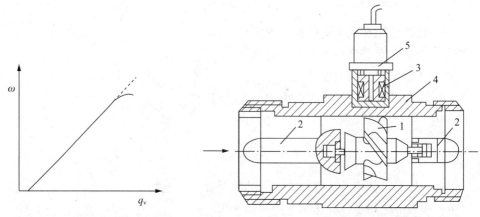

图 5.22　涡轮流量计的静特性曲线　　　　图 5.23　涡轮流量计结构示意图

1—叶轮；2—导流器；3—磁电感应转换器；
4—外壳；5—前置放大器

② 导流器　用以稳定流体的流向和支撑叶轮；

③ 磁电感应转换器　由线圈和磁钢组成，叶轮转动时，使线圈上感应出脉动电信号；

④ 外壳　一般由非导磁材料制成，用以固定和保护内部各部件，并与流体管道相连；

⑤ 前置放大器 用以放大由磁电转换装置输出的微弱信号。

经放大电路后输出的电脉冲信号需进一步放大整形以获得方波信号，对其进行脉冲计数和单位换算可得到累积流量；通过频率-电流转换单元后可得到瞬时流量。

（2）涡轮流量计的特点和使用（Characteristics and Application of Turbine Flowmeter）

涡轮流量计可以测量气体、液体流量，但要求被测介质洁净，并且不适用于黏度大的液体测量。它的测量精度较高，一般为 0.5 级，在小范围内误差可以 $\leqslant \pm 0.1\%$；由于仪表刻度为线性，范围度可达 $(10 \sim 20):1$；输出频率信号便于远传及与计算机相连；仪表有较宽的工作温度范围 $(-200 \sim 400\,^{\circ}\mathrm{C})$，可耐较高工作压力 $(<10\mathrm{MPa})$。

涡轮流量计一般应水平安装，并保证其前后有一定的直管段（前 $10D$，后 $5D$）。为保证被测介质洁净，表前应装过滤装置。如果被测液体易气化或含有气体时，要在仪表前装消气器。

涡轮流量计的缺点是制造困难，成本高。由于涡轮高速转动，轴承易磨损，降低了长期运行的稳定性，影响使用寿命。通常涡轮流量计主要用于测量精度要求高、流量变化快的场合，还用作标定其他流量的标准仪表，如水表、油表。

5.2.3.2　涡街流量计（Votex Flowmeter）

涡街流量计又称旋涡流量计。它可以用来测量各种管道中的液体、气体和蒸汽的流量，是目前工业控制、能源计量及节能管理中常用的新型流量仪表。

（1）测量原理（Measuring Principle）

涡街流量计是利用有规则的旋涡剥离现象来测量流体流量的仪表。在流体中垂直插入一个非流线形的柱状物（圆柱或三角柱）作为旋涡发生体，如图5.24所示。当雷诺数达到一定的数值时，会在柱状物的下游处产生如图所示的两列平行状、并且上下交替出现的旋涡，因为这些旋涡有如街道旁的路灯，故有"涡街"之称，又因此现象首先被卡曼（Karman）发现，也称作"卡曼涡街"。由于旋涡之间相互影响，旋涡列一般是不稳定的。实验证明，对于圆柱体，当两列旋涡之间的距离 h 和同列的两旋涡之间的距离 l 之比能满足 $h/l = 0.281$ 时，所产生的旋涡是稳定的。

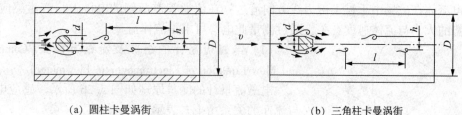

(a) 圆柱卡曼涡街　　　　　　　　(b) 三角柱卡曼涡街

图5.24　卡曼涡街

由圆柱体形成的稳定卡曼漩涡，其单侧旋涡产生的频率为

$$f = S_t \frac{v}{d} \qquad (5-32)$$

式中　f——单侧旋涡产生的频率，Hz；

　　　v——流体平均流速，m/s；

　　　d——柱体直径，m；

　　　S_t——斯特劳哈尔（Strouhal）数（当雷诺数 $Re = 5 \times 10^2 \sim 15 \times 10^4$ 时，$S_t = 0.2$）。

由上式可知，当 S_t 近似为常数时，旋涡产生的频率 f 与流体的平均流速 v 成正比，测得 f 即可求得体积流量 Q。

（2）测量方法（Measuring Method）

旋涡频率的检测方法有许多种，例如热敏检测法、电容检测法、应力检测法、超声检测法等，这些方法无非是利用旋涡的局部压力、密度、流速等的变化作用于敏感元件，产生周期性电信号，再经放大整形，得到方波脉冲。图5.25所示的是一种热敏检测法。它采用铂电阻丝作为旋涡频率的转换元件。在圆柱形发生体上有一段空腔（检测器），被隔墙分成两部分。在隔墙中央有一小孔，小孔上装有一根被加热了的细铂丝。在产生旋涡的一侧，流速降低，静压升高，于是在有旋涡的一侧和无旋涡的一侧之间产生静压差。流体从空腔上的导压孔进入，向未产生旋涡的一侧流出。流体在空腔内流动时将铂丝上的热量带走，铂丝温度下降，导致其电阻值减小。由于旋涡是交替地出现在柱状物的两侧，所以铂热电阻丝阻值的变化也是交替的，且阻值变化的频率与旋涡产生的频率相对应，故可通过测量铂丝阻值变化的频率来推算流量。

铂丝阻值的变化频率，采用一个不平衡电桥进

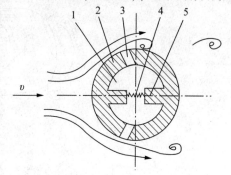

图5.25　圆柱检出器原理图

1—空腔；2—圆柱体；3—导压孔；

4—铂电阻丝；5—隔墙

行转换、放大和整形，再变换成 0~10mA（或 4~20mA）直流电流信号输出，供显示，累计流量或进行自动控制。

旋涡流量计的特点是精度高、测量范围宽、没有运动部件、无机械磨损、维护方便、压力损失小、节能效果明显。但是，旋涡流量计不适用于低雷诺数的情况，对于高黏度、低流速、小口径的使用有限制，流量计安装时要有足够的直管段长度，上下游的直管段长度不小于 20D 和 5D，而且，应尽量杜绝振动。

5.2.3.3 电磁流量计（Electromagnetic Flowmeter）

对于具有导电性的液体介质，可以用电磁流量计测量流量。电磁流量计基于电磁感应原理，导电流体在磁场中垂直于磁力线方向流过，在流通管道两侧的电极上将产生感应电势，感应电势的大小与流体速度有关，通过测量此电势可求得流体流量。

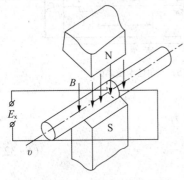

图 5.26　电磁式流量计检测原理

（1）电磁流量计的组成及流量方程式（Composition and Flow Equation of Electromagnetic Flowmeter）

电磁流量计的测量原理如图 5.26 所示。感应电势 E_x 与流速的关系由下式表示

$$E_x = CBDv \qquad (5-33)$$

式中　C——常数；
　　　B——磁感应强度；
　　　D——管道内径；
　　　v——流体平均流速。

当仪表结构参数确定之后，感应电势与流速 v 成对应关系，则流体体积流量可以求得。其流量方程式可写为

$$q_v = \frac{\pi D^2}{4} v = \frac{\pi D}{4CB} E_x = \frac{E_x}{K} \qquad (5-34)$$

式中　K——仪表常数，对于固定的电磁流量计，K 为定值。

电磁流量计的测量主体由磁路系统、测量导管、电极和调整转换装置等组成。流量计结构如图 5.27 所示，由非导磁性的材料制成导管，测量电极嵌在管壁上，若导管为导电材料，其内壁和电极之间必须绝缘，通常在整个测量导管内壁装有绝缘衬里。导管外围的激磁线圈用来产生交变磁场。在导管和线圈外还装有磁轭，以便形成均匀磁势和具有较大磁通量。

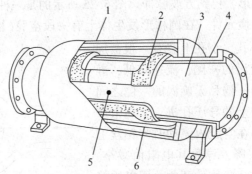

图 5.27　电磁式流量计结构

1—外壳；2—激磁线圈；3—衬里；4—测量管；5—电极；6—铁芯

电磁流量计转换部分的输出电流 I_0 与平均流速成正比。

（2）电磁流量计的特点及应用（Characteristics and Application of Electromagnetic Flowmeter）

电磁流量计的测量导管中无阻力件，压力损失极小，对大口径节能效果显著；其流速测量范围宽，为 0.5~10m/s；范围度可达 10∶1；输出与流量成线性关系；流量计的口径可从几毫米到几米以上；流量计的精度 0.5~1.5 级；仪表反应快，流动状态对示值影响小，可以测量脉动流和两相流，如泥浆和纸浆的流量；电磁流量计对被测介质有一定的电导率要求（$\gamma > 10^{-4}$S/cm），因此不能测量气体、蒸汽和电导率低的石油流量；介质温度和压力不能太高（200℃以下，2.5MPa 以下。）

电磁流量计对直管段要求不高，前直管段长度为 $5D$~$10D$。安装地点应尽量避免剧烈振动和交直流强磁场。在垂直安装时，流体要自下而上流过仪表，水平安装时两个电极要在同一平面上。要确保流体、外壳、管道间的良好接地。

电磁流量计的选择要根据被测流体情况确定合适的内衬和电极材料。其测量准确度受导管的内壁，特别是电极附近结垢的影响，应注意维护清洗。

近年来，电磁流量计有了更新的发展和更广泛的应用。

5.2.3.4　超声波流量计（Ultrasonic Flowmeter）

超声波在流体中传播速度与流体的流动速度有关，据此可以实现流量的测量。这种方法不会造成压力损失，并且适合大管径、非导电性、强腐蚀性流体的流量测量。

20 世纪 90 年代气体超声流量计在天然气工业中的成功应用取得了突破性的进展，一些在天然气计量中的疑难问题得到了解决，特别是多声道气体超声流量计已被气体界接受，多声道气体超声流量计是继气体涡轮流量计后被气体工业界接受的最重要的流量计量器具。目前国外已有"用超声流量计测量气体流量"的标准，我国也制定有"用气体超声流量计测量天然气流量"的国家标准 GB/T 18604—2001。气体超声流量计在国外天然气工业中的贸易计量方面已得到了广泛的采用。

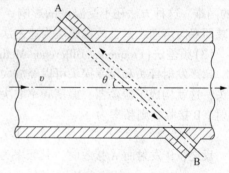

图 5.28　超声流量计结构示意图

超声波流量计有以下几种测量方法。

（1）时差法（Time Difference Method）

在管道的两侧斜向安装两个超声换能器，使其轴线重合在一条斜线上，如图 5.28 所示，

当换能器 A 发射、B 接收时，声波基本上顺流传播，速度快、时间短，可表示为

$$t_1 = \frac{L}{c + v\cos\theta} \tag{5-35}$$

B 发射而 A 接收时，逆流传播，速度慢、时间长，即

$$t_2 = \frac{L}{c - v\cos\theta} \tag{5-36}$$

式中　L——两换能器间传播距离；

c——超声波在静止流体中的速度；

v——被测流体的平均流速。

两种方向传播的时间差 Δt 为

$$\Delta t = t_2 - t_1 = \frac{2Lv\cos\theta}{c^2 - v^2\cos^2\theta} \tag{5-37}$$

因 $v < c$，故 $v^2\cos^2\theta$ 可忽略，故得

$$\Delta t = 2Lv\cos\theta / c^2 \tag{5-38}$$

或

$$v = c^2\Delta t / 2L\cos\theta \tag{5-39}$$

当流体中的声速 c 为常数时，流体的流速 v 与 Δt 成正比，测出时间差即可求出流速 v，进而得到流量。

值得注意的是，一般液体中的声速往往在 1500m/s 左右，而流体流速只有每秒几米，如要求流速测量的精度达到 1%，则对声速测量的精度需为 $10^{-5} \sim 10^{-6}$ 数量级，这是难以做到的。更何况声速受温度的影响不容易忽略，所以直接利用式（5-39）不易实现流量的精确测量。

（2）速差法（Velocity Difference Method）

式（5-35）、式（5-36）可改为

$$c + v\cos\theta = L/t_1 \tag{5-40}$$

$$c - v\cos\theta = L/t_2 \tag{5-41}$$

以上两式相减，得

$$2v\cos\theta = L/t_1 - L/t_2 = L(t_2 - t_1)/t_1 t_2 \tag{5-42}$$

将顺流与逆流的传播时间差 Δt 代入上式得

$$v = \frac{L\Delta t}{2\cos\theta t_1 t_2} = \frac{L\Delta t}{2\cos\theta t_1 (t_2 - t_1 + t_1)} = \frac{L\Delta t}{2\cos\theta t_1 (\Delta t + t_1)} \tag{5-43}$$

式中 $L/2$——常数。

只要测出顺流传播时间 t_1 和时间差 Δt，就能求出 v，进而求得流量，这就避免了测声速 c 的困难。这种方法还不受温度的影响，容易得到可靠的数据。因为式（5-40）和式（5-41）相减即双向声速之差，故称此法为速差法。

（3）频差法（Frequency Difference Method）

超声发射探头和接受探头可以经放大器接成闭环，使接收到的脉冲放大之后去驱动发射探头，这就构成了振荡器，振荡频率取决于从发射到接收的时间，即前述的 t_1 或 t_2。如果 A 发射、B 接收，则频率为

$$f_1 = 1/t_1 = (c + v\cos\theta)/L \tag{5-44}$$

反之，B 发射而 A 接收时，其频率为

$$f_2 = 1/t_2 = (c - v\cos\theta)/L \tag{5-45}$$

以上两频率之差为

$$\Delta f = f_1 - f_2 = 2v\cos\theta/L \tag{5-46}$$

可见，频差与速度成正比，式中也不含声速 c，测量结果不受温度影响，这种方法更为简单实用。不过，一般频差 Δf 很小，直接测量不精确，往往采用倍频电路。

因为两个探头是轮流担任发射和接收的，所以要有控制其转换的电路，两个方向闭环振荡的倍频利用可逆计数器求差。如果配上 D/A 转换并放大成 $0 \sim 10\text{mA}$ 或 $4 \sim 20\text{mA}$ 信号，便构成超声流量变送器。

（4）多普勒法（Doppler Method）

非纯净流体在工业中也很普遍，流体中若含有悬浮颗粒或气泡，最适于采用多普勒（Doppler）效应测量流量，其原理如图 5.29 所示。

发射探头 A 和接收探头 B，都安装在与管道轴线夹角为 θ 的两侧，且都迎着流向，当平均流速为 v，声波在静止流体中的速度为 c 时，根据多普勒效应，接收到的超声波频率（靠流体里的悬浮颗粒

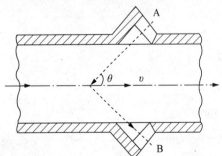

图 5.29　超声多普勒流量计原理图

或气泡反射而来)f_2 将比原发射频率f_1 略高，其差 Δf 即多普勒频移，可用下式表示

$$\Delta f = f_2 - f_1 = \frac{2v\cos\theta}{c}f_1 \qquad (5-47)$$

由此可见，在发射频率f_1 恒定时，频移与流速成正比。但是，式中又出现了受温度影响比较明显的声速c，应设法消去。

如果在超声波探头上设置声楔，使超声波先经过声楔再进入流体，声楔材料中的声速为c_1，流体中的声速为c，声波由声楔材料进入流体时的入射角为β，在流体中的折舳角为φ，如图 5.30 所示。则根据折射定律可以写出

$$\frac{c}{\cos\theta} = \frac{c}{\sin\varphi} = \frac{c_1}{\sin\beta} = \frac{c_1}{\cos\alpha} \qquad (5-48)$$

将上述关系代入式(5-55)，得

$$\Delta f = \frac{2v\cos\alpha}{c_1}f_1 \qquad (5-49)$$

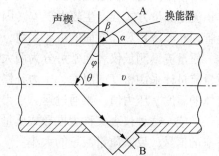

图 5.30　有声楔的超声多普勒
流量计原理图

由此可得流速

$$v = \frac{c_1 \Delta f}{2\cos\alpha \cdot f_1} \qquad (5-50)$$

进而求得流量。

可见，采用声楔之后，流速v 中不含超声波在流体中的声速c，而只有声楔材料中的声速c_1，声楔为固体材料，其声速c_1 受温度影响比液体中声速受温度的影响要小一个数量级，因而可以减小温度引起的测量误差。

多普勒法也有将两个探头置于管道同一侧的，利用声束扩散锥角的重叠部分形成收发声道。

对于煤粉和油的混合流体(COM)及煤粉和水的混合流体(CWM)，多普勒法有广阔的应用前景。

（5）相关法(Correlation Method)

超声技术与相关技术结合起来也可测流量。在管道上相距L 处设置两组收发探头，流体中的随机旋涡、气泡或杂质都会在接收探头上引起扰动信号，将上游某截面处收到的这种随机扰动信号与下游相距L 处的另一截面处的扰动信号比较，如发现两者变化规律相同，则证明流体已运动到下游截面。将距离L 除以两相关信号出现在不同截面所经历的时间，就得到流速，从而能求出流量。这种方法特别适合于气液、液固、气固等两相流甚至多相流的流量测量，它也不需在管道内设置任何阻力体，而且与温度无关。

相关法所需信号处理设备较复杂，成本很高，虽然在计算机普及条件下，其技术可行性已不成问题，然而在工业生产过程中推广应用尚有待于简化电路和降低成本。

相关法不一定都是利用超声实现，只是利用超声比较方便。

超声换能器通常由压电材料制成，通过电致伸缩效应和压电效应，发射和接收超声波。流量计的电子线路包括发射、接收电路和控制测量电路，可显示瞬时流量和累积流量。

超声流量计可夹装在管道外表面，实现非接触测量。仪表阻力损失极小，还可以做成便携式仪表，探头安装方便，通用性好。这种仪表可以测量各种液体的流量，包括腐蚀性、高黏度、非导电性流体。超声流量计尤其适于大口径管道测量，多探头设置时最大口径可达几米。超声流量计的范围度一般为 20∶1，误差为±2%～±3%。但由于测量电路复杂，价格较贵。

5.3 质量流量检测及仪表(Mass Flow Measurement and Instruments)

由于流体的体积是流体温度、压力和密度的函数，在流体状态参数变化的情况下，采用体积流量测量方式会产生较大误差。因此，在生产过程和科学实验的很多场合，以及作为工业管理和经济核算等方面的重要参数，要求检测流体的质量流量。

质量流量测量仪表通常可分为两大类：间接式质量流量计和直接式质量流量计。间接式质量流量计采用密度或温度、压力补偿的办法，在测量体积流量的同时，测量流体的密度或流体的温度、压力值，再通过运算求得质量流量。现在带有微处理器的流量传感器均可实现这一功能，这种仪表又称为推导式质量流量计。直接式质量流量计则直接输出与质量流量相对应的信号，反映质量流量的大小。

5.3.1 间接式质量流量测量方法(Indirect Mass Flow Measurement)

根据质量流量与体积流量的关系，可以有多种仪表的组合以实现质量流量测量。常见的组合方式有如下几种。

5.3.1.1 体积流量计与密度计的组合方式(Combination of Volumetric Flowmeter and densimeter)

(1) 差压式流量计与密度计的组合(Combination of Differential Pressure Flowmeter and densimeter)

差压计输出信号正比于 ρq_v^2，密度计测量流体密度 ρ，仪表输出为统一标准的电信号，可以进行运算处理求出质量流量。其计算式为：

$$q_m = \sqrt{\rho q_v^2 \cdot \rho} = \rho q_v \qquad (5-51)$$

(2) 其他体积流量计与密度计组合(Combination of the other Flowmeter and densimeter)

其他流量计可以用速度式流量计，如涡轮流量计、电磁流量计或容积式流量计。这类流量计输出信号与密度计输出信号组合运算，即可求出质量流量：

$$q_m = \rho \cdot q_v \qquad (5-52)$$

5.3.1.2 体积流量计与体积流量计的组合方式(Combination of Two Kinds of Volumetric Flowmeters)

差压式流量计(或靶式流量计)与涡轮流量计(或电磁流量计、涡街流量计等)组合，通过运算得到质量流量。其计算式为

$$q_m = \frac{\rho q_v^2}{q_v} = \rho q_v \qquad (5-53)$$

5.3.1.3 温度、压力补偿式质量流量计(Mass Flowmeter with Temperature and Pressure Compensation)

流体密度是温度、压力的函数，通过测量流体温度和压力，与体积流量测量组合可求出流体质量流量。

图 5.31 给出几种推导式质量流量计组合示意图。

间接式质量流量计构成复杂，由于包括了其他参数仪表误差和函数误差等，其系统误差通常低于体积流量计。但在目前，已有多种型式的微机化仪表可以实现有关计算功能，应用仍较普遍。

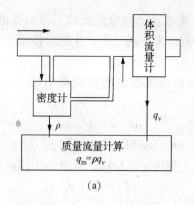

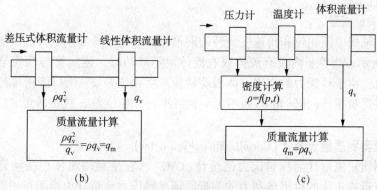

(b)　　　　　　　　　　　　(c)

图 5.31　几种推导式质量流量计组合示意

5.3.2　直接式质量流量计(Direct Mass Flowmeter)

直接式质量流量计的输出信号直接反映质量流量,其测量不受流体的温度、压力、密度变化的影响。目前得到较多应用的直接式质量流量计是科里奥利质量流量计,此外还有热式质量流量计和冲量式质量流量计等。

5.3.2.1　科里奥利质量流量计(Coriolis Mass Flowmeter)

(1)科里奥利力(Coriolis Force)

如图 5.32(a)所示,当一根管子绕着原点旋转时,让一个质点以一定的直线速度 v 从原点通过管子向外端流动,由于管子的旋转运动(角速度 ω),质点做切向加速运动,质点的切向线速度由零逐渐加大,也就是说质点被赋予能量,随之产生的反作用力 F_c(即惯性力)将使管子的旋转速度减缓,即管子运动发生滞后。

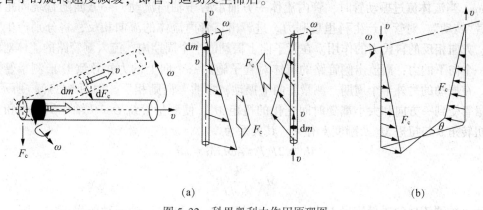

(a)　　　　　　　　　　　　(b)

图 5.32　科里奥利力作用原理图

相反，让一个质点从外端通过管子向原点流动，即质点的线速度由大逐渐减小趋向于零，也就是说质点的能量被释放出来，随之而产生的反作用力 F_c 将使管子的旋转速度加快，即管子运动发生超前。

这种能使旋转着的管子运动速度发生超前或滞后的力，就称为科里奥利力，简称科氏力。

$$dF_c = -2dm\omega v \tag{5-54}$$

式中，dm 为质点的质量；dF_c、ω 和 v 均为矢量。

当流体在旋转管道中以恒定速度 v 流动时，管道内流体的科氏力为

$$F_c = 2\omega LM \tag{5-55}$$

式中　L——管道长度；

　　　M——质量流量。

若将绕一轴线以同相位和角速度旋转的两根相同的管子外端用同样的管子连接起来，如图 5.32（b）所示。当管子内没有流体或有流体但不流动时，连接管与轴线平行；当管子内有流体流动时，由于科氏力的作用，两根旋转管产生相位差 φ，出口侧相位超前于进口侧相位，而且连接管被扭转（扭转角 θ）而不再与轴线平行。相位差 φ 或扭转角 θ 反映管子内流体的质量流量。

（2）科里奥利质量流量计（Coriolis Mass Flowmeter）

科里奥利质量流量计简称科氏力流量计（CMF），它是利用流体在振动管中流动时，将产生与质量流量成正比的科里奥利力的测量原理。科氏力流量计由检测科里奥利力的传感器与转换器组成。图 5.33 所示为一种 U 形管式科氏力流量计的示意图，其工作原理如下。

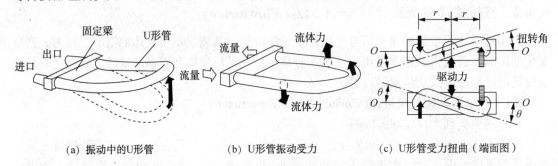

图 5.33　U 形管式科里奥利力作用原理图

测量管在外力驱动下，以固有振动频率做周期性上、下振动，频率约为 80Hz，振幅接近 1mm。当流体流过振动管时，管内流体一方面沿管子轴向流动，一方面随管绕固定梁正反交替"转动"，对管子产生科里奥利力。进、出口管内流体的流向相反，将分别产生大小相等、方向相反的科氏力的作用。在管子向上振动的半个周期内，流入侧管路的流体对管子施加一个向下的力；而流出侧管路的流体对管子施加一个向上的力，导致 U 形测量管产生扭曲。在振动的另外半个周期，测量管向下振动，扭曲方向则相反。如图 5.33（c）所示，U 形测量管受到一方向和大小都随时间变化的扭矩 M_c，使测量管绕 O—O 轴作周期性扭曲变形。扭转角 θ 与扭矩 M_c 及刚度 k 有关。其关系为

$$M_c = 2F_c r = 4\omega LrM = k\theta \tag{5-56}$$

$$M = \frac{k}{4\omega Lr}\theta \tag{5-57}$$

所以被测流体的质量流量 M 与扭转角 θ 成正比。如果 U 形管振动频率一定，则 ω 恒定

不变。所以只要在振动中心位置 O—O 上安装两个光电检测器，测出 U 形管在振动过程中测量管通过两侧的光电探头的时间差，就能间接确定 θ，即质量流量 M。

科氏力流量计的振动管形状还有平行直管、Ω 形管或环形管等，也有用两根 U 形管等方式。采用何种型式的流量计要根据被测流体情况及允许阻力损失等因素综合考虑进行选择。图 5.34 所示为两种振动管型式的科氏力流量计结构示意图。

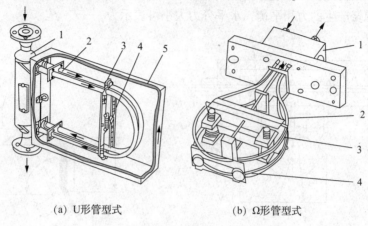

(a) U形管型式   (b) Ω形管型式

图 5.34 两种科氏力流量计结构示意图

1—支撑管；2—检测管；3—电磁检测器；4—电磁激励器；5—壳体

这种类型的流量计的特点是可直接测得质量流量信号，不受被测介质物理参数的影响，精度较高；可以测量多种液体和浆液，也可以用于多相流测量；不受管内流态影响，因此对流量计前后直管段要求不高；其范围度可达 100∶1。但是它的阻力损失较大，存在零点漂移，管路的振动会影响其测量精度。

5.3.2.2 热式质量流量计（Thermal Mass Flowmeter）

热式质量流量计的测量原理基于流体中热传递和热转移与流体质量流量的关系。其工作机理是利用外热源对被测流体加热，测量因流体流动造成的温度场变化，从而测得流体的质量流量。热式流量计中被测流体的质量流量可表示为

$$q_\mathrm{m} = \frac{P}{c_p \Delta T} \tag{5-58}$$

式中 P——加热功率；

c_p——比定压热容；

ΔT——加热器前后温差。

若采用恒定功率法，测量温差 ΔT 可以求得质量流量。若采用恒定温差法，则测出热量的输入功率 P 就可以求得质量流量。

图 5.35 为一种非接触式对称结构的热式流量计示意图。加热器和两只测温铂电阻安装在小口径的金属薄壁圆管外，测温铂电阻 R_1、R_2 接于测量电桥的两臂。在管内流体静止时，电桥处于平衡状态。当流体流动时则形成变化的温度场，两只测温铂电阻阻值的变化使电桥产生不平衡电压，测得此信号可知温差 ΔT，即可求得流体的质量流量。

热式流量计适用于微小流量测量。当需要测量较大流量时，要采用分流方法，仅测一小部分流量，再求得全流量。热式流量计结构简单，压力损失小。非接触式流量计使用寿命长；其缺点是灵敏度低，测量时还要进行温度补偿。

5.3.2.3　冲量式流量计(Impulse Flowmeter)

冲量式流量计用于测量自由落下的固体粉料的质量流量。冲量式流量计由冲量传感器及显示仪表组成。冲量传感器感受被测介质的冲力,经转换放大输出与质量流量成比例的标准信号,其工作原理如图 5.36 所示。自由下落的固体粉料对检测板——冲板产生冲击力,其垂直分力由机械结构克服而不起作用。其水平分力则作用在冲板轴上,并通过机械结构的作用与反馈测量弹簧产生的力相平衡,水平分力大小可表示为

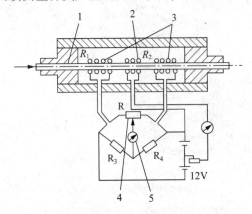

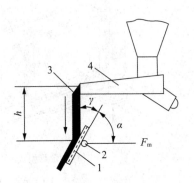

图 5.35　非接触式对称结构的热式流量计示意图　　图 5.36　冲量式流量计工作原理图
1—镍管；2—加热线圈；　　　　　　　　　　　　1—冲板；2—冲板轴；
3—测温线圈；4—调零电阻；5—电表　　　　　　　3—物料；4—输送机

$$F_m = q_m \sqrt{2gh\sin\alpha\sin\gamma} \tag{5-59}$$

式中　q_m——物料流量,kg/s;

　　　h——物料自由下落至冲板的高度,m;

　　　γ——物料与冲板之间的夹角;

　　　α——冲板安装角度。转换装置检测冲板轴的位移量,经转换放大后输出与流量相对应的信号。

冲量式流量计结构简单,安装维修方便,使用寿命长,可靠性高;由于检测的是水平力,所以检测板上有物料附着时也不会发生零点漂移。冲量式流量计适用于各种固体粉料介质的流量测量,从粉末到块状物以及浆状物料。流量计的选择要根据被测介质的大小、重量和正常工作流量等条件。正常流量应在流量计最大流量的 30%~80% 之间。改变流量计的量程弹簧可以调整流量测量范围。

5.4　流量标准装置(Calibration Devices for Flow Measurement)

流量计的标定随流体的不同有很大的差异,需要建立各种类型的流量标准装置。流量标准装置的建立是比较复杂的,不同的介质如气、水、油以及不同的流量范围和管径大小均要有与之相应的装置。以下介绍几种典型的流量标准装置。

5.4.1　液体流量标准装置(Calibration Devices for Liquid Flow)

液体流量标定方法和装置主要有以下几种。

5.4.1.1　标准容积法(Standard Volumetric Method)

标准容积法所使用的标准计量容器是经过精细分度的量具，其容积精度可达万分之几，根据需要可以制成不同的容积大小。图5.37所示为标准容积法流量标准装置示意图。在校验时，高位水槽中的液体通过被校流量计经切换机构流入标准容器，从标准容器的读数装置上读出在一定时间内进入标准容器的液体体积，将由此决定的体积流量值作为标准值与被校流量计的标准值相比较。高位水槽内有溢流装置以保持槽内液位的恒定，补充的液体由泵从下面的水池中抽送。切换机构的作用是当流动达到稳定后再将流体引入标准容器。

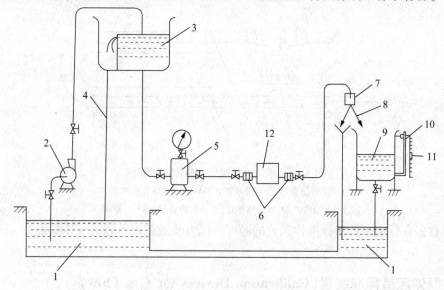

图5.37　标准容积法流量标准装置
1—水池；2—水泵；3—高位水槽；4—溢流管；5—稳压容器；6—活动管接头；
7—切换机构；8—切换挡板；9—标准容积计量槽；10—液位标尺；11—游标；12—被校流量计

进行校验的方法有动态校验法和停止校验法两种。动态校验法是让液体以一定的流量流入标准容器，读出在一定时间间隔内标准容器内液面上升量，或者读出液面上升一定高度所需的时间。停止校验法是控制停止阀或切换机构让一定体积的液体进入标准容器，测定开始流入到停止流入的时间间隔。

用容积法进行校验时，要注意温度的影响。因为热膨胀会引起标准容器容积的变化影响测定精度。

标准容积法有较高精度，但在标定大流量时制造精密的大型标准容器比较困难。

5.4.1.2　标准质量法(Standard Mass Method)

这种方式是以秤代替标准容器作为标准器，用秤量一定时间内流入容器内的流体总量的方法来求出被测液体的流量。秤的精度较高，这种方法可以达到±0.1%的精度。其实验方法也有停止法和动态法两种。

5.4.1.3　标准流量计法(Standard Flowmeter Method)

这种方式是采用高精度流量计作为标准仪表对其他工作用流量计进行校正。用作高精度流量计的有容积式、涡轮式、电磁式和差压式等型式，可以达到±0.1%左右的测量精确度。这种校验方法简单，但是介质性质及流量大小要受到标准仪表的限制。

5.4.1.4　标准体积管校正法(Correction Method of Standard Volume Pipe)

采用标准体积管流量装置可以对较大流量进行实流标定，并且有较高精度，广泛用于石油工业标定液体总量仪表。

标准体积管流量装置在结构上有多种类型。图 5.38 为单球式标准体积管的原理示意图。合成橡胶球经交换器进入体积管，在流过被校验仪表的液流推动下，按箭头所示方向前进。橡胶球经过入口探头时发出信号启动计数器，橡胶球经过出口探头时停止计数器工作。橡胶球受导向杆阻挡，落入交换器，再为下一次实验做准备。被校表的体积流量总量与标准体积段的容积相等，脉冲计数器的累计数相应于被校表给出的体积流量总量。这样，根据检测球走完标准体积段的时间求出的体积流量作为标准，把它与被校表指示值进行比较，即可得知被校表的精度。

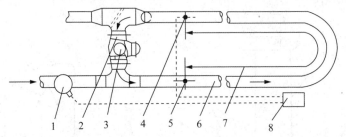

图 5.38　单球式标准体积管原理示意图

1—被校流量计；2—交换器；3—球；4—终止检测器；
5—起始检测器；6—体积管；7—校验容积；8—计数器

应注意，在标定中要对标准体积管的温度、压力及流过被校表的液体的温度、压力进行修正。

5.4.2　气体流量标准装置(Calibration Devices for Gas Flow)

对于气体流量计，常用的校正方法有：用标准气体流量计的校正方法，用标准气体容积的校正方法，使用液体标准流量计的置换法等。

标准气体容积校正的方法采用钟罩式气体流量校正装置，其系统示意图如图 5.39 所示。作为气体标准容器的是钟罩，钟罩的下部是一个水封容器。由于下部液体的隔离作用，使钟罩下形成储存气体的标准容积。工作气体由底部的管道送入或引出。为了保证钟罩下的压力恒定，以及消除由于钟罩浸入深度变化引起罩内压力的变化，钟罩上部经过滑轮悬以相应的平衡重物。钟罩侧面有经过分度的标尺，以计量钟罩内气体体积。在对流量计进行校正时，由送风机把气体送入系统，使钟罩浮起，当流过的气体量达到预定要求时，把三通阀转向放空位置停止进气。放气使罩内气体经被校表流出，由钟罩的刻度值变化换算为气体体积，被校表的累积流过总量应与此相符。采用该方法也要对温度、压力进行修正。这种方法比较常用，可达到较高精度。目前常用钟罩容积有 50L、500L、2000L 的几种。

此外，还有用音速喷嘴产生恒定流量值对气体流量计进行校正的方法。

由以上简要介绍可见，流量校验装置是多样

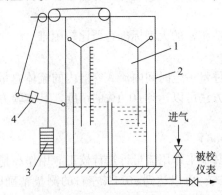

图 5.39　钟罩式气体流量校正装置

1—钟罩；2—导轨和支架；3—平衡锤；4—补偿锤

的，而且一般比较复杂。还应该指出的是，在流量计校验过程中应保持流量值的稳定。因此，产生恒定流量的装置应是流量校验装置的一个部分。

5.5 流量测量仪表的选型(Selection of Flow Measurement Instruments)

流量仪表的主要技术参数如下：

① 流量范围　指流量计可测的最大流量与最小流量的范围。

② 量程和量程比　流量范围内最大流量与最小流量值之差称为流量计的量程。最大流量与最小流量的比值称为量程比，亦称流量计的范围度。

③ 允许误差和精度等级　流量仪表在规定的正常工作条件下允许的最大误差，称为该流量仪表的允许误差，一般用最大相对误差和引用误差来表示。流量仪表的精度等级是根据允许误差的大小来划分的，其精度等级有：0.02、0.1、0.2、0.5、1.0、1.5、2.5 等。

④ 压力损失　除无阻碍流量传感器(电磁式、超声式等)外，大部分流量传感器或要改变流动方向，或在流通管道中设置静止的或活动的检测元件，从而产生随流量而变的不能回复的压力损失，其值有时高达 10kPa。而泵送能耗和压损与流体密度、流量成正比，因选择不当而产生过大的压力损失往往影响流程效率。压力损失的大小是流量仪表选型的一个重要技术指标。压力损失小，流体能消耗小，输运流体的动力要求小，测量成本低。反之则能耗大，经济效益相应降低。故希望流量计的压力损失愈小愈好。

⑤ 线性度　流量仪表输出主要有线性和平方根非线性两种。大部分流量仪表的非线性误差不列单独指标，而包含在基本误差内。然而对于宽流量范围脉冲输出用作总量计算的仪表，线性度是一个重要指标，在流量范围内使用同一个仪表常数，线性度差可能就要降低仪表精确度。随着微处理技术的发展，可采用信号适配技术修正仪表系统非线性，从而提高仪表精确度和扩展流量范围。

关键词(Key Words and Phrases)

(1) 流量　　　　　　　　　Flow

(2) 流量检测及仪表　　　　Flow Measurement and Instrument

(3) 流量计　　　　　　　　Flowmeter

(4) 体积流量　　　　　　　Volumetric Flow

(5) 容积式流量计　　　　　Volumetric Flowmeter

(6) 圆齿轮流量计　　　　　Elliptic Gear Flowmeter

(7) 腰轮流量计　　　　　　Roots Flowmeter

(8) 皮膜式家用煤气表　　　Epithelial Household Gas Meter

(9) 安装　　　　　　　　　Installation

(10) 差压式流量计　　　　　Differential Pressure Type Flowmeter

(11) 孔板　　　　　　　　　Orifice

(12) 喷嘴　　　　　　　　　Spray Nozzle

(13) 文丘里管　　　　　　　Venturi tube

(14) 节流式流量计　　　　　Throttling Flowmeter

(15) 流量方程	Flow Equation
(16) 标准节流装置	Standard Throttling Devices
(17) 弯管流量计	Elbow Flowmeter
(18) 靶式流量计	Target Flowmeter
(19) 浮子流量计	Float Flowmeter
(20) 速度式流量计	Velocity Flowmeter
(21) 涡轮流量计	Turbine Flowmeter
(22) 涡街流量计	Votex Flowmeter
(23) 电磁流量计	Electromagnetic Flowmeter
(24) 超声波流量计	Ultrasonic Flowmeter
(25) 质量流量检测方法	Mass Flow Measurement and Instrument
(26) 间接式质量流量测量方法	Indirect Mass Flow Measurement
(27) 直接式质量流量计	Direct Mass Flowmeter
(28) 科里奥利质量流量计(CMF)	Coriolis Mass Flowmeter
(29) 热式质量流量计	Thermal Mass Flowmeter
(30) 冲量式流量计	Impulse Flowmeter
(31) 流量标准装置	Calibration Devices for Flow
(32) 标准容积法	Standard Volumetric Method
(33) 标准质量法	Standard Mass Method
(34) 标准流量计法	Standard Flowmeter Method
(35) 标准体积管	Standard Volume Pipe
(36) 1/4 圆喷嘴	1/4 Circular Nozzle
(37) 锥形入口孔板	Conical Entrance Orifice Plate
(38) 圆缺孔板	Segmental Orifice Plate
(39) V 内锥流量计	V-Cone Flowmeter

习题(Problems)

5-1 什么是流量和总量? 有哪几种表示方法? 相互之间的关系是什么?

5-2 简述流量测量的特点及流量测量仪表的分类。

5-3 椭圆齿轮流量计的基本工作原理及特点是什么?

5-4 简述几种差压式流量计的工作原理。

5-5 节流式流量计的流量系数与哪些因素有关?

5-6 浮子流量计与节流式流量计测量原理有何异同?

5-7 简述涡轮流量计组成及测量原理。

5-8 超声流量计的工作原理及特点是什么? 其测速方法有几种?

5-9 在你学习到的各种流量检测方法中,请指出哪些测量结果受被测流体的密度影响? 为什么?

5-10 简述标准节流式流量计的组成环节及其作用。对流量测量系统的安装有哪些要求?

5-11 说明涡轮流量计的工作原理,某一涡轮流量计的仪表常数为 $K = 150.4$ 次/L,当它在测量流量时的输出频率 $f=400Hz$，其相应的瞬时流量是多少？

5-12 电磁流量计的工作原理是什么？在使用时需要注意哪些问题？

5-13 简述涡街流量计的工作原理及特点，常见的旋涡发生体有哪几种？

5-14 质量流量测量有哪些方法？

5-15 为什么科氏力流量计可以测量质量流量？

5-16 说明流量标准装置的作用，有哪几种主要类型？

5-17 已知工作状态下体积流量为 $293m^3/h$，被测介质在工作状态下的密度为 $19.7kg/m^3$，求流体的质量流量。

5-18 已知某流量计的最大可测流量(标尺上限)为 $40m^3/h$，流量计的量程比为 $10:1$，则该流量计的最小可测流量是多少？

5-19 标准节流装置有哪些，它们分别有哪些取压方式？

5-20 简述孔板开口大小对流量测量的影响。

5-21 玻璃转子流量计在使用时出现下列情况时，则流量的指示值会发生什么变化？
①转子上沉淀一定量的杂质；②流量计安装时不垂直；③被测介质密度小于标定值。

5-22 现用一只水标定的转子流量计来测定苯的流量，已知转子材料为不锈钢，$\rho_t = 7.9g/cm^3$，苯的密度为 $\rho_f = 0.83 \ g/cm^3$，试问流量计读数为 $3.6L/s$ 时，苯的实际流量是多少？

5-23 某厂用转子流量计来测量温度为 $27℃$，表压为 $0.16MPa$ 的空气流量，问转子流量计读数为 $38Nm^3/h$ 时，空气的实际流量是多少？

5-24 试述化工生产中流量测量的意义。

5-25 什么叫节流现象？流体经节流装置时为什么会产生静压差？

6 物位检测及仪表
（Level Measurement and Instruments）

在工业生产中，常需要对一些设备和容器中的物位进行检测和控制。人们对物位检测的目的有两个：一个是通过物位检测来确定容器内物料的数量，以保证能够连续供应生产中各环节所需的物料或进行经济核算；另一个是通过物位检测，了解物位是否在规定的范围内，以便正常生产，从而保证产品的质量、产量和安全生产。例如，蒸汽锅炉中汽包的液位高度的稳定是保证生产和设备安全的重要参数。如果水位过低，则由于汽包内的水量较少，而负荷却很大，水的汽化速度又快，因而汽包内的水量变化速度很快，如不及时控制，就会使汽包内的水全部汽化，导致锅炉烧坏和爆炸；水位过高会影响汽包的汽水分离，产生蒸汽带液现象，会使过热气管壁结垢导致破坏，同时过热蒸汽温度急剧下降，该蒸汽作为汽轮机动力的话，还会损坏汽轮机叶片，影响运行的安全与经济性。汽包水位过高过低的后果极为严重，所以必须严格加以控制。由此可见，物位的测量在生产中具有十分重要的意义。

6.1 物位的定义及物位检测仪表的分类（Definition and Classification of Level Measurement Instruments）

6.1.1 物位的定义（Definition of Level）

物位（level）通常指设备和容器中液体或固体物料的表面位置。对应不同性质的物料又有以下定义。

① 液位 指设备和容器中液体介质表面的高低。

② 料位 指设备和容器中所储存的块状、颗粒或粉末状固体物料的堆积高度。

③ 界位 指相界面位置。容器中两种互不相容的液体，因其密度不同而形成分界面，为液-液相界面；容器中互不相溶的液体和固体之间的分界面，为液-固相界面；液-液、液-固相界面的位置简称界位。

物位是液位、料位、界位的总称。对物位进行测量、指示和控制的仪表，称物位检测仪表。

6.1.2 物位检测仪表的分类（Classification of Level Measurement Instruments）

由于被测对象种类繁多，检测的条件和环境也有很大差别，所以物位检测的方法多种多样，以满足不同生产过程的测量要求。

物位检测仪表按测量方式可分为连续测量和定点测量两大类。连续测量方式能持续测量物位的变化。定点测量方式则只检测物位是否达到上限、下限或某个特定位置，定点测量仪表一般称为物位开关。

按工作原理分类，物位检测仪表有直读式、静压式、浮力式、机械接触式、电气式等。

① 直读式物位检测仪表 采用侧壁开窗口或旁通管方式，直接显示容器中物位的高度。

方法可靠、准确，但是只能就地指示。主要用于液位检测和压力较低的场合。

② 静压式物位检测仪表　基于流体静力学原理，适用于液位检测。容器内的液面高度与液柱重量所形成的静压力成比例关系，当被测介质密度不变时，通过测量参考点的压力可测知液位。这类仪表有压力式、吹气式和差压式等型式。

③ 浮力式物位检测仪表　其工作原理基于阿基米德定律，适用于液位检测。漂浮于液面上的浮子或浸没在液体中的浮筒，在液面变动时其浮力会产生相应的变化，从而可以检测液位。这类仪表有各种浮子式液位计、浮筒式液位计等。

④ 机械接触式物位检测仪表　通过测量物位探头与物料面接触时的机械力实现物位的测量。这类仪表有重锤式、旋翼式和音叉式等。

⑤ 电气式物位检测仪表　将电气式物位敏感元件置于被测介质中，当物位变化时其电气参数如电阻、电容等也将改变，通过检测这些电量的变化可知物位。

⑥ 其他物位检测方法如声学式、射线式、光纤式仪表等。

各类物位检测仪表的主要特性如表6.1所示。

表6.1　物位检测仪表的分类和主要特性

类别		适用对象	测量范围/m	允许温度/℃	允许压力/MPa	测量方式	安装方式
直读式	玻璃管式	液位	<1.5	100~150	常压	连续	侧面、旁通管
	玻璃板式	液位	<3	100~150	6、4	连续	侧面
静压式	压力式	液位	50	200	常压	连续	侧面
	吹气式	液位	16	200	常压	连续	顶置
	差压式	液位、界位	25	200	40	连续	侧面
浮力式	浮子式	液位	2.5	<150	6、4	连续、定点	侧面、顶置
	浮筒式	液位、界位	2.5	<200	32	连续	侧面、顶置
	翻板式	液位	<2.4	-20~120	6、4	连续	侧面、旁通管
机械接触式	重锤式	料位、界位	50	<500	常压	连续、断续	顶置
	旋翼式	液位	由安装位置定	80	常压	定点	顶置
	音叉式	液位、料位	由安装位置定	150	4	定点	侧面、顶置
电气式	电阻式	液位、料位	由安装位置定	200	1	连续、定点	侧面、顶置
	电容式	液位、料位、界位	50	400	32	连续、定点	顶置
其他	超声式	液位、料位	60	150	0.8	连续、定点	顶置
	微波式	液位、料位	60	150	1	连续	顶置
	称重式	液位、料位	20	常温	常压	连续	在容器钢支架上安装传感器
	核辐射式	液位、料位	20	无要求	随容器定	连续、定点	侧面

6.2　常用物位检测仪表(Level Measurements Instruments in General Use)

6.2.1　静压式物位检测仪表(Level Measurement Instruments of Static Pressure Type)

静压式检测方法的测量原理如图6.1所示，将液位的检测转换为静压力测量。设容器上

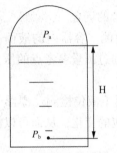

图 6.1 静压式液位计原理图

部空间的气体压力为 p_a，选定的零液位处压力为 p_b，则自零液位至液面的液柱高 H 所产生的静压差 Δp 可表示为

$$\Delta p = p_b - p_a = H\rho g \qquad (6-1)$$

式中　ρ——被测介质密度；

　　　g——重力加速度。

当被测介质密度不变时，测量差压值 Δp 或液位零点位置的压力 p_b，即可以得知液位。

静压式检测仪表有多种型式，应用较普遍。

6.2.1.1　压力和差压式液位计（Pressure and Differential Pressure Levelmeter）

凡是可以测压力和差压的仪表，选择合适的量程，均可用于检测液位。这种仪表的特点是测量范围大，无可动部件，安装方便，工作可靠。

对于敞口容器，式(6-1)中的 p_a 为大气压力，只需将差压变送器的负压室通大气即可。若不需要远传信号，也可以在容器底部或侧面液位零点处引出压力信号，仪表指示的表压力即反映相应的液柱静压，如图 6.2 所示。对于密闭容器，可用差压计测量液位，其设置如图 6.3 所示，差压计的正压侧与容器底部相通，负压侧连接容器上部的气空间。由式(6-1)可求液位高度。

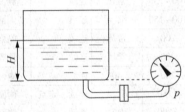

图 6.2　压力计式液位计

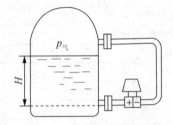

图 6.3　差压式液位计

（1）零点迁移问题（Problems of Zero Shift）

在使用差压变送器测液位时，一般来说，其压差 Δp 与液位高度 H 之间有式(6-1)的关系。这就属于一般的零点"无迁移"情况，当 H=0 时，作用在正、负压室的压力相等。

① 负迁移（Negative Shift）。

在实际液位测量时，液位 H 与压差 Δp 的关系不那么简单。如图 6.4 所示，为防止容器内液体或气体进入变送器而造成管线堵塞或腐蚀，并保持负压室的液柱高度恒定，在差压变送器正、负压室与取压点之间安装有隔离罐，并充有隔离液。若被测介质密度为 ρ_1，隔离液密度为 ρ_2(通常 $\rho_2 > \rho_1$)，由图 6.4 知

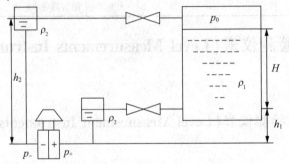

图 6.4　负迁移测量液位原理图

$$p_+ = \rho_2 g h_1 + \rho_1 g H + p_0 \qquad (6-2)$$

$$p_- = \rho_2 g h_2 + p_0 \qquad (6-3)$$

由此可得正、负压室的压差为

$$\Delta p = p_+ - p_- = \rho_1 g H - (h_2 - h_1) \rho_2 g = \rho_1 g H - B \qquad (6-4)$$

当 $H = 0$ 时，$\Delta p = -(h_2 - h_1)\rho_2 g \neq 0$，有零点迁移，且属于"负迁移"。

将式(6-4)与式(6-1)相比较，就知道这时压差减少了 $-(h_2 - h_1)\rho_2 g$ 一项，也就是说，当 $H = 0$ 时，$\Delta p = -(h_2 - h_1)\rho_2 g$，对比无迁移情况，相当于在负压室多了一项压力，其固定数值为 $-(h_2 - h_1)\rho_2 g$。假定采用的是 DDZ-Ⅲ 差压变送器，其输出范围为 4~20mA 的电流信号，在无迁移时，$H = 0$，$\Delta p = 0$，这时变送器的输出 $I_0 = 4\text{mA}$；$H = H_{max}$，$\Delta p = \Delta p_{max}$，这时变送器的输出 $I_0 = 20\text{mA}$。差压变送器的输出电流 I 与液位 H 成线性关系，如图 6.5 表示了液位 H 与差压 Δp 以及差压 Δp 与输出电流 ΔI 之间的关系。

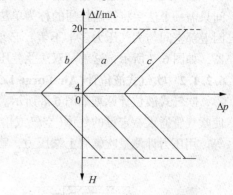

图 6.5　差压变送器的正负迁移示意图

但是有迁移时，根据式(6-4)可知，由于有固定差压的存在，当 $H = 0$ 时，变送器的输入小于 0，其输出必定小于 4mA；当 $H = H_{max}$ 时，变送器的输入小于 Δp_{max}，其输出必定小于 20mA。为了使仪表的输出能正确反映出液位的数值，也就是使液位的零值和满量程能与变送器输出的上、下限值相对应，必须设法抵消固定压差 $-(h_2 - h_1)\rho_2 g$ 的作用，使得当 $H = 0$ 时，变送器的输出仍回到4mA，而当 $H = H_{max}$ 时，变送器的输出能为20mA。采用零点迁移的办法就能够达到此目的。即调节仪表上的迁移弹簧，以抵消固定压差 $-(h_2 - h_1)\rho_2 g$ 的作用。因为要迁移的量为负值，因此称为负迁移，迁移量为 $-B$。从而实现了差变输出与液位之间的线性关系，如图 6.5 曲线 b 所示。

这里迁移弹簧的作用，其实质就是改变变送器的零点，迁移和调零都是使变送器输出的起始值与被测量起始点相对应，只不过零点调整量通常较小，而零点迁移量则比较大。

迁移同时改变了量程范围的上、下限，相当于测量范围的平移，它不改变量程的大小。

② 正迁移(Positive Shift)。

由于工作条件不同，有时会出现正迁移的情况，如图 6.6 所示。由图可知

$$p_+ = \rho g h + \rho g H + p_0 \qquad (6-5)$$

$$p_- = p_0 \qquad (6-6)$$

由此可得正、负压室的压差为

$$\Delta p = p_+ - p_- = \rho g H + \rho g h = \rho g H + C \qquad (6-7)$$

当 $H = 0$ 时，$\Delta p = +C$，即正压室多了一项附加压力 C，这时变送器输出应为 4mA。画出此时变送器输出和输入压差之间的关系，就如同图 6.5 曲线 c 所示。

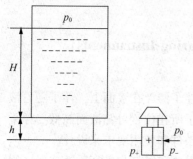

图 6.6　正迁移测量液位原理图

(2) 用法兰取压式差压变送器测量液位(Measuring Level with Flange Differential Pressure Transmitter)

为了解决测量具有腐蚀性或含有结晶颗粒以及黏度大、易凝固等液体液位时引压管线被

155

腐蚀、被堵塞的问题，应使用在导压管入口处加隔离膜盒的法兰式差压变送器，如图6.7所示。作为敏感元件的测压头1(金属膜盒)，经毛细管2与变送器3的测量室相通。在膜盒、毛细管和测量室所组成的封闭系统内充有硅油，作为传压介质，并使被测介质不进入毛细管与变送器，以免堵塞。

法兰式差压变送器按其结构形式的不同又分为单法兰式及双法兰式两种。容器与变送器间只需一个法兰将管路接通的称为单法兰差压变送器，而对于上端和大气隔绝的闭口容器，因上部空间与大气压力多半不等，必须采用两个法兰分别将液相和气相压力导至差压变送器，如图6.7所示，这就是双法兰差压变送器。

6.2.1.2 吹气式液位计(Air Purge Levelmeter)

吹气式液位计原理如图6.8所示。将一根吹气管插入至被测液体的最低位(液面零位)，使吹气管通入一定量的气体(空气或惰性气体)，使吹气管中的压力与管口处液柱静压力相等。用压力计测量吹气管上端压力，就可测得液位。

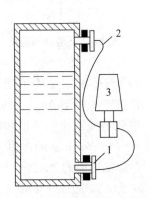
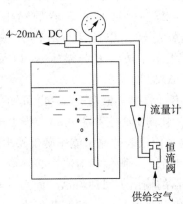

图6.7 法兰式液位计示意图   图6.8 吹气式液位计
1—法兰测压头；2—毛细管；3—变送器

由于吹气式液位计将压力检测点移至顶部，其使用维修均很方便。很适合于地下储罐、深井等场合。

用压力计或差压计检测液位时，液位的测量精度取决于测压仪表的精度以及液体的温度对其密度的影响。

6.2.2 浮力式物位检测仪表(Float Type Level Measuring Instruments)

6.2.2.1 浮子式液位计(Float Levelmeter)

浮子式液位计是一种恒浮力式液位计。作为检测元件的浮子漂浮在液面上，浮子随着液面的变化而上下移动，其所受浮力的大小保持一定，检测浮子所在位置可知液面高低。浮子的形状常见有圆盘形、圆柱形和球形等，其结构要根据使用条件和使用要求来设计。

以图6.9所示的重锤式直读浮子液位计为例。浮子通过滑轮和绳带与平衡重锤连接，绳带的拉力与浮子的重量及浮力相平衡，以维持浮子处于平衡状态而漂在液面上，平衡重锤位置即反映浮子的位置，从而测知液位。若圆柱形浮子的外直径为D、浮子浸入液体的高度为h、液体密度为ρ。则其所受浮力F为

$$F = \frac{\pi D^2}{4} h \rho g \qquad (6-8)$$

156

此浮力与浮子的重量减去绳带向上的拉力相平衡。当液位发生变化时，浮子浸入液体的深度将改变，所受浮力亦变化。浮力变化 ΔF 与液位变化 ΔH 的关系可表示为

$$\frac{\Delta F}{\Delta H}=\rho g\frac{\pi D^2}{4} \qquad (6-9)$$

由于液体的黏性及传动系统存在摩擦等阻力，液位变化只有达到一定值时浮子才能动作。按式(6-9)，若 ΔF 等于系统的摩擦力，则式(6-9)给出了液位计的不灵敏区，此时的 ΔF 为浮子开始移动时的浮力。选择合适的浮子直径及减少摩擦阻力，可以改善液位计的灵敏度。

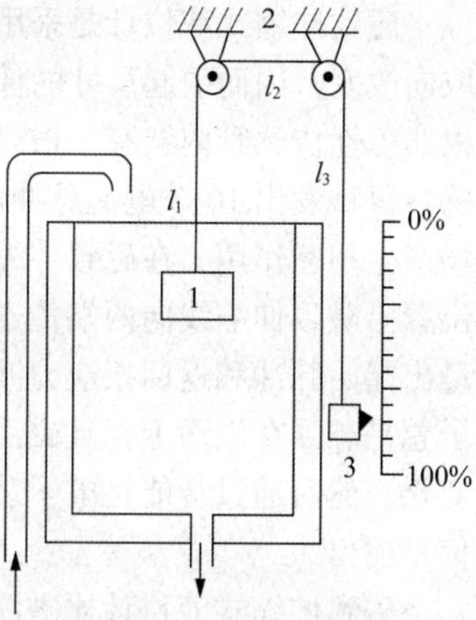

浮子位置的检测方式有很多，可以直接指示也可以将信号远传。图6.10给出用磁性转换方式构成的舌簧管式液位计结构原理图。仪表的安装方式见图(c)，在容器内垂直插入下端封闭的不锈钢导管，浮子套在导管外可以上下浮动。图(a)中导管内的条形绝缘板上紧密排列着舌簧管和电阻，浮子里面装有环形永磁体，环形永磁体的两面为 N、S 极，其磁力线将沿管内的舌簧管闭合，即处于浮子中央位置的舌簧管将吸合导通，而其他舌簧管则为断开状态。舌簧管和电阻按图(b)接线，随着液位的变化，不同舌簧管的导通使电路可以输出与液位相对应的信号。这种液位计结构简单，通常采用两个舌簧管同时吸合以提高其可靠性。但是由于舌簧管尺寸及排列的限制，液位信号的连续性较差，且量程不能很大。

图6.11为一种磁致伸缩式液位计(Magnetostrictive Levelmeter)。磁致伸缩式液位计属于浮子式液位计。适合于高精度要求的清洁液体的液位测量。双浮子型磁致伸缩式液位计可以测量两种不同液体之间的界面。

图6.9 浮子重锤液位计

1—浮子；2—滑轮；3—平衡重锤

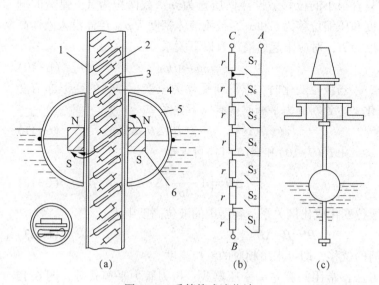

(a)　　　　(b)　　　　(c)

图6.10　舌簧管式液位计

1—导管；2—条形绝缘板；3—舌簧管；4—电阻；5—浮子；6—磁环

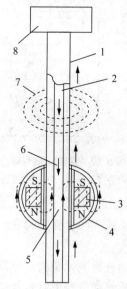

图6.11　磁致伸缩式液位计

1—外管；2—波导管；

3、5—永久磁铁及磁场；4—浮子；

6、7—电脉冲及磁场；8—感应装置

157

磁致伸缩式液位计是采用磁致伸缩原理(某些磁性材料，在周围磁场作用下内部磁畴的取向改变，因而引起尺寸的伸缩，被称为"磁致伸缩现象")而设计的。其工作原理是：在一根非磁性传感管内装有一根磁致伸缩线，在磁致伸缩线一端装有一个压磁传感器，该压磁传感器每秒发出10个电流脉冲信号给磁致伸缩线，并开始计时，该电流脉冲同磁性浮子的磁场产生相互作用，在磁致伸缩线上产生一个扭应力波，这个扭应力波以已知的速度从浮子的位置沿磁致伸缩线向两端传送，直到压磁传感器收到这个扭应力信号为止。压磁传感器可测量出起始脉冲和返回扭应力波间的时间间隔，根据时间间隔大小来判断浮子的位置，由于浮子总是悬浮在液面上，且磁浮子位置(即时间间隔大小也就是液面的高低)随液面的变化而变化，然后通过智能化电子装置将时间间隔大小信号转换成与被测液位成比例的4～20mA信号输出。

磁致伸缩式液位计比磁浮子舌簧管液位计技术上要先进，没有电触点，可靠性好；结构简单，小巧，连续反映液位的变化。但由于磁致伸缩信号微弱，需用特种材料及工艺灵敏的电路，所以制造难度较大，价格昂贵。

目前国内市场商品化磁致伸缩式液位计测量范围大(最大可达20余米)，分辨力可达0.5mm，精度等级0.2~1.0级左右，价格相对低廉。是非黏稠、非高温液体液位测量的一种较好和较为先进的测量方法。

6.2.2.2　浮筒式液位计(Displacer Levelmeter)

这是一种变浮力式液位计。作为检测元件的浮筒为圆柱形，部分沉浸于液体中，利用浮筒被液体浸没高度不同引起的浮力变化而检测液位。图6.12为浮筒式液位计的原理示意图。

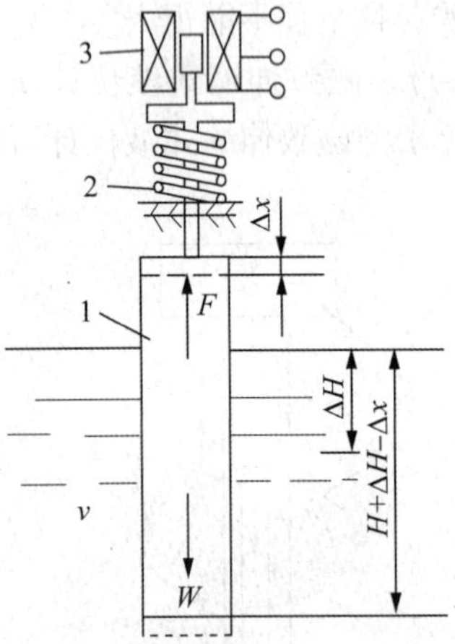

图6.12　浮筒式液位计
1—浮筒；2—弹簧；3—差动变压器

浮筒由弹簧悬挂，下端固定的弹簧受浮筒重力而被压缩，由弹簧的弹性力平衡浮筒的重力。在检测液位的过程中浮筒只有很小的位移。设浮筒质量为m，截面积为A，弹簧的刚度和压缩位移为c和x_0，被测液体密度为ρ，浮筒没入液体高度为H，对应于起始液位有以下关系

$$cx_0 = mg - AH\rho g \qquad (6-10)$$

当液位变化时，浮筒所受浮力改变，弹簧的变形亦有变化。达到新的力平衡时则有以下关系

$$c(x_0 - \Delta x) = mg - A(H + \Delta H - \Delta x)\rho g \qquad (6-11)$$

由式(7-10)和式(7-11)可求得

$$\Delta H = \left(1 + \frac{c}{A\rho g}\right)\Delta x \qquad (6-12)$$

上式表明，弹簧的变形与液位变化成比例关系。容器中的液位高度则为

$$H' = H + \Delta H \qquad (6-13)$$

通过检测弹簧的变形即浮筒的位移，即可求出相应的液位高度。

检测弹簧变形有各种转换方法，常用的有差动变压器式、扭力管力平衡式等。图6.12中的位移转换部分就是一种差动变压器方式。在浮筒顶部的连杆上装一铁芯，铁芯随浮筒而上下移动，其位移经差动变压器转换为与位移成比例的电压输出，从而给出相应的液位指示。

6.2.3　其他物位测量仪表（Other Types Level Measuring Instruments）

6.2.3.1　电容式物位计（Electrical Capacitance Levelmeter）

电容式物位计的工作原理基于圆筒形电容器的电容值随物位而变化。这种物位计的检测元件是两个同轴圆筒电极组成的电容器，如图6.13(a)所示，其电容量为

$$C_0 = \frac{2\pi\varepsilon_1 L}{\ln(D/d)} \tag{6-14}$$

式中　L——极板长度；

$\quad\quad D$——外电极内径；

$\quad\quad d$——内电极外径；

$\quad\quad \varepsilon_1$——极板间介质的介电常数。

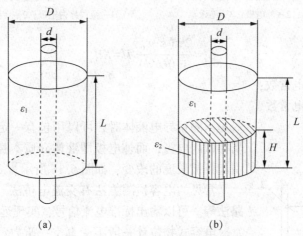

图6.13　电容式物位计的测量原理

若将物位变化转换为 L 或 ε_1 的变化均可引起电容量的变化，从而构成电容式物位计。

当圆筒形电极的一部分被物料浸没时，极板间存在的两种介质的介电常数将引起电容量的变化。设原有中间介质的介电常数为 ε_1，被测物料的介电常数为 ε_2，电极被浸没深度为 H，如图6.13(b)所示，则电容变化为

$$C = \frac{2\pi\varepsilon_2 H}{\ln(D/d)} + \frac{2\pi\varepsilon_1(L-H)}{\ln(D/d)} \tag{6-15}$$

则电容量的变化 ΔC 为

$$\Delta C = C - C_0 = \frac{2\pi(\varepsilon_2 - \varepsilon_1)}{\ln(D/d)} H = KH \tag{6-16}$$

在一定条件下，$\dfrac{2\pi(\varepsilon_2 - \varepsilon_1)}{\ln(D/d)}$ 为常数，则 ΔC 与 H 成正比，测量电容变化量即可得知物位。

电容式物位计可以测量液位、料位和界位，主要由测量电极和测量电路组成。根据被测介质情况，电容测量电极的型式可以有多种。当测量不导电介质的液位时，可用同心套筒电极，如图6.14所示；当测量料位时，由于固体间磨损较大，容易"滞留"，所以一般不用双电极式电极。可以在容器中心设内电极而由金属容器壁作为外电极，构成同心电容器来测量非导电固体料位，如图6.15所示。

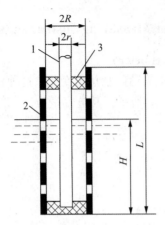

图 6.14 非导电液体液位测量
1—内电极；2—外电极；3—绝缘套

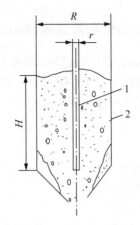

图 6.15 非导电固体料位测量
1—金属棒内电极；2—金属容器外电极

$$C_x = \frac{2\pi(\varepsilon - \varepsilon_0)}{\ln(D/d)}H = KH \qquad (6-17)$$

式中　ε_0——空气介电常数；
　　　ε——物料介电常数。

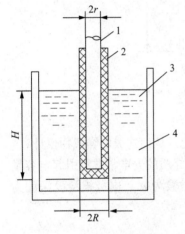

图 6.16 导电液体液位测量
1—内电极；2—绝缘套管；
3—外电极；4—导电液体

当测量导电液体时，可以用包有一定厚度绝缘外套的金属棒做内电极，而外电极即液体介质本身，这时液位的变化引起极板长度的改变，如图 6.16 所示。

常见的电容检测方法有交流电桥法、充放电法、谐振电路法等。可以输出标准电流信号，实现远距离传送。

电容式物位计一般不受真空、压力、温度等环境条件的影响；安装方便，结构牢固，易维修；价格较低。但是不适合于以下情况：如介质的介电常数随温度等影响而变化、介质在电极上有沉积或附着、介质中有气泡产生等。

6.2.3.2 超声式物位计(Ultrasonic Levelmeter)

超声波在气体、液体及固体中传播，具有一定的传播速度。超声波在介质中传播时会被吸收而衰减，在气体中传播的衰减最大，在固体中传播的衰减最小。超声波在穿过两种不同介质的分界面时会产生反射和折射，对于声阻抗(声速与介质密度的乘积)差别较大的相界面，几乎为全反射。从发射超声波至收到反射回波的时间间隔与分界面位置有关，利用这一比例关系可以进行物位测量。

回波反射式超声波物位计的工作原理，就是利用发的超声波脉冲将由被测物料的表面反射，测量从发射超声波到接收回波所需的时间，可以求出从探头到分界面的距离，进而测得物位。根据超声波传播介质的不同，超声式物位计可以分为固介式、液介式和气介式。它的组成主要有超声换能器和电子装置，超声换能器由压电材料制成，它完成电能和超声能的可逆转换，超声换能器可以采用接、收分开的双探头方式，也可以只用一个自发自收的单探头。电子装置用于产生电信号激励超声换能器发射超声波，并接收和处理经超声换能器转换的电信号。

图 6.17 所示为一种液介式超声波物位计的测量原理。置于容器底部的超声波换能器向液面发射短促的超声波脉冲，经时间 t 后，液面处产生的反射回波又被超声波换能器接收。则由超声波换能器到液面的距离 H 可用下式求出

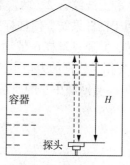

$$H = \frac{1}{2}ct \qquad (6-18)$$

式中　c——超声波在被测介质中的传播速度。只要声速已知，可以精确测量时间 t，求得液位。

图 6.17　超声液位检测原理

超声波在介质中的传播速度易受介质的温度、成分等变化的影响，是影响物位测量的主要因素，需要进行补偿。通常可在超声换能器附近安装温度传感器，自动补偿声速因温度变化对物位测量的影响。还可使用校正器，定期校正声速。

超声式物位计的构成型式多样，还可以实现物位的定点测量。这类仪表无机械可动部件，安装维修方便；超声换能器寿命长；可以实现非接触测量，适合于有毒、高黏度及密封容器的物位测量；能实现防爆。由于其对环境的适应性较强，应用广泛。

6.2.3.3　核辐射式物位计(Nuclear Radiation Levelmeter)

核辐射式物位计是利用放射源产生的核辐射线(通常为 γ 射线)穿过一定厚度的被测介质时，射线的投射强度将随介质厚度的增加而呈指数规律衰减的原理来测量物位的。射线强度的变化规律为

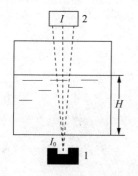

$$I = I_0 e^{-\mu H} \qquad (6-19)$$

式中　I_0——进入物料之前的射线强度；

　　　μ——物料对射线的吸收系数；

　　　H——物料的厚度；

　　　I——穿过介质后的射线强度。

图 6.18 是辐射式物位计的测量原理示意，在辐射源射出的射线强度 I_0 和介质的吸收系数 μ 已知的情况下，只要通过射线接收器检测出透过介质以后的射线强度 I，就可以检测出物位的厚度 H。

图 6.18　核辐射物位计测量示意图
1—射线源；2—接收器

核辐射式物位计属于非接触式物位测量仪表，适用于高温、高压、强腐蚀、剧毒等条件苛刻的场合。核射线还能够直接穿透钢板等介质，可用于高温熔融金属的液位测量，使用时几乎不受温度、压力、电磁场的影响。但由于射线对人体有害，因此对射线的剂量应严加控制，且须切实加强安全防护措施。

6.2.3.4　称重式液罐计量仪(Weighing Liquid Tank Meter)

石油、化工行业大型贮罐很多，如油田的原油计量罐，由于高度与直径都很大，液位变化 1~2mm，就会有几百千克到几吨的差别，所以液位的测量要求很准确。同时，液体(如油品)的密度会随温度发生较大的变化，而大型容器由于体积很大，各处温度很不均匀，因此即使液位(即体积)测得很准确，也反映不了贮罐中真实的质量储量。利用称重式液罐计量仪基本上就能解决上述问题。

称重仪根据天平原理设计，如图 6.19 所示。罐顶压力 p_1 与罐底压力 p_2 分别引至下波纹

管 1 和上波纹管 2。两波纹管的有效面积 A_1 相等，差压引入两波纹管，产生总的作用力，作用于杠杆系统，使杠杆失去平衡，于是通过发讯器、控制器、接通电机线路，使可逆电机旋转，并通过丝杠 6 带动砝码 5 移动，直至由砝码作用于杠杆的力矩与测量力(由压差引起)作用于杠杆的力矩平衡时，电机才停止转动。下面推导在杠杆系统平衡时砝码离支点的距离 L_2 与液灌中总的质量储量之间的关系。

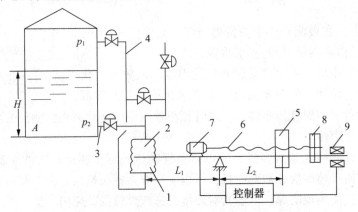

图 6.19　称重式液灌计量仪
1—下波纹管；2—上波纹管；3—液相引压管；4—气相引压管；
5—砝码；6—丝杠；7—可逆电机；8—编码盘；9—发讯器

杠杆平衡时，有

$$(p_2-p_1)A_1L_1=MgL_2 \tag{6-20}$$

式中　M——砝码质量；

　　　g——重力加速度；

　L_1、L_2——杠杆臂长；

　　　A_1——两波纹管有效面积。由于

$$p_2-p_1=H\rho g \tag{6-21}$$

代入式(6-20)得

$$L_2=\frac{A_1L_1}{M}\rho H=K\rho H \tag{6-22}$$

式中　K——仪表常数；

　　　ρ——被测介质密度；

　　　H——被测介质高度。

如果液罐截面均匀，设截面积为 A，于是贮液罐内总的液体储量 M_0 为

$$M_0=\rho HA \tag{6-23}$$

即

$$\rho H=\frac{M_0}{A} \tag{6-24}$$

将式(6-24)代入式(6-22)得

$$L_2=\frac{K}{A}M_0 \tag{6-25}$$

因此，砝码离支点的距离 L_2 与液灌单位面积储量成正比。如果液灌的横截面积 A 为常数，则可得

$$L_2 = K_i M_0 \tag{6-26}$$

式中，$K_i = \dfrac{K}{A} = \dfrac{A_1 L_1}{AM}$ 为仪表常数。可见 L_2 与贮液罐内介质的总质量储量 M_0 成正比，而与介质密度无关。

如果贮罐横截面积随高度而变化，一般是预先制好表格，根据砝码位移量 L_2 就可以查得储存液体的重量。

由于砝码移动距离与丝杠转动圈数成比例，丝杠转动时，经减速带动编码盘 8 转动，因此编码盘的位置与砝码位置是对应的，编码盘发出编码信号到显示仪表，经译码和逻辑运算后用数字显示出来。

由于称重仪是按天平平衡原理工作的，因此具有很高的精度和灵敏度。当罐内液体受组分、温度等影响密度变化时，并不影响仪表的测量精度。该仪表可以用数字直接显示，非常醒目，并便于与计算机联用，进行数据处理或进行控制。

6.2.3.5　光纤式液位计(Optical-fiber Liquid Levelmeter)

随着光纤传感技术的不断发展，其应用范围日益广泛。在液位测量中，光纤传感技术的有效应用，一方面缘于其高灵敏度，另一方面是由于它具有优异的电磁绝缘性能和防爆性能，从而为易燃易爆介质的液位测量提供了安全的检测手段。

（1）全反射型光纤液位计(Optical-fiber Liquid Levelmeter of Total Reflection Type)

全反射型光纤液位计由液位敏感元件、传输光信号的光纤、光源和光检测元件等组成。图 6.20 所示为光纤液位传感器部分的结构原理图。棱镜作为液位的敏感元件，它被烧结或粘接在两根大芯径石英光纤的端部。这两根光纤中的一根光纤与光源耦合，称为发射光纤；另一根光纤与光电元件耦合，称为接收光纤。棱镜的角度设计必须满足以下条件：当棱镜位于气体(如空气)中时，由光源经发射光纤传到棱镜与气体介面上的光线满足全反射条件，即入射光线被全部反射到接收光纤上，并经接收光纤传送到光电检测单元中；而当棱镜位于液体中时，由于液体折射率比空气大，入射光线在棱镜中全反射条件被破坏，其中一部分光线将透过界面而泄漏到液体中去，致使光电检测单元收到的光强减弱。

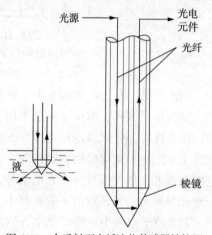

图 6.20　全反射型光纤液位传感器结构图

设光纤折射率为 n_1，空气折射率为 n_2，液体折射率为 n_3，光入射角为 ϕ_1，入射光功率为 P_i，则单根光纤对端面分别裸露在空气中时和淹没在液体中时的输出光功率 P_{o1} 和 P_{o2} 分别为

$$P_{o1} = P_i \frac{\left(n_1 \cos\phi_1 - \sqrt{n_2^2 - n_1^2 \sin^2\phi_1}\right)^2}{\left(n_1 \cos\phi_1 + \sqrt{n_2^2 - n_1^2 \sin^2\phi_1}\right)^2} = P_i E_{o1} \tag{6-27}$$

$$P_{o2} = P_i \frac{\left(n_1 \cos\phi_1 - \sqrt{n_3^2 - n_1^2 \sin^2\phi_1}\right)^2}{\left(n_1 \cos\phi_1 + \sqrt{n_3^2 - n_1^2 \sin^2\phi_1}\right)^2} = P_i E_{o2} \tag{6-28}$$

二者差值为

$$\Delta P_o = P_{o1} - P_{o2} = P_i (E_{o1} - E_{o2}) \tag{6-29}$$

由式(6-29)可知，只要检测出有差值 ΔP_o，便可确定光纤是否接触液面。

由上述工作原理可以看出，这是一种定点式的光纤液位传感器，适用于液位的测量与报警，也可用于不同折射率介质(如水和油)的分界面的测定。另外，根据溶液折射率随浓度变化的性质，还可以用来测量溶液的浓度和液体中小气泡含量等。若采用多头光纤液面传感器结构，便可实现液位的多点测量，如图 6.21 所示。

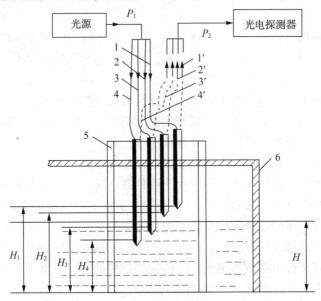

图 6.21　光纤对多头传感器结构图

P_1—入射光线；P_2—出射光线；1，2，3，4—入射光纤；

1，2，3，4—出射光纤；5—管状支撑部件；6—大储水槽

由图可见，在大贮水槽 6 中，贮水深度为 H，5 为垂直放置的管状支撑部件，其直径很细，侧面穿很多孔，图中所示是采用了多头结构 1-1′，2-2′，3-3′和 4-4′。如图 6.20 所示的同样光纤对，分别固定在支撑件 5 内，距底部高度分别为 H_1，H_2，H_3，H_4 各位置。入射光纤 1，2，3 和 4 均接到发射光源上，虚线 1′，2′，3′和 4′表示出射光纤，分别接到各自光电探测器上，将光信号转变成电信号，显示其液位高度。

光源发出的光分别向入射光纤 1，2，3 和 4 送光，因为结合部 3 和 4 位于水中，而结合部 1 和 2 位于空气中，所以光电探测器的检测装置从出射光纤 1′和 2′所检测到的光强大，而对出射光纤 3′和 4′所检测的光强就小。由此可以测得水位 H 位于 H_2 和 H_3 之间。

为了提高测量精度，可以多安装一些光纤对，由于先纤很细，故其结构体积可做得很小。安装也容易，并可以远距离观测。

由于这种传感器还具有绝缘性能好，抗电磁干扰和耐腐蚀等优点，故可用于易燃易爆或具有腐蚀性介质的测量。但应注意，如果被测液体对敏感元件(玻璃)材料具有黏附性，则不宜采用这类光纤传感器，否则当敏感元件露出液面后，由于液体黏附层的存在，将出现虚假液位，造成明显的测量误差。

(2) 浮沉式光纤液位计(Optical-fiber Liquid Levelmeter of Float Type)

浮沉式光纤液位计是一种复合型液位测量仪表，它由普通的浮沉式液位传感器和光信号检测系统组成，主要包括机械转换部分、光纤光路部分和电子电路部分，其工作原理及检测系统如图 6.22 所示。

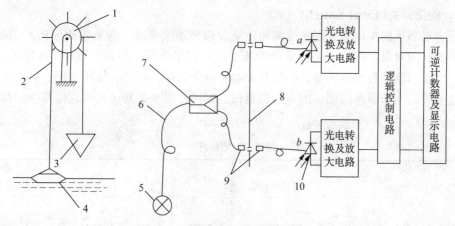

图 6.22　浮沉式光纤液位计工作原理

1, 8—计数齿盘；2—钢索；3—重锤；4—浮子；5—光源；6—光纤；7—分束器；9—透镜；10—光电元件

① 机械转换部分　这一部分由浮子 4、重锤 3、钢索 2 及计数齿盘 1 组成，其作用是将浮子随液位上下变动的位移转换成计数齿盘的转动齿数。当液位上升时，浮子上升而重锤下降，经钢索带动计数齿盘顺时针方向转动相应的齿数；反之，若液位下降，则计数齿盘逆时针方向转动相应的齿数。通常，总是将这种对应关系设计成液位变化一个单位高度(如 1cm 和 1mm)时，齿盘转过一个齿。

② 光纤光路部分　这一部分由光源 5(激光器或发光二极管)、等强度分束器 7、两组光纤光路和两个相应的光电元件 10(光电二极管)等组成。两组光纤分别安装在齿盘上下两边，每当齿盘转过一个齿，上下光纤光路就被切断一次，各自产生一个相应的光脉冲信号。由于对两组光纤的相对位置做了特别的安排，从而使得两组光纤光路产生的光脉冲信号在时间上有一很小的相位差。通常，导先的脉冲信号用做可逆计数器的加、减指令信号，而另一光纤光路的脉冲信号用做计数信号。

如图 6.22 所示，当液位上升时，齿盘顺时针转动，假设是上面一组光纤光路先导通，即该光路上的光电元件先接收到一个光脉冲信号，那么该信号经放大和逻辑电路判断后，就提供给可逆计数器作为加法指令(高电位)。紧接着导通的下一组光纤光路也输出一个脉冲信号，该信号同样经放大和逻辑电路判断后提供给可逆计数器作为计数运算，使计数器加 1。相反，当液位下降时，齿盘逆时针转动，这时先导通的是下面一组光纤光路，该光路输出的脉冲信号经放大和逻辑电路判断后提供给可逆计数器作减法指令(低电位)，而另一光路的脉冲信号作为计数信号，使计数器减 1。这样。每当计数齿盘顺时针转动一个齿，计数器就加 1；计数齿盘逆时针转动一个齿，计数器就减 1，从而实现了计数齿盘转动齿数与光电脉冲信号之间的转换。

③ 电子电路部分　该部分由光电转换及放大电路、逻辑控制电路、可逆计数器及显示电路等组成。光电转换及放大电路主要是将光脉冲信号转换为电脉冲信号，再对信号加以放大。逻辑控制电路的功能是对两路脉冲信号进行判别，将先输入一路脉冲信号转换成相应的"高电位"或"低电位"，并输出送至可逆计数器的加减法控制端，同时将另一路脉冲信号转换成计数器的计数脉冲。每当可逆计数器加 1(或减 1)，显示电路则显示液位升高(或降低) 1 个单位(1cm 或 1m)高度。

浮沉式光纤液位计可用于液位的连续测量，而且能做到液体储存现场无电源、无电信号传送，因而特别适用于易燃易爆介质的液位测量，属本质安全型测量仪表。

6.2.3.6　物位开关(Level Switch)

进行定点测量的物位开关用于检测物位是否达到预定高度，并发出相应的开关量信号。针对不同的被测对象，物位开关有多种型式，可以测量液位、料位、固-液分界面、液-液分界面，以及判断物料的有无等。物位开关的特点是简单、可靠、使用方便，适用范围广。

物位开关的工作原理与相应的连续测量仪表相同，表6.2列出几种物位开关的特点及示意图。

表 6.2　物位开关

分类	示意图	与被测介质接触部	分类	示意图	与被测介质接触部
浮球式		浮球	微波穿透式		非接触
电导式		电极	核辐射式		非接触
振动叉式		振动叉或杆	运动阻尼式		运动板

利用全反射原理亦可以制成开关式光纤液位探测器。光纤液位探头由 LED 光源、光电二极管和多模光纤等组成。一般在光纤探头的顶端装有圆锥体反射器，当探头未接触液面时，光线在圆锥体内发生全反射而返回光电二极管；在探头接触液面后，将有部分光线透入液体内，而使返回光电二极管的光强变弱。因此，当返回光强发生突变时，表明测头已接触液面，从而给出液位信号。图 6.23 给出光纤液位探测器的几种结构型式。图 6.23(a)所示为 Y 形光纤结构，由 Y 形光纤和全反射锥体以及光源和光电二极管等组成。图 6.23(b)所示为 U 形结构，在探头端部除去光纤的包层，当探头浸入液体时，液体起到包层的作用，由于包层折射率的变化使接收光强改变，其强度变化与液体的折射率和测头弯曲形状有关。图 6.23(c)所示探头端部是两根多模光纤用棱镜耦合在一起，这种结构的光调制深度最强，而且对光源和光探测器件要求不高。

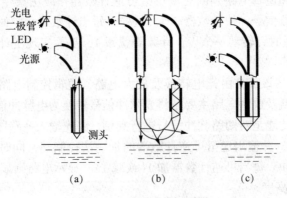

图 6.23　光纤液位探测器

6.3 影响物位测量的因素(Influence Factors of Level Measurement)

在实际生产过程中,被测对象很少有静止不动的情况,因此会影响物位测量的准确性。各种影响物位测量的因素对于不同介质各有不同,这些影响因素表现在如下方面。

6.3.1 液位测量的特点(Characteristics of Liquid Level Measurement)

① 稳定的液面是一个规则的表面,但是当物料有流进流出时,会有波浪使液面波动。在生产过程中还可能出现沸腾或起泡沫的现象,使液面变得模糊。

② 大型容器中常会有各处液体的温度、密度和黏度等物理量不均匀的现象。

③ 容器中的液体呈高温、高压或高黏度,或含有大量杂质、悬浮物等。

6.3.2 料位测量的特点(Characteristics of Solid Level Measurement)

① 料面不规则,存在自然堆积的角度。

② 物料排出后存在滞留区。

③ 物料间的空隙不稳定,会影响对容器中实际储料量的计量。

6.3.3 界位测量的特点(Characteristics of Interface Level Measurement)

界位测量的特点则是在界面处可能存在浑浊段。

以上这些问题,在物位计的选择和使用时应予以考虑,并要采取相应的措施。

6.4 物位测量仪表的选型(Type Selection of Level Measurement Instruments)

物位测量仪表的选型原则如下。

① 液面和界面测量应选用差压式仪表、浮筒式仪表和浮子式仪表。当不满足要求时,可选用电容式、射频导纳式、电阻式(电接触式)、声波式、磁致伸缩等仪表。

料面测量应根据物料的粒度、物料的安息角、物料的导电性能、料仓的结构形式及测量要求进行选择。

② 仪表的结构形式及材质,应根据被测介质的特性来选择。主要的考虑因素为压力、温度、腐蚀性、导电性;是否存在聚合、黏稠、沉淀、结晶、结膜、汽化、起泡等现象;密度和密度变化;液体中含悬浮物的多少;液面扰动的程度以及固体物料的粒度。

③ 仪表的显示方式和功能,应根据工艺操作及系统组成的要求确定。当要求信号传输时,可选择具有模拟信号输出功能或数字信号输出功能的仪表。

④ 仪表量程应根据工艺对象实际需要显示的范围或实际变化范围确定。除供容积计量用的物位仪表外,一般应使正常物位处于仪表量程的50%左右。

⑤ 仪表精确度应根据工艺要求选择。但供容积计量用的物位仪表的精确度应不劣于±1mm。

⑥ 用于可燃性气体、蒸汽及可燃性粉尘等爆炸危险场所的电子式物位仪表,应根据所确定的危险场所类别以及被测介质的危险程度,选择合适的防爆结构形式或采取其他的防爆措施。

关键词(Key Words and Phrases)

(1) 物位 　　　　　　　　　Level
(2) 液位 　　　　　　　　　Liquid Level
(3) 料位 　　　　　　　　　Solid Level
(4) 界位 　　　　　　　　　Interface Level
(5) 物位测量及仪表 　　　　Level measurement and instrument
(6) 压力、差压式液位计 　　Pressure、Differential Pressure Levelmeter
(7) 零点迁移 　　　　　　　Zero Shift
(8) 正迁移 　　　　　　　　Positive Shift
(9) 负迁移 　　　　　　　　Negative Shift
(10) 吹气式液位计 　　　　Air Purge Levelmeter
(11) 浮子式液位计 　　　　Float Levelmeter
(12) 浮筒式液位计 　　　　Displacer Levelmeter
(13) 电容式物位计 　　　　Electrical Capacitance Levelmeter
(14) 超声式物位计 　　　　Ultrasonic Levelmeter
(15) 核辐射式物位计 　　　Nuclear Radiation Levelmeter
(16) 称重式液罐计量仪 　　Weighing Liquid Tank Meter
(17) 光纤式液位计 　　　　Optical-fiber Liquid Levelmeter
(18) 物位开关 　　　　　　Level Switch

习题(Problems)

6-1　试述物位测量的意义及目的?

6-2　根据工作原理不同，物位测量仪表有哪些主要类型? 它们的工作原理各是什么?

6-3　对于开口容器和密封压力容器用差压式液位计测量时有何不同? 影响液位计测量精度的因素有哪些?

6-4　差压变送器的工作原理是什么? 当测量有压容器的液位时，差压变送器的负压室为什么一定要与容器的气相相连接?

6-5　什么是液位测量时的零点迁移问题? 如何实现迁移? 其实质是什么?

6-6　在液位测量中，如何判断"正迁移"和"负迁移"?

6-7　为什么要用法兰式差压变送器?

6-8　试述称重式液罐计量仪的工作原理及特点?

6-9　恒浮力式液位计与变浮力式液位计的测量原理有什么异同点? 在选择浮筒式液位计时，如何确定浮筒的尺寸和重量?

6-10　物料的料位测量与液位测量有什么不同的特点?

6-11　电容式物位计、超声式物位计、核辐射式物位计的工作原理，各有何特点?

6-12　简述电容式物位计测导电及非导电介质物位时，其测量原理有什么不同?

6-13　在下述检测液位的仪表中，受被测液体密度影响的有哪几种? 并说明原因。
①玻璃液位计;②浮力液位计;③差压式液位计;④电容式液位计;⑤超声波液位计;⑥射线式液位计;⑦磁致伸缩式液位计;⑧雷达式液位。

6-14　全反射式光纤液位计的组成原理是什么?

6-15 图 6.24 所示是用法兰式差压变送器测量密闭容器中有结晶液体的液位，已知被测液体的密度 $\rho = 1200 \text{kg/m}^3$，液位变化范围 H 为 $0 \sim 950 \text{mm}$，变送器的正、负压法兰中心线距离 $H_0 = 1800 \text{mm}$，变送器毛细管硅油密度 $\rho_1 = 950 \text{kg/m}^3$，试确定变送器的量程和迁移量。

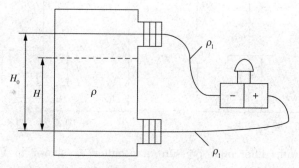

图 6.24 题 6-15 图

6-16 如图 6.25 所示，利用双室平衡容器对锅炉汽包液位进行测量，已知 $p_1 = 4.52 \text{MPa}$，$\rho_{汽} = 19.7 \text{kg/m}^3$，$\rho_{液} = 800.4 \text{kg/m}^3$，$\rho_{冷} = 915.8 \text{kg/m}^3$，$h_1 = 0.8 \text{m}$，$h_2 = 1.7 \text{m}$。试求差压变送器的量程，并判断零点迁移方向，计算迁移量。

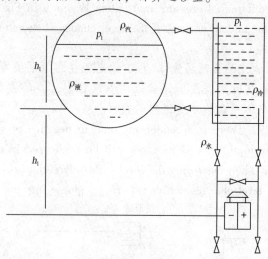

图 6.25 题 6-16 图

6-17 有两种密度分别为 $\rho_1 = 0.8 \text{g/cm}^3$，$\rho_2 = 1.1 \text{g/cm}^3$ 的液体置于闭口容器中，它们的界面经常变化，试考虑能否利用差压变送器来连续测量其界面，若可以利用差压变送器来测量。试问：①仪表的量程如何选择？②迁移量是多少？

6-18 用两个差压计测量液位高度时，测量结果易受介质密度变化的影响，解决的方案是用两个差压计，如图 6.26 所示，其中差压计 1 测量固定液位高度 H_1 上的差压 Δp_1，差压计 2 测量容器上下的总差压 Δp_2，试求液位 H 与差压 Δp_1 和 Δp_2 之间的关系。

6-19 用法兰式液位计测量容器内的液位，如图 6.27 所示，开始时差压计安装在与容器下部引压口同一水平线上，并调整好差压变送器的零点和量程。后来因维护需要将变送器的安装位置上移了 h_1 距离，则该差压变送器是否需要重新调整零点和量程，才能保证液位测量的正确性。

6-20 如图 6.4 所示，用差压变送器测量液位，是否考虑零点迁移？迁移量是多少？如果液位在 $0 \sim H_{\text{max}}$ 之间变化，求变送器的量程。

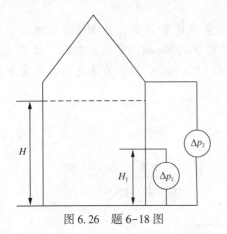

图 6.26 题 6-18 图

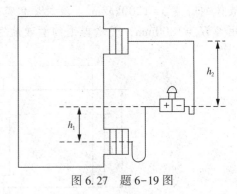

图 6.27 题 6-19 图

Measuring level with differential pressure transmitter as shown in Fig. 6.4, do we need consider zero shift? What's the amount of that? If the level changes between $0 \sim H_{max}$, please find the span of the transmitter.

6-21 如图 6.28 所示，用差压变送器测量液位，是否考虑零点迁移？迁移量是多少？如果液位在 $0 \sim H_{max}$ 之间变化，求变送器的量程。

Measuring level with differential pressure transmitter as shown in Fig. 6.28, do we need consider zero shift? What's the amount of that? If the level changes between $0 \sim H_{max}$, please find the span of the transmitter.

6-22 如图 6.29 所示，测量高温液体(指它的蒸气在常温下要冷凝的情况)时，经常在负压管上装有冷凝罐，问这时用差压变送器来测量液位时，要不要零点迁移？迁移量是多少？如果液位在 $0 \sim H_{max}$ 之间变化，求变送器的量程。

As shown in Fig. 6.29, There is a condensing tank in negative pressure tube normally when measuring high temperature liquid(that is its vapor will be condensed in normal temperature). Do we need consider zero shift when measuring the level with differential pressure transmitter? What's the amount of that? If the level changes between $0 \sim H_{max}$, please find the span of the transmitter.

冷凝罐

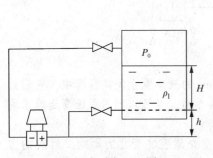

图 6.28 题 6-21 图

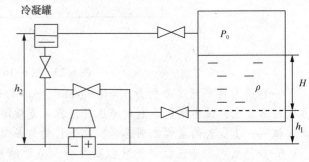

图 6.29 题 6-22 图

6-23 如图 6.4 所示，用差压变送器测量液位，$\rho_1 = 1200 \text{kg/m}^3$，$\rho_2 = 950 \text{kg/m}^3$，$h_1 = 1.0 \text{m}$，$h_2 = 5.0 \text{m}$，是否考虑零点迁移？迁移量是多少？如果液位在 $0 \sim 3 \text{m}$ 之间变化，当地重力加速度 $g = 9.8 \text{m/s}^2$，求变送器的量程和迁移量。

Measuring level with differential pressure transmitter, as shown in Fig. 6.4, $\rho_1 = 1200 \text{kg/m}^3$, $\rho_2 = 950 \text{kg/m}^3$, $h_1 = 1.0 \text{m}$, $h_2 = 5.0 \text{m}$. The level changes between $0 \sim 3 \text{m}$. If local acceleration of gravity $g = 9.8 \text{m/s}^2$, find the span of the transmitter and the amount of zero shift.

7 成分分析仪表（Analytical Instruments）

成分分析仪表是对物质的成分及性质进行分析的仪表。使用成分分析仪表可以了解生产过程中的原料、中间产品及最终产品的性质及其含量，配合其他有关参数的测量，更易于使生产过程达到提高产品质量、降低材料和能源消耗的目的。成分分析仪表在保证安全生产和防止环境污染方面更有其重要的作用。

7.1 成分分析方法及分类（Composition Analytical Methods and Classification）

7.1.1 成分分析方法（Composition Analytical Methods）

成分分析方法分为两种类型，一种是定期取样，通过实验室测定的实验室人工分析（Manual Analysis）方法；另一种是利用可以连续测定被测物质的含量或性质的自动分析仪表进行自动分析（Automatic Analysis）的方法。

工业化生产过程中，产品的质量（Quality）和数量（Quantity）都直接或间接地受温度、压力、流量、物位等四大参数的影响。所以，这四个参数的提取、检测就成了自动化生产的关键。但是，这些参数并不能直接给出生产过程中原料、中间产品及最终产品的质量情况，用人工分析又会需要一定的时间，分析结果不够及时。自动分析仪表就可以对物质的性质及成分连续地、自动的进行在线测量（On-line Measurement），分析速度快，可以直接地反映各个环节的产品质量情况，给出控制指标（Control Index），从而使生产处于最优状态（Optimum State）。

自动分析仪表又称为在线分析仪表（On-line Analytical Instrument）或过程分析仪表（Process Analytical Instrument）。这种类型更适合于生产过程的监测与控制，是工业生产过程中所不可缺少的工业自动化仪表之一。

7.1.2 成分分析仪表分类（Classification of Composition Analytical Instruments）

成分分析所用的仪器和仪表基于多种测量原理，在进行分析测量时，需要根据被测物质的物理和化学性质，来选择适当的手段和仪表。

目前，按测量原理分类，成分分析仪表有以下几种类型：

① 电化学式　如电导式、电量式、电位式、电解式、氧化锆、酸度计、离子浓度计等；

② 热学式　如热导式、热谱式、热化学式等；

③ 磁学式　如磁式氧分析器、核磁共振分析仪等；

④ 射线式　如 X 射线分析仪、γ 射线分析仪、同位素分析仪、微波分析仪等；

⑤ 光学式　如红外、紫外等吸收式光学分析仪，光散射、光干涉式光学分析仪等；

⑥ 电子光学式和离子光学式　如电子探针、离子探针、质谱仪等；

⑦ 色谱式　如气相色谱仪、液相色谱仪等；

⑧ 物性测量仪表　如水分计、黏度计、密度计、湿度计、尘量计等；

⑨ 其他　如晶体振荡式分析仪、半导体气敏传感器等。

本章将介绍几种常用的自动分析仪表。

7.2　自动分析仪表的基本组成 (Basic Composition of Automatic Analyzers)

工业自动分析仪表的基本组成如图 7.1 所示。其主要组成环节及其作用如下所述。

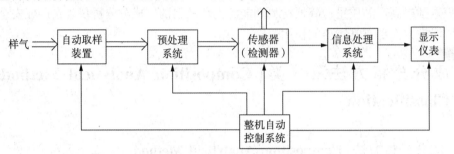

图 7.1　工业自动分析仪表的基本组成

自动取样装置(Auto Sampling device)的作用是从生产设备中自动、连续、快速的提取待分析样品(Sample)。

预处理系统(Preprocessing System)可以采用诸如冷却(Cooling)、加热(Heating)、气化(Gasifying)、减压(Decompressing)、过滤(filtering)等方式对所采集的分析样品进行适当的处理，为分析仪器提供符合技术要求的试样。取样和试样的制备必须注意避免液体试样的分馏(Fractionation)作用和气体试样中某些组分被吸附(Adsorption)的情况，以保证测量的可靠性。

检测器(Detector)(又称传感器)是分析仪表的核心，不同原理的检测器可以把被分析物质的组分或性质转换成电信号输出。分析仪表的技术性能主要取决于检测器。

信息处理系统(Information Processing System)的作用是对检测器输出的微弱电信号做进一步处理，如放大(Amplification)、转换(Transformation)、线性化(Linearization)、运算(Calculation)、补偿(Compensation)等，最终变换为统一的标准信号(Standard signal)，将其输出到显示仪表。

显示仪表可以用模拟、数字或屏幕图文显示方式给出测量分析结果。

整机自动控制系统用于控制各个部分的协调工作，使取样、处理和分析的全过程可以自动连续地进行。如每个分析周期进行自动调零、校准、采样分析、显示等循环过程。

有些分析仪表不需要采样和预处理环节，而是将探头(Probe)直接放入被测试样中，如氧化锆氧分析器。

7.3　工业常用自动分析仪表 (Industrial Automatic Analyzers in General Use)

7.3.1　热导式气体分析器(Thermal Conductivity Gas Analyzer)

热导式气体分析器是一种使用最早的、应用较广的物理式气体分析器，它是利用不同气体导热特性不同的原理进行分析的。常用于分析混合气体中某个组分(又称待测组分)的含量，如 H_2、CO_2、NH_3、SO_2 等组分的百分含量。这类仪表具有结构简单、工作稳定、体积小等优点，是生产过程中使用较多的仪表之一。

热导式气体分析器的原理简单，既可作为单纯分析器，又可根据需要构成一个组分分析的变送器，实现生产过程的自动调节，对提高产品质量，安全生产和节能等起了一定的作用。热导式检测器也被广泛应用于色谱分析仪中。

7.3.1.1 热导分析的基本原理(Principle of Thermal Conductivity Analysis)

由传热学可知，同一物体或不同物体相接触存在温度差时，会产生热量的传递，热量由高温物体向低温物体传导。不同物体(固体、液体、气体)都有导热能力，但导热能力有差异，一般而言，固体导热能力最强，液体次之，气体最弱。气体中，氢和氦的导热能力最强，而二氧化碳和二氧化硫的导热能力较弱。物体的导热能力即反映其热传导速率大小，通常用导热系数或热导率 λ 来表示。气体的热导率还与气体的温度有关。导热系数 λ 愈大，表示物质在单位时间内传递热量愈多，即它的导热性能愈好。其值大小与物质的组成、结构、密度、温度、压力等有关。表 7.1 列出了在 0℃时以空气热导率为基准的几种气体的相对热导率。

表 7.1 气体在 0℃时的相对导热系数

气体名称	相对导热系数	气体名称	相对导热系数
空气	1.000	一氧化碳	0.964
氢	7.130	二氧化碳	0.614
氧	1.015	二氧化硫	0.344
氮	0.998	氨	0.897
氦	5.91	甲烷	1.318
硫化氢	0.538	乙烷	0.807

对于彼此之间无相互作用的多种组分的混合气体，它的导热系数可以近似地认为是各组分导热系数的加权平均值，即

$$\lambda = \lambda_1 C_1 + \lambda_2 C_2 + \cdots + \lambda_n C_n = \sum_{i=1}^{n} \lambda_i C_i \tag{7-1}$$

式中 λ——混合气体的导热系数；

λ_i——混合气体中第 i 种组分的导热系数；

C_i——混合气体中第 i 种组分的体积分数。

式(7-1)说明混合气体的导热系数与各组分的体积分数和相应的导热系数有关，若某一组分的含量发生变化，必然会引起混合气体的导热系数的变化，热导式分析仪器就是基于这种物理特性进行分析的。

如果被测组分的导热系数为 λ_1，其余组分为背景组分，并假定它们的导热系数近似等于 λ_2。又由于 $C_1 + C_2 + \cdots + C_n = 1$，将它们代入式(7-1)后可得

$$\lambda \approx \lambda_1 C_1 + \lambda_2 (C_2 + C_3 \cdots + C_n) = \lambda_1 C_1 + \lambda_2 (1 - C_1)$$

即有

$$\lambda = \lambda_2 + (\lambda_1 - \lambda_2) C_1 \tag{7-2}$$

或

$$C_1 = \frac{\lambda - \lambda_2}{\lambda_1 - \lambda_2} \tag{7-3}$$

在 λ_1、λ_2 已知的情况下，测定混合气体的总导热系数 λ，就可以确定被测组分的体积分数。

从上面的讨论中可以看出，用热导法进行测量时，应满足以下两个条件。

① 混合气体中除待测组分 C_1 外，其余各组分(背景组分)的导热系数必须相同或十分接近。

② 待测组分的导热系数与其余组分的导热系数要有明显差异，差异愈大，愈有利于测量。

在实际测量中，若不能满足上述两个条件时，应采取相应措施对气样进行预处理(又称净化)，使其满足上述两个条件，再进入分析仪器分析。如分析烟道气体中的 CO_2 含量，已知烟道气体的组分有 CO_2、N_2、CO、SO_2、H_2、O_2 及水蒸气等。其中 SO_2、H_2 导热系数相差太大，应在预处理时除去。剩余的背景气体导热系数相近，并与被测气体 CO_2 的导热系数有显著差别，所以可用热导法进行测量。

利用热导原理工作的分析仪器，除应尽量满足上述两个条件外，还要求取样气体的温度变化要小，或者对取样气体采取恒温措施，以提高测量结果的可靠性。

7.3.1.2 热导式气体分析器的检测器(Detector of Thermal Conductivity Analyzer)

从上述分析可知，热导式气体分析器是通过对混合气体的导热系数的测量来分析待测气体组分含量的。由于导热系数值很小，并且直接测量气体的导热系数比较困难，所以热导式气体分析器将导热系数测量转换为电阻的测量，即利用热导式气体分析器内检测器的转换作用，将混合气体中待测组分含量 C 变化所引起混合气体总的导热系数 λ 的变化转换为电阻 R 的变化。检测器通称为热导池。

热导式气体分析器的核心是热导池，如图 7.2 所示。热导池是用导热良好的金属制成的长圆柱形小室，室内装有一根细的铂或钨电阻丝，电阻丝与腔体有良好的绝缘(Insulation)。电源供给热丝恒定电流(Constant Current)，使之维持一定的温度 t_n，t_n 高于室壁温度 t_c。被测气体由小室下部引入，从小室上部排出，热丝的热量通过混合气体向室壁传递。热导池一般放在恒温装置(Thermostat)中，故室壁温度恒定，热丝的热平衡温度将随被测气体的导热系数变化而改变。热丝温度的变化使其电阻值亦发生变化，通过电阻的变化可得知气体组分的变化。

热导池有不同的结构形式，有对流式、直通式、扩散式和对流扩散式等。图 7.3 所示为目前常用的对流扩散式结构型式。气样是由主气路扩散到气室中，然后由支气路排出，这种结构可以使气流具有一定速度，减少滞后，并且气体不产生倒流。

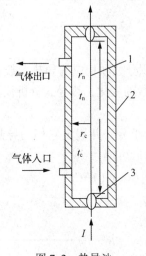

图 7.2 热导池

1—热敏电阻；2—热导池腔体；3—绝缘物

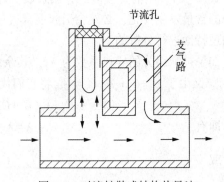

图 7.3 对流扩散式结构热导池

7.3.1.3 热导式气体分析器的测量桥路(Bridge of Thermal Conductivity Analyzer)

热导池已将混合气体导热系数转换为电阻信号，电阻测量可用平衡电桥或不平衡电桥。由于热导池热丝的电阻变化除了受混合气体中待测组分含量变化外，还与其温度、电流及热丝温度等干扰因素(Interference Factors)有关，所以在分析器中设有温度控制装置，以便尽量减少干扰影响，而且在电桥中采用补偿式电桥测量系统。即热导池中热丝作为电桥的一个臂，并有气样流过工作气室，称为工作桥臂或测量桥臂。与其相邻的一个桥臂也是一个热导池，其结构、形状、尺寸及流过电流与工作桥臂的热导池完全相同，只是无气样流过时，在热导池中密封充有某种气体，称为参比气室，又称为参比桥臂。

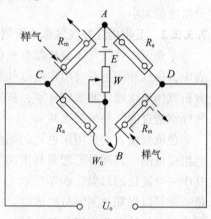

图 7.4　双臂测量桥路

热导式分析仪表的桥式测量电路有单臂电桥、双臂电桥和双电桥结构。图7.4所示为双臂电桥结构。桥路四臂接入四个气室的热丝电阻，测量室桥臂为 R_m，参比室桥臂为 R_a。四个气室的结构参数相同，并安装在同一块金属体上，以保证各气室的壁温一致，参比室封有被测气体下限浓度的气样。当从测量室通过的被测气体组分百分含量(体积分数)与参比室中的气样浓度(体积分数)相等时，电桥处于平衡状态。当被测组分发生变化时，R_m 将发生变化，使电桥失去平衡，其输出信号的变化值就代表了被测组分含量的变化。

热导式分析仪表最常用于锅炉烟气分析和氢纯度分析，也常用作色谱分析仪的检测器，在线使用这种仪表时，要有采样及预处理装置。

7.3.2 红外线气体分析器(Infrared Gas Analyzer)

红外线气体分析器属于光学分析仪表中的一种。它是利用不同气体对不同波长的红外线具有选择性吸收的特性来进行分析的。这类仪表的特点是测量范围宽；灵敏度高，能分析的气体体积分数可到10^{-6}；反应速度快、选择性好。红外线气体分析器常用于连续分析混合气体中 CO、CO_2、CH_4、NH_3 等气体的浓度。

7.3.2.1 红外线气体分析器测量原理(Principle of Infrared Gas Analyzer)

大部分有机和无机气体在红外波段内有其特征的吸收峰，图7.5所示为一些气体的吸收光谱，红外线气体分析器主要利用 $2\sim25\mu m$ 之间的一段红外光谱。

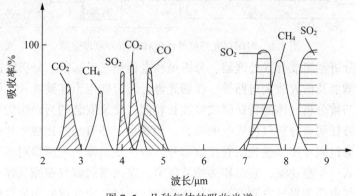

图 7.5　几种气体的吸收光谱

红外线气体分析器一般由红外辐射源、测量气样室、红外探测装置等组成。从红外光源发出强度为 I_0 的平行红外线，被测组分选择吸收其特征波长的辐射能，红外线强度将减弱为 I。红外线通过吸收物质前后强度的变化与被测组分浓度的关系服从朗伯-贝尔定律

$$I = I_0 e^{-KCL} \tag{7-4}$$

式中　K——被测组分吸收系数；

　　　C——被测组分浓度；

　　　L——光线通过被测组分的吸收层厚度。

当入射红外线强度和气室结构等参数确定后，测量红外线的透过强度就可以确定被测组分浓度的大小。

7.3.2.2　工业用红外线气体分析器（Industrial Infrared Gas Analyzer）

工业用红外线气体分析器有非色散（非分光）型和色散（分光）型两种型式。非色散型仪表中，由红外辐射源发出连续红外线光谱，包括被测气体特征吸收峰波长的红外线在内。被分析气体连续通过测量气样室，被测组分将选择性地吸收其特征波长红外线的辐射能，使从气样室透过的红外线强度减弱。

色散型仪表则采用单色光的测量方式。图 7.6 所示为一种时间双光路红外线气体分析器的组成框图。其测量原理是利用两个固定波长的红外线通过气样室，被测组分选择性地吸收其中一个波长的辐射，而不吸收另一波长的辐射。对两个波长辐射能的透过比进行连续测量，就可以得知被测组分的浓度。这类仪表使用的波长可在规定的范围内选择，可以定量地测量具有红外吸收作用的各种气体。

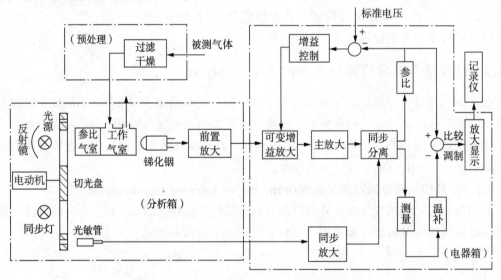

图 7.6　时间双光路红外线气体分析器原理框图

图 7.6 中的分析器组成有预处理器、分析箱和电器箱三个部分。分析箱内有光源、切光盘、气室、光检测器及前置放大电路等。在切光盘上装有四组干涉滤光片，两组为测量滤光片，其透射波长与被分析气体的特征吸收峰波长相同；交叉安装的另两组为参比滤光片，其透射波长则是不被任何被分析气体吸收的波长。切光盘上还有与参比滤光片位置相对应的同步窗口，同步灯通过同步窗口使光敏管接收信号，以区别是哪一个窗口对准气室。气室有两个，红外光先射入一个参比室，它是作为滤波气室，室内密封着与被测气体有重叠吸收峰的干扰成分；工作气室即测量气室则有被测气体连续地流过。由光源发出的红外辐射光在切光

盘转动时被调制，形成了交替变化的双光路，使两种波长的红外光线轮流地通过参比气室和测量气室，半导体锑化铟光检测器接收红外辐射并转换出与两种红外光强度相对应的参比信号与测量信号。当测量气室中不存在被测组分时，光检测器接收到的是未被吸收的红外线。

7.3.3 氧化锆氧分析器(Zirconium Oxide Oxygen Analyzer)

氧化锆氧分析器是20世纪60年代初期出现的一种新型分析仪器。这种分析器能插入烟道中，直接与烟气接触，连续地分析烟气中的氧含量。这样就不需要复杂的采样和处理系统，减少了仪表的维护工作量。与磁式氧分析器(Magnetic Oxygen Analyzer)相比较，具有结构简单、稳定性好、灵敏度高、响应快、测量范围宽等特点，广泛用于燃烧过程热效率(Thermal Efficiency)控制系统。

7.3.3.1 工作原理(Operating Principle)

氧化锆分析器属于电化学(Electro-chemistry)分析方法，利用氧化锆固体电解质原理工作。由氧化锆固体电解质做成氧化锆探测器(简称探头)，直接安装在烟道中，其输出为电压信号，便于信号传输与处理。

电解质溶液(Electrolytic solution)导电是靠离子导电，某些固体也具有离子导电的性质，具有某种离子导电性质的固体物质称为固体电解质。凡能传导氧离子的固体电解质称为氧离子固体电解质。固体电解质是离子晶体结构，也是靠离子导电。现以氧化锆(ZrO_2)固体电解质为例，来说明其导电机理。纯氧化锆基本上是不导电的，但掺杂一些氧化钙或氧化钇等稀土氧化物后，它就具有高温导电性。如在氧化锆中掺杂一些氧化钙(CaO)，Ca置换了Zr原子的位置，由于Ca^{2+}和Zr^{4+}离子价不同，因此在晶体中形成许多氧空穴。在高温(750℃以上)下，如有外加电场，就会形成氧离子(O^{2-})占据空穴的定向运动而导电。带负电荷的氧离子占据空穴的运动，也就相当于带正电荷的空穴做反向运动，因此，也可以说固体电解质是靠空穴导电，这和P型半导体靠空穴导电机理相似。

固体电解质的导电性能与温度有关，温度愈高，其导电性能愈强。

氧化锆对氧的检测是通过氧化锆组成的氧浓差电池。图7.7为氧化锆探头的工作原理图。在纯氧化锆中掺入低价氧化物如氧化钙(CaO)及氧化钇(Y_2O_3)等，在高温焙烧后形成稳定的固熔体。在氧化锆固体电解质片的两侧，用烧结方法制成几微米到几十微米厚的多孔铂层，并焊上铂丝作为引线，构成了两个多孔性铂电极，形成一个氧浓差电池。设左侧通以待测气体，其氧分压为P_1，且小于空气中氧分压。右侧为参比气体，一般为空气，空气中氧分压为P_2。

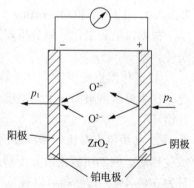

图 7.7 氧浓差电池原理示意图

在高温下，氧化锆、铂和气体3种物质交界面处的氧分子有一部分从铂电极获得电子形成氧离子O^{2-}。由于参比气室侧和待测气室侧含氧浓度不同，使其两侧氧离子的浓度不相等，形成氧离子浓度差，氧离子O^{2-}就从高浓度侧向低浓度侧扩散，一部分O^{2-}跑到阳极(电池负极)，释放两个电子变成氧分子析出。这时空气侧的参比电极出现正电荷，而待测气体侧的测量电极出现负电荷，这些电荷形成的电场阻碍氧离子进一步扩散。最终，扩散作用与电场作用达到平衡，两个电极间出现电位差。此电位差在数值上等于浓度电势 E，称为氧浓

差电势，可由能斯特公式确定

$$E = \frac{RT}{nF} \ln \frac{p_2}{p_1} \qquad (7-5)$$

式中　　E——氧浓差电势，V；

　　　　R——理想气体常数，$R = 8.3143\text{J}/(\text{mol} \cdot \text{K})$；

　　　　F——法拉第常数，$F = 9.6487 \times 10^4 \text{C/mol}$；

　　　　T——绝对温度，K；

　　　　n——参加反应的每一个氧分子从正极带到负极的电子数，$n = 4$；

　　　　p_1——待测气体中的氧分压，Pa；

　　　　p_2——参比空气中的氧分压，$p_2 = 21227.6\text{Pa}$(在标准大气压下)。

由输出电势 E 值，可以算出待测氧分压。

假定参比侧与被测气体的总压力均为 p(实际上被测气体压力略低于大气压力)，可以用体积分数代替氧分压。按气体状态方程式，容积成分表示为

被测气体氧浓度　　　　　　　　$\Phi_1 = p_1/p = V_1/V$

空气中氧量　　　　　　　　　　$\Phi_2 = p_2/p = V_2/V$

则有　　　　　　　　$E = \frac{RT}{nF} \ln \frac{p_2/p}{p_1/p} = \frac{RT}{nF} \ln \frac{\Phi_2}{\Phi_1} \qquad (7-6)$

空气中氧量一般为 20.8%，在总压力为一个大气压情况下，可以求出 E 与 Φ_1 的关系式

$$E = 4.9615 \times 10^{-5} T \lg \frac{20.8}{\Phi_1} \qquad (7-7)$$

按上式计算，仪表的输出显示就可以按氧浓度来刻度。从式 7-7 可以看出，E 与 Φ_1 的关系是非线性的。E 的大小除了受 Φ_1 影响外，还会受温度的影响，所以氧化锆氧分析器一般需要带有温度补偿环节。

7.3.3.2　工作条件(Operating Conditions)

根据以上对氧化锆氧分析器工作原理的分析，可以归纳出保证仪器正常工作的三个必要条件：

① 工作温度要恒定，分析器要有温度调节控制的环节，一般工作温度保持在 $t = 850℃$，此时仪表灵敏度最高。工作温度 t 的变化直接影响氧浓差电势 E 的大小，传感器还应有温度补偿环节。

② 必须要有参比气体，参比气体的氧含量要稳定不变。二者氧含量差别越大，仪表灵敏度越高。例如用氧化锆分析器分析烟气的氧含量时，以空气为参比气体时，被测气体氧含量为 3%~4%，传感器可以有几十毫伏的输出。

③ 参比气体与被测气体压力应该相等，这样可以用氧气的体积百分数代替分压，仪表可以直接以氧浓度刻度。

7.3.3.3　分析器的结构及安装(Construction and Installation of the Analyzer)

氧化锆氧分析器主要由氧化锆管组成。氧化锆管的结构有两种，一种是一端封闭，一端放开；另一种是两端放开。一般外径为 11mm，长度 80~90mm，内、外电极及其引线采用金属铂，要求铂电极具有多孔性，并牢固地烧结在氧化锆管的内外侧，内电极的引线是通过在氧化锆管上打一个 0.8mm 小孔引出的。氧化锆管的结构如图 7.8 所示，其中，(a)为一端封闭的氧化锆管，(b) 是两端放开的氧化锆管。

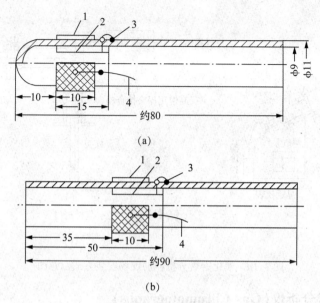

图 7.8 氧化锆管结构

1—外电极；2—内电极；3—内电极引线；4—外电极引线

图 7.9 所示为带有温控的管状结构氧化锆氧分析器。在氧化锆管的内外侧烧结铂电极，空气进入一侧封闭的氧化锆管的内部(参比侧)作为参比气体。被测气体通过陶瓷过滤装置流入氧化锆管的外部(测量侧)。为了稳定氧化锆管的温度，在氧化锆管的外围装有加热电阻丝，并由热电偶来监测管子的温度，通过控制器控制加热丝的电流大小，使氧化锆管的工作温度恒定，保持在 850℃ 左右。

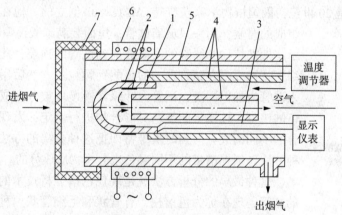

图 7.9 管状结构的氧化锆氧分析器原理结构图

1—氧化锆管；2—内外铂电极；3—铂电极引线；
4—Al$_2$O$_3$ 管；5—热电偶；6—加热丝；7—陶瓷过滤装置

氧化锆氧分析器的现场安装方式有直插式和抽吸式两种结构，如图 7.10 所示。图 7.10(a)为直插式结构，多用于锅炉、窑炉烟气的含氧量测量，它的使用温度在 600～850℃ 之间。图 7.10(b)为抽吸式结构，多用于石油化工生产中，最高可测 1400℃ 气体的含氧量。

氧化锆分析器的内阻很大，而且其信号与温度有关，为保证测量精度，其前置放大器的输入阻抗要足够高。现在的仪表中多由微处理器来完成温度补偿和非线性变换等运算，在测量精度、可靠性和功能上都有很大提高。

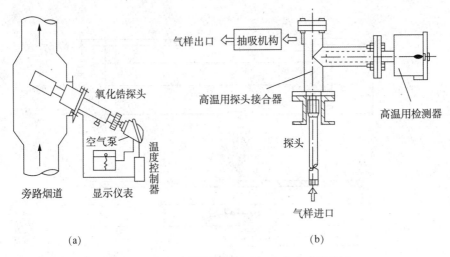

(a)   (b)

图 7.10 氧化锆氧分析器的现场安装方式示意图

7.3.4 气相色谱分析仪(Gas Chromatographs)

气相色谱分析仪属于色谱分析仪器中的一种，是重要的现代分析手段之一，是一种高效、快速、灵敏的物理式分析仪表。它对被分析的多组分混合物采取先分离，后检测的方法进行定性、定量分析，可以一次完成对混合试样中几十种组分的定性或定量的分析。具有取样量少、效能高、分析速度快、定量结果准确等特点，广泛地应用于石油、化工、冶金、环境科学等各个领域。

7.3.4.1 色谱法简介(Introduction to Chromatography)

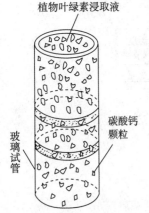

图 7.11 早期色谱分离

色谱分析法是20世纪初俄国植物学家茨维特(M. Tswett)创立的。他在研究植物叶绿素组成的时候，用一只玻璃试管，里面装满碳酸钙颗粒，如图 7.11 所示。他把植物叶绿素的浸取液加到试管的顶端，此时浸取液中的叶绿素就被吸附在试管顶端的碳酸钙颗粒上。然后用纯净的石油醚倒入试管内加以冲洗，试管内叶绿素慢慢地被分离成几个具有不同颜色的谱带，按谱带的颜色对混合物进行鉴定，发现果然是叶绿素所含的不同的成分。当时茨维特即把这种分离的方法称为色谱法，这种方法是根据谱带的不同颜色来分析物质成分的。

这种最早的分析方法就是现代色谱分析技术的雏形。当时使用的试管，现在称为色谱柱，有管状和毛细管状两种，还发展了平面纸色谱和薄层色谱技术。碳酸钙颗粒称为固定相(吸附剂)，即为色谱柱的填料，最初只有少数几种，现在已经发展到几千种。石油醚称为流动相(冲洗剂)，它与固定相配合，可组成气固、气液、液固和液液色谱技术。而植物叶绿素称为分析样品。一百多年来，色谱分析技术有了很大发展，色谱的分析已经远远不限于有色物质了，但色谱这个名称却一直沿用下来。

色谱分析法是分离和分析的技术，可以定性、定量地一次分析多种物质。但它不能发现新的物质。

7.3.4.2 色谱分析原理(Principle of Chromatography)

色谱分析法是物理分析方法，它包括两个核心技术。第一是分离技术，它要把复杂的多组分混合物分离开来，这取决于现代色谱柱技术；第二是检测技术，经过色谱柱分离开的组分要进行定性和定量分析，这取决于现代检测器的技术。

色谱分析的基本原理是根据不同物质在固定相和流动相所构成的体系，即色谱柱中具有不同的分配系数而进行分离的。色谱柱有两大类，一类是填充色谱柱，是将固体吸附剂或带有固定液的固体柱体，装在玻璃管或金属管内构成。另一类是空心色谱柱或空心毛细管色谱柱，都是将固定液附着在管壁上形成。毛细管色谱柱的内径只有 0.1~0.5mm。被分析的试样由载气带入色谱柱，载气在固定相上的吸附或溶解能力要比样品组分弱得多，由于样品中各组分在固定相上吸附或溶解能力的不同，被载气带出的先后次序也就不同，从而实现了各组分的分离。图 7.12 所示为两种组分的混合物在色谱柱中的分离过程。

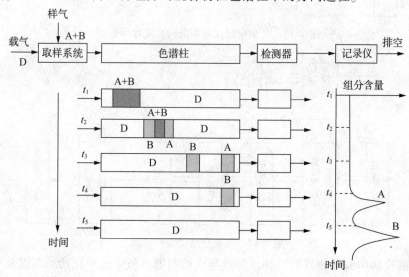

图 7.12　混合物在色谱柱中的分离过程

两个组分 A 和 B 的混合物经过一定长度的色谱柱后，被逐渐分离，A、B 组分在不同的时间流出色谱柱，并先后进入检测器，检测器输出测量结果，由记录仪(Recorder)绘出色谱图，在色谱图中两组分各对应一个色谱峰。图中随时间变化的曲线表示各个组分及其浓度，称为色谱流出曲线。

各组分从色谱柱流出的顺序与色谱柱固定相成分有关。从进样到某组分流出的时间与色谱柱长度、温度、载气流速等有关。在保持相同条件的情况下，对各组分流出时间标定以后，可以根据色谱峰出现的不同时间进行定性分析。色谱峰的高度或面积可以代表相应组分在样品中的含量，用已知浓度试样进行标定后，可以做定量分析。

7.3.4.3　气相色谱仪结构和流程(Construction and Process of gas Chromatographs)

气相色谱仪结构及流程如图 7.13 所示，经预处理后的载气(流动相)由高压气瓶供给，经减压阀、流量计提供恒定的载气流量，载气流经气化室将已进入气化室的被分析组分样品带入色谱柱进行分离。色谱柱是一根金属或玻璃管子，管内装有 60~80 目多孔性颗粒，它具有较大的表面积，作为固定相，在固定相的表面积上涂以固定液，起到分离各组分的作用，构成气–液色谱。经预处理后的待分析气样在载气带动下流进色谱柱，与固定液多次接触、交换，最终将待分析混合气中的各组分按时间顺序分别流经检测器而排放大气，检测器将分离出的组分转换为电信号，由记录仪记录峰形(色谱峰)，每个峰形的面积大小即反映相应组分的含量多少。图 7.14 为流程框图。

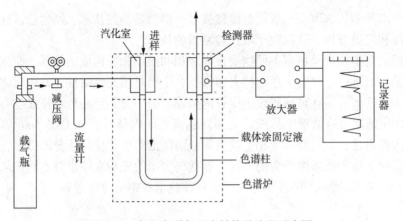

图 7.13　气相色谱仪基本结构及流程示意图

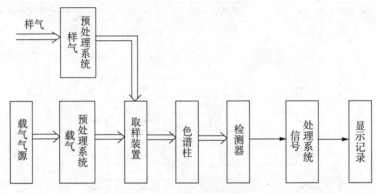

图 7.14　气相色谱仪流程框图

气相色谱仪常用的检测器有三种，即热导式检测器、氢焰离子化检测器以及电子捕获式检测器。热导式检测器的检测极限约为几个10^{-6}的样品浓度，使用较广。氢焰离子化检测器是基于物质的电离特性，只能检测有机碳氢化合物等在火焰中可电离的组分，其检测极限对碳原子可达10^{-12}的量级。热导式检测器和电子捕获式检测器属于浓度型检测器，其响应值正比于组分浓度。氢焰电离检测器属于质量型检测器，其响应值正比于单位时间内进入检测器组分的质量。

图 7.15 为一种工业气相色谱仪系统框图。分析器部分由取样阀、色谱柱、检测器、加热器和温度控制器等组成，均装在隔爆、通风充气型的箱体中。程序控制器部分的作用是控制分析器部件的自动进样、流路切换、组分识别等时序动作；接收从分析器来的各组分色谱信号加以处理，并输出标准信号；通过记录仪或打印机给出色谱图及有关数据。控制器和二次仪表采用密封防尘型嵌装式结构。

7.3.5　酸度的检测(Acidity Measurement)

许多工业生产都涉及到酸碱度的测定，酸碱度对氧化、还原、结晶、生化等过程都有重要的影响。在化工、纺织、冶金、食品、制药等工业，以及水产养殖、水质监测过程中要求能连续、自动地测出酸碱度，以便监督、控制生产过程的正常进行。

7.3.5.1　酸度及其检测方法(Acidity and Acidity Measuring Methods)

溶液的酸碱性可以用氢离子浓度$[H^+]$的大小来表示。由于溶液中氢离子浓度的绝对值很小，一般采用 pH 值来表示溶液的酸碱度，定义为

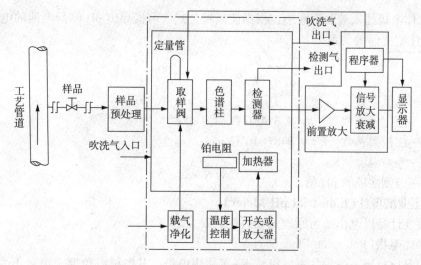

图 7.15　工业气相色谱仪系统结构示意图

$$pH = -\lg[H^+] \tag{7-8}$$

当溶液的 pH=7 时，为中性溶液；pH>7 时，为碱性溶液；pH<7 时，为酸性溶液。所以对溶液酸度的检测，即为对其 pH 值的检测。

氢离子浓度的测定通常采用两种方法：一种是酸碱指示剂法，它利用某些指示剂颜色随离子浓度而改变的特性，以颜色来确定离子浓度范围。颜色可以用比色或分光比色法确定。另一种是电位测定法，它利用测定某种对氢离子浓度有敏感性的离子选择性电极所产生的电极电位来测定 pH 值。这种方法的优点是使用简便、迅速，并能取得较高的精度。在工业过程和实验室对 pH 值的检测中多采用此法，这种方法属于电化学分析方法。

7.3.5.2　电位测定法原理(Principle of Potentiometry)

根据电化学原理，任何一种金属插入导电溶液中，在金属与溶液之间将产生电极电位，此电极电位与金属和溶液的性质，以及溶液的浓度和温度有关。除了金属能产生电极电位外，气体和非金属也能在水溶液中产生电极电位，例如作为基准用的氢电极就是非金属电极，其结构如图 7.16 所示。它是将铂片的表面处理成多孔的铂黑，然后浸入含有氢离子的溶液中，在铂片的表面连续不断地吹入一个大气压的氢气，这时铂黑表面就吸附了一层氢气，这层氢气与溶液之间构成了双电层，因铂片与氢气所产生的电位差很小，铂片在这里只是起导电的作用。这样，氢电极就可以起到与金属电极类似的作用。

电极电位的绝对值是很难测定的，通常所说的电极电位均指两个电极之间的相对电位差值，即电动势的数值。一般规定氢电极的标准电位为零，作为比较标准。所谓氢电极标准电位是这样定义的，当溶液的 $[H^+]=1$，压力为 $1.01×10^5 Pa$(1 个大气压)时，氢电极所具有的电位称氢电极的标准电位，规定为"零"，其他电极的标准电位都为以氢电极标准电位为基准的相对值。

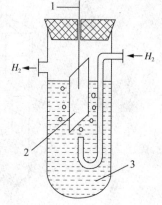

图 7.16　氢电极

1—引线；2—铂片；3—盐酸溶液

测量 pH 值一般使用参比电极和测量电极以及被测溶液共同组成的 pH 测量电池。参比电极的电极电位是一个固定的常数，测量电极的电极电位则随溶液氢离子浓度而变化。电池的电动势为参比电极与测量电极间电极电位的差值，其大小代表溶液中的氢离子浓度。将参比电极和工作电极插入被测溶液中，根据能斯特公式，可推导出 pH 测量电池的电势 E 与被测溶液的 pH 值之间的关系为

$$E = 2.303\frac{RT}{F}\lg[H^+] = -2.303\frac{RT}{F}pH_X \tag{7-9}$$

式中　　E——电极电势，V；

　　　　R——理想气体常数，$R = 8.3143J/(mol \cdot K)$；

　　　　F——法拉第常数，$F = 9.6487 \times 10^4 C/mol$；

　　　　T——绝对温度，K；

　　pH_X——被测溶液的 pH 值。

7.3.5.3　工业酸度计(Industrial pH Meter)

工业酸度计是以电位法为原理的 pH 测量仪。

(1) 参比电极(Reference Electrode)

工业用参比电极一般为甘汞电极或银-氯化银电极，其电极电位要求恒定不变。甘汞电极的结构如图 7.17 所示，它分为内管和外管两部分。内管中分层装有汞即水银，糊状的甘汞即氯化亚汞，内管下端的棉花起支撑作用。这样就使金属汞插入到具有相同离子的糊状电解质溶液中，于是存在电极电位 E_0。在外管中充以饱和氯化钾溶液，外管下端为多孔陶瓷。将内管插入氯化钾溶液中，内外管形成一个整体。当整个甘汞电极插入被测溶液中时，电极外管中的氯化钾溶液将通过多孔陶瓷渗透到被测溶液中，起到离子连通的作用。一般氯化钾溶液处于饱和状态，在温度为 20℃ 时，甘汞电极的电极电位为 $E_0 = +0.2458V$。在甘汞电极工作时，由于氯化钾溶液不断渗漏，必须由注入口定时加入饱和氯化钾溶液。甘汞电极的电位比较稳定，结构简单，被大量应用。但是其电极电位会受到温度的影响。

银-氯化银(Ag/AgCl)电极结构如图 7.18 所示。在铂丝上镀银，然后放在稀盐酸中通电，形成氯化银薄膜沉积在银电极上。将电极插入饱和 KCl 或 HCl 溶液中，就成为银-氯化银电极。当使用饱和 KCl 溶液，温度为 25℃ 时，银-氯化银电极电位 $E_0 = +0.197V$。这种电极结构简单，稳定性和复现性均好于甘汞电极，其工作温度可达 250℃，但是价格较贵。

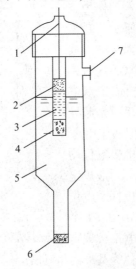

图 7.17　甘汞电极结构

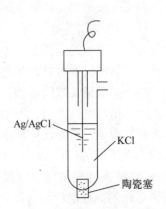

图 7.18　银-氯化银电极结构

1—电极引线；2—汞；3—甘汞；4—棉花；
5—饱和 KCl 溶液；6—多孔陶瓷；7—注入口

（2）测量电极（Measurement Electrode）

测量电极也称工作电极，它的电极电位随被测溶液的氢离子浓度变化而改变。可与参比电极组成原电池将 pH 值转换为毫伏信号。常用的测量电极有氢醌电极、锑电极和玻璃电极。玻璃电极是工业上使用最为广泛的测量电极，由于上述测量指示电极在含有氧化性或还原性较强的溶液中使用时，电极特性要发生变化，使其工作不稳定。玻璃电极却不然，它能在相当宽的范围（pH=2~10）内有良好的线性关系，并能在较强的酸碱溶液中稳定工作。

玻璃电极的结构如图 7.19 所示。玻璃电极的下端为一个球泡，由 pH 敏感玻璃膜制成，膜厚约 0.2mm，且可以导电。球内充以 pH 值恒定的缓冲溶液，作为内参比溶液。还装有银-氯化银电极或甘汞电极作为内参比电极。内参比溶液使玻璃膜与内参比电极间有稳定的接触，从而把膜电位引出。当然也可以使用甘汞电极作为内参比电极。玻璃电极插入被测溶液后，pH 敏感玻璃膜的两侧与不同氢离子浓度的溶液接触，通过玻璃膜可以进行氢离子交换反应，从而产生膜电位，此膜电位与被测溶液的氢离子浓度有特定的关系。

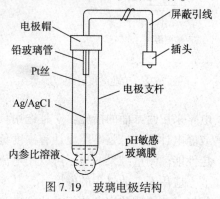

图 7.19　玻璃电极结构

（3）工业酸度计原理及结构（Principle and Composition of Industrial pH Meter）

工业 pH 值测量中，以玻璃电极作为测量电极，以甘汞电极作为参比电极的测量系统应用最多。此类测量系统的总电动势 E 为

$$E = E_0 + 2.303 \frac{RT}{F}(\text{pH} - \text{pH}_0) = E_0' + 2.303 \frac{RT}{F}\text{pH} \tag{7-10}$$

上式可写成

$$E = E_0' + \xi \text{pH} \tag{7-11}$$

式中　ξ——pH 计的灵敏度。

图 7.20 所示为总电势 E 与溶液 pH 值的关系。曲线表明在 pH=1~10 的范围内，二者为线性关系，ξ 值可由曲线的斜率求出，E_0' 可由纵轴上的截距求得。在 pH=2 处，电势为零的点称为玻璃电极的零点，在零点两侧，总电势的极性相反。

pH 测量电池的总电势还受温度的影响，ξ 和 E_0' 值均是温度的函数，图 7.21 给出 E 随温度变化的特性，当温度上升时，曲线斜率会增大。由图看出，在不同温度下的特性曲线交于 A 点，A 点称为等电位点，对应为 pH_A 值。一般地说测量值距 A 越远，电势值随温度的变化越大。

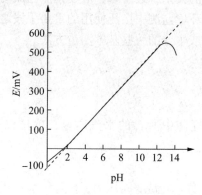

图 7.20　电势 E 与 pH 值的关系

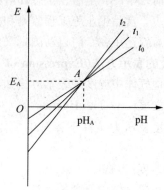

图 7.21　E 随 t 变化特性（$t > t_1 > t_0$）

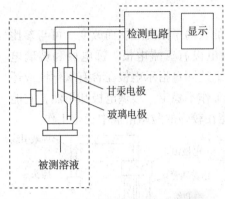

图 7.22　工业酸度计组成示意图

图中标注：检测电路、显示、甘汞电极、玻璃电极、被测溶液

工业酸度计由电极组成的变换器和电子部件组成的检测器所构成，如图 7.22 所示。变换器又由参比电极、工作电极和外面的壳体所组成，当被测溶液流经变换器时，电极和被测溶液就形成一个化学原电池，两电极间产生一个原电势，该电势的大小与被测溶液的 pH 值成对数关系，它将被测溶液的 pH 值转换为电信号，这种转换工作完全由电极完成。常用的参比电极有甘汞电极、银-氯化银电极等。常用的测量电极是玻璃电极。

由于电极的内阻相当高，可达 $10^9\Omega$，所以要求信号的检测电路的输入阻抗至少要达到 $10^{11}\Omega$ 以上。电路采用两方面的措施：一是选用具有高输入阻抗的放大元件，例如场效应管、变容二极管或静电计管；二是电路设计有深度负反馈，它既增加了整机的输入阻抗，又增加了整机的稳定性能。测量结果的显示可以用电流，也可将电流信号转换成电压信号。

应用于工业过程的酸度计，其变换器与检测器分成两个独立的部件，变换器安装于分析现场，而检测器则安装于就地仪表盘或中央控制室内。输出信号可以远距离传送，其传输线为特殊的高阻高频电缆(High-Frequency Cable)，如用普通电缆，则会造成灵敏度下降，误差增加。

由于仪表的高阻特性，要求接线端子保持严格地清洁，一旦污染后绝缘性能可能下降几个数量级，降低了整机的灵敏度和精度。实际使用中出现灵敏度和精度下降的一个主要原因是传输线两端的绝缘性能下降所致，所以保持接线端子清洁是仪器能正常工作的一个不可忽略的因素。

7.3.6　湿度的检测(Humidity Measurement)

物质的湿度就是物质中水分的含量，这种水分可能是液体状态，也可能是蒸汽状态。一般习惯上称空气或气体中的水分含量为湿度，而液体及固体中的水分含量称为水分或含水量，但在气体中有时也称为水分，所以并不太严格。一般情况下，在大气中总含有水蒸气，当空气或其他气体与水汽混合时，可认为它们是潮湿的，水汽含量越高，气体越潮湿，即其湿度越大。

湿度与科研、生产、生活、生态环境都有着密切的关系，近年来，湿度检测已成为电子器件、精密仪表、食品工业等工程监测和控制及各种环境监测中广泛使用的重要手段之一。本章仅重点叙述用在专门自动测量气体中的湿度或水分的一些基本测量方法。

7.3.6.1　湿度的表示方法(Expression of Humidity)

空气或其他气体中湿度的表示方法如下。

(1) 绝对湿度(Absolute Humidity)

在一定温度及压力条件下，每单位体积的混合气体中所含的水汽质量，单位以 g/m³ 表示。

(2) 相对湿度(Relative Humidity)

指单位体积湿气体中所含的水汽质量与在相同条件(同温度同压力)下饱和水汽质量之比。相对湿度还可以用湿气体中水汽分压与同温度下饱和水汽分压之比来表示。单位以％

表示。

(3) 露点温度(Dew Point)

在一定压力下,气体中的水汽含量达到饱和结露时的温度,以℃为单位。露点温度与空气中的饱和水汽量有固定关系,所以亦可以用露点来表示绝对湿度。

(4) 百分含量(Percentage of Volume Ratio)

水蒸汽在混合气体中所占的体积分数,以%表示。在微量情况下用百万分之几表示,符号用 μL/L 表示。

(5) 水汽分压(Water Vapor Pressure)

指在湿气体的压力一定时,湿气体中水蒸气的分压力,单位以 mmHg 表示。

各种湿度的表示方法之间有一定关系,知道某种表示方法的湿度数值后,就可以换算成其他表示方法的数值。

7.3.6.2 湿度检测简介(Introduction to Humidity Measurement)

工业过程的监测和控制对湿敏传感器提出如下要求:工作可靠,使用寿命长;满足要求的湿度测量范围,有较快的响应速度;在各种气体环境中特性稳定,不受尘埃、油污附着的影响;能在-30~100℃的环境温度下使用,受温度影响小;互换性好、制造简单、价格便宜。

湿度的检测方法很多,传统的方法是露点法、毛发膨胀法和干湿球温度测量法。随着科学技术的发展,利用潮解性盐类、高分子材料、多孔陶瓷等材料的吸湿特性可以制成湿敏元件,构成各种类型的湿敏传感器,目前已有多种湿敏传感器得到开发和应用。传统的干湿球湿度计和露点计采用了新技术,也可以实现自动检测。本节介绍几种典型湿度计。

7.3.6.3 毛发湿度计(Hair Hygrometers)

从 18 世纪开始,人们就利用脱脂处理后的毛发构成湿度计,空气相对湿度增大时毛发伸长,带动指针得到读数。现已改用竹膜、蛋壳膜、乌鱼皮膜、尼龙带等材料。这种原理本身只能构成就地指示仪表,而且精度不高,滞后时间长,但在室内湿度测量、无人气象站和探空气球上仍有用它构成自动记录仪表的实例。

7.3.6.4 干湿球湿度计(Wet and Dry Bulb Hygrometers)

干湿球湿度计的使用十分广泛,常用于测量空气的相对湿度。这种湿度计由两支温度计组成,一只温度计用来直接测量空气的温度,称为干球温度计,另一只温度计在感温部位包有被水浸湿的棉纱吸水套,并经常保持湿润,称为湿球温度计,如图 7.23 所示。

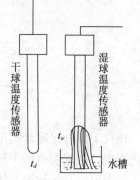

图 7.23 干湿球测温示意图

当液体挥发时需要吸收一部分热量,若没有外界热源供给,这些热量就从周围介质中吸取,于是使周围介质的温度降低。液体挥发越快,则温度降低得越厉害。对水来说,挥发的速度与环境气体的水蒸气量有关;水蒸气量越大,则水分挥发越少;在饱和水蒸气情况下,水分不再挥发。显然,当不饱和的空气或其他气体流经一定量的水的表面时,水就要汽化。当水汽从水面汽化时,势必使水的温度降低,此时,空气或其他气体又会以对流方式把热量传到水中,最后,当空气或其他气体传到水中的热量恰好等于水分汽化时所需要的热量时,两者达到平衡,于是水的温度就维持不变,这个温度就称湿球温度。同时,可以看出,水温的降低程度,即湿球温度的高低,

187

与空气或其他气体的湿度有定量的关系。这就是干湿球湿度计的物理基础。

对于干湿球湿度计，当湿球棉套上的水分蒸发时，会吸收湿球温度计感温部位的热量，使湿球温度计的温度下降。水的蒸发速度与空气的湿度有关，相对湿度越高，蒸发越慢；反之，相对湿度越低，蒸发越快。所以，在一定的环境温度下，干球温度计和湿球温度计之间的温度差与空气湿度有关。当空气为静止的或具有一定流速时，这种关系是单值的。测得干球温度（空气或其他气体的温度）t_d 和湿球温度（被吸热而降低了的温度）t_w 后，就可计算求出相对湿度 ϕ。

一般情况下空气中的水蒸气不饱和，所以 $t_w < t_d$。根据热平衡原理，可以推导出干、湿球温度与空气或其他气体中水蒸气的分压 p_w 之间的关系，即

$$p_w = p_{ws} - A(t_d - t_w) \tag{7-12}$$

相对湿度为

$$\phi = \frac{p_w}{p_{ds}} = \frac{p_{ws} - A(t_d - t_w)}{p_{ds}} \tag{7-13}$$

式中　p_{ds}——干球温度下的饱和水汽压；

p_{ws}——湿球温度下的饱和水汽压；

p——湿空气或其他湿气体的总压；

A——仪表常数，它与风速和温度传感器的结构因素有关。

在自动连续测量中，温度计一般就采用两个电阻温度计，分别测量"干球"和"湿球"温度 t_d 和 t_w。两个热电阻 R_d 和 R_w 分别接在两个电桥的桥臂中，并将其输出对角线上的电压串联反接取得差压 Δu，用伺服放大器 A 根据 Δu 的极性和大小控制可逆电机 D 正转或是反转寻找平衡点，达到平衡后电机停转，所带动的指针或记录笔可进行指示和记录。因在刻度处考虑到运算关系，故读数直接反映相对湿度 ϕ。此外，还可带动滑线电阻的触点，做成具有标准电流信号输出的相对湿度变送器。自动平衡干湿球湿度计原理如图 7.24 所示。

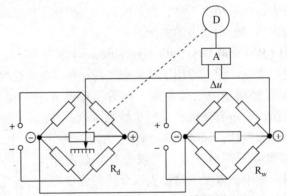

图 7.24　自动平衡干湿球湿度计原理图

现代干湿球湿度计运用计算机技术，把与干球温度对应的饱和水汽压力值制表存储于仪表内存中，根据测得的干球和湿球的温度即可计算求得相对湿度值，绝对湿度也可计算求得。仪表可以显示被测气体的温度、相对湿度和绝对湿度。

7.3.6.5　露点式湿度计（Dew Point Hygrometers）

空气的相对湿度越高越容易结露，其露点温度就越高，所以测出空气开始结露的温度（即露点温度），就能反映空气的相对湿度。

实验室测量露点温度的办法是，利用光亮的金属盒，内装乙醚并插入温度计，强迫空气吹入使之形成气泡，乙醚迅速气化时吸收热量而降温，待光亮的盒面出现凝露层时读出温度即可。

将此原理改进成自动检测仪表，如图7.25所示。图中1为半导体制冷器，在其端部有带热电偶2的金属膜3，其外表面镀铬抛光形成镜面。光源4被镜面反射至光敏元件5，未结露时反射强烈，结露后反射急剧减小。放大电路6在反光减小后使控制电路7所接的电加热丝8升温。露滴蒸发之后反光增强，又会引起降温，于是重新结露。如此循环反复，在热电偶2所接的仪表上便可观察到膜片结露的平均温度，这就是露点温度。

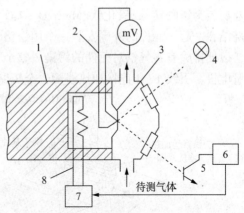

图 7.25　自动露点仪原理图
1—半导体制冷器；2—热电偶；3—金属膜；4—光源；
5—光敏元件；6—放大电路；7—控制电路；8—电加热丝

如已知当时的空气温度，可根据露点温度查湿空气曲线或表格得知相对湿度。对于自动测量，只需再引入空气温度信号，经过计算后可使指示值直接反映相对湿度。

测量过程中，若被测气体中有露点与水蒸气露点接近的组分(大多是碳氢化合物)，则它的露点可能会被误认是水汽的露点，给测量带来干扰。被测气体应该完全除去机械杂质及油气等。常用的露点测量范围为-80~50℃，误差约±0.25℃，反应速度为1~10s。

7.3.6.6　氯化锂湿敏传感器(Lithium Chloride Humidity Sensor)

氯化锂湿敏元件是电解质系湿敏传感器的代表。氯化锂是潮解性盐类，吸潮后电阻变小，在干燥环境中又会脱潮而电阻增大，图7.26(a)所示为一种氯化锂湿敏传感器。玻璃带浸渍氯化锂溶液构成湿敏元件，铂箔片在基片两侧形成电极。元件的电阻值随湿气的吸附与脱附过程而变化。通过测定电阻，即可知相对湿度。图7.26(b)是传感器的感湿特性曲线。

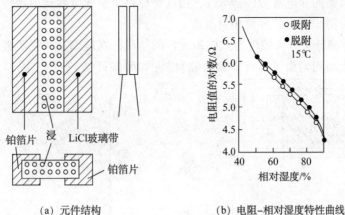

(a) 元件结构　　　　　　　(b) 电阻-相对湿度特性曲线

图 7.26　氯化锂湿敏传感器

7.3.6.7　陶瓷湿敏传感器(Ceramic Humidity Sensor)

陶瓷湿敏传感器感湿原理是利用陶瓷烧结体微结晶表面对水分子吸湿或脱湿，使电极间的电阻值随相对湿度而变化。

陶瓷材料化学稳定性好，耐高温，便于用加热法去除油污。多孔陶瓷表面积大，易于吸湿和去湿，可以缩短响应时间。这类传感器的制作型式可以为烧结式、膜式及 MOS 型等。图 7.27(a)给出一种烧结式湿敏元件结构示意，图 7.27(b)为该元件的湿敏电阻特性。所用陶瓷材料为铬酸镁–二氧化钛($MgCr_2O_4$–TiO_2)，在陶瓷片两面，设置多孔金电极，引线与电极烧结在一起。元件的外围安装一个用镍铬丝绕制的加热线圈，用于对陶瓷元件进行加热清洗，以便排除有害气氛对元件的污染。整个元件固定在质密的陶瓷底片上，引线 2、3 连接测量电极，引线 1、4 连接加热线圈，金短路环用于消除漏电。

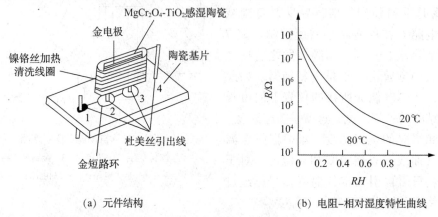

(a) 元件结构　　　　　　　　(b) 电阻–相对湿度特性曲线

图 7.27　烧结式陶瓷湿敏传感器

这类元件的特点是体积小，测湿范围宽($0 \sim 100\%RH$)；可用于高温($150℃$)，最高可承受 $600℃$；能用电加热反复清洗，除去吸附在陶瓷上的油污、灰尘或其他污染物，以保持测量精度；响应速度快，一般不超过 20s；长期稳定性好。

7.3.6.8　高分子聚合物湿敏传感器(Polymer Humidity Sensor)

作为感湿材料的高分子聚合物能随所在环境的相对湿度的大小成比例地吸附和释放水分子。这类高分子聚合物多是具有较小介电常数的电介质($\varepsilon_r = 2 \sim 7$)，由于水分子的存在，可以很大地提高聚合物的介电常数($\varepsilon_r = 83$)，用这种材料可制成电容式湿敏传感器，测定其电容量的变化，即可得知对应的环境相对湿度。

图 7.28(a)为高分子聚合膜电容式湿敏元件的结构。在玻璃基片上蒸镀叉指状金电极作为下电极；在其上面均匀涂以高分子聚合物材料(如醋酸纤维)薄膜，膜厚约 $0.5\mu m$；在感

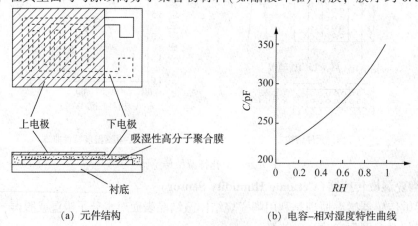

(a) 元件结构　　　　　　　　(b) 电容–相对湿度特性曲线

图 7.28　高分子聚合物湿敏传感器

190

湿膜表面再蒸镀一层多孔金薄膜作为上电极。由上、下电极和夹在其间的感湿膜构成一个对湿度敏感的平板电容器。当环境气氛中的水分子沿上电极的毛细微孔进入感湿膜而被吸附时，湿敏元件的介电系数变化，电容值将发生变化。图 7.28(b)给出高分子膜的湿敏电容特性。

这种湿敏传感器由于感湿膜极薄，所以响应快；特性稳定，重复性好；但是它的使用环境温度不能高于80℃。

7.3.7 密度的检测(Density Measurement)

在化工及石油生产过程中，有很多场合需要对介质的密度进行测量，以确认生产过程的正常进行或对产品质量进行检查。例如在蒸发、吸收和蒸馏操作中常常都需要通过密度的检查以确定产品的质量。另外，现在生产上常常要求测量生产过程中的物料或产品的质量流量，即从所测得体积流量信号及物料的密度信号，通过运算得到质量流量。这时亦涉及到密度的测量问题。

介质的密度是指单位体积内介质的质量，它与地区的重力加速度大小无关，其常用单位为 kg/m³、g/cm³ 等。

测量密度常用的的仪表有浮力式密度计、压力式密度计、重力式密度计和振动式密度计等，下面仅介绍压力式密度计和振动式密度计这两种自动测量密度的仪表。

7.3.7.1 压力式密度计(Pressure Density Meter)

压力式密度计所依据的原理是：在液体的不同深度，静压大小的差别仅决定于深度差及液体的密度值。吹气式密度计就是这种类型中的一种，它在石油、化工生产过程中应用较广。

图 7.29 所示是这种吹气式密度计的原理结构图。使用的压缩空气流经过滤器及稳压器后，分成两路，通过调节针形阀，使两路流量相等。其中参比气路流经标准液体，然后放空，而测量气路则流经被测液体。此时，两气路中的气体压力分别近似于标准液及测量液相应深度(吹气管在液体中的插入深度)处的静压值。

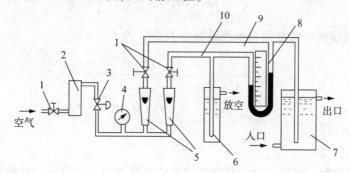

图 7.29　吹气式密度计示意图

1—针形阀；2—过滤器；3—稳压器；4—压力表；5—流量计；
6—标准液体；7—被测液体；8—差压计；9—测量气路；10—参比气路

当标准液的密度为 ρ_1，测量液的密度为 ρ_2，两吹气管的插入深度都为 H，则两路的气压差为

$$\Delta P = H(\rho_2 - \rho_1)g \tag{7-14}$$

从上式看出，ΔP 与 H 有线性关系，气压差值可由差压计进行测量，如图 7.29 中用 U 形管差压计测量。更多的是采用差压变送器转换成标准的气压信号或电流信号，再由相应的显示仪表指示或记录。为了补偿环境温度的影响，标准液体应选用与被测液体具有相同温度膨胀系数的液体，必要时可将盛标准液的压头管浸在被测液中，以使两者温度一致。盛标准液的压头管必须用导热性能良好的金属做成。

7.3.7.2 振动式密度计(Vibrating Density Meter)

(1) 工作原理(Operating Principle)

当被测液体流过振动着的管子中时，此振动管的横向自由振动频率将随着被测液体密度的变化而改变。当液体密度增大时，振动频率将减小。反之，当液体的密度减小时，则振动频率增加。因此，利用测定振动管频率的变化，就可以间接地测定被测液体的密度。

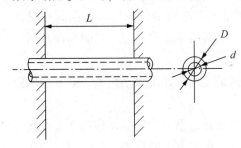

图 7.30 两端固定的振动管

充满液体的管的横向自由振动如图 7.30 所示。设管的材质密度为 ρ_0，液体的密度为 ρ_x，当管振动时，管内液体将同管子一起振动。由于液体内部相对变化很小，所以黏度的影响也很小。因而充满液体的管的横向自由振动可以看作是具有总质量的弹性体的自由振动。这里所说的总质量是指管子自由振动部分的质量加上充满该部分管子的液体的质量，自由振动部分的总质量 M 应为

$$M = \rho AL = \frac{1}{4}\pi \left[(D^2 - d^2)\rho_0 + d^2\rho_x \right] L \qquad (7-15)$$

化简后可写成

$$\rho A = \frac{1}{4}\pi \left[(D^2 - d^2)\rho_0 + d^2\rho_x \right] \qquad (7-16)$$

由工程力学可知，圆管的截面惯性矩 J 为

$$J = \frac{\pi}{64}(D^4 - d^4) \qquad (7-17)$$

由此可得，充满液体的横向自由振动频率 f_x 为

$$f_x = \frac{C}{4L^2}\sqrt{\frac{E}{\rho_0}}\sqrt{\frac{D^2 + d^2}{1 + \dfrac{\rho_x}{\rho_0}\dfrac{d^2}{(D^2 - d^2)}}} \qquad (7-18)$$

式中　D——管的外径；

　　　d——管的内径；

　　　C——仪表常数，可以通过实验测得或理论计算得出。当管子的几何尺寸及材质确定后，则 L、E、D、d 及 ρ_0 均为常数，上式可以简化为

$$f_x = \frac{K_1}{\sqrt{1 + K_2\rho_x}} \qquad (7-19)$$

式中　K_1、K_2——均为常数。

因此管内充有液体的管的自由振动频率 f_x 仅与管内的液体密度 ρ_x 有关。同时也可看到，

当液体密度 ρ_x 大时，振动频率低；ρ_x 小时，振动频率高。振动频率与液体密度间的关系曲线如图 7.31 所示。因此测定振动频率 f_x 就可以求得 ρ_x 的大小，这就是振式密度计的基本工作原理。

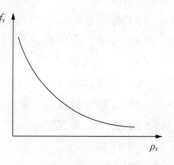

图 7.31　振动频率与密度关系曲线

（2）结构及特点（Structure and Characteristics）

振动式密度计有单管振动式与双管振动式两种。检测的方法也有多种形式。现仅以单管振动式密度计为例说明其构成及工作过程。

单管振动式密度计也称为振筒式密度计，该仪表整体组成如图 7.32 所示。仪表的传感器包括一个外管，其材质为不锈钢，可以导磁。上部和下部有法兰孔，这样就可直接垂直地安装在流体管道上，流向应由下而上，以保证管内充满液体。外管绕有激振线圈及检测线圈。在外管中装有振动管，它是用镍的合金材料制作的，所以不仅弹性模数的温度系数很小（可以减小温度的影响），而且是磁性体。在振动管的内部和外部都有被测液体流过。由于电磁感应，充满液体的管子的自由振动频率 f_x，就随着被测液体的密度 ρ_x 而变化。例如有的仪表设计成当被测液体的密度 $\rho_x = 1\mathrm{g/cm^3}$ 时，振动频率 f_x 约为 3kHz 左右。

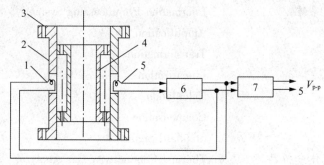

图 7.32　单管振动式密度计示意图

1—激振线圈；2—外管；3—法兰孔；4—振动管；5—检测线圈；6—放大器；7—输出放大器

当振动管振动时，通过电磁感应，检测线圈将管的振动变为电信号输送给驱动放大器，通过激振放大器放大后的交流输出正反馈到激振线圈，使磁性振动管在交变磁场中产生振动，这样就使振动管维持持续的自由振动。激振放大器的输出同时又输入到输出放大器中，经过输出放大器把信号放大到 $5V_{p-p}$（即交变信号的峰-峰值为 5V）值。此信号可直接数字显示，也可将频率数值转换成电压，然后转换成 4~20mA 标准电流信号，与单元组合式仪表配合使用。

振动式密度计能连续、高精度、极为灵敏地检测液体的密度。由于其传感器直接垂直地安装在管道上，所以压力损失小，响应速度快（1ms），而且振动管便于清洗。它能广泛地应用于石油、化工及其他工业部门。振动式密度计不仅可以用来测量液体的密度，也可测量气体的密度。

关键词（Key Words and Phrases）

（1）成分分析仪表　　　　　　　Composition Analytical Instrument

（2）人工分析　　　　　　　　　Manual Analysis

(3) 自动分析	Automatic Analysis
(4) 质量	Quality
(5) 在线测量	On-line Measurement
(6) 控制指标	Control Index
(7) 过程分析仪表	Process Analytical Instrument
(8) 自动取样装置	Auto Sampling Device
(9) 样品	Sample
(10) 预处理系统	Preprocessing System
(11) 冷却	Cooling
(12) 加热	Heating
(13) 气化	Gasifying
(14) 减压	Decompressing
(15) 过滤	Filtering
(16) 分馏	Fractionation
(17) 吸附	Adsorption
(18) 检测器，探头	Detector，Probe，Pick-up
(19) 信息处理系统	Information Preprocessing System
(20) 放大	Amplification
(21) 转换	Transformation
(22) 线性化	Linearization
(23) 运算	Calculation
(24) 补偿	Compensation
(25) 标准信号	Standard Signal
(26) 热导式气体分析器	Thermal Conductivity Gas Analyzer
(27) 绝缘	Insulation
(28) 恒定电流	Constant Current
(29) 恒温装置	Thermostat
(30) 干扰因素	Interference Factors
(31) 红外线气体分析器	Infrared Gas Analyzer
(32) 氧化锆氧分析器	Zirconium Oxide Oxygen Analyzer
(33) 热效率	Thermal Efficiency
(34) 电化学	Electro-chemistry
(35) 电解质溶液	Electrolytic Solution
(36) 安装	Installation
(37) 气相色谱分析仪	Gas Chromatographs
(38) 色谱法	Chromatography
(39) 记录仪	Recorder
(40) 酸度检测	Acidity Measurement
(41) 电位测定法	Potentiometry
(42) 工业酸度计	Industrial pH Meter

(43) 参比电极	Reference Electrode
(44) 测量电极	Measurement Electrode
(45) 湿度检测	Humidity Measurement
(46) 绝对湿度	Absolute Humidity
(47) 相对湿度	Relative Humidity
(48) 露点温度	Dew Point
(49) 体积百分含量	Percentage of Volume Ratio
(50) 毛发湿度计	Hair Hygrometers
(51) 干湿球湿度计	Wet and Dry Bulb Hygrometers
(52) 氯化锂湿敏传感器	Lithium Chloride Humidity Sensor
(53) 陶瓷湿敏传感器	Ceramic Humidity Sensor
(54) 高分子聚合物湿敏传感器	Polymer Humidity Sensor
(55) 密度检测	Density Measurement
(56) 压力式密度计	Pressure Density Meter
(57) 振动式密度计	Vibrating Density Meter
(58) 高频电缆	High-frequency Cable

习题(Problems)

7-1 成分分析的方法有哪些?

7-2 自动分析仪表主要由哪些环节组成?

7-3 在线成分分析系统中采样和试样预处理装置的作用是什么?

7-4 简述热导式气体分析器的工作原理,对测量条件有什么要求?

7-5 简述红外线气体分析器的测量机理,红外线气体分析器的基本组成环节有哪些?

7-6 简述氧化锆氧分析器的工作原理,对工作条件有什么要求?

7-7 气相色谱仪的基本环节有哪些?各环节的作用是什么?

7-8 酸度的表示方法是什么?说明用电位法测量溶液酸度的基本原理。

7-9 什么是湿度?湿度的表示方法主要有哪些?各有什么意义?

7-10 常用的湿度测量方法有哪些?

7-11 什么是密度?常用的密度测量方法有哪些?

8 控制仪表及装置(Control Instruments and Devices)

8.1 概述(Introduction)

在化工、炼油等工业生产过程中，对于生产装置中的压力、流量、液位、温度等参数常要求维持在一定的数值上或按一定的规律变化，以满足生产要求。前面已经介绍了检测这些工艺参数的方法。在控制系统中，可以在检测的基础上，再应用控制仪表(常称为控制器)和执行器(Actuator)来代替人工操作，完成自动控制。所以，控制仪表的作用是将被控变量的测量值与给定值相比较，产生一定的偏差，控制仪表根据该偏差进行一定的数学运算，并将运算结果以一定的信号形式送往执行器，以实现对于被控变量的自动控制。

8.1.1 控制仪表及装置的分类(Classification of Control Instrument and Device)

控制仪表及装置可按能源形式、信号类型和结构形式来分类。

8.1.1.1 按能源形式分类(Classification According to Energy Form)

可分力气动(Pneumatic)、电动(Electric)、液动(Hydraulic)等几类。工业上通常使用气动控制仪表和电动控制仪表，两者之间的比较如表8.1所示。

表8.1　电动控制仪表和气动控制仪表的比较

	电动控制仪表	气动控制仪表
能源	电源(220V AC)(24V DC)	气源(140kPa)
传输信号	电信号(电流、电压或数字)	气压信号
构成	电子元器件(电阻、电容、电子放大器、集成电路、微处理器等)	气动元件(气阻、气容、气动放大器等)
接线	导线、印刷电路板	导管、管路板

气动控制仪表的发展和应用已有数十年的历史，20世纪40年代起就已广泛应用于工业生产。它的特点是结构简单、性能稳定、可靠性高、价格便宜，且在本质上是安全防爆的，特别适用于石油、化工等有爆炸危险的场所。

电动控制仪表的出现要晚些，但由于其信号传输、放大、变换处理比气动仪表容易得多，又便于实现远距离监视和操作，还易于与计算机等现代化技术工具联用，因而这类仪表的应用更为广泛。电动控制仪表的防爆问题，由于采取了安全火花防爆措施，也得到了很好的解决，它同样能应用于易燃易爆的危险场所。鉴于电动控制仪表及装置的迅速发展与大量使用，本教材予以重点介绍。

8.1.1.2 按信号类型分类(Classification According to the Signal Type)

可分为模拟(Analog)式和数字(Digital)式两大类。

模拟式控制仪表的传输信号通常为连续变化的模拟量，如电流信号、电压信号、气压信号等。这类仪表线路较简单，操作方便，价格较低，在中国已经历多次升级换代，在设计、制造、使用上均有较成熟的经验。长期以来，它广泛地应用于各工业部门。

数字式控制仪表的传输信号通常为断续变化的数字量，如脉冲信号，这种仪表编程灵活，除具有 PID 调节规律外，还能实现复杂的调节规律。近 20 年来，随着微电子技术、计算机技术和网络通信技术的迅速发展，数字式控制仪表和新型计算机控制装置相继问世，并越来越多地应用于生产过程自动化中。这些仪表和装置是以微型计算机为核心，其功能完善、性能优越，它能解决模拟式仪表难以解决的问题，满足现代化生产过程的高质量控制要求。

8.1.1.3 按结构形式分类(Classification According to Structure Form)

可分为基地式控制仪表、单元组合式控制仪表、组装式综合控制装置、集散控制系统 DCS 以及现场总线控制系统 FCS。

① 基地式控制仪表是以指示、记录仪表为主体，附加控制机构而组成。它不仅能对某变量进行指示或记录还具有控制功能。基地式仪表一般结构比较简单，常用于单机自动化系统。

② 单元组合式控制仪表是根据控制系统中各个组成环节的不同功能和使用要求，将整套仪表划分成能独立实现某种功能的若干单元，各单元之间用统一的标准信号来联系。将这些单元进行不同的组合，可构成多种多样的、复杂程度各异的自动检测和控制系统。单元组合式仪表使用灵活，通用性强，适用于多种工业参数的检测和控制。

中国生产的电动单元组合仪表(DDZ)和气动单元组合仪表(QDZ)经历了 I 型、II 型、III 型三个发展阶段，以后又推出了较为先进的数字化的 DDZ-S 系列仪表。这类仪表使用灵活，通用性强，适用于中、小型企业的自动化系统。过去的数十年，单元组合仪表在实现中国中、小型企业的生产过程自动化中，发挥了重要作用。

③ 组装式综合控制装置是在单元组合仪表的基础上发展起来的一种功能分离、结构组件化的成套仪表装置。该装置以模拟器件为主，兼用了模拟技术和数字技术。它包括控制机柜和显示操作台两部分，控制机柜的组件箱内插有若干功能组件板，且采用高密度安装，结构十分紧凑。工作人员利用屏幕显示、操作装置实现对生产过程的集中显示和操作。组装式综合控制装置以成套装置的形式提供给用户，简化了工程，缩短了安装、调校时间，方便了用户，在化工、电站等部门的自动控制系统中使用较多。

④ 集散控制系统(DCS)是以微型计算机为核心，在控制(Control)技术、计算机(Computer)技术、通信(Communication)技术、屏幕(CRT)显示技术等四"C"技术迅速发展的基础上研制成的一种计算机控制装置。它的特点是分散控制、集中管理。

"分散"指的是由多台专用微机(例如集散控制系统中的基本控制器或其他现场级数字式控制仪表)分散地控制各个回路，这可使系统运行安全可靠。将各台专用微机或现场级控制仪表用通信电缆同上一级计算机和显示、操作装置相连，便组成分散控制系统。"集中"则是集中监视、集中操作和管理整个生产过程。这些功能由上一级的监控、管理计算机和显示操作站来完成。

在工业上使用较多的数字控制仪表有可编程调节器和可编程控制器。可编程调节器的外形结构、面板布置保留了模拟式仪表的一些特征，但其运算、控制功能更为丰富，通过组态可完成各种运算处理和复杂控制。可编程控制器以开关量控制为主，也可实现对模拟量的控制，并具备反馈控制功能和数据处理能力。它具有多种功能模块，配接方便。这两类控制仪表均有通信接口，可和计算机配合使用，以构成不同规模的分级控制系统。

⑤ 现场总线控制系统(FCS)是 20 世纪 90 年代发展起来的新一代工业控制系统。它是计算机网络技术、通信技术、控制技术和现代仪器仪表技术的最新发展成果。现场总线的出现引起了传统控制系统结构和设备的根本性变革，它将具有数字通信能力的现场智能仪表连成网络系统，并同上一层监控级、管理级联系起来成为全分布式的新型控制网络。

现场总线控制系统的基本特征是其结构的网络化和全分散性、系统的开放性、现场仪表的互可操作性和功能自治性以及对环境的适应性。FCS 无论在性能上或功能上均比传统控制系统更优越，随着现场总线技术的不断完善，FCS 将越来越多的应用于工业自动化系统中，并将逐步取代传统的控制系统。

8.1.2　控制仪表及装置的发展（Development of Control Instrument and Device）

8.1.2.1　发展概况（Development Situation）

20 世纪 70 年代前，生产过程自动化所用的大多是模拟式的控制仪表和装置。随着生产规模的扩大、生产水平的提高而形成的生产过程的强化、参数间相互关联性的增加，要求控制仪表与装置具有多样的、复杂的控制功能，具有更高的控制精度和可靠性，进而对大系统进行综合自动化，使企业管理与过程控制相结合，便于利用过程信息较快地作出有利于企业的决策，以适应变化发展的市场要求。显然，模拟控制仪表与装置已不能满足这种要求。数字控制仪表与装置正是适应这种要求而产生与发展的。

到 70 年代中期，随着多种微处理器及微型计算机的问世，以微处理器为核心的数字调节器及可编程序逻辑控制器都达到了实用阶段。由于微处理器价格的下降及 4C 技术的进一步发展，产生了分散控制系统（DCS）。1975 年美国霍尼威尔公司正式向市场推出了型号为 TDC-2000 的分散控制系统。DCS 的控制功能分散，且功能非常丰富，除可实现常规 PID 控制外，还可实现多种复杂的控制及优化控制等，并有集中的监视、操作及综合管理功能。因此，在生产上取得了极大的经济效益，受到仪表制造企业和使用单位的重视。到目前为止，欧、美、日等许多发达国家有几百家企业都在制造和不断开发新的 DCS，我国也开发了自己的一些 DCS 系统。石油、化工、电力、冶金、建材和食品等工业部门也都在采用 DCS，并有更迅速普及应用的趋势，DCS 已成为控制仪表与装置的主导产品。

可编程序控制器（PLC）与分散控制系统（DCS）是控制装置的两大主流产品，它们的发展是并列进行而又相互渗透的。70 年代中期，PLC 在逻辑运算功能的基础上增加了数值计算、过程控制功能。运算速度提高、输入输出规模扩大，并开始与小型机相连，构成了以 PLC 为基础的初级分散控制系统，在冶金、轻工等行业中得到广泛的应用。

70 年代末期，PLC 向大规模、高性能等方向发展，形成了多种多样的系列化产品，出现了结构紧凑、价格低廉的新一代产品和多种不同性能的分布网络系统，并开发出多种便于工程技术人员使用的编程语言，特别是适用于工艺人员使用的图形语言，大大方便了 PLC 的使用。

80 年代中期，PLC 已开始拓展其应用领城，主要是要求电气控制与过程控制密切结合的场合（如钢铁工业中的炼铁、炼钢、连铸等）及批量过程控制中。这就从根本上改变了过去电控由 PLC 承担而过程控制由 DCS 承担的状况，做到了电控和过程控制采用一套 PLC 系统统一控制。

考虑到 PLC 的优点，DCS 生产企业也在 DCS 中结合进 PLC 的功能，使 DCS 也能承担工业生产中的各种控制任务。

介于 DCS 与 PLC 之间的一类小规模工业控制机及数字调节器，可进行少回路的可编程回路控制及少点数的可编程逻辑控制，并具有参数自整定及自校正等多种控制功能，也可与 CRT 显示操作站连接实现监控。这类数字控制装置由于价格便宜、系统配置灵活、功能较强，很适用于中小企业的技术改造，因而也有很强的生命力。

8.1.2.2　发展趋势(Development Trend)

过程控制装置经历了自力式、基地式、单元组合式、集散式和总线式几个发展阶段。就单元组合式而言,又分为Ⅰ型、Ⅱ型、Ⅲ型。生产的发展对过程控制装置不断提出新的要求,促使它向更完善的方向发展。

(1) 控制功能多样化

按照生产设备运行的要求,不但要有各种反馈控制功能和新的控制策略,如前馈、优化、非线性等,而且还要有程序控制和联锁保护。

(2) 系统要易于功能扩展

由于生产工艺的改进,要求自动控制系统能够从简单到复杂逐步改进,以便适应生产工艺的要求,这些都要求过程控制装置能够灵活地构成小、中、大规模不等的控制系统,使之具有良好的扩展性。

(3) 高质量、高可靠性

由于现代化的大型工业设备很多是在临界状态下工作,因此对自动控制系统的可靠性提出了苛刻的要求。不仅要求过程控制装置本身具有高质量,高可靠性,而且要求控制系统也应采取严密的监控保护措施。一旦系统发生故障或问题,能迅速判断症结所在,并能及时采取措施,防止事故进一步扩大。同时应指出故障的发生地点,以便迅速排除。

(4) 操作简单易行

随着大型、高效率、临界工艺设备的出现,自动控制系统越来越庞大复杂,所用的过程控制装置也越来越多,因此增加了操作人员监视和操作的负担,万一出现事故也难于应付。为了改善操作条件,需要将各个领域的最新技术加以综合利用,比如通信技术、CRT显示技术、程控技术、逻辑技术、自诊断技术等。

(5) 解决系统安装工程问题

仪表制造厂不但要生产单件仪表,而且要针对用户的需求,考虑系统安装工程问题,使整套自动控制系统在仪表厂预先安装好,这样既可以减轻设计单位和安装单位的工作量,又可以缩短基建周期,减少安装费用。

为了适应上述这些要求,近年来涌现出许多新型的过程控制装置,比如集散控制系统和现场总线控制系统。随着微处理机的质量不断提高,价格不断下降,使集散控制系统和现场总线控制系统得到空前的发展。过程控制装置的这场变革,其深度和广度都将超过历史上的任何一次,必将创造自动控制的新纪元。

8.1.3　信号制(Signal System)

控制仪表与装置在设计时,应力求做到通用性和相互兼容性,以便不同系列或不同厂家生产的仪表能够共同使用在同一控制系统中,彼此相互配合,共同实现系统的功能。要做到通用性和相互兼容性,首先必须统一仪表的信号制。信号制即信号标准,是指在成套仪表系列中,各个仪表的输入、输出采用何种统一的联络信号进行传输的问题。过程控制装置所用的联络信号,主要是模拟信号和数字信号,这里介绍模拟信号标准。

8.1.3.1　信号标准(Signal Standard)

(1) 气动仪表的信号标准(Signal Standard of Pneumatic Instrument)

中国国家标准 GB 777《化工自动化仪表用模拟气动信号》规定了气动仪表信号的下限值和上限值,如表 8.2 所示,该标准与国际标准 IEC 382 是一致的。

表 8.2　模拟信号的下限值和上限值

下　限	上　限
20kPa(0.2kgf/cm^2)	100kPa(1kgf/cm^2)

(2)电动仪表的信号标准(Signal Standard of Electric Instrument)

中国国家标准 GB 339《化工自动化仪表用模拟直流电流信号》规定了电动仪表的信号，如表 8.3 所示，表中序号 1 的规定与国际标准 IEC 381A 是一致的。序号 2 是考虑到 DDZ Ⅱ 系列单元组合仪表当时仍在广泛使用的现状而设置的。

表 8.3　模拟直流电流信号及其负载电阻

序　号	电　流　信　号	负　载　电　阻
1	4~20mA DC	250~750Ω
2	0~10mA DC	0~1000Ω 0~3000Ω

8.1.3.2　电动仪表信号标准的使用(Use of Electric Instrument's Signal Standard)

(1)现场与控制室仪表之间采用直流电流信号(Use DC Current Signal between Field and Control Room)

应用直流电流作为传输联络信号时，若一台发送仪表的输出电流要同时传送给几台接收仪表，所有这些仪表必须串联连接(Series Connection)，如图 8.1 所示。图中 R_o 为发送仪表的输出电阻、R_i 为接收仪表的输入电阻、R_{cm} 为连接导线电阻。

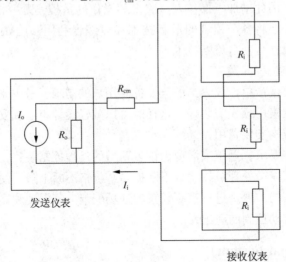

图 8.1　直流电流信号传输时仪表之间的连接

采用直流电流信号具有以下优点：

① 直流信号比交流信号干扰少(DC Signal has less interference than AC Signal)。

交流信号容易产生交变电磁场的干扰，对附近仪表和电路有影响，并且如果外界交流干扰信号混入后和有用信号形式相同，难以滤除，直流信号就没有这个缺点。

② 直流信号对负载的要求简单(DC Signal Request Simple Load)。

交流信号有频率(Frequency)和相位(Phase)问题，对负载的感抗或容抗敏感，使得影响因素增多，计算复杂，而直流信号只需考虑负载电阻。

③ 电流比电压更利于远传信息(Voltage is More Beneficial for Remote Transmitting Information than Current)。

如果采用电压形式传送信息，当负载电阻较小、距离较远时，导线上的电压会引起误差，采用电流传送就不会出现这个问题，只要沿途没有漏泄电流，电流的数值始终一样。而低电压的电路中，即使只采用一般的绝缘措施，漏泄电流也可以忽略不计，所以接收信号的一端能保证和发送端有同样的电流。由于信号发送仪表输出具有恒流特性，所以导线电阻在规定的范围内变化对信号电流不会有明显的影响。

当然，采用电流传送信息，接收端的仪表必须是低阻抗的。串联连接的缺点是任何一个仪表在拆离信号回路之前，首先要把该仪表的两端短接，否则其他仪表将会因电流中断而失去信号。此外，各个接收仪表一般皆应浮空工作，否则会引起信号混乱。若要使各台仪表有自己的接地点，则应在仪表的输入、输出之间采取直流隔离措施，这对仪表的设计和应用在技术上提出了更高的要求。

（2）控制室内部仪表之间采用直流电压信号(Use DC Voltage Signal between Different Instruments of Control Room)

由于采用串联连接方式是同一电流信号供给多个仪表的方法，存在上述缺点。对比起来，用电压信号传送信息的方式在这方面就有优越性了。因为它可以采用并联连接方式，使同一电压信号为多个仪表所接收(Receive)。而且任何一个仪表拆离信号回路都不会影响其他仪表的运行。此外，各个仪表既然并联在同一信号线上，当信号源负极接地时，各仪表内部电路对地有同样的电位。这不仅解决了接地问题，而且各仪表可以共用同一个直流电源。在控制室内，各仪表之间的距离不远，适合采用直流电压($1 \sim 5V$ DC)作为仪表之间的互相联络信号。

应用直流电压作为传输联络信号时，若一台发送仪表的输出电压要同时传送给几台接收仪表，所有这些仪表必须并联连接(Parallel Connection)，如图 8.2 所示。

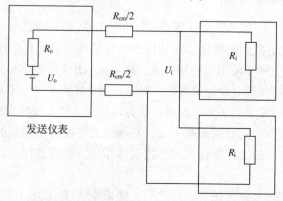

图 8.2 直流电压信号传输时仪表之间的连接

图中 R_o 为发送仪表的输出电阻、R_i 为接收仪表的输入电阻、R_{cm} 为连接导线电阻、U_o 为信号电压。

必须指出，用电压传送信息的并联连接方式要求各个接收仪表的输入阻抗要足够高，否则将会引起误差，其误差大小与接收仪表输入电阻高低及接收仪表的个数有关。

（3）控制系统仪表之间典型连接方式(Typical Connection between Instruments of Control System)

综上所述，电流传送适合于远距离对单个仪表传送信息，电压传送适合于把同一信息传送到并联的多个仪表，两者结合，取长补短。因此，虽然在 GB 3369 中只规定了直流电流信号范围(4~20mA DC),但在具体应用中,电流信号主要在现场仪表与控制室仪表之间相连时使用;在控制室内,各仪表的互相联络采用电压信号(1~5 V DC)。控制系统仪表之间典型连接方式如图8.3所示。

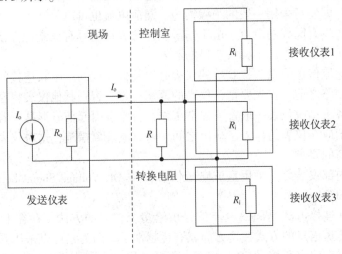

图8.3 控制系统仪表之间典型连接方式

图中 R_o 为发送仪表的输出电阻、I_o 为发送仪表的输出电流、R_i 为接收仪表的输入电阻、R 为电流/电压转换电阻,通常 $I_o = 4 \sim 20\text{mA}$ 时,R 取250Ω。

8.1.3.3 电动模拟信号制小结(Summary of Electric Analog Signal System)

电动模拟信号有直流 DC 和交流 AC 两种,由于直流信号不受交流感应的影响,不受线路的电感、电容及负载的影响,不存在相移等问题,因此世界各国大都以直流信号作为统一的联络信号。

从信号取值范围看,下限值可以从零开始,也可以从某一确定的数值开始;上限值可以较低,也可以较高。取值范围的确定,应从仪表的性能和经济性作全面考虑。

信号下限从零开始,便于模拟量的加、减、乘、除、开方等数学运算和使用通用刻度的指示、记录仪表;信号下限从某一确定值开始,即有一个活零点,电气零点与机械零点分开,便于检验信号传输线是否断线及仪表是否断电,并为现场变送器实现两线制提供了可能性。

电流信号上限大,产生的电磁平衡力大,有利于力平衡式变送器的设计制造。但从减小直流电流信号在传输线中的功率损耗和缩小仪表体积,以及提高仪表的防爆性能来看,希望电流信号上限小些。

在对各种电动模拟信号作了综合比较之后,国际电工委员会(IEC)将电流信号 4~20mA(DC)和电压信号 1~5V(DC),确定为过程控制系统电动模拟信号的统一标准。

8.2 模拟式控制仪表(Analog Control Instruments)

8.2.1 概述(Introduction)

模拟式控制仪表所传送的信号形式为连续的模拟信号,其基本结构包括比较环节(Comparison Unit)、反馈环节(Feedback Unit)和放大器(Amplifier)三大部分,如图8.4所示。

比较环节的作用是将被控变量的测量值与给定值进行比较得到偏差,电动控制仪表的比

202

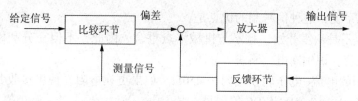

图 8.4　控制器基本构成

较环节都是在输入电路中进行电压或电流信号的比较。

模拟式控制仪表的 PID 运算功能均是通过放大环节与反馈环节来实现的。在电动控制仪表中，放大环节实质上是一个静态增益很大的比例环节，可以采用高增益的集成运算放大器。其反馈环节是通过一些电阻与电容的不同连接方式来实现 PID 运算的。

电动模拟式控制仪表除了基本的 PID 运算功能外，一般还应具备如下功能，以适应自动控制与操作的需要。

(1) 测量值、给定值与偏差显示

控制器的输入电路接受测量信号与给定信号，两者相减后得到偏差信号。模拟式控制器给出测量值与给定值显示，或由偏差显示仪表显示偏差的大小及正负。

(2) 输出显示

控制器输出信号的大小由输出显示仪表显示。由于控制器的输出是与调节阀的开度相对应的，因此输出显示表亦称阀位表，通过它的指针变化不仅可以了解调节阀的开度变化，而且可以观察到控制系统的控制过程。

(3) 手动与自动的双向切换

控制器必须具有手动与自动的切换开关，可以对控制器进行手动与自动之间的双向切换，而且在切换过程中，做到无扰动切换，也就是说，在切换的瞬间，保持控制器的输出信号不发生突变，以免切换操作给控制系统带来干扰。

(4) 内、外给定信号的选择

控制器应具有内、外给定信号的选择开关。当选择内给定信号时，控制器的给定信号由控制器内部提供；当选择外给定信号时，控制器的给定信号由控制器的外部提供。内、外给定信号的选择是由控制系统的不同类型及要求来确定的。

(5) 正、反作用的选择

控制系统应具有正、反作用开关来选择控制器的正、反作用。就控制器的作用方向而言，当控制器的测量信号增加(或给定信号减小)时，控制器的输出信号增加的称为正作用控制器；当测量减小(或给定信号增加)时，控制器的输出减小的称为反作用控制器。控制器正、反作用的选择原则是为了使控制系统具有负反馈的作用，以便当被控变量增加而超过给定值时，通过控制器的作用能使被控变量下降回到给定值，反之亦然。

下面主要介绍目前应用较为广泛的 DDZ-Ⅲ 型电动控制器。

8.2.2　DDZ-Ⅲ型电动调节器(DDZ-Ⅲ Electric Regulator)

8.2.2.1　电动Ⅲ型仪表的特点(Characteristics of Electric Type Ⅲ Instrument)

电动Ⅲ型仪表是一种较为新型的工业自动化仪表，它具有下列特点。

① Ⅲ型仪表在信号制上采用国际电气技术委员会(IEC)推荐的统一标准信号，它以 4~20mA DC 为现场传输信号；以 1~5V DC 为控制室联络信号，即采用电流传输、电压接受

的并联制的信息系统，这种信号制的优点是：

a. 电气零点不是从零开始，且不与机械零点重合。因此，不但充分利用了运算放大器的线性段，而且容易识别断电、断线等故障；

b. 本信号制的电流-电压转换电阻为250Ω。如果更换电阻，使可接收其他1:5的电流信号，例如1~5mA、10~50mA DC等信号；

c. 由于联络信号为1~5V DC，可采用并联信号制，因此干扰少，连接方便。

② 由于采用了线性集成电路，给仪表带来如下优点：

a. 由于集成运算放大器均为差分放大器，且输入对称性好，漂移小，仪表的稳定性得到提高；

b. 由于集成运算放大器高增益的特点，因而开环放大倍数很高，这使仪表的精度得到提高；

c. 由于采用了集成电路，焊点少，强度高，大大提高了仪表的可靠性。

③ 在DDZ-Ⅲ型仪表中采用24V DC集中供电，并与备用蓄电池构成无停电装置，它省掉了各单元的电源变压器，在工频电源停电情况下，整套仪表在一定的时间内仍照常工作，继续发挥其监视控制作用，有利于安全停车。

④ 内部带有附加装置的控制器能和计算机联用，在与直接数字计算机控制系统配合使用时，在计算机停机时，可作后备控制器使用。

⑤ 自动、手动的切换是双向无扰动的方式进行的。在切换前，不需要通过人工操作使给定值与测量值先调至平衡，可以直接切换。在进行手控时，有硬手动与软手动两种方式。

⑥ 整套仪表可构成安全火花防爆系统。Ⅲ型仪表在设计上是按国家防爆规程进行的，在工艺上对容易脱落的元件、部件都进行了胶封。而且增加了安全单元——安全保持器，实现控制室与危险场所之间的能量限制与隔离，使其具有本质安全防爆的性能。

8.2.2.2 Ⅲ型调节器的主要技术指标（Main Technical Indication for Type Ⅲ Regulator）

① 输入信号：1~5V DC。

② 内给定信号：1~5V DC。

稳定度：±0.1%。

③ 外给定信号：4~20mA DC（流入250±0.1%Ω转换为1~5V DC信号）。

④ 输入及给定指示范围：1~5mA DC双针，±0.5%。

⑤ PID参数整定范围如下。

比例带δ：2%~500%。

再调时间T_I：0.01~2.5min或0.1~25min两挡。

预调时间T_D：0.04~10min或断。

微分增益K_D：10。

⑥ 输出信号：4~20mA DC。

⑦ 负载阻抗：250~750Ω。

⑧ 保持特性：-1%/h。

⑨ 闭环跟踪精度：±0.5%（比例带2%~500%）。

⑩ 闭环跟踪温度附加误差：

$$\Delta_t \leqslant \pm[x+a(|t_2-t_1|)] \tag{8-1}$$

式中 x——读数不稳定度，取0.25%；

a——温度系数，取0.025%/℃；

204

t_1——15~25℃范围内实际温度；

t_2——0~50℃范围内实际温度。

$|t_2-t_1|$ 应选取 ≥10℃

如取 $|t_2-t_1|=20$℃，则有

$$\Delta_t \leqslant \pm[0.25\%+0.025\%\times20]=\pm0.75\%$$

⑪ 温度范围：0~50℃。

⑫ 电源：(24±10%)V DC。

8.2.2.3　DDZ-Ⅲ型电动控制器的组成与操作(Composition and Operation of DDZ-Ⅲ Electric Controller)

Ⅲ型控制器有全刻度指示和偏差指示两个基型品种。为满足各种复杂控制系统的要求，还有各种特殊控制器，例如断续控制器、自整定控制器、前馈控制器、非线性控制器等。特殊控制器是在基型控制器功能基础上的扩大。它们是在基型控制器中附加各种单元而构成的变型控制器。下面以全刻度指示的基型控制器为例，来说明Ⅲ型控制器的组成及工作原理。

Ⅲ型控制器主要由输入电路、给定电路、PID运算电路、自动与手动(包括硬手动和软手动两种)切换电路、输出电路及指示电路等组成，其方框图如图8.5所示。

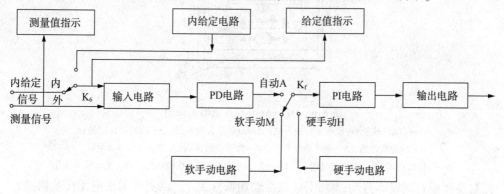

图 8.5　DDZ-Ⅲ型控制器结构方框图

在图8.5中，控制器接受变送器来的测量信号(4~20mA DC 或 1~5V DC)，在输入电路中与给定信号进行比较，得出偏差信号。为了适应后面单电源供电的运算放大器的电平要求，在输入电路中还对偏差信号进行电平移动。经过电平移动的偏差信号，在PID运算电路中运算后，由输出电路转换为 4~20mA 的直流电流输出。

控制器的给定值可由"内给定"或"外给定"两种方式取得，用切换开关K进行选择。当控制器工作于"内给定"方式时，给定电压由控制器内部的高精度稳压电源取得。当控制器需要由计算机或另外的控制器供给给定信号时，开关K切换到"外给定"位置上，由外来的 4~20mA 电流流过 250Ω 精密电阻产生 1~5V 的给定电压。

为了适应工艺过程启动、停车或发生事故等情况，控制器除需要"自动控制"的工作状态外，还需要在特殊情况时能由操作人员切除PID运算电路，直接根据仪表指示作出判断，操纵控制器输出的"手动"工作状态。在DDZ-Ⅲ型仪表中，手动工作状态安排比较细致，有硬手动和软手动两种情况。在硬手动状态时，控制器的输出电流完全由操作人员拨动手动操作电位器决定。而软手动状态则是"自动"与"硬手动"之间的过渡状态，当选择开关K置于软手动位置时，操作人员可使用软手动板键，使控制器的输出"保持"在切换前的数值，或以一定的速率增减。这种"保持"状态特别适宜于处理紧急事故。

图 8.6 是一种全刻度指示控制器(DTL-3110 型)的正面图。它的正面表盘上装有两个指示表头。其中一个双针指示器 2 有两个指针，黑针为给定信号指针，红针为测量信号指针，它们可以分别指示给定信号与测量信号。偏差的大小可以根据两个指示值之差读出。由于双针指示器的有效刻度(纵向)为 100mm，精度为 1%，因此很容易观察控制结果。输出指示器 4 可以指示控制器输出信号的大小。

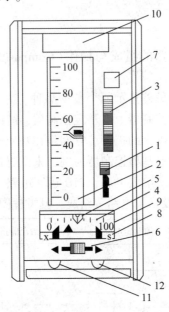

图 8.6　DTL-3110 型控制器正面图

1—自动-软手动-硬手动切换开关；2—双针垂直指示器；3—内给定设定轮；

4—输出指示器；5—硬手动操作杆；6—软手动操作板键；7—外给定指示灯；

8—阀位指示器；9—输出记录指示；10—位号牌；11—输入检测插孔；12—手动输出插孔

控制器面板右侧设有自动-硬手动-软手动切换开关 1，以实现无平衡无扰动切换。

在控制器中还设有正、反作用切换开关，位于控制器的右侧面，把控制器从壳体中拉出时即可看到。正作用即当控制器的测量信号增大时，其输出信号随之增大；反作用则当控制器的测量信号增大时，其输出信号随之减少。调节器正、反作用的选择是根据工艺要求而定的。

8.3　数字式控制仪表及装置(Digital Control Instruments and Devices)

数字式控制仪表及装置具有丰富的控制功能、灵活而方便的操作手段。形象而又直观的图形或数字显示以及高度的安全可靠性等特点，因而比模拟式控制仪表及装置能更有效地控制和管理生产过程。本篇通过典型的可编程调节器(Programmable Regulator)、可编程控制器 PLC、集散控制系统 DCS 和现场总线控制系统 FCS 阐述数字式控制仪表及装置的特点、组成、功能和使用方法。

8.3.1　可编程调节器(Programmable Regulator)

可编程调节器是一种新型数字控制仪表，通常一台仪表控制一个乃至几个回路。近几年在中国广泛使用引进的和国产化仪表有 KMM、SLPC、PMK、Micro760/761 等，这些调节器均是控制一个回路的，因此习惯上又称它们为单回路调节器。

8.3.1.1 可编程调节器的特点（Characteristics of Programmable Regulator）

可编程调节器与模拟式调节器在构成原理和所用器件上有着很大差别。前者采用数字技术，以微型计算机（简称微机）为核心部件；而后者采用模拟技术，以运算放大器等模拟电子器件为基本部件。与模拟式调节器相比较，可编程调节器具有如下一些优点。

（1）实现了仪表和计算机一体化

将微机引入调节器中，能充分发挥计算机的优越性，它使仪表电路简化、功能增强、性能改善，缩短了研制周期，从而大大提高了仪表的性能价格比。

同时，调节器的外形结构、面板布置保留了模拟式仪表的特征，这与目前广大操作人员的操作习惯和管理水平相适应，易被人们所接受，便于推广使用。

（2）具有丰富的运算、控制功能

调节器配有多种功能丰富的运算模块和控制模块，通过组态可完成各种运算处理和复杂控制。除了PID控制功能外，它还能实现串级控制、比值控制、前馈控制、选择性控制、纯滞后控制、非线性控制和自适应控制等，以满足不同控制系统的需要。

（3）通用性强、使用方便

调节器采用盘装方式和标准尺寸（国际IEC标准）。模拟量输入输出信号采用统一标准信号[1~5V(DC)和4~20mA(DC)]，可方便地与DDZ-Ⅲ型仪表相连。它还可输入输出数字信号，进行开关量控制。

用户程序使用"面向过程语言"（Procedure-Oriented Language，简称POL语言）来编写，易于学习、掌握。使用者只要稍加培训，便能自行编制适用于各种控制对象的程序。

（4）具有通信功能，便于系统扩展

调节器具有标准通信接口，通过数据通道和通信控制器可方便地与局部显示操作站连接，实现小规模系统的集中监视和操作。调节器还可挂上高速数据公路，与上位计算机进行通信，形成中、大规模的多级、分散型综合控制系统。

（5）可靠性高，维护方便

就硬件而言，一台调节器往往可代替数台模拟仪表，使系统的硬件数量和接点数大为减少。硬件电路软件化，也减少了调节器元、器件数量。同时元件以大规模集成电路为主，并经过严格筛选、老化处理，使可靠性提高。

在软件方面，利用各种运算模块，可自行开发联锁保护功能。调节器的自诊断程序随时监视各部件的工作状况，一旦出现故障，便采取相应的保护措施，并显示故障状态，指示操作人员及时排除，从而缩短了检修时间，提高了调节器的在线使用率。

8.3.1.2 基本构成（Basic structure of Programmable Regulator）

可编程调节器包括硬件系统和软件系统两大部分。

（1）硬件系统（Hardware System）

可编程调节器类型有多种，但其硬件电路结构均如图8.7所示。它包括主机电路过程输入通道、过程输出通道、人机联系部件以及通信部件等部分。

过程输入通道接受模拟量和开关量输入信号，并分别通过模/数转换器（A/D）和输入缓冲器将模拟量和开关量转换成计算机能识别的数字信号，然后经输入接口送入主机。主机在程序控制下对输入数据进行运算处理、判断分析等一系列工作，运算结果经输出接口送至过程输出通道。一路由数/模转换器（D/A）将数字信号转换成直流模拟电压，作为模拟量输出

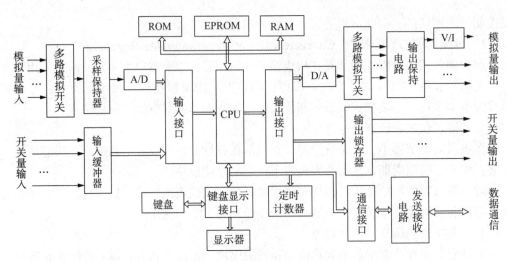

图 8.7 可编程调节器硬件构成框图

信号；另一路经由锁存器直接输出开关量信号。

人机联系部件和通信部件分别用来对系统进行监视、操作和将调节器同其他数字仪表或装置联系起来。人机联系部件中的键盘、按钮用以输入必要的变量和命令，切换运行状态，以及改变输出值；显示器则用来显示过程变量、给定值、输出值、整定变量和故障标志等。通信部件既可输出各种数据，也可接受来自操作站或上位计算机的操作命令和控制变量。

① 主机电路(Host Circuit)。

主机电路由微处理器(CPU)、只读存储器(ROM、EPROM)、随机存储器(RAM)、定时/计数器(CTC)以及输入、输出接口(I/O 接口)等组成。

CPU 通常采用的是 8 位微处理器，它完成数据传递、算术逻辑运算、转移控制等功能。ROM 中存放系统软件。EPROM 中存放由使用者自行编制的用户程序。RAM 用来存放输入数据、显示数据、运算的中间值和结果值等。为了在断电时，保持 RAM 中的内容，通常选用低功耗的 CMOS-RAM，并备有微型电池作后备电源；也可采用电可改写的只读存储器 E^2PROM，将重要变量置入其中，它具有同 RAM 一样的读写功能，且在断电时不会丢失数据。

定时/计数器的定时功能用来确定调节器的采样周期，并产生串行通信接口所需的时钟脉冲；计数功能主要用来对外部事件进行计数。

输入、输出接口是 CPU 同输入、输出通道及其他外设进行数据交换的部件，它有并行接口和串行接口两种。并行接口具有数据输入、输出、双向传送和位传送的功能，用来连接输入、输出通道，或直接输入、输出开关量信号。串行接口具有异步或同步传送串行数据的功能，用来连接可接收或发送串行数据的外部设备。

一些新推出的数字式调节器已采用单片微机作为主要部件。单片微机内部包括了 CPU、ROM、RAM、CTC 和 I/O 接口等电路，与多芯片组成的主机电路相比，具有体积小、连接线少、可靠性高、价格便宜的优点，因而这类调节器的性能/价格比更高。

② 过程输入通道(Process Input Channel)。

a. 模拟量输入通道(Analog Input Channel)。

模拟量输入通道依次将多个模拟量输入信号采入，并经保持、模/数转换后送入主机。它包括多路模拟开关、采样/保持器(S/H)和 A/D 转换器(图 8.7)。如果调节器输入的是低电平信号，还需要将信号放大，达到 A/D 转换器所需要的信号电平。

多路模拟开关又称采样开关，一般采用固态模拟开关，其速度可达 10^5 点/秒。也可使用继电器，其速度低（在 100 点/秒以下），但接通电阻极小，常用在低速、低电平信号的场合。

采样/保持器具有暂时存储模拟输入信号的作用。它在一特定的时间点上采入一个模拟信号值，并把该值保持一段时间，以供 A/D 转换器转换。如果被测值变化缓慢，多路开关采入的信号可直接送 A/D 转换器，而不必使用采样/保持器。

A/D 转换器的作用是将模拟信号转换为相应的数字量。这类器件的品种繁多、性能各异、常用的 A/D 转换器有逐位比较型、双积分型（V–T 转换型）和 V–F 转换型等几种。这几种 A/D 转换器的转换精度均较高，基本误差约为 0.5%～0.01%。逐位比较型 A/D 转换器的转换速度最快，一般在 10^4 次/s 以上，缺点是抗干扰能力差；其余两种 A/D 转换器的转换速度较慢，通常在 100 次/s 以下，但它们的抗干扰能力较强。A/D 转换器的位数有 8 位、10 位、12 位（二进制代码）及 $3\frac{1}{2}$ 位、$4\frac{1}{2}$ 位（二—十进制代码）等几种。为了降低硬件的成本，在一些可编程调节器中，不使用专门的 A/D 转换器，而是利用 D/A 转换器与电压比较器，按逐位比较原理来实现模/数转换。

b. 开关量输入通道（on-off Input Channel）。

开关量输入通道将多个开关量输入信号转换成能被计算机识别的数字信号。

开关量指的是在控制系统中电接点的通与断，或者逻辑电平"1"与"0"这类两种状态的信号。例如各种按钮开关、继电器触点、无触点开关（晶体管等）的接通与断开，以及逻辑部件输出的高电平与低电平等。这些开关量信号通过输入缓冲电路或者直接由输入接口送至主机电路。

为了抑制来自现场的干扰，开关量输入通道常采用光电耦合器件作为输入电路进行隔离传输，使通道的输入与输出在直流上互相隔离，彼此间无公共连接点，因而具有抗共模干扰的能力。

③ 过程输出通道（Process Output Channel）。

a. 模拟量输出通道（Analog Output Channel）。

模拟量输出通道依次将多个经运算处理后的数字信号进行数/模转换，并经多路模拟开关送入输出保持电路暂存，以便分别输出模拟量电压（1～5V）或电流（4～20mA）信号。该通道包括 D/A 转换器、多路模拟开关。输出保持电路和 V/I 转换器（图 8.7）。

D/A 转换器起数/模转换作用。常采用电流型 D/A 集成芯片，因其输出电流小，尚需加接运算放大器，以实现将二进制数字代码转换成相应的模拟量电压信号。D/A 集成芯片有 8 位、10 位、12 位等品种可供选用。

V/I 转换器将 1～5V 的模拟电压信号转换成 4～20mA 的电流信号。该转换器与 DDZ–Ⅲ 型调节器或运算器的输出电路类似。

多路模拟开关与模拟量输入通道中的相同。输出保持电路一般采用 S/H 集成电路，也可用电容器和高输入阻抗的运算放大器构成。

b. 开关量输出通道（On-Off Output Channel）。

开关量输出通道通过锁存器输出开关量（包括数字、脉冲量）信号以便控制继电器触点和无触点开关的接通与释放，也可控制步进电机的运转。

同开关量输入通道一样，输出通道也常采用光电耦合器件作为输出电路进行隔离传输，以免受到现场干扰的影响。

④ 人机联系部件（Man-machine Interface Unit）。

人机联系部件一般置于调节器的正面和侧面。正面板的布置类似于模拟式调节器，有测量值和给定值显示表、输出电流显示表、运行状态（自动/串级/手动）切换按钮、给定值增减按钮和手动操作按钮等，还有一些状态显示灯。侧面板有设置和指示各种变量的键盘、显示器。

显示器常使用动圈指示表和固体器件显示器。而固体器件显示器又有多种，如发光二极管、荧光管和等离子体等。动圈指示表价格便宜，但可靠性差；固体器件显示器无可动部件，可靠性高，但价格较贵。

在有些调节器中附有后备手操器。当调节器发生故障时，可用手操器来改变输出电流。

⑤ 通信部件（Communication Unit）。

调节器的通信部件包括通信接口和发送、接收电路等。通信接口将欲发送的数据转换成标准通信格式的数字信号，由发送电路送至通信线路（数据通道）上；同时通过接收电路接收来自通信线路的数字信号，将其转换成能被计算机接受的数据。

通信接口有并行和串行两种，分别用来进行并行传送和串行传送数据。并行传送是以位并行、字节串行形式，即数据宽度为一个字节，一次传送一个字节，连续传送。其优点是数据传输速率高，适用于短距离传输；缺点是需要较多的电缆，成本较高。串行传送为位串行形式，即一次传送一位，连续传送。其优点是所用电缆少，成本低，适用于较远距离传输；而缺点是其数据传输率比并行传送的低。可编程调节器大多采用串行传送方式。

（2）软件系统（Software System）

软件系统分为系统程序和用户程序两大部分。下面分别讨论这两种程序的基本组成和PID控制算式。

① 系统程序（System Program）。

系统程序是调节器软件的主体部分，通常由监控（主）程序和中断处理程序组成。这两部分程序又分别由许多功能模块（子程序）构成，如图8.8所示。

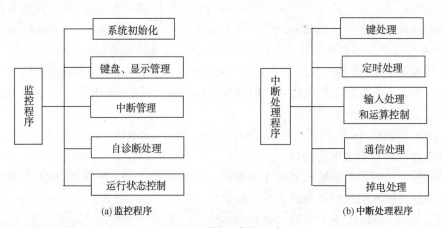

(a) 监控程序　　　　　　　　　　(b) 中断处理程序

图 8.8　系统程序的组成

监控程序包括系统初始化、键盘和显示管理、中断管理、自诊断处理以及运行状态控制等模块。

系统初始化是指变量初始化,可编程器件(例如 I/O 接口、定时/计数器)的初值设置等;键盘、显示管理模块的功能是识别键码、确定键处理程序的走向和显示格式;中断管理模块用以识别不同的中断源,比较它们的优先级,以便作出相应的中断处理;自诊断处理程序采用巡测方式监督检查调节器各功能部件是否正常,如果发生异常,则能显示异常标志、发出报警或作出相应的故障处理;运行状态控制是判断调节器操作按钮的状态和故障情况,以便进行手动、自动或其他控制。除了上述功能模块外,有些数字控制仪表的监控程序还具有时钟管理和外设管理模块。

仪表上电复位后,首先进行系统初始化,然后依次调用其他各个模块,并且除了初始化外,重复进行这一工作。一旦发生了中断,在确定了中断源后,程序便进入相应的中断处理模块,待执行完毕,又返回监控程序进行下一轮循环。

中断处理程序(Interrupt Program)包括键处理(Key Board Process)、定时处理(Timing processing)、输入处理(Input Process)和运算控制(Operational Control)、通信处理(Communication Processing)和掉电处理(Power off Processing)等模块。

键处理模块根据识别的键码,建立键服务标志,以便执行相应的键服务程序;定时处理模块实现调节器的定时(或计数)功能,确定采样周期,并产生时序控制所需的时基信号;输入处理和运算控制模块的功能是进行数据采集、数字滤波、标度变换、非线性校正、算术运算和逻辑运算,各种控制算法的实施以及数据输出等;通信处理模块按一定的通信规程完成与外界的数据交换;掉电处理模块用以处理“掉电事故”,当供电电压低于规定值时,CPU 立即停止数据更新,并将各种状态变量和有关信息存储起来,以备复电后调节器能照常运行。

以上为可编程调节器的基本功能模块。不同的调节器,其具体用途和硬件结构不完全一样,因而它们的功能模块在内容和数量上是有差异的。

② 用户程序(User Program)。

用户程序的作用是“连接”系统程序中各功能模块,使其完成预定的控制任务。使用者编制程序实际上是完成功能模块的连接,也即组态工作。

编程采用 POL 语言,它是为了便于定义和解决某些问题而设计的专用程序语言。只要提出问题、输入数据、指明数据处理和运算控制的方式、规定输出形式,就能得到所需的结果。

POL 语言专用性强、操作方便、程序设计简单、容易掌握和调试。这类语言大致上分为空栏式语言和组态式语言两种,而组态式语言又有表格式和助记符式之分。KMM 可编程调节器采用表格式组态语言;而 YS-80 系列的 SLPC 则采用助记符来编程。

调节器的编程工作是通过专用的编程器进行的,有“在线”和“离线”两种编程方法:

第一种,编程器与调节器通过总线连接共用一个 CPU,编程器上插一个 EPROM 供用户写入。用户程序调试完毕后写入 EPROM,然后将其取下,插在调节器相应的插座上。

YS-80 系列的 SLPC 是采用这种“在线”编程方法的。

第二种,编程器自带一个 CPU,编程器脱离调节器,自行组成一台“程序写入器”,它能独自完成编程工作并写入 EPROM,然后把写好的 EPROM 移到调节器的相应插座上。KMM 可编调节器采用这种“离线”的编程方法。

③ PID 控制算式(PID Control Algorithm)。

同模拟调节器一样,PID 控制算法也是可编程调节器最基本的控制算法。

a. PID 算式的基本形式——完全微分型(理想)算式(Basic Form of PID Control Algorithm)。

可编程调节器的 PID 算式是对模拟调节器的算式进行离散化而得到的。模拟调节器的完全微分型 PID 算式为

$$y(t) = K_P \left[e(t) + \frac{1}{T_I} \int_0^t e(\tau) \mathrm{d}\tau + T_D \frac{de(t)}{dt} \right] + y' \tag{8-2}$$

式中 $y(t)$ ——调节器的输出;

$e(t)$ ——调节器的输入偏差;

y' ——调节器输入偏差为零时的输出初值;

K_P、T_I、T_D ——分别为调节器的比例增益、积分时间和微分时间。

当采样周期 T 相对于输入信号变化周期很小时,可用矩形法来求积分的近似值,用一阶的差分来代替微分。这样,式(8-2)中的积分项和微分项可分别表示为

$$\int_0^t e(\tau) \mathrm{d}\tau \approx \sum_{i=0}^n e(i) \Delta t = T_s \sum_{i=0}^n e(i)$$

$$\frac{de(t)}{dt} \approx \frac{e(n)-e(n-1)}{\Delta t} = \frac{e(n)-e(n-1)}{T_s}$$

式中 $\Delta t = T_s$ ——采样周期;

n ——采样序号。

经替换,便得到离散 PID 算式

$$y(n) = K_P \left\{ e(n) + \frac{T_S}{T_I} \sum_{i=0}^n e(i) + \frac{T_D}{T_S} [e(n) - e(n-1)] \right\} + y' \tag{8-3}$$

$y(n)$ 是可编程调节器第 n 次采样时的输出值,它对应于调节阀的开度,即 $y(n)$ 值与阀位一一对应,因此式(8-3)称为位置型算式。

由式(8-2)同样可以列写出第 $(n-1)$ 次采样的 PID 算式

$$y(n-1) = K_P \left\{ e(n-1) + \frac{T_S}{T_I} \sum_{i=0}^{n-1} e(i) + \frac{T_D}{T_S} [e(n-1) - e(n-2)] \right\} + y' \tag{8-4}$$

式(8-3)减去式(8-4),得

$$\Delta y(n) = K_P \left\{ [e(n)-e(n-1)] + \frac{T_S}{T_I} e(n) + \frac{T_D}{T_S} [e(n)-2e(n-1)+e(n-2)] \right\}$$

$$= K_P \{ [e(n)-e(n-1)] + K_i e(n) + K_d [e(n)-2e(n-1)+e(n-2)] \} \tag{8-5}$$

式中 K_i ——可编程调节器的积分系数, $K_i = K_P \frac{T_s}{T_I}$;

K_d ——可编程调节器的微分系数, $K_d = K_P \frac{T_D}{T_s}$。

式(8-5)称为增量型算式,$\Delta y(n)$ 对应于在两次采样时间间隔内调节阀开度的变化量。还有一种速度型算式,即

$$v(n) = \frac{\Delta y(n)}{T_s} = \frac{K_P}{T_s} \left\{ [e(n)-e(n-1)] + \frac{K_P}{T_I} e(n) + \frac{K_P T_D}{T_s^2} [e(n)-2e(n-1)+e(n-2)] \right\} \tag{8-6}$$

上式 $v(n)$ 是输出的变化速率。由于数字调节器的采样周期一经选定之后,T_s 也就为常数,因此速度型算式和增量型算式没有本质上的差别。

212

在计算机控制中，增量算式用得最为广泛。这种算式易于实现手动和自动之间的无扰动切换，这是因为上次采样值总是保存在输出装置或寄存器中，在手、自动切换的瞬时，调节器相当于处在保持状态，因此在调节器的给定值和测量值相等时，切换就不会产生扰动。

b. PID 算式的改进（Improvement Form PID Control Algorithm）

为了改善控制质量，在实际使用中对 PID 算式作了改进，现举几例予以说明。

● 不完全微分型（非理想）算式　完全微分型算式的控制效果较差，故数字调节器通常采用不完全微分型算式。其传递函数的一种表达式为

$$\frac{Y(s)}{E(s)} = K_P \left[1 + \frac{1}{T_I s} + \frac{T_D s}{1 + \frac{T_D}{K_D} s} \right] \tag{8-7}$$

式中　　K_D——微分增益；
K_P、T_I、T_D——意义同上。

将式（8-7）分为两部分

$$Y_{PI}(s) = K_P \left(1 + \frac{1}{T_I s} \right) E(s) \tag{8-8}$$

$$Y_D(s) = K_P \frac{T_D s}{1 + \frac{T_D}{K_D} s} E(s) \tag{8-9}$$

$Y_{PI}(s)$ 的差分算式与式（8-3）的比例积分项相同，即

$$Y_{PI}(n) = K_P \left[e(n) + \frac{T_s}{T_I} \sum_{i-0}^{n} e(i) \right] \tag{8-10}$$

$Y_D(s)$ 的差分算式较复杂些，先把它化成微分方程

$$\frac{T_D}{K_D} \frac{dy_D(t)}{dt} + y_D(t) = K_P T_D \frac{de(t)}{dt}$$

再化为差分方程

$$\frac{T_D}{K_D} \frac{y_D(n) - y_D(n-1)}{T_s} + y_D(n) = K_P T_D \frac{e(n) - e(n-1)}{T_s}$$

化简上式，得

$$\left(\frac{T_D}{K_D} + T_s \right) y_D(n) = K_P T_D [e(n) - e(n-1)] + \frac{T_D}{K_D} y_D(n-1)$$

所以

$$y_D(n) = K_P \frac{T_D}{T^*} [e(n) - e(n-1)] + \alpha y_D(n-1) \tag{8-11}$$

式中　$T^* = \frac{T_D}{K_D} + T_s$，$\alpha = \frac{T_D/K_D}{T_D/K_D + T_s}$。

将式（8-10）和式（8-11）合并，就可以得到不完全微分的 PID 位置型算式

$$y(n) = K_P \left\{ e(n) + \frac{T_s}{T_I} \sum_{i=0}^{n} e(i) + \frac{T_D}{T^*} [e(n) - e(n-1)] \right\} + \alpha y_D(n-1) \tag{8-12}$$

该算式与完全微分型的 PID 算式相比，多了一项（$n-1$）次采样的微分输出值 $\alpha y_D(n-1)$，

算式的系数设置和计算比较复杂，占用内存单元也较多，但不完全微分的控制品质比完全微分的好。完全微分作用在阶跃扰动的瞬间很强，即输出有很大的变化，这对控制并不有利。

如果选择的微分时间较长，比例度较小，采样时间又较短，就有可能在大偏差阶跃扰动的作用下，使算式的输出值超出极限范围，引起溢出停机。另一方面，完全微分算式的输出，只在扰动产生的第一个周期内有变化，也就是说，完全微分仅在瞬间起作用，从总体上看，微分作用不明显，因此它的控制效果就比较差。

- 微分先行 PID 控制 如同微分先行的模拟调节器一样，它只对测量值进行微分，而不是对偏差微分，这样，在给定值变化时，不会产生输出的大幅度变化。

- 积分分离 PID 算式 使用一般的 PID 控制，当开工、停工或大幅度提降给定值时，由于短时间内产生很大的偏差，故会造成严重超调和长时间的振荡。为了克服这一缺点，可采用积分分离算法，即在偏差大于一定值时，取消积分作用，而当偏差小于这一值时，才将积分投入。这样既可减小超调，又可达到积分校正的效果，即能消除偏差。

积分分离的 PID 算式为

$$\Delta y(n) = K_P[e(n) - e(n-1)] + K_L K_i e(n) + K_d[e(n) - 2e(n-1) + e(n-2)] \qquad (8-13)$$

式中 $K_L = \begin{cases} 1, & \text{当}\ e(n) \leqslant A \\ 0, & \text{当}\ e(n) > A \end{cases}$

K_L 称为分离系数，A 为预定阈值。显然，当 $e(n) > A$ 时，积分项不起作用，只有当偏差 $e(n) < A$ 时，才引入积分作用。

对 PID 算式的改进还可采取其他措施，例如用梯形法来求取积分值，采用带有死区的 PID 控制、自动改变比例增益的 PID 控制等。

(3) 可编程调节器与模拟调节器控制性能的比较(Control Performance Comparison between Programmable Regulator and Analog Regulator)

模拟调节器对于干扰的响应是及时的，而可编程调节器需要等待一个采样周期才响应，使系统克服干扰的控制作用不够及时。其次，信号通过采样离散化之后，难免受到某种程度的曲解，因此，若采用等效的 P、I、D 变量，可编程调节器的离散 PID 控制品质将弱于常规模拟调节器的连续控制。而且采样周期取得愈长，控制品质愈差。

但是，可编程调节器可通过对 PID 算式的改进，来改善系统的控制品质(如前所述)。它比模拟调节器更容易实现各种算式；整定变量的可调范围大；并能以多种控制规律(包括模拟调节器几乎无法实现的新型控制规律)来适应不同的对象，从而可获得较好的控制效果。

关于 PID 调节器控制精度，模拟调节器一般为 0.5%，其值取决于调节器的开环放大倍数。可编程调节器的控制精度较高，如果调节器中 A/D 转换器的位数为 8 位，则精度可达 0.4%，若位数增加，精度还可提高。

8.3.2 可编程序控制器(Programmable Logical Controller)

8.3.2.1 概述(Introduction)

可编程序控制器(Programmable Controller)通常也称为可编程控制器，由于其缩写 PC 早已成为个人计算机的代名词，而且在早期可编程序控制器主要应用于开关量的逻辑控制，因此为区别起见称之为可编程逻辑控制器(Programmable Logical Controller)，简称 PLC。当然现代的 PLC 绝不意味着只有逻辑控制功能，它是以微处理器为基础，综合了计算机技术、自动控制技术和通信技术而发展起来的一种通用的工业自动控制装置；具有体积小、功能强、程序设计简单、灵活通用、维护方便等一系列的优点，特别是它的高可靠性和较强的适应恶劣工业环境的能力，使其广泛应用于各种工业领域。

（1）PLC 的定义（Definition of PLC）

国际电工委员会 IEC 曾多次修订并颁布了可编程控制器标准，其中 1987 年 2 月颁布的第三稿草案中对可编程控制器的定义是：

"可编程控制器是一种进行数字运算操作的电子系统，是专为在工业环境下的应用而设计的工业控制器。它采用了可编程序的存储器，用来在其内部存储执行逻辑运算、顺序控制、定时、计数和算术运算等操作的指令，并通过数字式或模拟式的输入和输出，控制各种类型的机械设备或生产过程。可编程控制器及其有关外围设备，都按"易于和工业系统联成一个整体、易于扩充功能的原则设计"。

定义强调了可编程控制器是进行数字运算的电子系统，能直接应用于工业环境下的计算机；是以微处理器为基础，结合计算机技术、自动控制技术和通信技术，使用面向控制过程、面向用户的"自然语言"编程；是一种简单易懂、操作方便、可靠性高的新一代通用工业控制装置。

（2）PLC 的产生（Production of PLC）

在 PLC 问世以前，继电器控制在顺序控制领域中占有主导地位。但是由继电器构成的控制系统对于生产工艺变化的适应性很差。例如，在一个复杂的控制系统中，大量的继电器通过接线相连接，而一旦工艺发生变化，控制要求必然也要相应改变，这就需要改变控制柜内继电器系统的硬件结构，甚至需要重新设计新系统。

20 世纪 60 年代末期，美国通用汽车公司提出了多品种、小批量、更新快的战略，显然原有的工业控制装置——继电器控制装置不能适应这种发展战略，于是新的控制装置应运而生。它能随着生产产品的改变灵活方便地修改控制方案，以满足不同的要求，具体的技术指标：

① 编程简单方便，可在现场修改程序；

② 成本上可与继电器竞争；

③ 硬件维护方便，最好是插件式结构；

④ 输入可以是交流 115V；

⑤ 可靠性要高于继电器控制装置；

⑥ 输出为交流 115V，2A 以上，能直接驱动电磁阀；

⑦ 体积小于继电器控制装置；

⑧ 扩展时原有系统只需做很小的改动；

⑨ 可将数据直接送入管理计算机；

⑩ 用户程序存储器容量至少可以扩展到 4KB。

1969 年美国数字设备公司 DEC 根据以上要求研制出了世界上第一台可编程序控制器 PDP-14，并在通用公司的汽车生产线上获得成功应用，取代了传统的继电器控制系统，PLC 由此而迅速地发展起来。

早期的 PLC 虽然采用了计算机的设计思想，但实际上它只能完成顺序控制，仅有逻辑运算、定时、计数等顺序控制功能。在经历了 30 年的发展后，现代 PLC 产品已经成为了名符其实的多功能控制器，如逻辑控制、过程控制、运动控制、数据处理等功能都得到了很大的加强和完善。与此同时，PLC 的网络通信功能也得到飞速发展，PLC 及 PLC 网络成为了工业企业中不可或缺的一类工业控制装置。

PLC 的发展过程大致分如下四个阶段。

① 从第一台可编程序控制器诞生到 20 世纪 70 年代初期是 PLC 发展的第一个阶段，其特点是：CPU 由中小规模集成电路组成，功能简单，主要能完成条件、定时、计数控制，没有成型的编程语言。PLC 开始成功地取代了继电器控制系统。

② 20 世纪 70 年代是 PLC 的崛起时期，其特点是：CPU 采用微处理器，存储器采用EPROM，在原有基础上增加了数值计算、数据处理、计算机接口和模拟量控制等功能，系统软件增加了自诊断功能；PLC 已开始在汽车制造业以外的其他工业领域推广发展。这一阶段的发展重点主要是硬件部分。

③ 20 世纪 80 年代单片机、半导体存储器等大规模集成电路开始工业化生产，进一步推进了 PLC 走向成熟，使其演变成为专用的工业控制装置，并在工业控制领域奠定了不可动摇的地位。这一阶段 PLC 的特点是：CPU 采用 8 位或 16 位微处理器及多微处理器的结构形式，存储器采用 EPROM、CMOSRAM 等，PLC 的处理速度、通信功能、自诊断功能、容错技术得到了迅速增强，软件上实现了面向过程的梯形图语言、语句表等开发手段，增加了浮点数运算、三角函数等多种运算功能。这一阶段的发展重点主要是软件部分和通信网络部分。

④ 到 20 世纪 90 年代，随着大规模和超大现模集成电路技术的迅猛发展，以 16 位或 32位微处理器构成的可编程序控制器得到了惊人的发展，RISC-reduced instruction set computer（精简指令系统 CPU）芯片在计算机行业大量使用，使之在概念上、设计上和性能价格比等方面有了重大的突破，同时 PLC 的联网通信能力也得到了进一步加强，这些都使得 PLC 的应用领域不断扩大。在软件设计上，PLC 具有了强大的数值运算、函数运算和批量数据处理能力。可以说这个时期的 PLC 是依据 CIMS 的发展趋向应运而生的，其系统特征是高速、多功能、高可靠性和开放性。

(3) PLC 的特点(Characteristics of PLC)

PLC 之所以取得高速发展和广泛应用，除了工业自动化的客观需要外，主要还是由于其本身具备许多独特的优点，较好地解决了工业控制领域中普遍关心的可靠、安全、灵活、方便、经济等问题。

① 可靠性高、抗干扰能力强。

可靠性是评价工业控制装置质量一个非常重要的指标，如何能在恶劣的工业应用环境下平稳、可靠地工作，将故障率降至最低，是各种工业控制装置必须具备的前提条件，如耐电磁干扰、低温、高温、潮湿、振动、灰尘等。为实现"专为适应恶劣的工业环境而设计"的要求，PLC 采取了以下有利的措施。

a. PLC 采用的是微电子技术，大量的开关动作是由无触点的半导体电路来完成的，因此不会出现继电器控制系统中的接线老化、脱焊、触点电弧等现象，提高了可靠性。

b. PLC 对采用的器件都进行了严格的筛选，尽可能地排除了因器件问题而造成的故障。

c. PLC 在硬件设计上采用屏蔽、滤波、隔离等措施。对 CPU 等主要部件，均采用严格的屏蔽措施，以防外界干扰；对电源部分及信号输入环节采用多种形式的滤波，如 LC、Ⅱ型滤波网络等，以消除或抑制高频干扰，也削弱了各种模块之间的相互影响；在输入输出模块上采用了隔离技术，有效地隔离了内部电路与外部系统之间电的联系，减少了故障和误动作；对有些模块还设置了联锁保护、自诊断电路等功能。对于某些大型的 PLC，还采用了双 CPU 构成的冗余系统，或三 CPU 构成的表决式系统，进一步增强了系统可靠性。

d. PLC 的系统软件包括了故障检测与诊断程序，PLC 在每个扫描周期定期检测运行环境，如掉电、欠电压、强干扰等，当出现故障时，立即保存运行状态并封闭存储器，禁止对其操作，待运行环境恢复正常后，再从故障发生前的状态继续原来的程序工作。

e. PLC 一般还设有 WDT 监视定时器，如果用户程序发生死循环或由于其他原因导致程序执行时间超过了 WDT 的规定时间，PLC 立即报警并终止程序执行。

由于采取了以上一些措施，可靠性高、抗干扰能力强成了 PLC 最重要的特点之一，一般 PLC 的平均无故障时间可达几十万小时以上。实践表明，PLC 系统在使用中发生的故障，绝大多数是由于 PLC 的外部开关、传感器、执行机构等装置的故障间接引起的。

② 功能完善，通用灵活。

现代 PLC 不仅具有逻辑运算、条件控制、计时、计数、步进等控制功能，而且还能完成 A/D 转换、D/A 转换、数字运算和数据处理以及网络通信等功能。因此，它既可对开关量进行控制，又可对模拟量进行控制；既可控制一条生产线又可控制全部生产工艺过程；既可单机控制，又可以构成多级分布式控制系统。

现在的 PLC 产品都已形成系列化，基于各种齐全的 PLC 模块和配套部件，用户可以很方便地构成能满足不同要求的控制系统，系统的功能和规模可根据用户的实际需求进行配置，便于获取合理的性能价格比。在确定了 PLC 的硬件配置和 I/O 外部接线后，用户所做的工作只是程序设计而已；如果控制功能需要改变的话，则只需要修改程序以及改动极少量的接线。

③ 编程简单、使用方便。

目前大多数 PLC 可采用梯形图语言的编程方式，既继承了继电器控制线路的清晰直观感，又考虑到一般电气技术人员的读图习惯，很容易被电气技术人员所接受。一些 PLC 还提供逻辑功能图、语句表指令、甚至高级语言等编程手段，进一步简化了编程工作，满足了不同用户的需要。

此外，PLC 还具有接线简单、系统设计周期短、易于实现机电一体化等特点，使得 PLC 在设计、结构上具有其他许多控制器所无法相比的优越性。

④ 体积小、维护方便

PLC 体积小、质量轻，便于安装。PLC 具有自诊断、故障报警功能，便于操作人员检查、判断。维修时，可以通过更换模块插件，迅速排除故障。PLC 结构紧凑，硬件连接方式简单，接线少，便于维护。

(4) PLC 的分类(Classification of PLC)。

① 按地域范围 PLC 一般可分成三个流派：美国流派、欧洲流派和日本流板。

这种划分方法虽然不很科学，但具有实用参考价值。一方面，美国 PLC 技术与欧洲 PLC 技术基本上是各自独立开发而成的，二者间表现出明显的差异性，而日本的 PLC 技术是由美国引进的，因此它对美国的 PLC 技求既有继承，更多的是发展，而且日本产品主要定位在小型 PLC 上；另一方面，同一地域的产品面临的市场相同、用户的要求接近，相互借鉴就比较多，技术渗透得比较深，这都使得同一地域的 PLC 产品表现出较多的相似性，而不同地域的 PLC 产品表现出明显的差异性。

② 按结构形式可以把 PLC 分为两类：一体化结构和模块化结构。

一体化结构是 CPU、电源、I/O 接口、通信接口等都集成在一个机壳内的结构，如 OM-RON 公司的 C20P、C20H，三美公司的 F1 系列产品，图 8.9 是其结构示意图。模块化结构是电源模块、CPU 模块、I/O 模块、通信模块等在结构上是相互独立的，如图 8.10 所示，用户可根据具体的应用要求，选择合适的模块，安装固定在机架或导轨上，构成一个完整的 PLC 应用系统，如 OMRON 公司的 C1000H，SIEMENS 公司的 S7 系列 PLC 等。

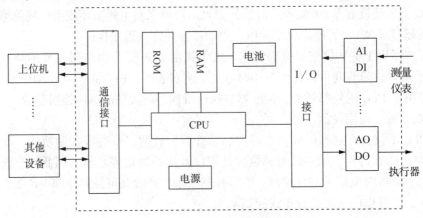

图 8.9 一体化 PLC 结构示意图

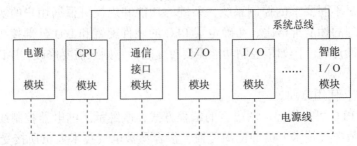

图 8.10 模块化 PLC 结构示意图

③ 按 I/O 点数又可将 PLC 分为超小型、小型、中型和大型。

a. 超小型 PLC：I/O 点数小于 64 点；

b. 小型 PLC：I/O 点数在 65~128 点；

c. 中型 PLC：I/O 点数范日在 129~512 点；

d. 大型 PLC：I/O 点数范日在 512 点以上。

小型及超小型 PLC 在结构上一般是一体化形式，主要用于单机自动化及简单的控制对象；大、中型 PLC 除具有小型、超小型 PLC 的功能外，还增强了数据处理能力和网络通信能力，可构成大规模的综合控制系统，主要用于复杂程度较高的自动化控制，并在相当程度上替代 DCS 以实现更广泛的自动化功能。

8.3.2.2 可编程控制器的基本组成(Basic Component of PLC)

可编程控制器是以微处理器为核心的结构，其功能的实现不仅基于硬件的作用，更要靠软件的支持。实际上可编程序控制器就是一种新型的工业控制计算机。

可编程控制器硬件系统的基本结构框图如图 8.11 所示。在图 8.11 中，PLC 的主机由微处理器(CPU)、存储器(EPROM、RAM)、输入/输出模块、外设 I/O 接口、通信接口及电源组成。对于整体式的 PLC，这些部件都在同一个机壳内。而对于模块式结构的 PLC，各部件独立封装，称为模块，各模块通过机架和电缆连接在一起。主机内的各个部分均通过电源

218

总线、控制总线、地址总线和数据总线连接。根据实际控制对象的需要配备一定的外部设备，可构成不同的 PLC 控制系统。常用的外部设备有编程器、打印机、EPROM 写入器等。PLC 可以配置通信模块与上位机及其他的 PLC 进行通信，构成 PLC 的分布式控制系统。

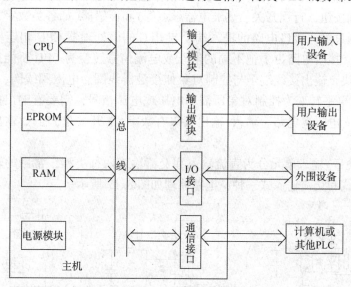

图 8.11　PLC 硬件系统结构框图

下面分别介绍 PLC 各组成部分及其作用，以便进一步了解 PLC 的控制原理和工作过程。

(1) 微处理器(CPU)

微处理器又称中央处理器，简称 CPU，它是 PLC 的核心。CPU 的作用是按照生产厂家预先编制的系统程序接收并存储编程器输入的用户程序和数据，采用扫描工作方式接收现场输入信号，从存储器逐条读取并执行用户程序，根据运算结果实现输出控制。可编程控制器中所采用的 CPU 随机型不同而不同，通常有三种：通用微处理器(如 8086、80286、80386 等)、单片机、位片式微处理器。小型 PLC 大多采用 8 位、16 位微处理器或单片机作 CPU，如 Z80A、8031、M68000 等，这些芯片具有价格低、通用性好等优点。对于中型的 PLC，大多采用 16 位、32 位微处理器或单片机作为 CPU，如 8086、8096 系列单片机，具有集成度高、运算速度快、可靠性高等优点。对于大型 PLC，大多数采用高速位片式微处理器，具有灵活性强、速度快、效率高等优点。CPU 的性能直接影响 PLC 的性能。目前，针对 PLC 的特点，一些专业生产 PLC 的厂家均采用自己开发的 CPU 芯片来提高 PLC 的控制性能。

(2) 存储器(Memory)

存储器用来存放系统程序、用户程序、逻辑变量和其他信息。

PLC 使用的存储器有只读存储器 ROM、读写存储器 RAM 和用户固化程序存储器 E^2PROM。ROM 存放 PLC 制造厂家编写的系统程序，具有开机自检、工作方式选择、信息传递和对用户程序的解释翻译功能。ROM 存放的信息是永远留驻的。RAM 一般存放用户程序和逻辑变量。用户程序在设计和调试过程中要不断进行读写操作。读出时，RAM 中内容保持不变。写入时，新写入的信息将覆盖原来的信息。若 PLC 失电，RAM 存放的内容会丢失。如果有些内容失电后不容许丢失，可以把它放在断电保持的 RAM 存储单元中。这些存储单元接上备用锂电池供电，具有断电保持能力。如果用户经调试后的程序要长期使用，可以通过 PLC 将程序写入带有 E²PROM 芯片的存储卡中，从而长期保存。

（3）输入/输出接口（I/O）（Input/Output Interface）

输入部分的作用是把从输入设备来的输入信号送到可编程序控制器。输入设备一般包括各类控制开关（如按钮、行程开关、热继电器触点等）和传感器（如各类数字式或模拟式传感器）等，这些量通过输入接口电路的输入端子与 PLC 的微处理器 CPU 相连。CPU 处理的是标准电平，因此，接口电路为了把不同的电压或电流信号转变为 CPU 所能接收的电平，需要有各类接口模块。输出接线端子与控制对象如接触器线圈、电磁阀线圈、指示灯等连接。为了把 CPU 输出电平转变为控制对象所需的电压或电流信号，需要有输出接口电路。输入输出接口都采用光电隔离电路。输入/输出接口有数字量（开关量）输入/输出单元，模拟量输入/输出单元。

数字量（开关量）输入单元分为直流输入和交流输入两种类型，常用的输入电路有干接点式、直流输入式和交流输入式三种，电路原理如图 8.12 所示。

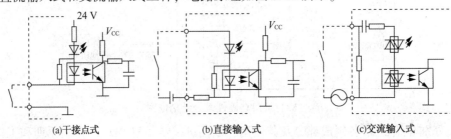

(a)干接点式　　　　(b)直接输入式　　　　(c)交流输入式

图 8.12　可编程控制器输入电路原理图

数字量（开关量）输出单元又分为继电器输出、晶体管输出和晶闸管输出三种形式。继电器输出可接交流负载或直流负载，晶体管输出只能接直流负载，晶闸管输出只能接交流负载，输出负载必须外接电源。三种输出电路的原理如图 8.13 所示。

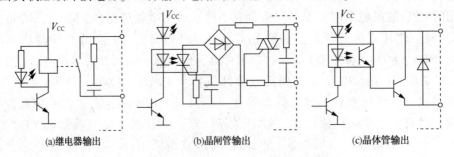

(a)继电器输出　　　　(b)晶闸管输出　　　　(c)晶体管输出

图 8.13　可编程控制器输出电路原理图

（4）外围设备（Peripheral Equipment）

PLC 的外围设备有手持编程器、便携式图形编程器及通过专用编程软件实现图形编程的个人计算机。这些外围设备都通过专用的接口与 PLC 主机相连。

（5）电源（Power Supply）

PLC 的电源是将交流电压变成 CPU、存储器、输入输出接口电路等所需电压的电源部件。该电源部件对供电电源采用了较多的滤波环节，对电网的电压波动具有过压和欠压保护，并采用屏蔽措施防止和消除工业环境中的空间电磁干扰。

综上所述，PLC 由以上五部分组成，相当于一台工业用微机。它通过外围设备可以进行主机与生产机械之间、主机与人之间的信息交换，实现对工业生产过程以及对某些工艺参数的自动控制。

8.3.2.3 可编程序控制器的工作原理(Operating Principle of PLC)

PLC 是依靠执行用户程序来实现控制要求的。我们把使 PLC 进行逻辑运算、数据处理、输入和输出步骤的助记符称为指令,把实现某一控制要求的指令的集合称为程序。PLC 在执行程序时,首先逐条执行程序命令,把输入端的状态值(接通为 1,断开为 0)存放于输入映象寄存器中,在执行程序过程中把每次运行结果的状态存放于输出映象寄存器中。

PLC 执行程序是以循环扫描方式进行的。每一扫描过程主要分为三个阶段:输入采样阶段、程序执行阶段和输出刷新阶段。

(1) 输入采样阶段(Input Sampling Phase)

在每一个扫描周期开始时,PLC 顺序读取全部输入端信号,把输入端的通断状态存放于输入映象寄存器中。

(2) 程序执行阶段(Program Execution Phase)

PLC 按梯形图从左向右、从上向下逐条对指令进行扫描,并从输入映象寄存器和内部元件读入其状态,进行逻辑运算。运算的结果送入输出映象寄存器中。每个输出映象寄存器的内容将随着程序扫描过程而作相应变化。但在此阶段中,如输入端子状态发生改变,输入映象寄存器的状态也不会改变(它的新状态会在下一次扫描中才被读入)。

(3) 输出刷新阶段(Output Refreshing Phase)

当第二阶段完成之后,输出映象寄存器中各输出点的通断状态将通过输出部分送到输出锁存器,去驱动输出继电器线圈,执行相应的输出动作。

完成上述过程所需的时间称为 PLC 的扫描周期。PLC 在完成一个扫描周期后,又返回去进行下一个扫描,读入下一周期的输入点状态,再进行运算、输出。

PLC 的工作过程除了包括上述三个主要阶段外,还要完成内部处理、通信处理等工作。在内部处理阶段,PLC 检查 CPU 模块内部的硬件是否正常,将监控定时器复位,以及完成一些别的内部工作。在通信处理阶段,CPU 处理从通信端口接收到的信息。

PLC 扫描周期的长短,取决于 PLC 执行一个指令所需的时间和有多少条指令。如果执行每条指令所需的时间是 $1\mu s$,程序有 800 条指令,则这一扫描周期的时间就为 0.8ms。

8.3.2.4 PLC 控制与继电器控制的区别(Difference between PLC Control and Relay Control)

传统的继电接触器控制系统,是由输入设备(按钮、开关等)、控制线路(由各类继电器、接触器、导线连接而成,执行某种逻辑功能的线路)和输出设备(接触器线圈、指示灯等)三部分组成。这是一种由物理器件联接而成的控制系统。

PLC 的梯形图虽与继电器控制电路相类似,但其控制元器件和工作方式是不一样的,主要区别有以下几个方面。

(1) 元器件不同

继电器控制电路是由各种硬件继电器组成,而 PLC 梯形图中输入继电器、输出继电器、辅助继电器、定时器、计数器等软继电器是由软件来实现,不是真实的硬件继电器。

(2) 工作方式不同

继电器控制电路工作时,电路中硬件继电器都处于受控状态,凡符合条件吸合的硬件继电器都同时处于吸合状态,受各种约制条件不应吸合的硬件继电器都同时处于断开状态。PLC 梯形图中软件继电器都处于周期性循环扫描工作状态,受同一条件制约的各个软继电器的动作顺序取决于程序扫描顺序。

（3）元件触点数量不同

硬件继电器的触点数量有限，一般只有4~8对，而PLC梯形图中软继电器的触点数量，编程时可无限制使用，可常开又可常闭。

（4）控制电路实施方式不同

继电器控制电路是通过各种硬件继电器之间接线来实施，控制功能固定，当要修改控制功能时必须重新接线。PLC控制电路由软件编程来实施，可以灵活变化和在线修改。

8.3.2.5　PLC的编程语言(Programming Language of PLC)

PLC的控制功能是由程序实现的。目前PLC程序常用的表达方式有：梯形图、语句表和功能块图。这里仅作简单介绍。

（1）梯形图(Ladder Diagram)

梯形图是按照原继电器控制设计思想开发的一种编程语言，它与继电器控制电路图相类似，对从事电气专业人员来说，简单、直观、易学、易懂。它是PLC的主要编程语言，使用非常广泛。

梯形图是通过连线把PLC指令的梯形图符号连接在一起的连通图，用以表达所使用的PLC指令及其前后顺序，它与电气原理图很相似。它的连线有两种：一种为母线，另一种为内部横竖线。内部横竖线把一个个梯形图符号指令连成一个指令组，这个指令组一般总是从装载(LD)指令开始，必要时再继以若干个输入指令，以建立逻辑条件，最后为输出类指令，实现输出控制或为数据控制、流程控制、通信处理、监控工作等指令，以进行相应的工作。母线是用来连接指令组的。

图8.14是用梯形图表示的PLC程序实例。

（2）语句表(Statement List)

语句表是一种类似于计算机汇编语言的助记符指令编程语言。指令语句由地址(或步序)、助记符、数据三部分组成。指令语句表亦是PLC的常用编程语言，尤其是采用简易编程器进行PLC编程、调试、监控时，必须将梯形图转化成指令语句表，然后通过简易编程器输入PLC进行编程、调试、监控。图8.15是用语句表表示的PLC程序实例。

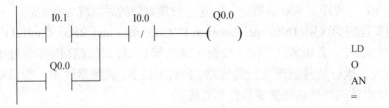

图8.14　用梯形图表示的PLC程序实例　　图8.15　用语句表表示的PLC程序实例

（3）功能块图(Function Block Diagram)

功能块图编程是一种在数字逻辑电路设计基础上开发的一种图形编程语言。逻辑功能清晰、输入输出关系明确，适用于熟悉数字电路系统设计人员采用智能型编程器(专用图形编程器或计算机软件)编程。用功能块图表示的PLC程序实例如图8.16所示。

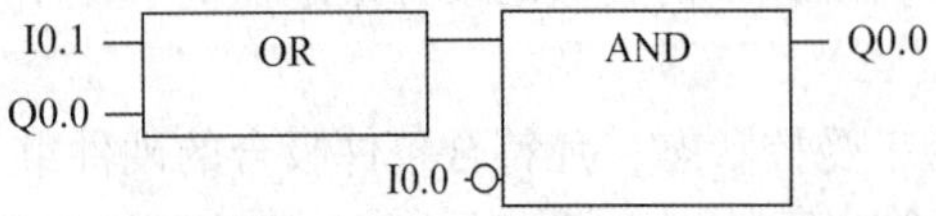

图8.16　用功能块图表示的PLC程序实例

随着PLC技术发展，大型(超大型)、高档PLC的应用越来越多，这些PLC具有很强的运算与数据处理等功能，为了方便用户编程，许多高档PLC都配备了顺控流程图语言和高级语言编程等工具。关于这方面的内容可参考相关的 PLC 编程手册。

8.3.2.6 PLC 的发展趋势(Development Trend of PLC)

随着计算机综合技术的发展和工业自动化内涵的不断延伸，PLC 的结构和功能也在进行不断地完善和扩充、实现控制功能和管理功能的结合，以不同生产厂家的产品构成开放型的控制系统是主要的发展理念之一。长期以来 PLC 走的是专有化的道路，这使得其成功的同时也带来了许多制约因素。由于目前绝大多数 PLC 不同于开放系统，寻求开放型的硬件或软件平台成了当今 PLC 的主要发展目标。就 PLC 系统而言，现代 PLC 主要有以下两种发展趋势。

（1）向大型网络化、综合化方向发展

由于现代工业自动化的内涵已不再局限于某些生产过程的自动化，而是实现信息管理和工业生产相结合的综合自动化，强化通信能力和网络化功能是 PLC 发展的一个重要方面，它主要表现在：向下将多个 PLC、远程 I/O 站点相连；向上与工业控制计算机、管理计算机等相连构成整个工厂的自动化控制系统。

以 SIEMENS 公司的 S7 系列 PLC 为例，它可以实现 3 级总线复合型的网络结构，如图 8.17 所示。底层为 I/O 或远程 I/O 链路，负责与现场设备通信，其通信机制为配置周期通信。中间层为 PROFIBUS 现场总线或 MPI 多点接口链路，PROFIBUS 采用令牌方式与主从方式相结合的通信机制，MPI 为主从式总线。二者可实现 PLC 与 PLC 之间，PLC 与计算机、编程器或操作员面板之间，PLC(具备 PROFIBUS-DP 接口)与支持 PROFIBUS 协议的现场总线仪表或计算机之间的通信。最高一层可通过通信处理器连成更大的、范围更广的网络，如 Ethernet，主要用于生产管理信息的通信。

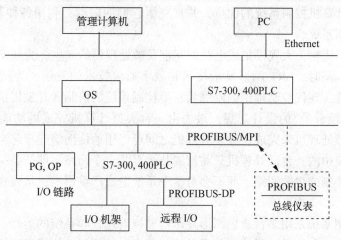

图 8.17 S7 系列 PLC 网络结构示意图

（2）向体积小、速度快、功能强、价格低的小型化方向发展

随着应用范围的扩大、体积小、速度快、功能强、价格低的 PLC 广泛渗透到工业控制领域的各个层面。小型 PLC 将由整体化结构向模块化结构发展，系统配置的灵活性因此得到增强。小型化发展具体表现为：结构上的更新、物理尺寸的缩小、运算速度的提高、网络功能的加强、价格成本的降低，当前小型化 PLC 在工业控制领域具有不可替代的地位。

8.3.3 集散控制系统 DCS(Distributed Control System)

集散控制系统是 20 世纪 70 年代中期发展起来的、以微处理器为基础的、实行集中管理、分散控制的计算机控制系统。

集散控制系统自问世以来，发展异常迅速，几经更新换代，技术性能日臻完善，并以其技术先进、性能可靠、构成灵活、操作简便和价格合理的特点，赢得了广大用户，已被广泛应用于石油、化工、电力、冶金和轻工等工业领域。

8.3.3.1　集散控制系统的概念（Concept of DCS）

集散控制系统在其发展初期以实行分散控制为主，因此又称为分散型控制系统或分布式控制系统（Distributed Control System，DCS），简称为集散系统或 DCS。由于产品生产厂家众多，系统设计不尽相同，功能和特点各具千秋，所以，对产品的命名也各显特色。国内在翻译时，也有不同的称呼：分散控制系统（Distributed Control System，简称 DCS）；集散控制系统（Total Distributed Control System，简称 TDCS 或 TDC）；分布式计算机控制系统（Distributed Computer Control System，简称 DCCS）。

8.3.3.2　集散控制系统产生的背景（Producing Background of DCS）

20 世纪 60 年代初，人们开始将电子计算机用于过程控制，试图利用计算机所具有的能执行复杂运算、处理速度快、集中显示操作、易于通信、易于实现多种控制算法、易于改变控制方案、控制精度高等特点，来克服常规模拟仪表的局限性。一台计算机控制着几十甚至几百个回路，整个生产过程的监视、操作、报警、控制和管理等功能都集中在这台计算机上。一旦计算机的公共部分发生故障时，轻则造成装置或整个工厂停工，重则导致设备的损坏甚至发生火灾、爆炸等恶性事故，这就是所谓"危险集中"。而采用一台计算机工作、另一台计算机备用的双机双工系统，或采用常规仪表备用方式，虽可提高控制系统的可靠性，但成本太高，如果工厂的生产规模不大，则经济性更差，用户难以接受。因此，有必要吸收常规模拟仪表和计算机控制系统的优点，并且克服它们的弱点，利用各种新技术和新理论，研制出新型的控制系统。

20 世纪 70 年代初，大规模集成电路的问世及微处理器的诞生，为新型控制系统的研制创造了物质条件。同时，CRT 图形显示技术和数字通信技术的发展，为新型控制系统的研制提供了技术条件，现代控制理论的发展为新型控制系统的研制和开发提供了理论依据和技术指导。根据"危险分散"的设计思想，过去由一台大型计算机完成的功能，现在可以由几十台甚至几百台微处理机来完成。各微处理机之间可以用通信网络连接起来，从而构成一个完整的系统。系统中的一台微处理机只需控制几个至几十个回路，即使某一微处理机发生故障，只影响它所控制的少数回路，而不会对整个系统造成严重影响，从而在很大程度上使危险分散。

这种新型控制系统采用多台彩色图形显示器监视着过程和系统的运行，实现了操作和信息综合管理的集中，利用通信系统将各微机连接起来，按控制功能或按区域将微处理机进行分散配置，实行分散控制，增强了全系统的安全可靠性。

1975 年 12 月，美国霍尼韦尔（Honeywell）公司正式向市场推出了世界上第一套集散控制系统——TDC-2000（Total Distributed Control 2000）系统，成为最早提出集散控制系统设计思想的开发商。

8.3.3.3　集散控制系统的基本构成（Basic Structure of DCS）

综观各种集散控制系统，尽管其品种规格繁多，设计风格各异，但大多数都包含有分散过程控制装置、集中操作管理装置和通信系统等三大部分。

分散过程控制装置是 DCS 与生产过程联系的接口，按其功能又可分为现场控制站（简称控制站)和数据采集站等。

集中操作管理装置是人与 DCS 联系的接口，按其功能又可分为操作员工作站(简称操作站)、工程师工作站(简称工程师站)和监控计算机(又称上位机)等。

通信系统(又称通信网络)是 DCS 的中枢，它将 DCS 的各部分连接起来构成一个整体。因此，操作员站、工程师站、监控计算机、现场控制站、数据采集站和通信系统等是构成 DCS 的最基本部分，如图 8.18 所示。

图 8.18　集散控制系统的基本构成

(1) 操作站(Operation Station)

操作站是操作人员对生产过程进行显示、监视、操作控制和管理的主要设备。操作站提供了良好的人机交互界面，用以实现集中监视、操作和信息管理等功能。在有的小 DCS 中，操作站兼有工程师站的功能，在操作站上也可以进行系统组态和维护的部分或全部工作。

(2) 工程师站(Engineer Station)

工程师站用于对 DCS 进行离线的组态工作和在线的系统监督、控制与维护。工程师能够借助于组态软件对系统进行离线组态，并在 DCS 在线运行时，实时地监视通信网络上各工作站的运行情况。

(3) 监控计算机(Supervisory Control Computer)

监控计算机通过网络收集系统中各单元的数据信息，根据数学模型和优化控制指标进行后台计算、优化控制等，它还用于全系统信息的综合管理。

(4) 现场控制站(Field Control Station)

现场控制站通过现场仪表直接与生产过程相连接，采集过程变量信息，并进行转换和运算等处理，产生控制信号以驱动现场的执行机构，实现对生产过程的控制。现场控制站可控制多个回路，具有极强的运算和控制功能，能够自主地完成回路控制任务，实现反馈控制、逻辑控制、顺序控制和批量控制等功能。

(5) 数据采集站(Data Acquisition Station)

数据采集站通过现场仪表直接与生产过程相连接，对过程非控制变量进行数据采集和预处理，并对实时数据进一步加工。为操作站提供数据，实现对过程的监视和信息存储；为控制回路的运算提供辅助数据和信息。

(6) 通信系统(Communication System)

通信系统连接 DCS 的各操作站、工程师站、监控计算机、控制站、数据采集站等部分，传递各工作站之间的数据、指令及其他信息，使整个系统协调一致地工作，从而实现数据和信息资源的共享。

综上所述，操作站、工程师站和监控计算机构成了 DCS 的人机接口，用以完成集中监视、操作、组态和信息综合管理等任务。现场控制站和数据采集站构成 DCS 的过程接口，用以完成数据采集与处理和分散控制任务。通信系统是连接 DCS 各部分的纽带，是实现集中管理、分散控制目标的关键。

8.3.3.4　集散控制系统的特点(Characteristics of DCS)

集散控制系统与常规模拟仪表及集中型计算机控制系统相比，具有十分显著的特点。

（1）系统构成灵活

从总体结构上看，DCS可以分为通信网络和工作站两大部分，各工作站通过通信网络互连起来，构成一个完整的系统。工作站采用标准化和系列化设计，硬件采用积木搭接方式进行配置，软件采用模块化设计，系统采用组态方法构成各种控制回路，很容易对方案进行修改。用户可根据工程对象要求，灵活方便地扩大或缩小系统的规模。

（2）操作管理便捷

DCS的集中监控管理装置无论采用专用人机接口系统还是通用PC机系统，操作人员都能通过高分辨率彩色显示器（CRT or LCD）和操作键盘及鼠标等，方便地监视生产装置乃至整个工厂的运行情况，快捷的操控各种机电设备；技术人员可按预定的控制策略组态不同的控制回路，并调整回路的某些常数；存储装置可以保存大量的过程历史信息和系统信息，打印机能打印出各种报告和报表，适应了现代化生产综合管理的要求。

（3）控制功能丰富

DCS可以进行连续的反馈控制（Feedback Control）、间断的批量控制（Batch Control）和顺序逻辑控制（Sequential Logic Control），可以完成简单控制和复杂的多变量模型优化控制，可以执行PID运算和Smith预估补偿等多种控制运算，并具有多种信号报警、安全联锁保护和自动开停车等功能。

（4）信息资源共享

DCS采用局部区域网络（Local Area Network，LAN）把各工作站连接起来，实现数据、指令及其他信息的传输，使整个系统信息、资源共享。系统通信采用国际标准通信协议，便于系统间的互连，提高了系统的开放性。

（5）安装调试简单

DCS的各单元都安装在标准机柜内，模件之间采用多芯电缆、标准化接插件相连；与过程连接时采用规格化端子板，到中控室操作站只需敷设同轴电缆进行数据传递，所以布线量大为减少，便于装配和更换。系统采用专用软件进行调试，并具有强大的自诊断功能，为故障判别提供准确的指导，维修迅速。

（6）安全可靠性高

DCS在设计、制造时，采用了多种可靠性技术。系统采用了多微处理机分散控制结构，某一单元失效时，不会影响其他单元的工作。即使在全局性通信或管理站失效的情况下，局部站仍能维持工作。

系统硬件采用冗余技术，操作站、控制站和通信线路采用双重化等配置方式。软件采用程序分段、模块化设计和容错技术。系统各单元具有强有力的自诊断、自检查、故障报警和隔离等功能。系统具有抗干扰能力，对测量信号和控制信号要经过隔离处理，信号电缆进行良好的屏蔽和接地。

（7）性能价格比高

DCS技术先进、功能齐全、可靠性高、适应能力强。规模越大，平均每个回路的投资费用越省，数据、资源的共享本身就意味着系统成本的降低。

8.3.3.5　集散控制系统发展概况（Development Situation of DCS）

集散控制系统的发展，大致经历了四个时期。

（1）1975年至1980年为初创期

这个时期的DCS基本上由过程控制装置（Process Control Device）、数据采集装置（Data

Acquisition Device)、操作管理装置(Operation Management Device)、监控计算机(Supervisory Control Computer)和数据传输通道(Data Transmission Channel)等部分组成。这个时期 DCS 的技术重点是实现了分散控制,从而克服集中型计算机控制系统危险高度集中的致命弱点,加强了可靠性设计。

初创期 DCS 的典型代表有:美国霍尼威尔(Honeywell) 公司的 TDC-2000,福克斯波罗(Foxboro)公司的 SPECTRUM,日本横河(YOKOGAWA)公司的 CENTUM 及德国西门子(Siemens)公司的 TELEPERMM 等。

(2) 1980 年至 1985 年为成熟期

这一时期的 DCS 由局部网络(Local Network)、多功能过程控制站(Multi Function Process Control Station)、增强型操作站(Enhanced Operating Station)、主计算机(Host Computer)、系统管理站(System Management Station)和网间连接器(Network Connector)等部分组成。DCS 的技术重点是实现全系统信息的综合管理,为此,必然要引入先进的局部网络技术,以加强通信系统。DCS 的代表产品有:Honeywell 的 TDC-3000,YOKOGAWA 的 CENTUM,Taylor 的 MOD-300 等。

(3) 1985 年至 1990 年为扩展期

扩展期 DCS 结构的主要变化是局部网络采用标准化开放型的通信协议(Communication Protocol)。如采用以开放系统互连参考模型为基础的制造自动化协议(MAP),或与 MAP 兼容,或其本身就是实时 MAP 局部网络。其他单元无论是硬件还是软件都有较大改进,但系统的基本组成变化不大。扩展期 DCS 的另一种特点是系统的智能向现场延伸,系统中引入了智能变送器(Smart Transmitters) 和现场总线(Field Bus) 技术。

智能变送器具有数字通信能力,通过现场总线与过程控制站或与局部网络节点相连接。在控制室或本节点工作站中便可对现场的智能变送器进行调零、调量程、组态、自动标定、自动诊断及自动排除故障等操作。

扩展期 DCS 的代表产品有:Honeywell 的 TDC-3000/PM,YOKOGAWA 的 CENTUM-XL,Foxboro 的 I/A S,Bailey Control 的 INFI-90 等。

(4) 1990 年后为新的发展期

20 世纪 90 年代以后,随着计算机技术、通信技术、控制技术特别是网络技术的快速发展,对控制和管理要求的不断提高,出现了以管控一体化为主要特点的新型集散控制系统。它采用了客户机/服务器的结构,在网络结构上增加了工厂信息网(Intranet),并可与 Internet 连网,计算机集成过程系统(Computer Integrated Process System—CIPS)也开始进行试点应用。DCS 的典型产品有 Honeywell 公司的 TPS 系统、横河公司的 CENTUM CS 系统、Foxboro 公司 I/A S 5051 系列控制系统等。

从 DCS 三十多年的发展历史中可以清楚地看到,正是计算机技术、屏幕显示技术、控制技术、网络和通信技术的不断发展,才推动了 DCS 的不断更新换代。今后 DCS 的发展仍将继承集中监视管理和分散控制这一理念。向着更大范围的集中管理和更加彻底的分散控制两个方向发展,即向着计算机集成制造系统(Computer Integrated Manufacturing System,CIMS)、计算机集成过程系统 CIPS 方向和现场总线控制系统(Fieldbus Control System,FCS)方向发展。

(5) 我国 DCS 的发展

FCS 必将推动 DCS 的变革。新一代 DCS 包含了各种形式的现场总线接口,可以支持多种标准的现场总线仪表和执行机构等，此外，DCS 产品还改变了相对集中的控制站结构，取而代之的是进一步分散的导轨式或现场安装的 I/O 模块。DCS 将吸收 FCS 的长处，不断发展和完善。新型 DCS 的典型代表有 Honeywell 公司推出的新一代过程知识系统 Experion-PKS、Emerson 公司推出的 Delta V 系统、中控科技自动化有限公司推出的 Web Field ECS-100 系统等。

我国使用 DCS 是在 20 世纪 70 年代末 80 年代初。当时国家为了满足国内新建项目和老厂技术改造的需要，从国外引进的 DCS 多达几百套，主要用于化工、石化、炼油、冶金、电力、轻工等工业过程控制，取得了良好的技术经济效益。同时，坚持自力更生、自主开发与引进技术相结合的方针，把引进国外先进技术与对其及时消化、吸收与创新，作为发展我国科学技术的重要途径。

一方面，与外商合资合作，引进技术，组装国外 DCS，并逐步国产化。另一方面，国家组织了精悍的队伍，联合攻关，研制适合中国国情的 DCS。在 DCS 国产化产品开发方面，取得了突破性的发展，系统的可靠性大幅度上升，技术性能也有了极大提高，应用的领域不断扩大，过去主要应用于为数不多的小装置，现在逐步向中型及大型装置应用发展，形成了与国外产品竞争的局面。比较有代表性的产品是中控科技自动化有限公司的 Web Field ECS-100、北京和利时系统工程股份有限公司的 MACS、上海新华控制工程有限公司的 XDPS-400 和浙江威盛公司的 FB-2000NS 等。

8.3.3.6 DCS 体系结构(System Structure of DCS)

典型的 DCS 体系结构分为三层，如图 8.19 所示。第一层为分散过程控制级；第二层为集中操作监控级；第三层为综合信息管理级。层间由高速数据通路 HW 和局域网络 LAN 两级通信线路相连，级内各装置之间由本级的通信网络进行通信联系。

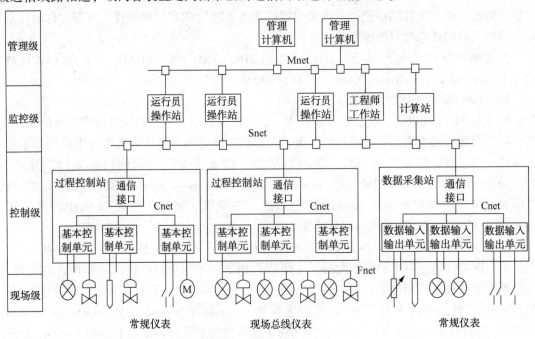

图 8.19　DCS 体系结构

（1）第一层：分散过程控制级（Distributed Process Control Level）

分散过程控制级是 DCS 的基础层，它向下直接面向工业对象，其输入信号来自于生

228

产过程现场的传感器(如热电偶、热电阻等)、变送器(如温度、压力、液位、流量等)及电气开关(输入触点)等，其输出去驱动执行器(如调节阀、电磁阀、电机等)，完成生产过程的数据采集、闭环调节控制、顺序控制等功能；其向上与集中操作监控级进行数据通信，接收操作站下传加载的参数和操作命令，以及将现场工作情况信息整理后向操作站报告。

构成这一级的主要装置有：现场控制站，可编程控制器，智能调节器及其他测控装置。

① 现场控制站(Field Control Station)。

现场控制站具有多种功能——集连续控制、顺序控制、批量控制及数据采集功能于一身。

a. 现场控制站的硬件构成(Hardware Configuration of Field Control Station)。

现场控制站一般是标准的机柜式结构，柜内由电源、总线、I/O 模件、处理器模件、通信模件等部分组成。

一般在机柜的顶部装有风扇组件，其目的是带走机柜内部电子部件所散发出来的热量；机柜内部设若干层模件安装单元，上层安装处理器模件和通信模件，中间安装 I/O 模件，最下边安装电源组件。机柜内还设有各种总线，如电源总线、接地总线、数据总线、地址总线、控制总线等等。现场控制站的电源不仅要为柜内提供电源，还要为现场检测器件提供外供电源，这两种电源必须互相隔离，不可共地，以免干扰信号通过电源回路耦合到 I/O 通道中去。

一个现场控制站中的系统结构如图 8.18 所示，包含一个或多个基本控制单元，基本控制单元是由一个完成控制或数据处理任务的处理器模件以及与其相连的若干个输入/输出模件所构成的(有点类似于 IPC)。基本控制单元之间，通过控制网络 Cnet 连接在一起，Cnet 网络上的上传信息通过通信模件，送到监控网络 Snet，同理 Snet 的下传信息，也通过通信模件和 Cnet 传到各个基本控制单元。在每一个基本控制单元中，处理器模件与 I/O 模件之间的信息交换由内部总线完成。内部总线可能是并行总线，也可能是串行总线。近年来，多采用串行总线。

b. 现场控制站的软件功能(Software Function of Field Control Station)。

现场控制站的主要功能有 6 种，即数据采集功能、DDC 控制功能、顺序控制功能、信号报警功能、打印报表功能、数据通信功能。

数据采集功能：对过程参数，主要是各类传感变送器的模拟信号进行数据采集、变换、处理、显示、存储、趋势曲线显示、事故报警等。

DDC 控制功能：包括接受现场的测量信号，进而求出设定值与测量值的偏差，并对偏差进行 PID 控制运算，最后求出新的控制量，并将此控制量转换成相应的电流送至执行器驱动被控对象。

顺序控制功能：通过来自过程状态输入输出信号和反馈控制功能等状态信号，按预先设定的顺序和条件，对控制的各阶段进行顺序控制。

信号报警功能：对过程参数设置上限值和下限值，若超过上限或下限则分别进行越限报警；对非法的开关量状态进行报警；对出现的事故进行报警。信号的报警是以声音、光或CRT 屏幕显示颜色变化来表示。

打印报表功能：定时打印报表；随机打印过程参数；事故报表的自动记录打印。

数据通信功能：完成分散过程控制级与集中操作监控之间的信息交换。

② 智能调节器(Intelligent Regulator)。

智能调节器是一种数字化的过程控制仪表，也称可编程调节器。其外形类似于一般的盘装仪表，而其内部是由微处理器 CPU、存储器 RAM、ROM、模拟量和数字量 I/O 通道、电源等部分组成的一个微型计算机系统。智能调节器可以接受和输出 4~20mA 模拟量信号和开关量信号，同时还具有 RS-232 或 RS-485 等串行通信接口。一般有单回路、2 回路、或 4 回路的调节器，控制方式除一般的单回路 PID 之外，还可组成串级控制、前馈控制等复杂回路。因此，智能调节器不仅可以在一些重要场下单独构成复杂控制系统，完成 1~4 个过程控制回路，而且可以作为大型分散控制系统中最基层的一种控制单元，与上位机(即操作监控级)连成主从式通信网络，接受上位机下传的控制参数，并上报各种过程参数。

③ 可编程控制器(PLC)。

可编程控制器即 PLC，与智能调节器最大的不同点是：它主要配制的是开关量输入、输出通道，用于执行顺序控制功能。在新型的 PLC 中，也提供了模拟量输入输出及 PID 控制模块，而且均带有 RS-485 标准的异步通信接口。同智能调节器一样，PLC 的高可靠性和不断增强的功能，使它既可以在小型控制系统中担当控制主角，又可以作为大型分散控制系统中最基层的一种控制单元。

(2) 第二层：集中操作监控级(Centralized Operation Control Level)

集中操作监控级是面向现场操作员和系统工程师的。这一级配有技术手段先进，功能强大的计算机系统及各类外部装置，通常采用较大屏幕、较高分辨率的图形显示器和工业键盘，计算机系统配有较大存储容量的硬盘或软盘，另外还有功能强大的软件支持，确保工程师和操作员对系统进行组态、监视和操作，对生产过程实行高级控制策略、故障诊断、质量评估等。集中操作监控级以操作监视为主要任务：把过程参数的信息集中化，对各个现场控制站的数据进行收集，并通过简单的操作，进行工程量的显示、各种工艺流程图的显示、趋势曲线的显示以及改变过程参数(如设定值、控制参数、报警状态等信息)；另一个任务是兼有部分管理功能：进行控制系统的组态与生成。

构成这一级的主要装置有：面向操作人员的操作员操作站、面向监督管理人员的工程师操作站、监控计算机及层间网络连接器。一般情况下，一个 DCS 系统只需配备一台工程师站，而操作员站的数量则需要根据实际要求配置。

① 操作员操作站(Operator Station)。

DCS 的操作员站是处理一切与运行操作有关的人机界面功能的网络节点，其主要功能就是使操作员可以通过操作员站及时了解现场运行状态、各种运行参数的当前值、是否有异常情况发生等。并可通过输出设备对工艺过程进行控制和调节，以保证生产过程的安全、可靠、高效、高质。

a. 操作员站的硬件(Hardware of Operator Station)。

操作员站由工控机 IPC 或工作站、工业键盘、大屏幕图形显示器和操作控制台组成，这些设备除工业键盘外，其他均属通用型设备。目前 DCS 一般都采用 IPC 来作为操作员站的主机及用于监控的监控计算机。

操作员键盘多采用工业键盘，它是一种根据系统的功能用途及应用现场的要求进行设计的专用键盘，这种键盘侧重于功能键的设置、盘面的布置安排及特殊功能键的定义。

由于 DCS 操作员的主要工作基本上都是通过 CRT 屏幕、工业键盘完成的，因此，操作控制台必须设计合理，使操作员能长时间工作不感吃力。另外在操作控制台上一般还应留有安放打印机的位置，以便放置报警打印机或报表打印机。

作为操作员站的图形显示器均为彩色显示器，且分辨率较高、尺寸较大。

打印机是 DCS 操作员站不可缺少的外设。一般的 DCS 配备两台打印机，一台为普通打印机，用于生产记录报表和报警列表打印；另一台为彩色打印机，用来拷贝流程画面。

b. 操作员站的功能（Function of Operator Station）。

操作员站的功能主要是指正常运行时的工艺监视和运行操作，主要由总貌画面、分组画面、点画面、流程图画面、趋势曲线画面、报警显示画面及操作指导画面等 7 种显示画面构成。

② 工程师操作站（Engineer Station）。

工程师站是对 DCS 进行离线的配置、组态工作和在线的系统监督、控制、维护的网络节点。其主要功能是提供对 DCS 进行组态，配置工具软件即组态软件，并通过工程师站及时调整系统配置及一些系统参数的设定，使 DCS 随时处于最佳工作状态之下。

a. 工程师站的硬件（Hardware of Engineer Station）。

对系统工程师站的硬件没有什么特殊要求，由于工程师站一般放在计算机机房内，工作环境较好，因此不一定非要选用工业型的机器，选用普通的微型计算机或工作站就可以了，但由于工程师站要长期连续在线运行，因此其可靠性要求较高。目前，由于计算机制造技术的巨大进步，使得 IPC 的成本大幅下降，因而工程师站的计算机也多采用 IPC。

其他外设一般采用普通的标准键盘、图形显示器，打印机也可与操作员站共享。

b. 工程师站的功能（Function of Engineer Station）。

系统工程师站的功能主要包括对系统的组态功能（Configuration Function）及对系统的监督功能（Supervision Function）。

组态功能：工程师站的最主要功能是对 DCS 进行离线的配置和组态工作。在 DCS 进行配置和组态之前，它是毫无实际应用功能的，只有在对应用过程进行了详细的分析、设计并按设计要求正确地完成了组态工作之后，DCS 才成为一个真正适合于某个生产过程使用的应用控制系统。系统工程师在进行系统的组态工作时，可依照给定的运算功能模块进行选择、连接、组态和设定参数，用户无须编制程序。

监督功能：与操作员站不同，工程师站必须对 DCS 本身的运行状态进行监视，包括各个现场 I/O 控制站的运行状态、各操作员站的运行情况、网络通信情况等等。一旦发现异常，系统工程师必须及时采取措施，进行维修或调整，以使 DCS 能保证连续正常运行，不会因对生产过程的失控造成损失。另外还具有对组态的在线修改功能，如上、下限设定值的改变，控制参数的修整，对检测点甚至对某个现场 I/O 站的离线直接操作。

在集中操作监控级这一层，当被监控对象较多时还配有监控计算机；当需要与上下层网络交换信息时还需配备网间联接器。

（3）第三层：综合信息管理级（Integrated Information Management Level）

这一级主要由高档微机或小型机担当的管理计算机构成，如图 8.19 所示的顶层部分。DCS 的综合信息管理级实际上是一个管理信息系统（Management Information System，简称 MIS），由计算机硬件、软件、数据库、各种规程和人共同组成的工厂自动化综合服务体系和办公自动化系统。

MIS 是一个以数据为中心的计算机信息系统。企业 MIS 可粗略地分为市场经营管理、生产管理、财务管理和人事管理四个子系统。子系统从功能上说应尽可能独立，子系统之间通过信息而相互联系。

DCS 的综合信息管理级主要完成生产管理和经营管理功能。比如进行市场预测，经济信息分析；对原材料库存情况、生产进度、工艺流程及工艺参数进行生产统计和报表；进行长期性的趋势分析，作出生产和经营决策，确保最优化的经济效益。

目前国内使用的 DCS 重点主要放在底层与中层二级上。

（4）通信网络系统（Communication Network System）

DCS 各级之间的信息传输主要依靠通信网络系统来支持。通信网分成低速、中速、高速通信网络。低速网络面向分散过程控制级；中速网络面向集中操作监控级；高速网络面向管理级。

用于 DCS 的计算机网络在很多方面的要求不同于通用的计算机网络。它是一个实时网络，也就是说网络需要根据现场通信的实时性要求，在确定的时限内完成信息的传送。

根据网络的拓扑结构，DCS 的计算机网络大致可分为星型（Star）、总线型（Bus）和环型（Ring）结构三种，如图 8.20 所示。

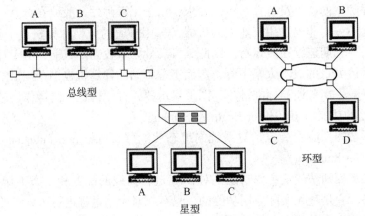

图 8.20　DCS 的计算机网络结构

DCS 厂家常采用的网络结构是环型网和总线型网，在这两种结构的网络中，各个节点可以说是平等的，任意两个节点之间的通信可以直接通过网络进行，而不需要其他节点的介入。

在比较大的分散控制系统中，为了提高系统性能，也可以把集中网络结构合理地运用于一个系统中，以充分利用各网络结构的优点。

8.3.3.7　DCS 的软件系统（Software System of DCS）

（1）概述（Introduction）

DCS 的软件系统如图 8.21 所示。DCS 的系统软件为用户提供高可靠性实时运行环境和功能强大的开发工具。DCS 为用户提供相当丰富的功能软件模块和功能软件包，控制工程师利用 DCS 提供的组态软件，将各种功能软件进行适当的"组装连接"（即组态），极为方便地生成满足控制系统要求的各种应用软件，大大减少了用户的开发工作量。

（2）现场控制单元的软件系统（Software System of Field Control Unit）

现场控制单元的软件可分为执行代码部分和数据部分，数据采集、输入输出和有关系统

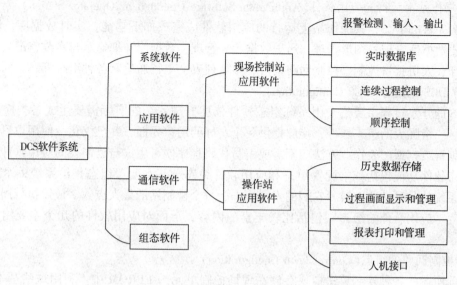

图 8.21　DCS 软件系统

控制软件的程序执行代码部分固化在现场控制单元的 EPROM 中，而相关的实时数据则存放在 RAM 中，在系统复位或开机时，这些数据的初始值从网络上装入。

执行代码有周期性和随机性两部分，如周期性的数据采集、转换处理、越限检查、控制算法、网络通信和状态检测等，这些周期性执行部分是由硬件时钟定时激活的；另一部分是随机执行部分，如系统故障信号处理、事件顺序信号处理和实时网络数据的接收等，是由硬件中断激活的。现场控制单元软件结构如图图8.22 所示。

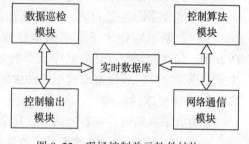

图 8.22　现场控制单元软件结构

（3）操作站的软件系统(Software System of Operation Station)

DCS 中的工程师站或操作员站必须完成系统的开发、生成、测试和运行等任务，这就需要相应的系统软件支持，这些软件包括操作系统、编程语言及各种工具软件等。

① 操作系统(Operating System)。

DCS 采用实时多任务操作系统，其显著特点是实时性和并行处理性。所谓实时性是指高速处理信号的能力，这是工业控制所必须的；而并行处理特性是指能够同时处理多种信息，它也是 DCS 中多种传感器信息、控制系统信息需同时处理的要求。此外，用于 DCS 的操作系统还应具有如下功能：按优先级占有处理机的任务调度方式、事件驱动、多级中断服务、任务之间的同步和信息交换、资源共享、设备管理、文件管理和网络通信等。

② 操作站配置的应用软件(Application Software Configured by Operator Station)。

在实时多任务操作系统的支持下，DCS 系统配备的应用软件有：

编程语言——包括汇编、宏汇编以及 FORTRAN, ALGOL, PASCAL, COBOL, BASIC 等高级语言；

工具软件——包括加载程序、仿真器、编辑器、DEBUGER 和 LINKER 等；

诊断软件——包括在线测试、离线测试和软件维护等。

③ 操作站上运行的应用软件（Application Software Operated by Operator Station）

一套完善的 DCS，其操作站上运行的应用软件应完成如下功能：实时数据库、网络管理、历史数据库管理、图形管理、历史数据趋势管理、数据库详细显示与修改、记录报表生成与打印、人机接口控制、控制回路调节、参数列表、串行通信和各种组态等。

（4）DCS 的组态（DCS Configuration）

DCS 的开发过程主要是采用系统组态软件依据控制系统的实际需要生成各类应用软件的过程。一个强大的组态软件，能够提供一个友好的用户界面，并已汉化，使用户只需用最简单的编程语言或图表作业方法而不需要编写代码程序便可生成自己需要的应用软件。

组态软件功能包括基本配置组态和应用软件组态。基本配置组态是给系统一个配置信息，如系统的各种站的个数、它们的索引标志、每个控制站的最大点数、最短执行周期和内存容量等。应用软件的组态则包括比较丰富的内容，下面对应用软件的几个主要内容进行说明。

① 控制回路的组态（Control Loop Configuration）。

如前所述的各种控制算法模块存储在现场控制单元的 EPROM 中。利用这些基本模块，依靠软件组态可构成各种各样的实际控制系统。要实现一个满足实际需要的控制系统，需分两步进行。首先进行实际系统分析，对实际控制系统，按照组态的要求进行分析，找出其输入量、输出量以及需要用到的模块，确定各模块间的关系；然后生成需要的控制方案，利用 DCS 提供的组态软件，从模块库中取出需要的模块，按照组态软件规定的方式，把它们连接成符合实际需要的控制系统，并赋予各模块需要的参数。

② 实时数据库生成（Generation of Real Time Database）。

实时数据库是 DCS 最基本的信息资源，这些实时数据由实时数据库存储和管理。在 DCS 中，建立和修改实时数据库记录的方法有多种，常用的方法是用通用数据库工具软件生成数据库文件，系统直接利用这种数据格式进行管理或采用某种方法将生成的数据文件转换为 DCS 所要求的格式。

实时数据库的内容主要包括以下几个方面。

a. 站配量信息 包括站的型号、各功能板槽号。

b. 模拟量输入数据 包括信号类型、工程单位、转换方式、量程、线性化方法、滤波方法、报警限和巡检周期等。对于热电偶和热电阻输入信号，还要附加测量元件型号、冷端名称（对热电偶）、桥路参数（对热电阻）等的有关说明。

c. 模拟量输出 包括名称、信号类型、单位、量程、通道号和巡检周期等。

d. 开关量输出 包括输出类型、通道号和巡检周期等。

e. 开关量输入 包括状态定义、加载时初值，通道号和巡检周期等。

f. 其他 有中断量、脉冲输入量、脉冲输出量以及数字输入量、数字输出量等。

③ 工业流程画面的生成（Generation of Process Flow Diagram）。

DCS 是一种综合控制系统，具有丰富的控制系统和检测系统画面显示功能。利用工业流程画面技术不仅实现模拟屏的显示功能，而且使多种仪表的显示功能集成于一个显示器。这样，采用若干台显示器即可显示整个工业过程的上百幅流程画面，达到纵览工业设备运行全貌的目的，而且可以逐层深入，细致入微地观察各个设备的细节。DCS 的流程画面技术支持各种趋势图、历史图和棒图等。

工业流程画面的显示内容分为两种，一种是反映生产工艺过程的背景图形（如各种容器的轮廓、各种管道、阀门等)和各种坐标及提示符等。这些图素一次显示出来,只要画面不切换,它是不改变的。另一种是随着实时数据的变化周期刷新的图形,如各种数据显示、棒图等。此外在各个流程画面上一般还设置一些激励点,它们作为热键使用,用来快速打开所对应的窗口。

④ 历史数据库的生成(Generation of Historical Database)。

所有 DCS 都支持历史数据存储和趋势显示功能,历史数据库的建立有多种方式,而较为先进的方式是采用生成方式。由用户在不需要编程的条件下,通过屏幕编辑编译技术生成一个数据文件,该文件定义了各历史数据记录的结构和范围。多数 DCS 提供方便的历史数据库生成手段,以实现历史数据库配置。

⑤ 报表生成(Generation of Statement)。

DCS 操作员站的报表打印功能通过组态软件中的报表生成部分进行组态,不同的 DCS 在报表打印功能方面存在较大的差异。一般来说,DCS 支持如下两类报表打印功能:

a. 周期性报表打印 这种报表打印功能用来代替操作员的手工报表,打印生产过程中的操作记录和一组统计记录;

b. 触发性报表打印 这类报表打印由某些特定事件触发,一旦事件发生即打印事件发生前后的一段时间内的相关数据。

多数 DCS 提供一套报表生成软件,用户根据需要和喜好生成不同的报表形式。报表生成软件采用人机对话方式,在屏幕上生成一个表格再下载到操作员站上,系统在运行时就依此格式将信息输送到打印机上。在生成表格时不仅要编制表格本身,还要建立起与动态数据相关的信息。

8.3.3.8 集散控制系统的展望(Prospect of DCS)

集散控制系统的问世标志仪表计算机控制系统进入了一个新的历史时期。在短短的二十几年中,集散控制系统已经经历了四代的变迁,系统的功能不断完善,系统的可靠性、互操作性和其他性能都得到了不同程度的改进和提高,已经为各行各业的人员所接受,并发挥着越来越大的作用,它正成为工业领域具有举足轻重的应用装置。

集散控制系统的发展与科学技术的发展密切相关。集散控制系统的发展是其他高新技术发展的产物。同时,它的发展也推动了其他高新技术的发展。例如,局域网技术的发展产生了第二代集散控制系统,开放系统产生了第三代集散控制系统,而集散控制系统的发展又使控制技术得到了发展。

随着半导体集成技术、数据存储和压缩技术、网络和通信技术等其他高新技术的发展,集散控制系统也进入了新的发展时期。现场总线的应用使集散控制系统以全数字化的崭新面貌出现在工业生产过程广阔的舞台上,它是分散控制的最终体现。而工厂信息网和 Internet 网的应用使集散控制系统的集中管理功能有了用武之地,管控一体化将使产品的质量和产量提高,成本和能耗下降,从而使经济效益明显提高。

集散控制系统将向两个方向发展,一个方向是向上发展,即向 CIMS 计算机集成制造系统、CIPS 计算机集成过程系统发展。另一个方向是向下发展,即向 FCS(Fieldbus Control System)现场总线控制系统发展。

(1) 信息化集成系统(Integrated Information System)

在第四代集散控制系统中,全厂的信息集成和管理已经提到了一定的高度。DCS 系统的功能已不再局限于生产过程的控制,整个工厂、集团公司的管理工作也将在 DCS 系统中得到应有的位置。在今后的 DCS 系统的发展中，向 CIMS、CIPS 方向发展将是十分重要的内容。其主要表现在下列几方面。

① 系统硬件(Hardware System)。

在通信系统中，工厂或企业集团主干通信网的通信媒体将采用高速的光导纤维或100Mbps 快速以太网、ATM 等标准通信网络。主机采用 RISC(Reduced Instruction Set Computer，精简指令集计算机)工作站，其内存容量达几十 GB，带有海量存储器、可移动硬盘或其他多媒体存储装置，有多种标准通信接口，能与一些著名公司的计算机系统进行通信，也能采用微波卫星或电话线与远端的总公司等部门进行通信。系统采用客户机/服务器结构。整个系统的控制级采用 Pentium Ⅱ 作为处理器，支持 Windows NT 和其他的通信标准，有强有力的优化环境作为系统运行的支持，它与主机可经路由器连接。各部门的子系统根据部门的要求可选用合适规模的通信系统和计算机，多数情况可采用 PC 机或网络机 NC。

在硬件方面，也采取了不少改善操作环境的措施。例如，采用触摸屏、鼠标等光标定位装置，采用根据人机工程学设计的易于操作的操作管理站，采用手握式编程器对现场设备进行校验和调整，采用多媒体技术改善操作环境等。

② 系统软件(Software System)。

系统软件中，网络软件的选用通常遵循标准化原则、主流产品原则、实用性原则、安全性原则和性价比最优等原则、采用防火墙(Firewall)是最常采用的安全措施。已被广泛采用并被证明是有效的 Web Server 软件可为用户提供良好和开放的应用开放环境。以 Windows NT 软件为平台，提供的多任务、多线程和可扩展性，使用户能支持网络内数千用户的使用，并提供大量事务管理的可伸缩性。系统内数据的共享是 CIMS 的一个特点，它在系统软件上要求将大型的关系数据库管理系统与控制系统的实时数据库管理系统相结合。

系统软件将改善操作环境。对操作员、维护人员、工程师、管理人员和决策人员将有不同的操作环境并提供不同的权限，操作的方式将使各种使用人员都容易掌握，例如：图标、下拉式菜单、多窗口显示、拖拽式操作等。此外，多媒体技术也将在系统中得到广泛应用，例如，语音提示、对操作员语言命令的执行等。

用户的应用软件将根据应用规模、生产过程的特点、企业的使用要求等性能条件进行开发。例如，对大中小型的应用规模，对制造工业和流程工业，对企业中的供销、计划、生产调度、过程控制等都会有不同的应用软件。

人工智能、计算机技术和通信技术的应用，使过程仪表从模拟量发展到全数字化，使得智能仪表、现场总线设备被大量引进到 DCS 系统中，各种智能的控制算法、综合控制、管理和优化软件包被开发，并在系统中得到应用。

(2) 现场总线控制系统 FCS(Fieldbus Control System)

以计算机(Computer)、通信(Communication)和控制(Control)为代表的 3C 技术迅速发展，使得网络集成信息自动化正在迅速应用到现场设备、控制、管理和市场的各个层次，迅速进入工业制造、工业流程、环境工程、民用工程等广泛的应用领域。以嵌入式系统仪表和设备为基础的现场总线控制系统 FCS(Fieldbus Control System)正逐步取代传统的集散控制系统。

8.3.4　现场总线控制系统 FCS(Fieldbus Control System)

在计算机测控系统发展的初期，由于计算机技术尚不发达，计算机价格昂贵，所以人们企图用一台计算机取代控制室的几乎所有仪表，出现了集中式数字测控系统。但这种测控系统可靠性差，一旦计算机出现故障，就会造成整个系统瘫痪。随着计算机可靠性的提高和价格的大幅度下降，出现了集中、分散相结合的集散控制系统 DCS。在 DCS 系统中，由测量传感器、变送器向计算机传送的信号为模拟信号，下位计算机和上位计算机之间传递的信号为数字信号，所以它是一种模拟、数字混合系统。这种系统在功能和性能上有了很大的提高，曾被广泛采用。随着工业生产的发展以及控制、管理水平和通信技术的提高，相对封闭的 DCS 系统已不能满足需要。

20 世纪 50 年代前，过程控制仪表使用气动标准信号，60~70 年代发展了 4~20mA（DC）标准信号，直到现在仍在使用。20 世纪 90 年代初，用微处理器技术实现过程控制以及智能传感器的发展，导致需要用数字信号取代 4~20mA（DC）模拟信号，这就形成了一种先进工业测控技术——现场总线（Fieldbus）。现场总线是连接工业过程现场仪表和控制系统之间的全数字化、双向和多站点的串行通信网络，从各类变送器、传感器、人机接口或有关装置获取信息，通过控制器向执行器传送信息，构成现场总线控制系统 FCS（Fieldbus Control System）。现场总线不单是一种通信技术，也不仅是用数字仪表代替模拟仪表，而是用新一代的现场总线控制系统（FCS）代替传统的分散型控制系统 DCS（Distributed Control System）。它与传统的 DCS 相比有很多优点，是一种全数字化、全分散式、全开放和多点通信的底层控制网络，是计算机技术、通信技术和测控技术的综合及集成。

8.3.4.1 现场总线的定义（Definition of FCS）

现场总线的定义有多种说法，下面给出 2 种有代表性的定义：

① 现场总线是以网络为基础的全分布式控制系统，是工业设备自动控制的一种计算机局域网络。它依靠具有检测、控制、通信功能的微控制器组成的数字化仪表设备在现场实现彻底的分散控制，并以这些分散在现场的测量、控制设备作为网络节点，以总线形式连接起来，形成了现场总线控制系统。它采用一种串行的数字数据通信链路，沟通了过程控制领域的基本控制设备（现场设备）之间以及更高层次自动控制领域的自动化控制设备（车间级）之间的联系。

② 现场总线是开放式、数字化的底层控制网络，是连接智能现场设备和自动化系统的数字式、双线传输、多分支结构通信网络。以现场总线为主体的控制系统的现场控制网络不仅可以是一个独立的基层网络，还可以是构成一个开放式、数字化的新型全分布式控制系统的重要组成部分。

现场总线控制系统涉及到智能传感器、计算机、数字通信、网络技术、信号处理及控制技术等众多技术。

8.3.4.2 现场总线技术的特点（Characteristics of FCS Technology）

（1）全数字化通信

现场总线系统是一个"纯数字"系统，而数字信号具有很强的抗干扰能力，所以现场的噪声及其他干扰信号很难扭曲现场总线控制系统里的数字信号，数字信号的完整性使得过程控制的准确性和可靠性更高。

（2）1 对 N 结构

1 对传输线，N 台仪表，双向传输多个信号。这种 1 对 N 结构使得接线简单，工程周期短，安装费用低，维护容易。如果增加现场设备或现场仪表，只需并行挂接到电缆上，无须架设新的电缆。

（3）可靠性高

数字信号传输抗干扰强，精度高，无须采用抗干扰和提高精度的措施，从而降低了成本。

（4）可控状态

操作员在控制室既可了解现场设备或现场仪表的工作情况，也能对其进行参数调整，还可预测或寻找故障。整个系统始终处于操作员的远程监视和可控状态，提高了系统的可靠性、可控性和可维护性。

（5）互换性

用户可以自由选择不同制造商所提供的性能价格比最优的现场设备或现场仪表，并将不同品牌的仪表互联。即使某台仪表发生故障，换上其他品牌的同类仪表也能照常工作，实现了"即接即用"。

（6）互操作性

用户把不同制造商的各种品牌的仪表集成在一起，进行统一组态，构成其所需的控制回路，而不必绞尽脑汁，为集成不同品牌的产品在硬件或软件上花费力气或增加额外投资。

（7）综合功能

现场仪表既有检测、变换和补偿功能，又有控制和运算功能，实现了一表多用，不仅方便了用户，而且降低了成本。

（8）分散控制

控制站功能分散在现场仪表中，通过现场仪表即可构成控制回路，实现了彻底的分散控制，提高了系统的可靠性、自治性和灵活性。

（9）统一组态

由于现场设备或现场仪表都引入了功能块的概念，所有制造商都使用相同的功能块，并统一组态方法，使组态变得非常简单，用户不需要因为现场设备或现场仪表种类不同而带来的组态方法的不同，再去学习和培训。

（10）开放式系统

现场总线为开放互联网络，所有技术和标准全是公开的，所有制造商必须遵循。这样，用户可以自由集成不同制造商的通信网络。既可与同层网络互联，也可与不同层网络互联，还可极其方便地共享网络数据库。

8.3.4.3　现场总线控制系统组成(Constitution of FCS)

现场总线控制系统是在传统控制系统基础上发展起来的一种新型控制网络。FCS 的重要特点是在现场层即可构成基本控制系统，而且现场仪表(或设备)除能传输测量、控制信号外，还可将设备标识、运行状态、故障诊断等重要信息传至监控、管理层，从而实现了管控一体化的综合自动化功能。

现场总线控制系统包括现场智能仪表、监控计算机、网络通信设备和电缆，以及网络管理、通信软件和监控组态软件。图 8.23 所示为 FCS 的基本构成。

（1）现场智能仪表(Field Intelligent Instruments)

现场仪表作为现场控制网络的智能节点，应具有测量、计算、控制通信等功能。用于过程自动化的这类仪表通常有智能变送器、智能执行器和可编程控制仪表等。

① 智能变送器(Intelligent Transmitter)。

智能变送器有差压、温度、流量、液位等变送器。国际上著名的仪表厂商均提供精度高、线性好、量程比大、性能稳定的现场变送仪表。

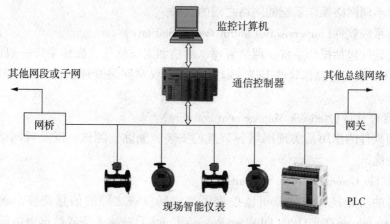

图 8.23　FCS 基本构成简图

② 智能执行器(Intelligent Actuator)。

主要指智能阀门定位器或阀门控制器。例如 Fisher-Rosemount 公司的 DVC 5000 f 数字式阀门控制器,内含 FF 总线协议,将该控制器装配在执行机构上,即成为现场执行器。它具有多种功能模块,与现场变送器组合使用,可实现基本的测量控制功能。

③ 可编程类控制仪表(Programmable Control Instrument)。

这类控制仪表均具有通信功能,能方便地连上流行的现场总线,与其他现场仪表实现互操作,并可与上位监控计算机进行数据通信。

(2) 监控计算机(Supervisory Control Computer)

现场总线控制系统需要一台或多台监控用计算机,以满足现场智能仪表(节点)的登录、组态、诊断、运行和操作的要求。通过应用程序的人机界面,操作人员可监控生产过程的正常运行。

监控计算机通常使用工业 PC(IPC),这类计算机结构紧凑、坚固耐用、工作可靠,抗干扰性能好,能满足工业控制的基本要求。

(3) 网络通信设备(Network Communication Equipment)

通信设备是现场总线之间及总线与节点之间的连接桥梁。现场总线与监控计算机之间一般用通信控制器或通信接口卡(简称网卡)连接,它可连接多个智能节点(包括现场仪表和计算机)或多条通信链路。这样,一台带有通信接口卡的 PC 机及若干现场仪表与通信电缆就构成了最基本的 FCS 硬件系统,如图 8.23 所示。

为了扩展网络系统,通常采用网间互联设备来连接同类或不同类型的网络,如中继器(repeater 与 HUB)、网桥(bridge)、路由器(router)、网关(gateway)等。

中继器是物理层的连接器,起简单的信号放大作用,用于延长电缆和光缆的传输距离。集线器(HUB)是一种特殊的中继器,它作为转接设备而将各个网段连接起来。智能集线器还具有网络管理和选择网络路径的功能,已广泛应用于局域网。

网桥是在数据链路层将信息帧进行存储转发,用来连接采用不同数据链路层协议、不同传输速率的子网或网段。

路由器是在网络层对信息帧进行存储转发,具有更强的路径选择和隔离能力,用于异种子网之间的数据传输。

网关是在传输层及传输层以上的转换用协议变换器,用以实现不同通信协议的网络之间、包括使用不同网络操作系统的网络之间的互联。

(4) 监控系统软件(Supervisory Control system Software)

监控系统软件包括操作系统、网络管理、通信和组态软件。操作系统一般使用 Windows NT、windows CE 或实时操作软件 UxWorks 等。以下仅对网络管理软件、通信软件和组态软件作简要说明。

① 网络管理软件(Network Management Software)。

网络管理软件的作用是实现网络各节点的安装、删除、测试，以及对网络数据库的创建、维护等功能。

② 通信软件(Communication Software)。

通信软件的功能是实现计算机监控界面与现场仪表之间的信息交换，通常使用 DDE (Dynamic data exchange)或 OPC(OLE for Process Control)技术来完成数据通信任务。

a. DDE(动态数据交换)在 Windows 中采用的是程序间通信方式，该方法基于消息机制，可用于控制系统的多数据实时通信。其缺点是，当通信数据量大时效率低下。近年来微软公司已经停止发展 DDE 技术，但仍对 DDE 技术给予兼容和支持。目前的大多数监控软件仍支持 DDE。

b. OPC 建立于 OLE(对象链接与嵌入)规范之上，它为工业控制领域提供了一种标准的数据访问机制，使监控软件能高效、稳定地对硬件设备进行数据存取操作，系统应用软件之间也可灵活地进行信息交换。

③ 组态软件(Configuration Software)。

组态软件作为用户应用程序的开发工具，具有实时多任务、接口开放、功能多样、组态方便、运行可靠的特点。

这类软件一般都提供能生成图形、画面、实时数据库的组态工具，简单实用的编程语言(或称脚本语言)，不同功能的控制组件，以及多种 I/O 设备的驱动程序，使用户能方便地设计人机界面，形象动态地显示系统运行工况。

由组态软件开发的应用程序可完成数据采集与输出、数据处理与算法实现、图形显示与人机对话、报警与事件处理、实时数据存储与查询、报表生成与打印、实时通信以及安全管理等任务。

PC 硬件和软件技术的发展为组态软件的开发和使用奠定了良好的基础，而现场总线技术的成熟进一步促进了组态软件的应用。工控系统中使用较多的组态软件有 Wonderware 公司的 Intouch，Intellution 公司的 Fix 和 iFix；国内有三维科技有限公司的力控软件，亚控科技发展有限公司的组态王软件等，它们都具有 OPC 开放接口。

8.3.4.4　FCS 与 DCS 相比具有以下特点(Characteristics of FCS Compared with DCS)

① 开放性：FCS 的现场总线的技术与标准是公开的，而 DCS 的制造厂商的技术与标准则是各有各的专利，彼此是封锁的。

② 全数字化：DCS 的主机虽然是数字的，但现场仪表则还是利用了模拟技术，传输模拟信号。因此，DCS 是一个数模混合系统；而 FCS 则是一个全数字化的系统。

③ 双向通信：在 DCS 系统内变送器向主机发送检测到的模拟信号，这一信号是单向传送，而主机下达给执行器的控制信号也是单向传送的，并且变送器与执行器虽然属于同一控制回路，彼此之间不能直接传送什么信号；而在 FCS 内，主机与变送器、执行器之间或变送器与执行器之间均可直接进行双向通信，实现信息交换。

④ 多站：所谓多站即 FCS 中一条现场总线(一根双绞线)可以连接多台现场仪表，然后只要用一根电缆通向主机；而 DCS 中主机与每台现场仪表只能用一根 2 芯或 4 芯电缆一对一地连接，因此用的电缆根数要多得多。

⑤ 互换性：FCS 的任何一台现场仪表发生故障而必须更换时，马上可以换上其他厂商所生产的同类产品而照常工作，实现"即插即用"(plug and play)。

⑥ 互操作性：FCS 中不同厂商所生产的主机或现场仪表之间都可以相互通信或操作，而在 DCS 中则往往需要接口和驱动软件来实现。

⑦ 彻底分散：FCS 有丰富的功能模块，而且可以将模块植入到现场仪表，如将 PID 等模块植入到现场仪表后，即可在现场实现自主调节，从而提高系统的可靠性。

⑧ 统一组态：FCS 有统一的组态方法，用户没有必要因为各 DCS 制造厂商有不同的组态方法而多次培训。

⑨ 智能化：FCS 中的现场总线仪表既有多变量变送器，又都有自诊断等功能；相比之下，DCS 的现场仪表智能化程度要低得多。

8.3.4.5 现场总线的优点(Advantages of FCS)

由于现场总线的以上特点，特别是现场总线系统结构的简化，使控制系统从设计、安装、投运到正常生产运行及其检修维护，都体现出优越性。

① 节省硬件数量与投资；

② 节省安装费用；

③ 节省维护开销；

④ 用户具有高度的系统集成主动权；

⑤ 提高了系统的准确性与可靠性。

8.3.4.6 现场总线控制网络的体系结构(System Structure of Fieldbus Control Network)

现场总线技术是在 DCS 集散式控制系统的基础上发展起来的，在 DCS 的结构体系中，自上而下大体可分为 3 层：管理层、监控操作层和 I/O 测控层。现场总线就是在 DCS 系统的基础上，向下将 DCS 系统 I/O 测控层的 4~20mA 的信号，通过将智能节点直接延伸到测控现场的方法转换为数字信号。向上在 DCS 系统的管理层上集成现场总线系统，通过互联网实现远程测控和管理。基于上面考虑，现场总线控制网络的体系结构应具有三层：设备层、控制层和信息层。图 8.24 给出了现场总线控制网络模型的体系结构。

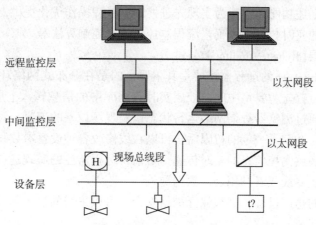

图 8.24 现场总线控制网络模型的体系结构

(1) 设备层(Device Layer)

现场控制层位于一个自动化控制系统的最底层，现场总线将现场控制器和现场智能仪表设备等组成实时的互通的网络控制系统。依照现场总线的协议标准，智能设备采用功能块的结构，通过组态，完成数据采集、A/D 转换、数字滤波、温度压力补偿、PID 控制以及阀门补偿等功能。

现场设备以网络节点的形式挂接在现场总线网络上。为保证节点之间实时、可靠的数据传输，现场总线控制网络必须采用合理的拓扑结构。常见的现场总线网络拓扑结构有以下几种：

① 环形网。

其特点是时延确定性好，重载时网络效率高，但轻载时等待令牌会产生不必要的时延，传输效率下降。

② 总线网。

其特点是节点接入方便，成本低。轻载时时延小，但网络通信负载较重时时延加大，网络效率下降。此外，传输时延不确定。

③ 树形网。

其特点是可扩展性好，频带较宽，但节点间通信不便。

④ 令牌总线网。

结合环形网和总线网的优点，即物理上是总线网，逻辑上是令牌网，传输时延确定无冲突，同时节点接入方便，可靠性好。

现场控制层通信介质不受限制，可使用双绞线、同轴电缆、光纤、电力线、无线、红外线等各种通信介质形式。

(2) 中间监控层(Intermediate Monitor Layer)

中间监控层从现场设备层获取数据，完成各种控制、运行参数的监测、超限报警和趋势分析等功能，完成控制组态的设计和下装。监控层的功能一般由上位计算机完成，它通过扩展槽中网络接口板与现场总线相连，协调网络节点之间的数据通信，或通过专门的现场总线接口实现现场总线网段与以太网段的连接。

这一层处于以太网中，因此，其关键技术是以太网与底层现场设备网络之间的接口，主要负责现场总线协议与以太网协议的转换，保证数据包的正确解释和传输。

中间监控层除上述功能外，还为实现先进控制和过程操作优化提供支撑环境。如在用户组态软件的基础上的实时数据库、工艺流程监控、先进控制算法等。

(3) 远程监控层(Remote Monitor Layer)

这一层是基于 Internet 的远程监控层。其主要目的是在分布式网络环境下，构建一个安全的远程监控系统。首先，要将中间监控层实时数据库中的信息转入上层的关系数据库中，使远程用户能随时通过浏览器查询网络运行状态以及现场设备的工况，对生产过程进行实时的远程监控。其次，在赋予一定的权限后，可以在线修改各种设备参数和运行参数，从而在广域网范围内实现底层测控信息的实时传递。目前，远程监控的实现途径就是通过 Internet，主要方式是租用企业专线或者利用公众数据网。

由于涉及实际的生产过程，必须保证网络安全，可以采用的技术包括防火墙、用户身份认证以及钥匙管理等。

在整个现场总线控制网络模型中，现场设备层是整个网络模型的核心，只有确保总线设备之间可靠、准确、完整的数据传输，上层网络才能获取信息以实现其监控功能。当前对现场总线的讨论多停留在底层的现场智能设备网段，但从完整的现场总线控制网络模型出发，应更多地考虑现场设备层与中间监控层、Internet 应用层之间的数据传输与交互问题，即实现控制网络与信息网络的紧密集成。

8.3.4.7 几种有影响的现场总线(Several Influential Fieldbus)

几种有影响的现场总线产品及其性能如表 8.4 所示。

表 8.4 几种现场总线产品及性能比较

产品特性	现场总线产品					
	CAN	LonWorks	WorldFIP	PROFIBUS	HART	FF
应用对象	离散控制	所有方面	过程控制	过程控制	一次仪表	所有方面
OSI 层次	1、2、7	1~7	1、2、7	1、2、7	1、2、7	1、2、7
系统类型	总线	网络	总线	总线	总线	总线
介质访问	CSMA/CD	CSMA/CA	主从、令牌	主从、令牌	主从、令牌	主从、令牌
错误校正	CRC	CRC	CRC	CRC	CRC	CRC
通信介质	双绞线、光纤	同轴电缆、电源线、光纤、无线电、红外线	双绞线、光纤	双绞线、光纤	双绞线	双绞线、光纤、红外发射
寻址方式	单点、多点广播	广播	广播	单点、多点广播	单点、多点广播	单点、多点广播
传输速率	5Kbps~1Mbps	300bps~1.5Mbps	2.5Mbps	9.6Kbps~12Mbps	3updates/s	31.25Kbps~2.5Mbps
传输距离	10km	2.7km	—	100m~10km	3km	500m~1.9km
网络供电	不是	是	是	是	是	不是
优先级	支持	支持	支持	支持	支持	支持
系统控制	命令	命令、状态	命令、状态	命令、状态	命令、状态	命令、状态

8.3.4.8 现场总线的发展趋势(Development Trend of FCS)

(1) 通过应用技术发挥现场总线的优势

要突出现场总线降低系统投资成本和减少运行费用的优点。这一点很重要，有了这一基本思想，在进行总线类型的选择和网络设计时，就会有明确的方向。但是，现场总线的这项优点能否发挥，与应用者是否合理地使用现场总线、充分发挥它的潜能有关。

(2) 不同类型的现场总线组合更有利于降低成本

针对不同的情况选用不同的总线可以最大限度地降低系统成本。

用户可能会担心，用了多种现场总线，会使整个系统的操作、管理变得复杂。实际现在一些通用的人机界面软件，都支持多种现场总线，因此到人机界面这一层，不同总线的区别对使用者来说是不大的。

(3) 现场总线的本质是信息处理现场化

一个控制系统，无论是采用 DCS 还是采用现场总线，系统需要处理的信息量至少是一样多的。实际上，采用现场总线和智能仪表后，可以从现场得到更多的诊断(Diagnosis)、维护和管理信息。现场总线系统的信息量大大增加了，而传输信息的线缆却大大减少了。这就要求一方面要大大提高线缆传输信息的能力、减少多余信息的传递。另一方面要让大量信息在现场就地完成处理，减少现场与控制机房之间的信息往返。

如果仅仅把现场总线理解为省掉了几根电缆，是没有理解到它的实质。信息处理的现场化才是智能化仪表和现场总线所追求的目标，也是现场总线不同于其他计算机通信技术的标志。

(4) 网络的设计

一般控制系统也有网络设计问题，网络设计的重点是从物理形态上考虑通信网络和输入、输出线缆网络的布置。

前面提到许多现场总线的网络形态是线形的，每一组网段上的节点数是有限制的。由于网段上的节点数较少，因此除考虑网络的物理布置之外，还要考虑减少信息在网络上的往返传递。

减少信息的往返传递是现场总线系统中网络设计和系统组态的一条重要原则。减少信息往返常常可带来改善系统响应时间的好处。因此，网络设计时应优先将相互间信息交换量大的节点，放在同一条支路里。例如多回路调节中，一个调节回路的节点应尽量放置在同一条支路里。

(5) 系统组态傻瓜化

现在一些带现场总线的现场仪表本身装了许多功能块，虽然不同产品同种功能块在性能上会稍有差别，但一个网络支路上有许多功能类同功能块的情况是客观存在的。选用哪一个现场仪表上的功能块，是系统组态要解决的问题。考虑这个问题的原则是，尽量减少总线上的信息往返。一般可以选择与该功能有关的信息输出最多的那台仪表上的功能块。

目前现场总线系统的组态是比较复杂的，需要组态的参数多，各参数之间的关系比较复杂，如果不是对现场总线非常熟悉，很难将系统设置到最佳状态。显然，广大用户对这种状态不满意。现场总线系统的制造商也正在努力，以使系统组态逐步傻瓜化。

关键词(Key Words and Phrases)

(1) 控制仪表及装置　　　　　　Control Instrument and Device

(2) 气动仪表　　　　　　　　　Pneumatic Instrument

(3) 电动仪表　　　　　　　　　Electric Instrument

(4) 液动仪表　　　　　　　　　Hydraulic Instrument

(5) 模拟式仪表　　　　　　　　Analog Instrument

(6) 数字式仪表　　　　　　　　Digital Instrument

(7) 可编程调节器　　　　　　　Programmable Regulator

(8) 可编程控制器　　　　　　　Programmable Logical Controller

(9) 集散控制系统　　　　　　　Distributed Control System

(10) 现场总线控制系统　　　　　Fieldbus Control System

(11) 信号制　　　　　　　　　　Signal System

(12) 控制室　　　　　　　　　　Control Room

(13) 系统程序　　　　　　　　　System Program

(14) 中断处理程序　　　　　　　Interrupt Program

(15) 键处理　　　　　　　　　　Key Board Process

(16) 定时处理　　　　　　　　　Timing processing

(17) 输入处理　　　　　　　　　Input Process

(18) 运算控制　　　　　　　　　Operational Control

(19) 通信处理	Communication Processing
(20) 掉电处理	Power off Processing
(21) 用户程序	User Program
(22) PID 控制算法	PID Control Algorithm
(23) 梯形图	Ladder Diagram
(24) 语句表	Statement List
(25) 功能块图	Function Block Diagram
(26) 操作站	Operation Station
(27) 工程师站	Engineer Station
(28) 监控计算机	Supervisory Control Computer
(29) 现场控制站	Field Control Station
(30) 数据采集站	Data Acquisition Station
(31) 通信系统	Communication System
(32) 组态	Configuration

习题(Problems)

8-1 气动仪表和电动仪表的信号标准分别是怎样规定的?

8-2 模拟式控制仪表基本构成包含哪三大部分? 目前应用较为广泛的模拟式控制仪表叫什么?

8-3 简述可编程调节器基本构成。

8-4 简述 PLC 定义、基本组成及工作原理。

8-5 简述 DCS 概念、基本构成及它的体系结构。

8-6 简述 FCS 定义、系统组成及它的体系结构。

9 执行器(Actuator)

执行器是构成控制系统不可缺少的重要组成部分。任何一个最简单的控制系统也必须由检测环节、控制器及执行器组成。执行器的作用就是接收控制器的输出，根据其送来的控制信号，改变被控介质的流量，从而将被控变量维持在所要求的数值上或一定的范围内。因此完全可以说执行器是用来代替人的操作的，是工业自动化的"手脚"。

由于执行器的原理比较简单，操作比较单一，因而人们常常会轻视这一重要环节。事实上执行器大多都安装在生产现场，直接与介质接触，常常在高压、高温、深冷、高黏度、易结晶、闪蒸、汽蚀、高压差等状况下工作，使用条件恶劣，因此，它是控制系统的薄弱环节。如果执行器选择或运用不当，往往会给生产过程自动化带来困难。在许多场合，会导致自动控制系统的控制质量下降、控制失灵，甚至因介质的易燃、易爆、有毒，而造成严重的生产事故。为此，对于执行器的正确选用以及安装、维修等各个环节，必须给予足够的注意。

9.1 概述(Introduction)

9.1.1 执行器的构成及工作原理(Composition and Operating Principle of Actuator)

执行器由执行机构和调节机构两个部分构成，如图9.1所示。

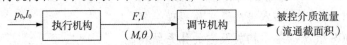

图9.1 执行器构成框图

执行机构是执行器的推动装置，它根据输入控制信号的大小，产生相应的输出力 F(或输出力矩 M)和位移(直线位移 l 或转角 θ)，推动调节机构动作。调节机构是执行器的调节部分，最常见的调节机构是调节阀，它受执行机构的操纵，可以改变调节阀阀芯与阀座间的流通面积，进而改变流量，以达到最终调节被控介质的目的。图9.2所示为气动薄膜执行器结构示意图，从图中可以清楚地看出，它由气动执行机构和调节机构组成。

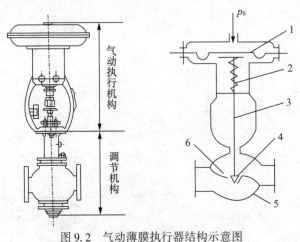

图9.2 气动薄膜执行器结构示意图

1—薄膜；2—平衡弹簧；3—阀杆；4—阀芯；5—阀体；6—阀座

执行器还可以配备一定的辅助装置，常用的辅助装置有阀门定位器和手操机构。阀门定位器利用负反馈原理改善执行器的性能，使执行器能按控制器的控制信号，实现准确定位。手操机构用于人工直接操作执行器，以便在停电或停气、控制器无输出或执行机构失灵的情况下，保证生产的正常进行。

常规执行器的工作原理如图9.3所示。执行器首先都需接受来自控制器的输出信号，以作为执行器的输入信号即执行器动作依据；该输入信号送入信号转换单元，转换信号制式后与反馈的执行机构位置信号进行比较，其差值作为执行机构的输入，以确定执行机构的作用方向和大小；执行机构的输出结果再控制控制器的动作，以实现对被控介质的调节作用；其中执行机构的输出通过位置发生器(Position Generator)可以产生其反馈控制所需的位置信号。

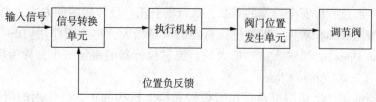

图9.3　执行器工作原理框图

显然，执行机构的动作构成了负反馈控制回路，这是提高执行器调节精度，保证执行器工作稳定的重要手段。

9.1.2　执行器分类及特点(Classification and Characteristics of Actuators)

执行器按其能源形式可分为气动、电动、液动三大类。

(1) 气动执行器(Pneumatic Actuator)

气动执行器以净化(Purified)的压缩空气(Compressed Air)作为动力能源，采用气动执行机构进行操作，所接受的信号是0.02~0.1MPa。其特点是结构简单、动作可靠、平稳、输出推力较大、维修方便、防火防爆，而且价格较低，在工业生产中使用最广，特别是石油化工生产过程中。气动执行器的缺点是响应时间长，信号不适于远传(传送距离限制在150m以内)。为了克服此缺点可采用电气转换器或电气阀门定位器，将电信号转换为0.02~0.1MPa的标准气压信号，使传送信号为电信号，现场操作为气动信号。

(2) 电动执行器(Electric Actuator)

电动执行器以电作为动力能源，采用电动执行机构进行操作，所接受的信号是0~10mA或4~20mA电流信号，并转换为相应的输出转角位移或直线位移，去控制调节机构以实现自动调节。电动执行器的优点则是能源取用方便，信号传输速度快，传输距离远，但其结构复杂、推力小、价格贵、防爆性能较差，只适用于防爆要求不高的场所，这些缺点大大地限制了其在工业环境中的广泛应用。近年来随着智能式电动执行机构的问世，使得电动执行器在工业生产中得到越来越多的应用。

(3) 液动执行器(Hydraulic Actuator)

液动执行器以液压或油压作为动力能源，采用液动执行机构进行操作，其最大特点是推力大，但在实际工业中的应用较少。

无论是什么类型的执行器，只是其执行机构不同，调节机构(亦称调节阀)都是一样的。

正常情况下，三种执行器的主要特性比较如表9.1所示。

表 9.1　执行器主要性能比较

主要特性	气动执行器	电动执行器	液动执行器	主要特性	气动执行器	电动执行器	液动执行器
系统结构	简单	复杂	简单	推动力	适中	较小	较大
安全性	好	较差	好	维护难度	方便	有难度	较方便
响应时间	慢	快	较慢	价格	便宜	较贵	便宜

工业生产中多数使用前两种类型，它们常被称为气动调节阀和电动调节阀。液动执行器在化工、炼油等生产过程中基本上不使用。本章仅介绍气动执行器和电动执行器。

9.1.3　执行器的作用方式(Action Modes of Actuator)

为了满足生产过程中安全操作的需要，执行器有正、反作用两种方式。当输入信号增大时，执行器的流通截面积增大，即流过执行器的流量增大，称为正作用(Direct Action)，亦称气开式(Air to Open)；当输入信号增大时，流过执行器的流量减小，称为反作用(Inverse Action)，亦称气关式(Air to Close)。

气动执行器的正、反作用可通过执行机构和调节机构的正、反作用的组合来实现。通常，配用具有正、反作用的调节机构时，执行器采用正作用的执行机构，而通过改变调节机构的作用方式来实现调节阀的气关或气开；配用只具有正作用的调节机构时，执行器通过改变执行机构的作用方式来实现执行器的气关或气开。

对于电动执行器，由于改变执行机构的控制器(伺服放大器)的作用方式非常方便，因此一般通过改变执行机构的作用方式来实现执行器的正、反作用。

9.2　执行机构(Actuator)

执行机构是执行器的推动装置，它根据输入控制信号的大小，产生相应的输出力 F(或输出力矩 M)和位移(直线位移 l 或转角 θ)。输出力 F 或输出力矩 M 用于克服调节机构中流动流体对阀芯产生的作用力或作用力矩，以及阀杆的摩擦力、阀杆阀芯重量以及压缩弹簧的预紧力等其他各种阻力；位移(l 或转角 θ)用于带动调节机构阀芯动作。

执行机构有正作用和反作用两种作用方式：输入信号增加，执行机构推杆向下运动，称为正作用；输入信号增加，执行机构推杆向上运动，称为反作用。

9.2.1　气动执行机构(Pneumatic Actuator)

气动执行机构接受气动控制器或阀门定位器输出的气压信号，并将其转换成相应的输出力 F 和直线位移 l，以推动调节机构动作。

气动执行机构有薄膜式、活塞式和长行程式三种类型。

9.2.1.1　气动薄膜式执行机构(Pneumatic Diaphragm Actuator)

典型的薄膜式气动执行机构如图 9.2 所示。薄膜式执行机构主要由弹性薄膜(Elastic Diaphragm)、压缩弹簧(Compressed Spring)和推杆(Plug Stem)组成。当气压信号 p_0 进入薄膜气室时，会在膜片上产生向下的推力，以克服弹簧反作用力，使推杆产生位移，直到弹簧的反作用力与薄膜上的推力平衡为止。

气动薄膜式执行机构有正作用和反作用两种形式。当来自控制器或阀门定位器的信号压力增大时，阀杆向下动作的叫正作用执行机构(ZMA 型)；当信号压力增大时，阀杆向上动作的叫反作用执行机构(ZMB 型)。正作用执行机构的信号压力是通入波纹膜片上方的薄膜气室；反作用执行机构的信号压力是通入波纹膜片下方的薄膜气室。通过更换个别零件，两者便能互相改装。

根据有无弹簧执行机构可分为有弹簧的及无弹簧的，有弹簧的薄膜式执行机构最为常用，无弹簧的薄膜式执行机构常用于双位式控制(On-Off Control)。

有弹簧的薄膜式执行机构的输出位移与输入气压信号成比例关系。当信号压力(通常为 0.02~0.1MPa)通入薄膜气室时，在薄膜上产生一个推力，使阀杆移动并压缩弹簧，直至弹簧的反作用力与推力相平衡，推杆稳定在一个新的位置上。信号压力越大，阀杆的位移量也越大。阀杆的位移即为执行机构的直线输出位移，也称行程。行程规格有 10mm、16mm、25mm、40mm、60mm、100mm 等。

薄膜式执行机构简单、动作可靠、维修方便、价格低廉，是最常用的一种执行机构，它可以用作一般控制阀的推动装置，组成气动薄膜式执行器，习惯上称为气动薄膜调节阀。

9.2.1.2 气动活塞式执行机构(Pneumatic Piston Actuator)

气动活塞式(无弹簧)执行机构如图 9.4 所示。

气动活塞式执行机构的基本部分为活塞(Piston)和气缸(Cylinder)，活塞在气缸内随活塞两侧压差而移动。两侧可以分别输入一个固定信号和一个变动信号，或两侧都输入变动信号。它的输出特性有比例式及两位式两种。两位式是根据输入执行活塞两侧的操作压力的大小，活塞从高压侧推向低压侧，使推杆从一个极端位置移动到另一极端位置，其行程可达 25~100mm，主要适用于双位调节的控制系统。比例式是在两位式基础上加有阀门定位器后，使推杆位移与信号压力成比例(Proportion)关系。

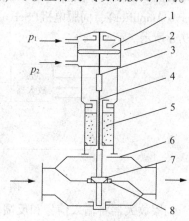

图 9.4 气动活塞式执行器结构示意图
1—活塞；2—汽缸；3—推杆；4—阀杆；
5—填料；6—阀体；7—阀芯；8—阀座

活塞式执行机构在结构上是无弹簧的汽缸活塞系统，由于汽缸允许压力较高，可获得较大的推力。允许操作压力可达 500kPa，输出推力大，特别适用于高静压、高压差、大口径的场合。但其价格较高。

薄膜式和活塞式执行机构用于和直行程式调节机构配套使用，活塞式执行机构的输出力比薄膜式执行机构要大。

9.2.1.3 长行程执行机构(Long Stroke Actuator)

长行程执行机构的结构原理与活塞式执行机构基本相同，它具有行程长、输出力矩大的特点，直线位移为 40~200mm，适用于输出角位移(0~90℃)和力矩的场合，如用于蝶阀或风门的推动装置。

9.2.2 电动执行机构(Electric Actuator)

电动执行机构接受 0~10mA 或 4~20mA DC 的输入信号，并将其转换成相应的输出力 F 和直线位移 l 或输出力矩 M 和角位移 θ，以推动调节机构动作，实现对被控变量的自动调节。

电动执行机构主要分为两大类。直行程与角行程式，其电气原理完全相同，只是输出机械的传动部分有区别。直行程式输出为直线位移 l，角行程式输出为角位移 θ，分别用于和直行程式或角行程式的调节机构配套。角行程式执行机构又可分为单转式和多转式。前者输出的角位移一般小于 $360°$，通常简称为角行程式执行机构；后者输出的角位移超过 $360°$，可达数圈，故称为多转式电动执行机构，它和闸阀（Gate Valve）等多转式调节机构配套使用。在防爆要求不高且无合适气源的情况下，可使用电动执行机构作为调节机构的推动装置。

现以角行程的电动执行机构为例来进行讨论。用 I_i 表示输入电流，θ 表示输出轴转角，则两者存在如下的线性关系：

$$\theta = KI_i \tag{9-1}$$

式中，K 是比例系数。由此可见，电动执行器实际上相当于一个比例环节。

为保证电动执行器输出与输入之间呈现严格的比例关系，采用比例负反馈构成闭环控制回路。图 9.5 给出了角行程电动执行机构的工作原理示意图。电动执行机构由伺服放大器（Servo Amplifier）、伺服电机（Servo Motor）、位置发送器和减速器（Reducer）四部分组成，如图 9.5 所示。

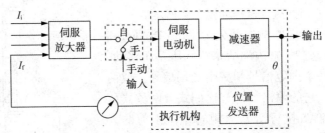

图 9.5　电动执行机构原理示意图

伺服放大器将输入信号和反馈信号相比较，得到差值信号 ε，并将 ε 进行功率放大。当差值信号 $\varepsilon > 0$ 时，伺服放大器的输出驱动伺服电机正转，再经机械减速器减速后，将电动机的高转速小力矩，变为低转速大力矩，使输出轴向下运动（正作用执行机构）。输出轴的位移经位置发送器转换成相应的反馈信号，反馈到伺服放大器的输入端，使 ε 减小，直至 $\varepsilon = 0$ 时，伺服放大器无输出，伺服电机才停止运转，输出轴也就稳定在输入信号相对应的位置上。反之，当 $\varepsilon < 0$ 时，伺服放大器的输出驱动伺服电机反转，输出轴向上运动，反馈信号也相应减小，直至使 $\varepsilon = 0$ 时，伺服电机才停止运转，输出轴稳定在另一新的位置上。

在结构上电动执行机构有两种形式，其一为分体式结构，即伺服放大器独立构成一台仪表，其余部分构成另一个仪表，两者之间用电缆线相连；另一种为一体化结构，即伺服放大器与其余部分构成一个整体。新型电动执行机构一般采用一体化结构，它具有体积小、质量轻、可靠性高、使用方便等优点。

伺服放大器由前置磁放大器、可控硅触发电路和可控硅交流开关组成，如图 9.6 所示。由图 9.5 可知，电动执行机构还提供手动输入方式，以在系统掉电时提供手动操作途径，保证系统的控制作用。

智能式电动执行机构的构成原理与模拟式电动执行机构相同，但是智能式电动执行机构采取了新颖的结构部件。

伺服放大器中采用 HART 处理器系统，所有控制功能均可通过编程实现，而且还具有

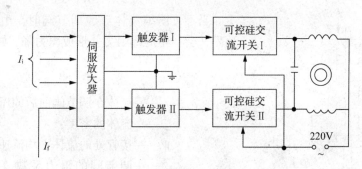

图 9.6 伺服放大器工作原理示意图

数字通信接口，从而具有 HART 协议或现场总线通信功能，成为现场总线控制系统中的一个节点。有的伺服放大器中还采用了变频技术，可以更有效地控制伺服电机的动作。减速器采用新颖的传动结构，运行平稳、传动效率高、无爬行、摩擦小。位置发送器采用了新技术和新方法，有的采用霍尔效应传感器，直接感应阀杆的纵向或旋转动作，实现了非接触式定位检测；有的采用特殊的电位器，电位器中装有球轴承和特种导电塑料材质做成的电阻薄片；有的采用磁阻效应的非接触式旋转角度传感器。

智能式电动执行机构通常都有液晶显示器和手动操作按钮，用于显示执行机构的各种状态信息和输入组态数据以及手动操作。因此与模拟式电动执行机构相比，智能式电动执行机构具有如下的一些优点：

① 定位精度高，并具有瞬时起停特性以及自动调整死区、自动修正、长期运行仍能保证可靠的关闭和良好运行状态等；

② 推杆行程的非接触式检测；

③ 更快的响应速度，无爬行、超调和振荡现象；

④ 具有通信功能，可通过上位机或执行机构上的按钮进行调试和参数设定；

⑤ 具有故障诊断和处理功能，能自动判别输入信号是否断线、电动机过热或堵转、阀门卡死、通信故障、程序出错等，并能自动地切换到阀门安全位置，当供电电源断电后，能自动地切换到备用电池上，使位置信号保存下来。

9.3 调节机构(Valve)

调节机构是各种执行器的调节部分，又称调节阀。它安装在流体管道上，是一个局部阻力可变的节流元件(Restricting Element)。在执行机构的输出力 F(输出力矩 M)和输出位移作用下，调节机构阀芯的运动，改变了阀芯与阀座之间的流通截面积，即改变了调节阀的阻力系数(Resistance Coefficient)，使被控介质流体的流量发生相应变化。

9.3.1 调节阀的工作原理(Operating Principle of Valve)

下面以典型的直通单座阀来讨论调节机构的工作原理。典型的直通单座阀的结构如图9.7 所示，流体从左侧进入调节阀，从右侧流出。阀杆上部与执行机构相连，下部与阀芯(Valve Plug)相连。由于阀芯在阀体(Valve Body)内移动，改变了阀芯与阀座(Valve Seat)之间的流通面积，即改变了阀的阻力系数，被控介质的流量也就相应地改变，从而达到控制工艺参数的目的。

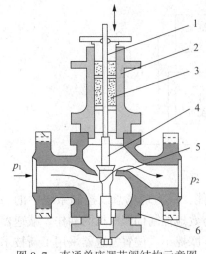

图 9.7 直通单座调节阀结构示意图
1—阀杆；2—上阀盖；3—填料；
4—阀芯；5—阀座；6—阀体

当不可压缩流体流经调节阀时，由于流通面积的缩小，会产生局部阻力并形成压力降，则此压降为

$$p_1 - p_2 = \zeta \rho \frac{W^2}{2} \qquad (9\text{-}2)$$

式中 p_1，p_2——流体在调节阀前后的压力；

ρ——流体的密度；

W——接管处的流体平均流速；

ζ——调节阀的阻力系数，与阀门结构形式、开度及流体的性质有关。

设调节阀接管的截面积为 A，则流体流过调节阀的流量 Q 为

$$Q = AW = A \sqrt{\frac{2(p_1 - p_2)}{\zeta \rho}} = \frac{A}{\sqrt{\zeta}} \sqrt{\frac{2\Delta p}{\rho}} \qquad (9\text{-}3)$$

式中 Δp——调节阀前后压差，$\Delta p = p_1 - p_2$。

显然，由于阻力系数 ζ 与阀门结构形式和开度有关，因而在调节阀口径一定(即 A 一定)和 $\Delta p/\rho$ 不变情况下，流量 Q 仅随着阻力系数 ζ 而变化。阻力系数 ζ 减小，则流量 Q 增大；反之，ζ 增大，则 Q 减小。调节阀就是根据输入信号的大小，通过改变阀的开度即行程，来改变阻力系数 ζ，从而达到调节流量的目的。

在式(9-3)的基础上，可以定义调节阀的流量系数。它是调节阀的重要参数，可直接反应流体通过调节阀的能力，在调节阀的选用中起着重要的作用。

9.3.2 调节阀的作用方式(Acting Modes of Valve)

调节机构正、反作用的含义是，当阀芯向下位移时，阀芯与阀座之间的流通截面积增大，称为正作用，习惯上按阀芯安装形式称之为反装；反之，则称为反作用，并称之为正装。一般来说，只有阀芯采用双导向结构(即上下均有导向)的调节机构，才有正、反作用两种作用方式；而单导向结构的调节机构，则只有正作用。

9.3.3 调节阀的结构及特点(Structure and Characteristics of Valve)

根据不同的使用要求，调节阀的结构形式很多。根据阀芯的动作形式，调节阀可分为直行程式和角行程式两大类：直行程式的调节机构有直通双座阀、直通单座阀、角形阀、三通阀、高压阀、隔膜阀、波纹管密封阀、超高压阀、小流量阀、笼式(套筒)阀、低噪声阀等；角行程式的调节机构有蝶阀、凸轮挠曲阀、V 形球阀、O 形球阀等。

调节阀主要由阀体、阀杆或转轴、阀芯或阀板、阀座等部件组成。下面介绍几种常用调节阀的结构及特点。

① 直通单座调节阀 这种阀的阀体内只有一个阀芯与阀座，如图 9.8 所示。其特点是结构简单、泄漏量小，是双座阀的十分之一，易于保证关闭，甚至完全切断。但是在压差大的时候，流体对阀芯上下作用的推力不平衡，这种不平衡力会影响阀芯的移动。因此这种阀一般应用在

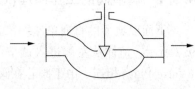

图 9.8 直通单座阀

小口径、低压差、对泄漏量要求严格的场合。而在高压差时应采用大推力执行机构或阀门定位器。调节阀按流体流动方向可分为流向开阀和流向关阀。流向开阀是流体对阀芯的作用促使阀芯打开的调节阀，其稳定性好，便于调节，实际应用中较多。

② 直通双座调节阀　阀体内有两个阀芯和阀座，如图9.9所示。这是最常用的一种类型。由于流体流过的时候，作用在上、下两个阀芯上的推力方向相反而大小近于相等，可以互相抵消，所以不平衡力小，允许使用的压差较大，流通能力也比同口径单座阀要大。但是，由于加工的限制，上下两个阀芯阀座不易保证同时密闭，因此关闭时泄漏量较大。另外，阀内流路复杂，高压差时流体对阀体冲蚀较严重，同时也不适用于高黏度和含悬浮颗粒或纤维介质的场合。

根据阀芯与阀座的相对位置，这种阀可分为正作用式与反作用式(或称正装与反装)两种形式。图9.9所示的为正作用式时的情况。

③ 角形调节阀　角形阀除阀体为直角外，其他结构与直通单座调节阀相似。其两个接管呈直角形，流向分底进侧出和侧进底出两种，一般情况下前者应用较多，如图9.10所示。这种阀的流路简单、阻力较小，适用于现场管道要求直角连接，介质为高黏度、高压差和含有少量悬浮物和固体颗粒状介质的场合。

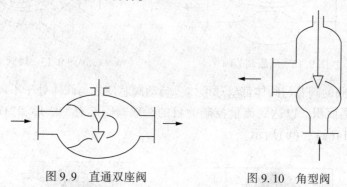

图9.9　直通双座阀　　　　　图9.10　角型阀

④ 三通阀　三通阀共有三个出入口与工艺管道连接，结构与单座阀和双座阀相仿。适用于三个方向流体的管路控制系统，大多用于换热器的温度控制、配比控制和旁路控制。其流通方式有合流(两种介质混合成一路)型和分流(一种介质分成两路)型两种，分别如图9.11所示。这种阀可以用来代替两个直通阀，与直通阀相比，组成同样的系统时，可省掉一个二通阀和一个三通接管。在使用中应注意流体温差不宜过大，通常小于150℃，否则会使三通阀产生较大应力而引起变形，造成连接处泄漏或损坏。

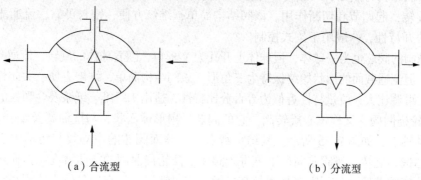

（a）合流型　　　　　　　　　（b）分流型

图9.11　三通调节阀

⑤ 隔膜阀　隔膜阀采用耐腐蚀衬里的阀体和隔膜，如图 9.12 所示。其结构简单、流阻小、关闭时泄漏量极小，流通能力比同口径的其他种类的阀要大。由于介质用隔膜与外界隔离，故无填料，介质也不会泄漏。这种阀耐腐蚀性强，适用于强酸、强碱、强腐蚀性介质的控制，也能用于高黏度及悬浮颗粒状介质的控制。

阀的使用压力、温度和寿命受隔膜和衬里材料的限制，一般温度小于 150℃，压力小于 1.0MPa。此外，选用隔膜阀时执行机构须有足够大的推力。当口径大于 DN100mm 时，需采用活塞式执行机构。

⑥ 蝶阀　又名翻板阀，其简单的结构如图 9.13 所示，是通过挡板以转轴为中心旋转来控制流体的流量。蝶阀具有结构简单、质量轻、价格便宜、流阻极小的优点，但泄漏量大，特别适用于大口径、大流量、低压差的气体场合，也可以用于含少量纤维或悬浮颗粒状介质的控制。通常蝶阀工作转角应小于 60°，此时流量特性与等百分特性相似，大于 60°时特性不稳定，转矩大。

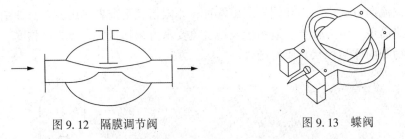

| 图 9.12　隔膜调节阀 | 图 9.13　蝶阀 |

⑦ 球阀　球阀的阀芯与阀体都呈球形体，转动阀芯使之与阀体处于不同的相对位置时，就具有不同的流通面积，以达到流量控制的目的。球阀阀芯有"V"形和"O"形两种开口形式，分别如图 9.14(a)、(b)所示。

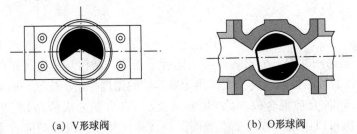

(a) V形球阀　　　　　　　　　(b) O形球阀

图 9.14　球阀阀芯结构示意图

O 形球阀结构特点是，阀芯为一球体，其上开有一个直径和管道直径相等的通孔，转轴带动球体旋转，起调节和切断作用。该阀结构简单，维修方便，密封可靠，流通能力大，流量特性为快开特性，一般用于位式控制。

V 形球阀的阀芯也为一球体，但球体上开孔为 V 形口，随着球体的旋转，流通截面积不断发生变化，但流通截面的形状始终保持为三角形。该阀结构简单、维修方便、关闭性能好、流通能力大、可调比大，流量特性近似为等百分比特性，适用于纤维、纸浆及含颗粒的介质。

⑧ 凸轮挠曲阀　又称偏心旋转阀。它的阀芯呈扇形球面状，与挠曲臂及轴套一起铸成，固定在转动轴上，如图 9.15 所示。其结构特点是，球面阀芯的中心线与转轴中心偏离，转轴带动阀芯偏心旋转，使阀芯向前下方进入阀座。凸轮挠曲阀的挠曲臂在压力作用下能产生挠曲变形，使阀芯球面与阀座密封圈紧密接触，密封性好。具有质量轻、体积小、安装维修方便、使用可靠、通用性强、流体阻力小等优点，适用于高黏度或带有悬浮物的介质流量控

制，在石灰、泥浆等流体中，具有较好的使用性能。

⑨ 套筒阀 又称笼式阀，是一种结构比较特殊的调节阀，它的阀体与一般的直通单座阀相似，如图9.16所示。套筒阀内有一个圆柱形套筒，又称笼子。套筒壁上有一个或几个不同形状的节流孔(窗口)，利用套筒导向，阀芯在套筒内上下移动，由于这种移动改变了笼子的节流孔面积，就形成了各种特性并实现流量控制。根据流通能力大小的要求，套筒的窗口可分为四个、两个或一个。套筒阀分为单密封和双密封两种结构，前者类似于直通单座阀，适用于单座阀的场合；后者类似于直通双座阀，适用于双座阀的场合。

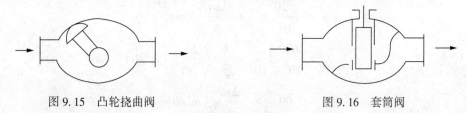

图9.15 凸轮挠曲阀　　　　　　　　　图9.16 套筒阀

套筒阀的可调比大、振动小、不平衡力小、结构简单、套筒互换性好，更换不同的套筒(窗口形状不同)即可得到不同的流量特性，阀内部件所受的汽蚀小、噪声小，是一种性能优良的阀，特别适用于要求低噪声及压差较大的场合，但不适用高温、高黏度及含有固体颗粒的流体。套筒阀还具有稳定性好、拆装维修方便等优点，因而得到广泛应用，但其价格比较贵。

⑩ 高静压阀 其最大公称压力可达32MPa，应用较为广泛。其结构分为单级阀芯和多级阀芯。因调节阀前后压差大，故选用刚度较大的执行机构，一般都要与阀门定位器配合使用。单级阀芯调节阀的寿命较短，采用多级降压，即将几个阀芯串联使用，可提高阀芯和阀座经受高压差流量的冲击能力，减弱气蚀破坏作用。

除以上所介绍的阀以外，还有一些特殊的控制阀。例如小流量阀的流通能力在0.0012~0.05之间，适用于小流量的精密控制。超高压阀适用于高静压、高压差的场合，工作压力可达250MPa。

9.3.4　调节阀的流量系数(Discharge Coefficient of Valve)

流量系数 K 又称为调节阀的流通能力，是直接反映流体流过调节阀的能力，是调节阀的一个重要参数。由于流量系数 K 与流体的种类、工况以及阀的开度有关，为了便于调节阀口径的选用，必须对流量系数 K 给出一个统一的条件，并将在这一条件下的流量系数以 K_V 表示，即将流量系数 K_V 定义为：

当调节阀全开、阀两端压差为0.1MPa、流体密度为 $1g/cm^3$ (即5~40℃的水)时，每小时流过调节阀的流体流量，通常以 m^3/h 或 t/h 计。

根据上述定义，一个 K_V 值为40的调节阀，则表示当阀全开，阀前后的压差为0.1MPa时，5~40℃的水流过阀的流量为 $40m^3/h$。因此 K_V 值表示了调节阀的流通能力。调节阀产品样本中给出的流量系数 K_V 即是指在这种条件下的 K 值。

国外一些国家采用 C_V 值表示流量系数，其定义为：40~60℉的水，保持阀两端压差为 $1b/in^2$，调节阀全开时，每分钟流过阀门的水的美加仑数。K_V 与 C_V 的换算关系为：$K_V = 1.17C_V$。

由式(9-3)可知，对于不可压缩的流体，流过调节阀的流量为：

$$Q=AW=A\sqrt{\frac{2(p_1-p_2)}{\zeta\rho}}=\frac{A}{\sqrt{\zeta}}\sqrt{\frac{2\Delta p}{\rho}}$$

通常实际应用中，式(9-3)各参数采用下列单位：

A——cm^2；

ρ——g/cm^3（即$10^{-5}Ns^2/cm^4$）；

Δp——$100kPa$（即 $10N/cm^2$）。

带入式(9-3)可得

$$Q=\sqrt{\frac{20}{10^{-5}}}\times\frac{A}{\sqrt{\zeta}}\times\sqrt{\frac{\Delta p}{\rho}}\quad(cm^3/s)$$

$$=\frac{3600}{10^6}\sqrt{\frac{20}{10^{-5}}}\times\frac{A}{\sqrt{\zeta}}\times\sqrt{\frac{\Delta p}{\rho}}\quad(m^3/h)$$

$$=5.09\frac{A}{\sqrt{\zeta}}\times\sqrt{\frac{\Delta p}{\rho}}\quad(m^3/h) \tag{9-4}$$

设
$$K=5.09\frac{A}{\sqrt{\zeta}} \tag{9-5}$$

则
$$Q=K\sqrt{\frac{\Delta p}{\rho}} \tag{9-6}$$

式(9-6)为不可压缩流体情况下调节阀实际应用的流量方程式，式中 K 为调节阀的流量系数。

由式(9-5)可知，流量系数 K 值取决于调节阀的接管截面积 A 和阻力系数 ζ。其中阻力系数 ζ 主要由阀体结构所决定，口径相同，结构不同的调节阀，其流量系数不同，但在一定条件下是一个常数。而调节阀接管截面积 $A=\frac{1}{4}\pi DN^2$，其中 DN 为调节阀的公称直径，因此根据流量系数 K 值可以确定调节阀的公称直径，即可以确定调节阀的口径。所以流量系数 K 是反映调节阀的口径大小的一个重要参数。通常，生产厂商所提供的流量系数 K 为正常流向时的数据。

9.3.5 调节阀的可调比(Rangeability of Valve)

调节阀的可调比 R 是指调节阀所能控制的最大流量 Q_{max} 和最小流量 Q_{min} 之比，即

$$R=\frac{Q_{max}}{Q_{min}} \tag{9-7}$$

可调比也称为可调范围，它反映了调节阀的调节能力。

应该注意的是，Q_{min} 是调节阀所能控制的最小流量，与调节阀全关时的泄漏量不同。一般 Q_{min} 为最大流量的 $2\%\sim4\%$，而泄漏量仅为最大流量的 $0.01\%\sim0.1\%$。

由于调节阀前后压差变化时，会引起可调比变化，因此可调比又分为理想可调比和实际可调比。

9.3.5.1 理想可调比(Theoretical Rangeability)

调节阀前后压差一定时的可调比称为理想可调比，以 R 表示，即

$$R=\frac{Q_{max}}{Q_{min}}=\frac{K_{max}\sqrt{\dfrac{\Delta p}{\rho}}}{K_{min}\sqrt{\dfrac{\Delta p}{\rho}}}=\frac{K_{max}}{K_{min}} \tag{9-8}$$

由上式可见，理想可调比等于调节阀的最大流量系数与最小流量系数之比，它是由结构设计决定的。可调比反映了调节阀的调节能力的大小，因此希望可调比大一些为好，但由于阀芯结构设计和加工的限制，K_{min} 不能太小，因此理想可调比一般不会太大，目前我国调节阀的理想可调比主要有 30 和 50 两种。

9.3.5.2 实际可调比 (Installed Rangeability)

调节阀在实际使用时总是与工艺管道系统相串联或与旁路阀并联。管道系统的阻力变化或旁路阀的开启程度的不同，将使调节阀前后压差发生变化，从而使调节阀的可调比也发生相应的变化，这时调节阀的可调比称实际可调比，以 R_r 表示。

(1) 串联管道时的可调比 (Rangeability of Series Connection with Pipe)

图 9.17 所示的串联管道，随着流量 Q 的增加，管道的阻力损失也增加。若系统的总压差 Δp_s 不变，则调节阀上的压差 Δp_V 相应减小，这就使调节阀所能通过的最大流量减小，从而调节阀的实际可调比将降低。此时，调节阀的实际可调比为

$$R_r = \frac{Q_{max}}{Q_{min}} = \frac{K_{max}\sqrt{\dfrac{\Delta p_{Vmin}}{\rho}}}{K_{min}\sqrt{\dfrac{\Delta p_{Vmax}}{\rho}}} = R\sqrt{\frac{\Delta p_{Vmin}}{\Delta p_{Vmax}}} \approx R\sqrt{\frac{\Delta p_{Vmin}}{\Delta p_s}} \qquad (9-9)$$

式中　Δp_{Vmax}——调节阀全关时的阀前后压差，它约等于管道系统的总压差 Δp_s；

　　　Δp_{Vmin}——调节阀全开时的阀前后压差。

设 s 为调节阀全开时的阀前后压差与管道系统的总压差之比，即

$$s = \frac{\Delta p_{Vmin}}{\Delta p_s}$$

则　　　　　　　　　　　　　　　$$R_r = R\sqrt{s} \qquad (9-10)$$

式 (9-10) 表明，s 值越小，即串联管道的阻力损失越大，实际可调比越小。其变化情况如图 9.18 所示。

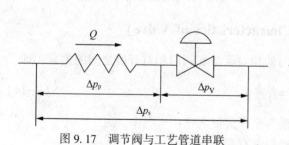

图 9.17　调节阀与工艺管道串联　　　　图 9.18　串联管道可调比与 s 值关系

(2) 并联管道时的可调比 (Rangeability of Parallel Connection with Pipe)

由于调节阀的流通能力选择的不合适，或者工艺生产负荷变化较大 (如增加处理量)，有时不得不把旁路阀 (Bypass Valve) 打开，形成并联管道，如图 9.19 所示。从图中可以看出，总管流量 Q 分成两路：一路为调节阀控制流量 Q_1，另一路为旁路流量 Q_2。由于旁路流量的存在，Q_{min} 相当于增加，致使调节阀实际可调比下降。此时，调节阀的实际可调比为

$$R_r = \frac{Q_{max}}{Q_{1min} + Q_2} \qquad (9-11)$$

式中 Q_{max}——总管最大流量；

Q_{1min}——调节阀所能控制的最小流量；

Q_2——旁路管道流量。

设 x 为调节阀全开时的流量与总管最大流量之比，即

$$x = \frac{Q_{1max}}{Q_{max}}$$

则

$$R_r = \frac{Q_{max}}{x \dfrac{Q_{max}}{R} + (1-x) Q_{max}} = \frac{R}{R-(R-1)x} \qquad (9-12)$$

通常 $R \geq 1$，式(9-12)可改写为

$$R_r = \frac{1}{1-x} = \frac{Q_{max}}{Q_2} \qquad (9-13)$$

上式表明，x 值越小，即并联管道的旁路流量越大，实际可调比越小，并且实际可调比近似为总管的最大流量与旁路流量的比值。并联管道实际可调比与 x 值关系如图 9.20 所示。从图中可以看出，随着 x 值的减小，实际可调比迅速下降，比串联管路时的情况更为严重。因此，在生产实际中使用时，应尽量避免把调节阀的旁路阀打开。

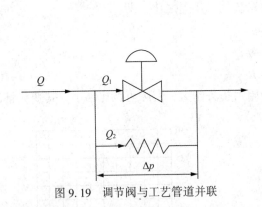

图 9.19　调节阀与工艺管道并联　　　　图 9.20　并联管道可调比与 x 值关系

9.3.6　调节阀的流量特性(Discharge Characteristics of Valve)

调节阀的流量特性是指被控介质流过阀门的相对流量和阀门相对开度之间的关系，即

$$\frac{Q}{Q_{max}} = f\left(\frac{l}{L}\right) \qquad (9-14)$$

式中 Q/Q_{max}——相对流量，即某一开度流量与全开流量之比；

l/L——相对行程，即某一开度行程与全行程之比。

显然，阀的流量特性会直接影响到自动控制系统的控制质量和稳定性，必须合理选用。一般地，改变阀芯和阀座之间的节流面积，便可调节流量。但当将调节阀接入管道时，其实际特性会受多种因素的影响，如连接管道阻力的变化。为便于分析，首先假定阀前后压差固定，然后再考虑实际情况，于是调节阀的流量特性分为理想流量特性和工作流量特性。

9.3.6.1　调节阀的理想流量特性(Theoretical Discharge Characteristics of Valve)

在调节阀前后压差固定的情况下得出的流量特性就是理想流量特性。显然，此时的流量特性完全取决于阀芯的形状。不同的阀芯曲面可得到不同的流量特性，它是调节阀固有的特性。

在目前常用的调节阀中有四种典型的理想流量特性，即直线特性、等百分比特性(又称对数特性)、抛物线特性及快开特性。图9.21列出了调节阀的四种典型理想流量特性曲线，图9.22给出了它们对应的阀芯形状。

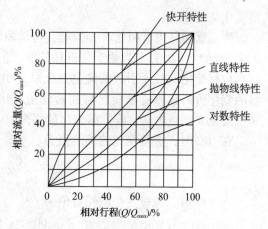

图9.21　调节阀典型理想流量特性曲线

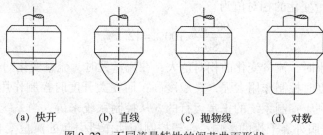

(a) 快开　　(b) 直线　　(c) 抛物线　　(d) 对数

图9.22　不同流量特性的阀芯曲面形状

(1) 直线流量特性(Linear)

直线流量特性是指调节阀的相对流量与相对位移成直线关系，即单位位移变化所引起的流量变化是常数，用数学式表达为

$$\frac{\mathrm{d}\left(\dfrac{Q}{Q_{\max}}\right)}{\mathrm{d}\left(\dfrac{l}{L}\right)}=k \tag{9-15}$$

式中　k——常数，即调节阀的放大系数。

将式(9-15)积分得

$$\frac{Q}{Q_{\max}}=k\,\frac{l}{L}+c \tag{9-16}$$

式中　c——积分常数。

已知边界调节为：$l=0$ 时 $Q=Q_{\min}$；$l=L$ 时 $Q=Q_{\max}$。把边界条件带入式(9-16)，求得各常数项为

$$c=\frac{Q_{\min}}{Q_{\max}}=\frac{1}{R}, \quad k=1-c=1-\frac{1}{R}$$

将其带入式(9-16)可得

$$\frac{Q}{Q_{\max}}=\frac{l}{R}\left[1+(R-1)\,\frac{l}{L}\right]=\frac{1}{R}+\left(1-\frac{1}{R}\right)\frac{l}{L} \tag{9-17}$$

式(9-17)表明 $Q/Q_{\max}$ 与 l/L 之间呈直线关系，以不同的 l/L 值代入式(9-17)，求出 $Q/Q_{\max}$ 的对应值，在直角坐标上表示即为一条直线，如图9.21中的直线特性曲线所示。由图可见，具有直线特性的调节阀的放大系数是一个常数，即调节阀单位位移的变化所引起的流

量变化是相等的。

　　要注意的是当可调比 R 不同时，特性曲线在纵坐标上的起点是不同的。当 $R = 30$，$l/L =$ 0 时，$Q/Q_{max} = 0.33$。为便于分析和计算，假设 $R = \infty$，即特性曲线以坐标原点为起点，这时当位移变化 10% 所引起的流量变化总是 10%。但流量变化的相对值是不同的，即单位位移的变化所引起的流量变化与起始流量之比是随调节阀的开度而改变的。以行程的 10%、50% 及 80% 三点为例，若位移变化量都为 10%，则

　　在 10% 时，流量变化的相对值为

$$\frac{20-10}{10} \times 100\% = 100\%$$

　　在 50% 时，流量变化的相对值为

$$\frac{60-50}{50} \times 100\% = 20\%$$

　　在 80% 时，流量变化的相对值为

$$\frac{90-80}{80} \times 100\% = 12.5\%$$

　　可见，在流量小时，流量变化的相对值大；在流量大时，流量变化的相对值小。也就是说，当阀门在小开度时控制作用太强，灵敏度高；而在大开度时控制作用太弱，灵敏度低，调节缓慢，这是不利于控制系统的正常运行的。从控制系统来讲，当系统处于小负荷时（原始流量较小），要克服外界干扰的影响，希望控制阀动作所引起的流量变化量不要太大，以免控制作用太强产生超调，甚至发生振荡；当系统处于大负荷时，要克服外界干扰的影响，希望控制阀动作所引起的流量变化量要大一些，以免控制作用微弱而使控制不够灵敏。直线流量特性不能满足以上要求。

　　（2）等百分比（对数）流量特性（Equal Percentage）

　　等百分比流量特性是指单位相对位移变化所引起的相对流量变化与此点的相对流量成正比关系，即控制阀的放大系数随相对流量的增加而增大。用数学式表示为

$$\frac{\mathrm{d}\left(\dfrac{Q}{Q_{max}}\right)}{\mathrm{d}\left(\dfrac{l}{L}\right)} = k\frac{Q}{Q_{max}} \tag{9-18}$$

　　将式（9-18）积分，代入前述边界条件，整理得

$$\frac{Q}{Q_{max}} = e^{\left(\frac{l}{L}-1\right)\ln R} \qquad \text{或} \qquad \frac{Q}{Q_{max}} = R^{\left(\frac{l}{L}-1\right)} \tag{9-19}$$

　　由式（9-19）可见，相对位移与相对流量成对数关系，故也称对数流量特性，在直角坐标上为一条对数曲线，如图 9.21 中的对数特性曲线所示。

　　由图 9.21 可见，等百分比特性曲线的斜率是随着流量增大而增大，即它的放大系数是随行程的增大而增大。但等百分比特性的流量相对变化值是相等的，即流量变化的百分比是相等的。因此，具有等百分比特性的调节阀，在小开度时，放大系数小，控制平稳缓和；在大开度时，放大系数大，控制灵敏有效。

　　（3）抛物线流量特性（Parabola）

　　抛物线流量特性是指单位相对位移的变化所引起的相对流量变化与此点的相对流量值的平方根成正比关系，其数学表达式为

$$\frac{d\left(\dfrac{Q}{Q_{max}}\right)}{d\left(\dfrac{l}{L}\right)}=k\left(\frac{Q}{Q_{max}}\right)^{\frac{1}{2}} \tag{9-20}$$

积分后代入边界条件，整理得

$$\frac{Q}{Q_{max}}=\frac{l}{R}\left[1+(\sqrt{R}-1)\frac{l}{L}\right]^2 \tag{9-21}$$

上式表明相对流量与相对位移之间为抛物线关系，在直角坐标上为一条抛物线，如图 9.21 中的抛物线特性曲线所示，它介于直线与对数特性曲线之间。

为了弥补直线特性在小开度时调节性能差的缺点，在抛物线特性基础上派生出一种修正抛物线特性，它在相对位移 30% 及相对流量 20% 这段区间内为抛物线关系，而在此以上的范围是线性关系。

(4) 快开流量特性(Quick Opening)

这种流量特性的调节阀在开度较小时就有较大的流量，随着开度的增大，流量很快就达到最大；此后再增加开度，流量变化很小，故称快开流量特性，它没有一定的数学表达式。其特性曲线如图 9.21 中的快开特性曲线所示。

快开特性调节阀的阀芯形式为平板形，它的有效位移一般为阀座直径的 1/4，当位移再增加时，阀的流通面积不再增大，失去调节作用。快开阀适用于迅速启闭的位式控制或程序控制系统。

9.3.6.2 调节阀的工作流量特性(Installed Discharge Characteristics of Valve)

在实际使用中，调节阀所在的管路系统的阻力变化或旁路阀的开启程度不同将造成阀前后压差变化，从而使调节阀的流量特性发生变化。调节阀前后压差变化时的流量特性称为工作流量特性。下面分两种情况进行讨论。

(1) 调节阀与管道串联(Valve Series Connection with Pipe)

以图 9.17 所示的串联管道系统为例进行讨论。以 s 表示控制阀全开时阀上压差与系统总压差(即系统中最大流量时动力损失总和)之比。以 Q_{max} 表示管道阻力等于零时调节阀的全开流量，此时阀上压差为系统总压差。于是可得串联管道以 Q_{max} 作参比值的工作流量特性，如图 9.23 所示。

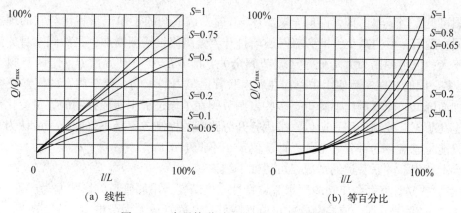

图 9.23　串联管道时调节阀的工作流量特性

图中 $s=1$ 时，管道阻力损失为零，系统总压差全降在调节阀上，工作特性与理想特性一致。随着 s 值的减小，管道阻力损失增加，结果不仅调节阀全开时的流量减小，而且流量特性也发生了很大的畸变,直线特性渐渐趋近于快开特性,等百分比特性渐渐接近于直线特性。使得小开度时放大系数变大,调节不稳定;大开度时放大系数变小,调节迟钝,从而影响控制质量。

在现场使用中,如调节阀选得过大或生产在低负荷状态,调节阀将工作在小开度。有时,为了使调节阀有一定的开度而把工艺阀门关小些以增加管道阻力,使流过调节阀的流量降低,这样,s 值减小,使流量特性畸变,控制质量恶化。

综上所述,串联管道将使调节阀的可调比减小、流量特性发生畸变,并且 s 值越小,影响越大。因此在实际使用时,s 值不能太小,通常希望 s 值不低于 0.3。

(2) 调节阀与管道并联(Valve Parallel Connection with Pipe)

实际生产中,调节阀一般都装有旁路,以便手动操作和维护。当生产量提高或调节阀选小了时,将旁路阀打开一些,此时,调节阀的流量特性就发生了变化。

以图 9.19 所示的并联管道情况为例进行讨论。显然这时管路的总流量 Q 是流过调节阀的流量 Q_1 和旁路流量 Q_2 之和,即 $Q=Q_1+Q_2$。

若以 x 代表并联管道时调节阀全开时的流量 Q_{max1} 与总管最大流量 Q_{max} 之比,可以得到在压差 Δp 一定,x 取不同数值时的工作流量特性,如图 9.24 所示。图中纵坐标流量以总管最大流量 Q_{max} 为参比值。

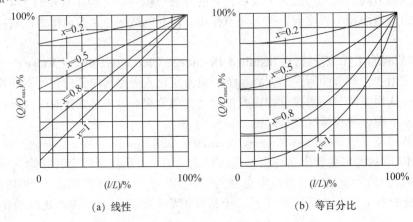

(a) 线性   (b) 等百分比

图 9.24 并联管道时调节阀的工作流量特性

由图可见,当 $x=1$,即旁路阀全关,$Q_2=0$ 时,调节阀的工作流量特性与它的理想流量特性相同。随着 x 值的减小,即旁路阀逐渐打开,旁路流量逐渐增加,虽然阀本身的流量特性变化不大,但可调比大大降低了。调节阀全关,即 $l/L=0$ 时,流量 Q_{min} 比调节阀本身的 Q_{min} 大得多。同时,在实际使用中总存在着串联管道阻力的影响,调节阀上的压差还会随流量的增加而降低,使可调比下降得更多些,调节阀在工作过程中所能控制的流量变化范围更小,甚至几乎不起控制作用。所以,采用打开旁路阀的控制方案是不好的,一般认为旁路流量最多只能是总流量的百分之十几,即 x 值最小不低于 0.8。

综合上述串、并联管道的情况,可得如下结论。

① 串、并联管道都会使阀的理想流量特性发生畸变,串联管道的影响尤为严重。

② 串、并联管道都会使控制阀的可调比降低,并联管道尤为严重。

③ 串联管道使系统总流量减少,并联管道使系统总流量增加。

④ 串、并联管道会使调节阀的放大系数减小,即输入信号变化引起的流量变化值减少。

串联管道时调节阀若处于大开度，则 s 值降低对放大系数影响更为严重；并联管道时调节阀若处于小开度，则 x 值降低对放大系数影响更为严重。

9.4 执行器的选择和计算(Selection and Calculation of Actuator)

执行器的选用是否得当，将直接影响自动控制系统的控制质量、安全性和可靠性，因此，必须根据工况特点、生产工艺及控制系统的要求等多方面的因素，综合考虑，正确选用。

执行器的选择，主要是从以下三方面考虑，即执行器的结构形式、调节阀的流量特性、调节阀的口径。

9.4.1 执行器结构形式的选择(Structure Selection of Actuator)

9.4.1.1 执行机构的选择(Actuator Selection)

前面章节曾经讲过，执行机构包括气动、电动和液动三大类。而液动执行机构使用甚少，同时气动执行机构中使用最广的是气动薄膜执行机构。因此执行机构的选择主要是指对气动薄膜执行机构和电动执行机构的选择，两种执行机构的比较如表9.2所示。

表9.2　气动薄膜执行机构和电动执行机构的比较

序　号	比较项目	气动薄膜执行机构	电动执行机构
1	可靠性	高(简单、可靠)	较低
2	驱动能源	需另设气源装置	简单、方便
3	价格	低	高
4	输出力	大	小
5	刚度	小	大
6	防爆性能	好	差
7	工作环境温度范围	大(-40~80℃)	小(-10~55℃)

气动和电动执行机构各有其特点，并且都包括有各种不同的规格品种。选择时，可以根据实际使用要求结合表9.2综合考虑确定选用哪一种执行机构。

选择执行机构时，还必须考虑执行机构的输出力(或输出力矩)应大于它所受到的负荷力(或负荷力矩)。负荷力(或负荷力矩)包括流体对阀芯产生的作用力(不平衡力)或作用力矩(不平衡力矩)、阀杆的摩擦力、重量及压缩弹簧的预紧力(有弹簧式的气动执行机构才有预紧力)。其中，阀杆的摩擦力和重量在正常时都很小，可以忽略，故只需考虑不平衡力或不平衡力矩和预紧力。对于气动薄膜执行机构来说，执行器产品样本中给出的最大允许压差 Δp_{max} 反映了不平衡力或不平衡力矩和预紧力，即只要调节阀的工作压差小于最大允许压差 Δp_{max}，执行机构的输出力(力矩)就可以满足要求。但当所用调节阀的口径较大或压差较高时，执行机构要求有较大的输出力，此时就可考虑用活塞式执行机构，当然也仍然可选用薄膜执行机构再配上阀门定位器。

9.4.1.2 调节机构的选择(Valve Selection)

调节机构的选择主要考虑的依据是：

① 流体性质　如流体种类、黏度、毒性、腐蚀性、是否含悬浮颗粒等；

② 工艺条件　如温度、压力、流量、压差、泄漏量等；

③ 过程控制要求　控制系统精度、可调比、噪声等。

根据以上各点进行综合考虑，并参照各种调节机构的特点及其适用场合，同时兼顾经济性，来选择满足工艺要求的调节机构。

在执行器的结构型式选择时，还必须考虑调节机构的材质、公称压力等级和上阀盖的形式等问题，这些方面的选择可以参考有关资料。

9.4.1.3　执行器作用方式的选择（Selection Action Modes of Actuator）

为了满足生产过程中安全操作的需要，执行器有正、反作用两种方式，即气开和气关两种作用形式。在采用气动执行机构时，必须确定整个执行器的作用方式。

从控制系统角度出发，气开阀为正作用，气关阀为反作用。所谓气开阀，在有信号压力输入时阀打开，无信号压力时阀全关；而气关阀，在有信号压力时阀关闭，无信号压力时阀全开。

气开、气关的选择要从工艺生产上的安全要求出发。考虑原则是：信号压力中断时，应保证设备和操作人员的安全，如阀门处于打开位置时危害性小，则应选用气关阀；反之，用气开阀。例如，加热炉的燃料气或燃料油应采用气开阀，即当信号中断时应切断进炉燃料，以避免炉温过高而造成事故。又如调节进入设备的工艺介质流量的调节阀，若介质为易爆气体，应选用气开阀，以免信号中断时介质溢出设备而引起爆炸；若介质为易结晶物料，则选用气关阀，以免信号中断时介质产生堵塞。

由于气动执行机构有正、反两种作用方式，某些调节机构也有正装和反装两种方式，因此实现气动执行器的气开、气关就可能有四种组合方式，如图 9.25 和表 9.3 所示。通常，对于具有双导向阀芯的直通双座阀与 D_g25 以上直通单座阀等调节机构，执行机构均采用正作用式，而通过变换调节机构的正、反装来实现气开和气关；而对于单导向阀芯的角形阀、三角阀以及 D_g25 以下直通单座阀等只有正装的调节机构，则只能通过变换执行机构的正、反作用来实现气开和气关。

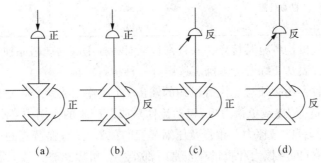

(a)　　　　　(b)　　　　　(c)　　　　　(d)

图 9.25　执行器气开气关组合方式示意图

表 9.3　执行器组合方式表

序　号	执行机构	调节阀	气动执行器	序　号	执行机构	调节阀	气动执行器
(a)	正	正	气关	(c)	反	正	气开
(b)	正	反	气开	(d)	反	反	气关

9.4.2　调节阀流量特性的选择（Discharge Characteristics Selection of Valve）

由于调节阀的工作流量特性会直接影响调节系统的调节质量和稳定性，因而在实际应用中调节阀特性的选择是一个重要的问题。一方面需要选择具有合适流量特性的调节阀以满足系统调节控制的需要，另一方面也可以通过选择具有恰当流量特性的调节阀，来补偿调节系统中本身不希望具有的某些特性。

生产过程中常用的调节阀的理想流量特性主要有直线、等百分比、快开三种，其中快开特性一般应用于双位控制和程序控制。因此，流量特性的选择实际上是指如何选择直线特性和等百分比特性。

调节阀流量特性的选择可以通过理论计算，其过程相当复杂，且实际应用上也无此必要。因此，目前对调节阀流量特性多采用经验准则或根据控制系统的特点进行选择，可以从以下几方面考虑。

(1) 系统的控制品质(Control Quality of System)

一个理想的控制系统，希望其总的放大系数在系统的整个操作范围内保持不变。但在实际生产过程中，操作条件的改变、负荷变化等原因都会造成控制对象特性改变，因此控制系统总的放大系数将随着外部条件的变化而变化。适当地选择调节阀的特性，以调节阀的放大系数的变化来补偿被控对象放大系数的变化，可使控制系统总的放大系数保持不变或近似不变，从而达到较好的控制效果。例如，被控对象的放大系数随着负荷的增加而减小时，如果选用具有等百分比流量特性的调节阀，它的放大系数随负荷增加而增大，那么，就可使控制系统的总放大系数保持不变，近似为线性。

(2) 工艺管道情况(Piping Condition)

在实际使用中，调节阀总是和工艺管道、设备连在一起的。如前所述，调节阀在串联管道时的工作流量特性与 s 值的大小有关，即与工艺配管情况有关，同一个调节阀，在不同的工作条件下，具有不同的工作流量特性。因此，在选择其特性时，还必须考虑工艺配管情况。具体做法是先根据系统的特点选择所需要的工作流量特性，再按照表9.4考虑工艺配管情况确定相应的理想流量特性。

表9.4　工艺配管情况与流量特性关系表

配管情况	$s = 0.6 \sim 1$		$s = 0.3 \sim 0.5$	
阀的工作流量特性	直线	等百分比	直线	等百分比
阀的理想流量特性	直线	等百分比	等百分比	等百分比

从表9.4可以看出，当 $s = 0.6 \sim 1$ 时，所选理想特性与工作特性一致；当 $s = 0.3 \sim 0.6$ 时，若要求工作特性是直线的，则理想特性应选等百分比的。这是因为理想特性为等百分比特性的调节阀，当 $s = 0.3 \sim 0.6$ 时，经畸变后的工作特性已近似为直线特性了。当要求的工作特性为等百分比时，其理想特性曲线应比等百分比的更凹一些，此时可通过修改阀门定位器反馈凸轮外廓曲线来补偿。当 $s < 0.3$ 时，直线特性已严重畸变为快开特性，不利于控制；等百分比理想特性也已严重偏离理想特性，接近于直线特性，虽然仍能控制，但它的控制范围已大大减小。因此一般不希望 s 值小于0.3。

目前已有低 s 值调节阀，即低压降比调节阀，它利用特殊的阀芯轮廓曲线或套筒窗口形状，使调节阀在 $s = 0.1$ 时，其工作流量特性仍然为直线特性或等百分比特性。

(3) 负荷变化情况(Load Changing Condition)

直线特性调节阀在小开度时流量相对变化值大，控制过于灵敏，易引起振荡，且阀芯、阀座也易受到破坏，因此在 s 值小、负荷变化大的场合，不宜采用。等百分比特性调节阀的放大系数随调节阀行程增加而增大，流量相对变化值是恒定不变的，因此它对负荷变化有较强的适应性。

9.4.3 调节阀口径的选择(Size Selection of Valve)

调节阀口径选择得合适与否将会直接影响控制效果。口径选择得过小，会使流经控制阀的介质达不到所需要的最大流量。在大的干扰情况下，系统会因介质流量(即操纵变量的数值)的不足而失控，因而使控制效果变差。此时若企图通过开大旁路阀来弥补介质流量的不足，则会使阀的流量特性产生畸变；口径选择得过大，不仅会浪费设备投资，而且会使调节阀经常处于小开度工作，控制性能也会变差，容易使控制系统变得不稳定。

调节阀口径的选择主要依据流量系数 K_V，其定义在 9.3.4 中已经说明。对于不可压缩的流体，且阀前后压差 $\Delta p = p_1 - p_2$ 不太大(即流体为非阻塞流)时，其流量系数 K_V 的计算公式为

$$K_V = 10Q\sqrt{\frac{\rho}{\Delta p}} \qquad\qquad (9-22)$$

式中 ρ——流体的密度，g/cm^3；

      Δp——阀前后的压差，kPa；

      Q——流经阀的流量，m^3/h。

从式(9-22)可以看出，如果控制阀前后压差 Δp 保持为 100kPa，阀全开时流经调节阀的水($\rho = 1g/cm^3$)的流量 Q，即为该阀的 K_V 值。

因此，调节阀口径的选择实质上就是根据特定的工艺条件(即给定的介质流量、阀前后的压差以及介质的物性参数等)进行 K_V 值的计算，然后按调节阀生产厂家的产品目录，选出相应的调节阀口径，使得通过调节阀的流量满足工艺要求的最大流量且留有一定的裕量，但裕量不宜过大。

式(9.22)表明，为了能正确计算流量系数，亦即合理地选取调节阀口径，首先必须要合理确定调节阀流量和压差的数据。通常把代入计算公式中的流量和压差分别称为计算流量和计算压差。而在根据计算所得到的流量系数选择调节阀口径之后，还应对所选调节阀开度和可调比进行验算，以保证所选调节阀的口径能满足控制要求。因此选择调节阀口径的步骤为：

(1) 确定计算流量(Determination of Calculating Flow)

根据现有的生产能力、设备负荷及介质状况，决定最大计算流量 Q_{max}。

最大计算流量是指通过调节阀的最大流量，其值应根据工艺设备的生产能力、对象负荷的变化、操作条件变化以及系统的控制质量等因素综合考虑，合理确定。

在确定最大流量时，应注意避免两种倾向：一是过多考虑余量，使调节阀口径选得过大，这不但造成经济上的浪费，而且将使调节阀经常处于小开度工作，从而使可调比减小，控制性能变坏，严重时甚至会引起振荡，因而大大降低了阀的寿命；二是调节阀口径选得过小，只考虑眼前生产，片面强调控制质量，以致在生产力稍有提高时，调节阀就不能适应，被迫进行更换。

计算流量也可以参考泵和压缩机等流体输送机械的能力确定。有时，也可以综合多种方法来确定。

(2) 确定计算压差(Determination of Calculating Pressure Difference)

根据所选择的流量特性及系统特性选定 s 值，然后决定计算压差。

计算压差是指最大流量时调节阀上的压差，即调节阀全开时的压差。确定计算压差时必

须兼顾控制性能和动力消耗两方面。要使调节阀能起到控制作用，在调节阀前后必须要有一定的压差，且调节阀上的压差占整个管路系统压差的比值越大，则调节阀流量特性的畸变越小，控制性能越能得到保证。但是，调节阀上的压差占整个管路系统压差的比值越大，则调节阀上的压力损失越大，所消耗的动力越多。

计算压差主要是根据工艺管道、设备等组成的管路系统压降大小及变化情况来选择。

（3）计算流量系数(Discharge Coefficient Calculation)

选择合适的流量系数计算公式，根据已决定的计算流量和计算压差，求得最大流量时的流量系数 K_V。K_V 值的计算与介质的特性、流动的状态等因素有关，具体计算时请参考有关计算手册或应用相应的计算机软件。

（4）选取流量系数 K_V (K_V Selection)

根据已求得的 K_{max}，在所选用的产品型号的标准系列中，选取大于 K_{max}，并与其最接近的那一挡 K_V 值。

（5）验算调节阀开度(Checking Openness of Valve)

由于在选取 K_V 时进行了圆整，因此对调节阀工作时的开度和可调比必须进行验算。

调节阀工作时，一般要求最大计算流量时的开度不大于90%。最大开度过小，则调节阀经常在小开度下工作，造成控制性能变差和经济上的浪费。最小计算流量时的开度不小于10%，否则流体对阀芯、阀座的冲蚀较严重，易损坏阀芯而使特性变坏，甚至调节失灵。

（6）验算调节阀实际可调比(Checking Installed Rangeability of Valve)

目前，调节阀的理想可调比 R 有30和50两种。考虑到在选用调节阀口径过程中对流量系数进行了圆整和放大，同时在正常使用时对调节阀最大开度和最小开度进行了限制，从而会使可调比 R 下降，一般 R 值只有10左右。因此可调比的验算可按以下近似公式进行计算

$$R_r = 10 \sqrt{s} \tag{9-23}$$

若 $R_r > Q_{max}/Q_{min}$ 时，则所选调节阀符合要求。当选用的调节阀不能同时满足工艺上最大流量和最小流量的调节要求时，除增加系统压力外，还可采用两个调节阀进行分程控制来满足可调比的要求。

（7）确定调节阀口径(Valve Size Determination)

调节阀开度和实际可调比验证合格后，便可以根据 K_V 值，查看有关的产品样本，决定调节阀的公称直径和阀座直径。

9.5 气动执行器的安装和维护(Installation and Maintenance of Pneumatic Actuator)

气动执行器的正确安装和维护，是保证它能发挥应有效用的重要一环。对气动执行器的安装和维护，一般应注意下列几个问题。

① 为便于维护检修，气动执行器应安装在靠近地面或楼板的地方。当装有阀门定位器或手轮机构时，更应保证观察、调整和操作的方便。手轮机构的作用是：在开停车或事故情况下，可以用它来直接人工操作调节阀，而不用气压驱动。

② 气动执行器应安装在环境温度不高于60℃和不低于-40℃的地方，并应远离振动较大的设备。为了避免膜片受热老化，控制阀的上膜盖与载热管道或设备之间的距离应大

于 200mm。

③ 阀的公称直径与管道公称直径不同时，两者之间应加一段异径管。

④ 气动执行器应该是正立垂直安装于水平管道上。特殊情况下需要水平或倾斜安装时，除小口径阀外，一般应加支撑。即使正立垂直安装，当阀的自重较大和有振动场合时，也应加支撑。

⑤ 通过调节阀的流体方向在阀体上有箭头标明，不能装反，正如孔板不能反装一样。

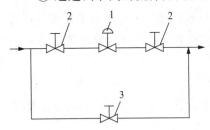

图 9.26 调节阀在管道中的安装
1—调节阀；2—切断阀；3—旁路阀

⑥ 调节阀前后一般要各装一个切断阀，以便修理时拆下调节阀。考虑到调节阀发生故障或维修时，不影响工艺生产的继续进行，一般应装旁路阀，如图 9.26 所示。

⑦ 调节阀安装前，应对管路进行清洗，排去污物和焊渣。安装后还应再次对管路和阀门进行清洗，并检查阀门与管道连接处的密封性能。当初次通入介质时，应使阀门处于全开位置以免杂质卡住。

⑧ 在日常使用中，要对调节阀经常维护和定期检修。应注意填料的密封情况和阀杆上下移动的情况是否良好，气路接头及膜片有否漏气等。检修时重点检查部位有阀体内壁、阀座、阀芯、膜片及密封圈、密封填料等。

9.6 电气转换器及阀门定位器(Electric Pneumatic Converter and Valve Positioner)

9.6.1 电气转换器(Electric Pneumatic Converter)

在实际系统中，电与气两种信号经常是混合使用的，这样可以取长补短。因而有各种电气转换器及气电转换器，把电信号(0~10mA DC 或 4~20mA DC)与气信号(0.02~0.1MPa)进行互相转换。电气转换器可以把控制器或计算机控制系统的输出信号变为气信号去驱动气动执行器。

电气转换器的结构原理如图 9.27 所示，它是按力矩平衡原理工作的。当输入电流 I 进入测量动圈时，动圈在永久磁铁的气隙中自由移动，产生一个向下的电磁力 F_i。F_i 与输入电流成正比，使杠杆绕支点 O 作逆时针方向偏转，并带动安装在杠杆上的挡片 3 靠近喷嘴

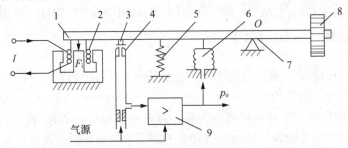

图 9.27 电气转换器原理结构图
1—杠杆；2—线圈；3—挡片；4—喷嘴；5—弹簧；
6—波纹管；7—支撑；8—重锤；9—气动放大器

4，使喷嘴的背压增加，经气动功率放大器放大后输出气压 p_0。该气压信号一方面送入执行器控制阀门开度作相应变化，从而控制被控介质的流量；另一方面这一气压信号送入反馈波纹管 6 产生一个向上的电磁力 F_f 作用于杠杆，使杠杆绕支点 O 作顺时针方向偏转。当输入电流 I 引起的反馈力 F_i 所产生的力矩与反馈力 F_f 所产生的力矩相等时，整个系统处于平衡状态，于是输出的气压信号 p_0 与输入电流 I 成比例。当输入电流 I 为 0~10mA DC 或 4~20mA DC 时，输出 0.02~0.1MPa 的气压信号。

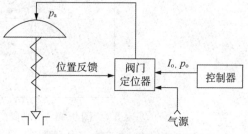

图 9.27 所示的系统中，弹簧 5 用于调整输出气压零点；移动波纹管的安装位置可调量程；重锤 8 用来平衡杠杆的重量，使其在各个位置均能准确地工作。电气转换器的精度可达 0.5 级。

图 9.28　阀门定位器原理结构图

9.6.2　阀门定位器(Valve Positioner)

阀门定位器是气动执行器的辅助装置，与气动执行机构配套使用。图 9.28 所示为阀门定位器原理结构图，图 9.29 所示为带有阀门定位器的气动执行器组成框图。它主要用来克服流过调节阀的流体作用力，保证阀门定位在控制器输出信号要求的位置上。

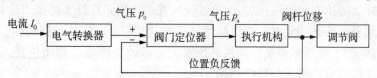

图 9.29　带有阀门定位器的气动执行器组成框图

阀门定位器与执行器之间的关系如同一个随动驱动系统。它将来自控制器的控制信号（I_0 或 p_0），成比例地转换成气压信号输出至执行机构，使阀杆产生位移，其位移量通过机械机构反馈到阀门定位器，当位移反馈信号与输入的控制信号不平衡时，定位器以较大的输出驱动执行机构，直至两者相平衡时，阀杆停止动作，调节阀的开度与控制信号相对应。

由此可见，阀门定位器与气动执行机构构成一个负反馈系统，因此采用阀门定位器可以提高执行机构的线性度，实现准确定位，并且可以改变执行机构的特性从而可以改变整个执行器的特性；阀门定位器可以利用不同形状的凸轮片改变调节阀的流量特性，而无需改变调节阀阀芯形状；阀门定位器可以采用更高的气源压力，从而可增大执行机构的输出力、克服阀杆的摩擦力、消除不平衡力的影响和加快阀杆的移动速度；阀门定位器与执行机构安装在一起，因而可减少控制信号的传输滞后。此外，阀门定位器还可以接受不同范围的输入信号，因此采用阀门定位器还可实现分程控制。

按结构形式，阀门定位器可以分为气动阀门定位器、电气阀门定位器和智能式阀门定位器。

9.6.2.1　气动阀门定位器(Pneumatic Valve Positioner)

气动阀门定位器直接接受气动信号，其品种很多，按工作原理不同，可分为位移平衡式和力矩平衡式两大类。下面以图 9.30 所示配用薄膜执行机构的力矩平衡式气动阀门定位器为例介绍。

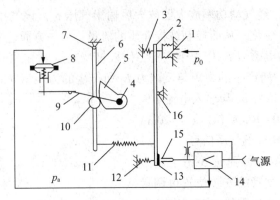

图 9.30　气动阀门定位器结构原理示意图

1—波纹管；2—主杠杆；3—迁移弹簧；4—支点；5—反馈凸轮；6—副杠杆；7—副杠杆支点；
8—气动执行机构；9—反馈杆；10—滚轮；11—反馈弹簧；12—调零弹簧；13—挡板；
14—气动放大器；15—喷嘴；16—主杠杆支点

当通入波纹管 1 的信号压力 p_0 增加时，使主杠杆 2 绕支点 16 偏转，挡板 13 靠近喷嘴 15，喷嘴背压升高。此背压经放大器 14 放大后的压力 p_a 引入到气动执行机构 8 的薄膜气室，因其压力增加而使阀杆向下移动，并带动反馈杆 9 绕支点 4 偏转，反馈凸轮 5 也跟着逆时针方向转动，通过滚轮 10 使副杠杆 6 绕支点 7 顺时针偏转，从而使反馈弹簧 11 拉伸，反馈弹簧对主杠杆 2 的拉力与信号压力 p_0 通过波纹管 1 作用到杠杆 2 的推力达到力矩平衡时，阀门定位器达到平衡状态。此时，一定的信号压力就对应于一定的阀杆位移，即对应于一定的阀门开度。弹簧 12 是调零弹簧，调整其预紧力可以改变挡板的初始位置，即进行零点调整。弹簧 3 是迁移弹簧，用于分程控制调整。

另外，反馈凸轮有"A 向"、"B 向"安装位置。所谓"A 向"、"B 向"，是指反馈凸轮刻有"A"、"B"字样的两面朝向。安装位置的确定，主要是根据与阀门定位器所配用的执行机构是正作用还是反作用。无论是正作用或反作用阀门定位器与正作用执行机构相配时，反馈凸轮采用"A 向"安装位置；与反作用执行机构相配时，反馈凸轮采用"B 向"安装位置，这样可以保证执行机构位移通过反馈凸轮作用到主杠杆上始终为负反馈。

根据系统的需要，阀门定位器也能实现正反作用。正作用阀门定位器是输入信号增加，输出压力也增加；反作用阀门定位器与此相反，输入信号增加，输出压力则减小。

9.6.2.2　电气阀门定位器（Electric Pneumatic Valve Positioner）

电气阀门定位器接受 4~20mA 或 0~10mA 的直流电流信号，用以控制薄膜式或活塞式气动执行器。它能够起到电气转换器和气动阀门定位器两种作用。图 9.31 是一种与薄膜式执行机构配合使用的电气阀门定位器的结构原理示意图，它是按力矩平衡原理工作的。

当输入信号电流 I_0 通入力矩马达的电磁线圈 1 时，它受永久磁钢作用后，对主杠杆 2 产生一个向左的力，使主杠杆绕支点 16 逆时针方向偏转，挡板 13 靠近喷嘴 15，挡板的位移经气动放大器 14 转换为压力信号 p_a 引入到气动执行机构 8 的薄膜气室。因 p_a 增加而使阀杆向下移动，并带动反馈杆 9 绕支点 4 偏转，反馈凸轮 5 也跟着逆时针方向偏转，通过滚轮 10 使副杠杆 6 绕支点 7 顺时针偏转，从而使反馈弹簧 11 拉伸，反馈弹簧对主杠杆 2 的拉力与信号电流 I_0 通过力矩马达的电磁线圈 1 作用到杠杆 2 的推力达到力矩平衡时，阀门定位器达到平衡状态。此时，一定的信号电流就对应于一定的阀杆位移，即对应于一定的阀门开度。

270

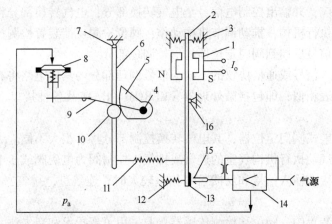

图 9.31　电气阀门定位器结构原理示意图

1—电磁线圈；2—主杠杆；3—迁移弹簧；4—支点；5—反馈凸轮；6—副杠杆；7—副杠杆支点；
8—气动执行机构；9—反馈杆；10—滚轮；11—反馈弹簧；12—调零弹簧；13—挡板；
14—气动放大器；15—喷嘴；16—主杠杆支点

　　调零弹簧 12 起零点调整作用；弹簧 3 是迁移弹簧，在分程控制中用来补偿力矩马达对主杠杆的作用力，以使阀门定位器在接受不同范围(例如 4~12mA 或 12~20mA DC)的输入信号时，仍能产生相同范围(20~100kPa)的输出信号。

　　根据系统的需要，电气阀门定位器也能实现正反作用。正作用阀门定位器是输入信号电流增加，输出压力也增加；反作用阀门定位器与此相反，输入信号电流增加，输出压力则减小。电气阀门定位器实现反作用，只要把输入电流的方向反接即可。

9.6.2.3　智能式阀门定位器(Intelligent Valve Positioner)

　　智能式阀门定位器有只接受 4~20mA 直流电流信号的；也有既接受 4~20mA 的模拟信号，又接受数字信号的，即 HART 通讯的阀门定位器；还有只进行数字信号传输的现场总线阀门定位器。它们均用以控制薄膜式或活塞式气动执行器。

　　(1) 智能式阀门定位器的构成(Composition of Intelligent Valve Positioner)

　　智能式阀门定位器包括硬件和软件两部分。

　　① 智能式阀门定位器的硬件构成(Hardware Composition)。

　　智能式阀门定位器的硬件电路由信号调理部分、微处理机、电气转换控制部分和阀位检测反馈装置等部分构成，如图 9.32 所示。

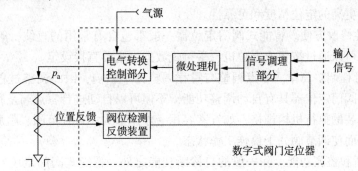

图 9.32　智能式阀门定位器构成示意图

　　信号调理部分将输入信号和阀位反馈信号转换为微处理机所能接受的数字信号后送入微处理机；微处理机将这两个数字信号按照预先设定好的特性关系进行比较，判断阀门开度是否与输入信号相对应，并输出控制电信号至电气转换部分；电气转换部分将这一信号转换为气压信号送至气动执行机构，推动调节机构动作；阀位检测反馈装置检测执行机构的阀杆位移并将其转换为电信号反馈到阀门定位器的信号调理部分。

根据接受的输入信号或通信协议的不同，信号调理部分的具体电路将有所不同。微处理机与其他微机化仪表相似，即包括微处理器、EPROM、RAM 及各种接口，其各部分作用此处不再赘述。

不同品种的智能式阀门定位器，其电气转换控制部分将有很大不同。大多数采用双控制阀结构，分别控制气动执行机构气室的进气或排气。控制阀为电磁阀或压电阀，其输出有连续信号和脉冲信号，在输入信号和反馈信号相差较大时，连续进、排气，而在相差不大时，脉冲式进、排气。

阀位检测反馈装置中，阀位移检测传感器普遍采用了新技术和新方法。例如，有的采用霍尔效应传感器，直接感应阀杆的纵向或旋转动作，实现了非接触式定位检测；有的采用特殊的电位器，电位器中装有球轴承和特种导电塑料材质做成的电阻薄片；有的采用磁阻效应的非接触式旋转角度传感器。

智能式阀门定位器通常都有液晶显示器和手动操作按钮，显示器用于显示阀门定位器的各种状态信息，按钮用于输入组态数据和手动操作。此外，智能式阀门定位器还有阀位输出信号，接受模拟信号的阀门定位器，输出的阀位信号一般为 4~20mA 直流电流信号；接受数字信号的阀门定位器，除输出阀位信号之外，还可以输出阀门定位器的其他各种信息。

② 智能式阀门定位器的软件部分(Software Composition)。

智能式阀门定位器的软件由监控程序和功能模块两部分组成，前者使阀门定位器各硬件电路能正常工作并实现所规定的功能；后者提供了各种功能，供用户选择使用，即进行组态。各种智能式阀门定位器，因其具体用途和硬件结构不同，它们所包含的功能模块在内容和数量上有较大差异。

(2) 智能式阀门定位器的特点(Characteristics of Intelligent Valve Positioner)

智能式阀门定位器以微处理器为核心，同时采用了各种新技术和新工艺，因此具有许多模拟式阀门定位器所难以实现或无法实现的优点。

① 定位精度和可靠性高。智能式阀门定位器机械可动部件少，输入信号和阀位反馈信号的比较是直接的数字比较，不易受环境影响，工作稳定性好，不存在机械误差造成的死区影响，因此具有更高的定位精度和可靠性。

② 流量特性修改方便。智能式阀门定位器一般都包含有常用的直线、等百分比和快开特性功能模块，可以通过按钮或上位机、手持式数据设定器直接设定。

③ 零点、量程调整简单。零点调整与量程调整互不影响，因此调整过程简单快捷。许多品种的智能式阀门定位器具有自动调整功能，不但可以自动进行零点与量程的调整，而且能自动识别所配装的执行机构规格，如气室容积、作用形式、行程范围、阻尼系数等，并自动进行调整，从而使调节阀处于最佳工作状态。

④ 具有诊断和盗测功能。除一般的自诊断功能之外，智能式阀门定位器能输出与调节阀实际动作相对应的反馈信号，可用于远距离监控调节阀的工作状态。

接受数字信号的智能式阀门定位器，具有双向的通信能力，可以就地或远距离地利用上位机或手持式操作器进行阀门定位器的组态、调试、诊断。

9.7 数字调节阀与智能调节阀(Digital Valve and Intelligent Valve)

随着计算机控制技术的发展，为了能够直接接收数字信号，执行器出现了与之相适应的新品种，数字阀和智能调节阀就是其中的两个，下面简单介绍一下它们的功能与特点。

9.7.1 数字调节阀(Digital Valve)

数字阀是一种位式的数字执行器，由一系列并联安装而且按二进制排列的阀门组成。图9.33表示一个8位调节阀的控制原理。数字阀体内有一系列开闭式的流孔，它们按照二进制顺序排列。例如对于这个数字阀，每个流孔的流量按2^0、2^1、2^2、2^3、2^4、2^5、2^6、2^7来设计，如果所有流孔关闭，则流量为0，如果流孔全部开启，则流量为255(流量单位)。因此数字阀能在很大的范围内精密控制流量，如8位数字阀的调节范围为1~255。数字阀的开度按步进式变化，每步大小随位数的增加而减小。

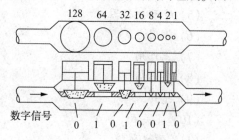

图9.33 8位二进制数字阀原理图

数字阀主要由流孔、阀体和执行机构三部分组成。每一个流孔都有自己的阀芯和阀座。执行机构可以用电磁线圈，也可以用装有弹簧的活塞执行机构。

数字阀有以下特点：

① 高分辨率。数字阀位数越高，分辨率越高。8位、10位的分辨率比模拟式调节阀高很多。

② 高精度。每个流孔都装有预先校正流量特性的喷嘴和文丘里管，精度很高，尤其适合小流量控制。

③ 反应速度快，关闭特性好。

④ 直接与计算机相连。数字阀能直接接收计算机的并行二进制数码信号，有直接将数字信号转换为阀开度的功能。因此数字阀应用于直接由计算机控制的系统中。

⑤ 没有滞后，线性好，噪声小。

但是数字阀结构复杂，部件多，价格高。此外由于过于敏感，导致输送给数字阀的控制信号稍有错误，就会造成控制错误，使被控变量大大高于或低于所希望的值。

9.7.2 智能调节阀(Intelligent Valve)

智能调节阀是近年来迅速发展的执行器，集常规仪表的检测、控制、执行等作用于一身，具有智能化的控制、显示、诊断、保护和通信功能，是以调节阀为主体，将许多部件组装在一起的一体化结构。

智能调节阀的智能主要体现在以下几个方面：

① 控制智能。除了一般的执行器控制功能外，还可以按照一定的控制规律动作。此外还配有压力、温度和位置参数的传感器，可对流量、压力、温度、位置等参数进行控制。

② 通信智能。智能调节阀采用数字通信方式与主控制室保持联络，指计算机可以直接对执行器发出动作指令。智能调节阀还允许远程检测、整定、修改参数或算法。

③ 诊断智能。智能调节阀安装在现场，但都有自诊断功能，能根据配合使用的各种传

感器通过微机分析判断故障情况，及时采取措施并报警。

目前智能调节阀已经用于现场总线控制系统中。

关键词(Key Words and Phrases)

(1) 位置发生器	Position Generator
(2) 气动执行器	Pneumatic Actuator
(3) 压缩空气	Compressed Air
(4) 电动执行器	Electric Actuator
(5) 液动执行器	Hydraulic Actuator
(6) 作用方式	Action Mode
(7) 正作用	Direct Action
(8) 反作用	Inverse Action
(9) 气开式	Air to Open
(10) 气关式	Air to Close
(11) 弹性薄膜	Elastic Diaphragm
(12) 压缩弹簧	Compressed Spring
(13) 推杆，阀杆	Plug Stem
(14) 双位式控制	On-Off Control
(15) 气动薄膜式执行机构	Pneumatic Diaphragm Actuator
(16) 气动活塞式执行机构	Pneumatic Piston Actuator
(17) 活塞	Piston
(18) 气缸	Cylinder
(19) 比例	Proportion
(20) 长行程执行机构	Long Stroke Actuator
(21) 伺服放大器	Servo Amplifier
(22) 伺服电机	Servo Motor
(23) 减速器	Reducer
(24) 节流元件	Restricting Element
(25) 阻力系数	Resistance Coefficient
(26) 阀芯	Valve Plug
(27) 阀体	Valve Body
(28) 阀座	Valve Seat
(29) 流量系数	Discharge Coefficient
(30) 调节阀的可调比	Rangeability of Valve
(31) 理想可调比	Theoretical Rangeability
(32) 实际可调比	Installed Rangeability
(33) 串联连接	Series Connection
(34) 并联连接	Parallel Connection
(35) 旁路阀	Bypass Valve
(36) 调节阀的流量特性	Discharge Characteristics of Valve

(37) 直线	Linear
(38) 等百分比(对数)	Equal Percentage
(39) 抛物线	Parabola
(40) 快开	Quick Opening
(41) 控制品质	Control Quality
(42) 调节阀口径	Size of Valve
(43) 电气转换器	Electric Pneumatic Converter
(44) 阀门定位器	Valve Positioner
(45) 智能式阀门定位器	Intelligent Valve Positioner
(46) 硬件	Hardware
(47) 软件	Software
(48) 数字调节阀	Digital Valve
(49) 智能调节阀	Intelligent Valve

习题(Problems)

9-1 执行器在自动控制系统中起什么作用？

9-2 气动执行器和电动执行器有哪些特点？

9-3 执行器由哪些部分构成？各起什么作用？

9-4 何谓正作用执行器？执行器是如何实现正、反作用的？

9-5 气动执行机构有哪几种？常用的气动执行机构是哪一个？

9-6 常用的调节机构有哪些？各有什么特点？

9-7 什么是调节阀的流量系数？是如何定义的？

9-8 什么是调节阀的可调比？理想情况下和工作情况下有什么不同？

9-9 什么是调节阀的流量特性？常用的理想流量特性有哪几种？理想情况下和工作情况下有何不同？

9-10 如果调节阀的旁路流量较大，会出现什么情况？

9-11 如何选用调节阀？选用调节阀时应考虑哪些因素？

9-12 什么叫气开阀？什么叫气关阀？根据什么原则进行选择？

9-13 如何确定调节阀的口径？

9-14 电气转换器有什么作用？

9-15 阀门定位器有什么作用？

9-16 电气阀门定位器能完成什么功能？

9-17 数字调节阀有哪些特点？

9-18 什么是智能调节阀？其智能体现在哪些方面？

参 考 文 献 （Reference）

[1]许治平，庄富山等. 石油化工仪表及自动化[M]. 武汉：华中工学院出版社，1988.

[2]Curtis D. Johnson. Process Control Instrumentation Technology[M]. 北京：清华大学出版社，2009.

[3]王俊杰，曹丽等. 传感器与检测技术[M]. 北京：清华大学出版社，2011.

[4]林德杰. 过程控制仪表及控制系统[M]. 2版. 北京：机械工业出版社，2009

[5]刘笃仁，韩保君. 传感器原理及应用技术[M]. 西安：西安电子工业大学出版社，2003.

[6]杜维，张宏建等. 过程检测技术及仪表[M]. 北京：化学工业出版社，1999.

[7]张宏建，蒙建波. 自动检测技术与装置[M]. 北京：化学工业出版社，2004.

[8]郁友文. 传感器原理及工程应用[M]. 西安：西安电子科技大学出版社，2000.

[9]张宏建，王化祥等. 检测控制仪表学习指导[M]. 北京：化学工业出版社，2006.

[10]梁森，欧阳三泰等. 自动检测技术及应用[M]. 北京：机械工业出版社，2006.

[11]栾桂冬. 传感器及其应用[M]. 西安：西安电子工业大学出版社，2002.

[12]张毅，张宝芬等. 自动检测技术及仪表控制系统[M]. 北京：化学工业出版社，2005.

[13]左国庆，明赐东. 自动化仪表故障处理实例[M]. 北京：化学工业出版社，2003.

[14]金以慧. 过程控制[M]. 北京：清华大学出版社，1993.

[15]张根宝. 工业自动化仪表与过程控制[M]. 西安：西北工业大学出版社，2008.

[16]王化祥，张淑英. 传感器原理及应用[M]. 天津：天津大学出版社，2005.

[17]范玉久. 化工测量及仪表[M]. 2版. 北京：化学工业出版社，2008.

[18]徐科军. 传感器与检测技术[M]. 2版. 北京：电子工业出版社，2008.

[19]王骥程，祝和云. 化工过程控制工程[M]. 2版. 北京：化学工业出版社，1991.

[20]曹润生，黄祯地等. 过程控制仪表[M]. 杭州：浙江大学出版社，1987.

[21]俞金寿. 过程自动化及仪表[M]. 北京：化学工业出版社，2003.

[22]厉玉鸣. 化工仪表及自动化[M]. 5版. 北京：化学工业出版社，2011.

[23]厉玉鸣. 化工仪表及自动化例题与习题集[M]. 北京：化学工业出版社，1999.

[24]汪晋宽，罗云林等. 自动控制系统工程设计[M]. 北京：北京邮电大学出版社，2006.

[25]施仁，刘文江等. 自动化仪表与过程控制[M]. 4版. 北京：电子工业出版社，2009.

[26]王树青等. 工业过程控制工程[M]. 北京：化学工业出版社，2002.

[27]杨明丽，张光新. 化工自动化及仪表[M]. 北京：化学工业出版社，2004.

[28]戴文进，章卫国. 自动化专业英语[M]. 武汉：武汉理工大学出版社，2001.

[29]王树青. 自动化专业英语[M]. 3版. 北京：化学工业出版社，2010.

[30]韩建国等. 测控技术与仪器专业英语[M]. 北京：化学工业出版社，2002.

[31]殷红. 测控技术与仪器专业英语[M]. 北京：电子工业出版社，2012.

[32]河道清，谌海云等. 自动化与仪表[M]. 2版. 北京：化学工业出版社，2011.

[33]任彦硕，赵一丁. 自动控制系统[M]. 2版. 北京：北京邮电大学出版社，2006.

[34]金伟，齐世清等. 现代检测技术[M]. 2版. 北京：北京邮电大学出版社，2006.

[35]周杏鹏. 现代检测技术[M]. 2版. 北京：高等教育出版社，2010.

[36]孙传友，翁惠辉. 现代检测技术及仪表[M]. 北京：高等教育出版社，2006.

[37]周泽魁. 控制仪表与计算机控制装置[M]. 北京：化学工业出版社，2002.

[38]吴勤勤. 控制仪表及装置[M]. 3版. 北京：化学工业出版社，2007.

[39]张永飞. PLC 及其应用[M]. 大连：大连理工大学出版社，2009.

[40]严盈富，罗海平等. 监控组态软件与 PLC 入门[M]. 北京：人民邮电出版社，2006.

[41]杨宁，赵玉刚. 集散控制系统及现场总线[M]. 北京：北京航空航天大学出版社，2003.

[42]何衍庆. 集散控制系统原理及应用[M]. 3版. 北京：化学工业出版社，2009.

[43]王慧锋，何衍庆. 现场总线控制系统原理及应用[M]. 北京：化学工业出版社，2006.

[44]刘泽祥. 现场总线技术[M]. 2版. 北京：机械工业出版社，2011.

[45]王森，朱炳兴. 仪表工试题集[M]. 北京：化学工业出版社，1992.